U0186923

云计算与虚拟化技术丛书

Proxmox VE 部署与管理指南

何坤源 ◎著

PROXMOX VE DEPOLYMENT AND MANAGEMENT GUIDE

图书在版编目（CIP）数据

Proxmox VE 部署与管理指南 / 何坤源著 .—北京：机械工业出版社，2024.4
（云计算与虚拟化技术丛书）
ISBN 978-7-111-75301-8

Ⅰ. ① P… Ⅱ. ①何… Ⅲ. ①服务器 – 管理 – 指南 Ⅳ. ① TP368. 5-62

中国国家版本馆 CIP 数据核字（2024）第 052179 号

机械工业出版社（北京市百万庄大街 22 号 邮政编码 100037）
策划编辑：杨福川 责任编辑：杨福川 陈 洁
责任校对：潘 蕊 薄萌钰 韩雪清 责任印制：郜 敏
三河市宏达印刷有限公司印刷
2024 年 5 月第 1 版第 1 次印刷
186mm × 240mm · 16.75 印张 · 362 千字
标准书号：ISBN 978-7-111-75301-8
定价：89.00 元

电话服务 网络服务
客服电话：010-88361066 机 工 官 网：www.cmpbook.com
010-88379833 机 工 官 博：weibo.com/cmp1952
010-68326294 金 书 网：www.golden-book.com
封底无防伪标均为盗版 机工教育服务网：www.cmpedu.com

Preface 前　言

为什么要写这本书

企业数据中心是企业 IT 基础设施的重要组成部分，承载着企业的核心业务和数据。在过去的几十年里，企业数据中心的规模和复杂度不断增加，同时也面临着越来越多的挑战，如成本控制、灵活性、安全性、可靠性等。为了应对这些挑战，企业需要使用更加高效、灵活和可靠的 IT 基础设施。在这样的背景下，虚拟化、容器、云计算等技术逐渐成为企业构建 IT 基础设施的主要技术。这些技术可以提高 IT 资源利用率，降低成本，提高业务灵活性和可靠性。

在这些技术中，虚拟化技术是核心技术之一。虚拟化技术可以将一台物理服务器虚拟化成多个独立的虚拟机，每个虚拟机可以运行不同的操作系统和应用程序，从而更加高效和灵活地利用 IT 资源。目前，比较常用的虚拟化产品有 VMware vSphere、Microsoft Hyper-V、Red Hat RHEV 等。这些产品有着各自的特点和应用场景，但都是国外的商业软件，在使用上可能会面临一些安全和依赖方面的问题。

近年来，由于信息安全得到国家层面的高度重视，国内企业对于开源和国产化的需求逐渐增加。在这样的背景下，开源虚拟化平台 Proxmox VE 得到了广泛的关注和应用。Proxmox VE 是一个功能丰富的开源虚拟化平台，可以实现虚拟机的部署、管理和监控，还支持容器、存储、网络等多种功能。Proxmox VE 在性能、可靠性、灵活性等方面都有着不错的表现。2022 年，Proxmox VE 发布了 7.2 版本，修复了以往版本中存在的一些问题，同时加强了对 Ceph 分布式存储的支持，其性能得到了极大的改善，在国内的部署和使用呈现出快速增长的趋势。

然而，在企业中部署和使用 Proxmox VE 仍然需要一定的技术储备和实践经验。为了帮助企业 IT 人员更好地掌握 Proxmox VE 的部署，笔者写了这本书。

读者对象

- ❑ Proxmox VE 用户和爱好者
- ❑ 企业数据中心运维人员
- ❑ 从商业平台向开源平台转型的管理人员或运维人员
- ❑ 开设相关课程的高职院校的师生

本书内容

本书采用循序渐进的方式，从基础的概念开始，逐步讲解如何在企业生产环境中部署和使用开源虚拟化平台 Proxmox VE。本书共 9 章，主要内容如下：第 1 章介绍虚拟化技术及 Proxmox VE 基础知识，第 2 章介绍如何在生产环境中部署 Proxmox VE，第 3 章介绍如何配置 Proxmox VE 存储，第 4 章介绍如何配置 Proxmox VE 网络，第 5 章介绍如何创建和使用虚拟机，第 6 章介绍如何创建和使用容器，第 7 章介绍如何配置和使用 Proxmox VE 高级特性，第 8 章介绍 Proxmox VE 的备份与恢复，第 9 章介绍 Proxmox VE 系统管理。

通过阅读本书，读者可以了解到 Proxmox VE 的基本原理和特点，掌握部署和管理 Proxmox VE 的技能和方法，从而更好地满足企业的业务需求。

勘误和支持

由于本书涉及的知识点较多，加之作者水平有限，书中难免有疏漏和不妥之处，欢迎广大读者批评指正。如果有任何关于本书的问题、意见和建议，可以通过邮箱 44222798@qq.com 与笔者交流和沟通，笔者将非常感激并尽力优化本书的内容。此外，建议读者通过参加社区活动、阅读相关博客、参考实践案例等方式来扩展自己的知识和经验，提高自己的水平和技能。

本书旨在为企业 IT 人员提供一份 Proxmox VE 部署和管理的指南，帮助他们更好地应对企业业务需求和挑战。希望读者能够在本书的帮助下掌握 Proxmox VE 的部署和管理技能，为企业的 IT 基础设施建设做出贡献。

Contents 目　录

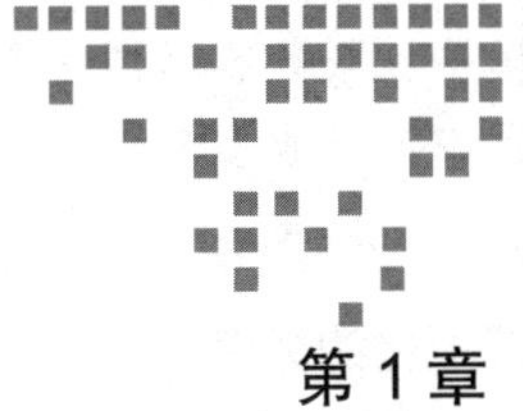

第 1 章 Chapter 1

Proxmox VE 介绍

Proxmox Virtual Environment（简称 Proxmox VE 或 PVE）是由 Proxmox Server Solutions 公司发布的开源虚拟化产品，具有高度可扩展性和灵活性。它支持多种虚拟化技术，包括 KVM（Kernel-based Virtual Machine，基于 Linux 内核的虚拟机）、LXC（Linux Containers，Linux 容器）等，可满足用户的不同需求。用户可以从开源社区中获取各种技术资料、文档与解决方案，也可以通过订阅获取商业技术支持。2022 年发布的 Proxmox VE 7.2 版本在兼容性和性能方面得到了优化。本章主要介绍虚拟化技术、Proxmox VE 基础知识及本书实验拓扑。

1.1 虚拟化技术介绍

虚拟化技术是一种将资源进行抽象化的技术，它可以将一个物理资源分割成多个虚拟资源，从而提高硬件的利用率。虚拟化技术的主要应用有服务器虚拟化、存储虚拟化和网络虚拟化等。

1.1.1 服务器虚拟化

服务器虚拟化可以提高服务器资源的利用率，从而降低成本和提高效率。

1. 什么是服务器虚拟化

服务器虚拟化是一种将物理服务器资源分割成多个虚拟服务器的技术，每个虚拟服务器都可以运行独立的操作系统和应用程序，仿佛是一台独立的服务器。利用虚拟化技术，企业可以更好地利用服务器资源，从而提高效率和降低成本。

2. 服务器虚拟化的实现方式

在生产环境中，服务器虚拟化最常见的实现方式是基于软件实现虚拟化，通过软件将一台物理服务器虚拟化成多个虚拟服务器。常见的服务器虚拟化软件有 VMware vSphere、Microsoft Hyper-V、KVM、oVirt、Proxmox VE 等。

3. 服务器虚拟化的优点

服务器虚拟化的优点如下。

（1）提高服务器资源的利用率

服务器虚拟化可以将一台物理服务器虚拟化成多个虚拟服务器，从而提高服务器资源的利用率，减少不必要的服务器浪费，降低成本。

（2）提高虚拟机的可靠性

如果一个服务器发生故障，上面运行的虚拟机可以迁移到其他服务器上继续运行，从而保证对外提供服务的可靠性。

（3）提高服务器的灵活性

服务器虚拟化可以根据需要创建、删除或移动虚拟机，从而提高了服务器的灵活性。

（4）提高服务器的效率

服务器虚拟化可以对服务器资源进行动态分配和调整，从而提高了服务器的效率。

1.1.2 存储虚拟化

虚拟化技术不仅可以应用于服务器，还可以应用于存储。

1. 什么是存储虚拟化

存储虚拟化是一种将多个存储设备组合成一个逻辑存储设备的技术。这种技术可以提高存储资源的利用率，从而降低成本和提高效率。

2. 存储虚拟化的实现方式

存储虚拟化实现方式主要包括以下两种。

（1）基于存储阵列的虚拟化

基于存储阵列的虚拟化是将多个物理存储设备组合成一个逻辑存储设备，用户可以像使用单个存储设备一样使用它。这种方式需要专门的存储阵列设备和软件支持。

（2）基于软件的虚拟化

基于软件的虚拟化是通过软件将多个物理存储设备组合成一个逻辑存储设备。这种方式需要一定的计算资源和软件支持。

与服务器虚拟化类似，存储虚拟化也有多种可供选择的软件。例如，VMware vSAN 提供了存储虚拟化解决方案，开源的 Ceph 也提供了分布式存储解决方案。

3. 存储虚拟化的优点

存储虚拟化的优点如下。

（1）提高存储资源的利用率

存储虚拟化可以将多个存储设备组合成一个逻辑存储设备，从而提高存储资源的利用率，减少不必要的存储浪费，降低成本。

（2）提高存储的可靠性

如果一个存储设备发生故障，存储虚拟化可以自动将数据转移到其他存储设备上，从而保证数据的可靠性。

（3）提高存储的灵活性

存储虚拟化可以根据需要创建、删除或移动存储设备，从而提高了存储设备的灵活性。

（4）提高存储的效率

存储虚拟化可以对存储设备进行动态扩展和收缩，从而提高了存储的效率。

1.1.3 网络虚拟化

网络虚拟化是一种将网络资源虚拟化的技术，它使多个虚拟网络可以在同一物理网络上运行。

1. 什么是网络虚拟化

网络虚拟化是一种将物理网络资源分割成多个虚拟网络的技术，每个虚拟网络都可以运行独立的操作系统和应用程序，仿佛是一条独立的网络。

2. 网络虚拟化的实现方式

网络虚拟化的实现方式有多种，其中比较常见的方式如下。

（1）VLAN

VLAN是通过VLAN标识符将物理网络分割成多个虚拟网络的一种技术。每个虚拟网络都有自己的VLAN ID，可以独立运行操作系统和应用程序。

（2）VPN

VPN是将多个远程网络连接起来，形成一个虚拟的专用网络的一种技术。

（3）SDN

SDN（Software Defined Network，软件定义网络）是通过对网络进行编程将物理网络资源分割成多个虚拟网络的一种技术。每个虚拟网络都有自己的逻辑拓扑和控制器，可以独立运行操作系统和应用程序。

3. 网络虚拟化的优点

网络虚拟化的优点如下。

（1）提高网络资源的利用率

网络虚拟化可以将物理网络资源分割成多个虚拟网络，从而提高网络资源的利用率，减少不必要的网络浪费，降低成本。

（2）提高网络的可靠性

如果一个虚拟网络发生故障，其他虚拟网络可以继续运行，从而保证网络的可靠性。

（3）提高网络的灵活性

网络虚拟化可以根据需要创建、删除或移动虚拟网络，从而提高了网络的灵活性。

（4）提高网络的效率

网络虚拟化可以对网络带宽进行动态分配和调整，从而提高了网络的效率。

4. 网络虚拟化解决方案

与服务器虚拟化和存储虚拟化类似，网络虚拟化也有多种可供选择的软件。其中，最常见的解决方案如下。

（1）VMware NSX

VMware NSX 是一种商业化的网络虚拟化解决方案，提供了丰富的功能和管理工具。

（2）Open vSwitch

Open vSwitch 是一种开源的虚拟交换机软件，可以通过 SDN 技术实现网络虚拟化。

1.2 Proxmox VE 基础知识

Proxmox VE 是一个功能强大且灵活的开源虚拟化和容器平台，可同时运行虚拟机和容器，为用户提供一种高效的资源利用方式。该平台基于 Debian Linux 开发，采用最新的技术，具有出色的性能和可扩展性。

Proxmox VE 的源代码遵循 GNU Affero 通用公共许可证第 3 版，这意味着用户可以在任何时候查看该平台的源代码以确保其安全性和可靠性。此外，Proxmox VE 提供了丰富的功能和插件，用户可以根据自己的需求进行定制，进一步提高工作效率。

1.2.1 Proxmox VE 的开发背景

Proxmox VE 是由位于奥地利维也纳的 Proxmox Server Solutions 公司开发的虚拟化产品。该项目始于 2007 年，2008 年初发布了第一个版本 Proxmox VE 0.9，该版本是测试版本，不能用于生产环境。2008 年 10 月发布了第一个稳定版 Proxmox VE 1.0，该版本可以用于生产环境。2022 年 5 月发布了 7.2 版本，更新了对虚拟机和容器的支持，并且优化了其他特性。同时发布的还有企业级备份产品 Proxmox Backup Server 2.2 及邮件网关 Proxmox Mail Gateway 7.1。

自第一个版本发布以来，Proxmox VE 并没有重写底层代码，而是采用了 KVM 和 OpenVZ（Open Virtuozzo）容器技术，以确保 Proxmox VE 平台能够运行传统的虚拟机和容器。Proxmox VE 4.0 版本对容器的支持发生了重大变化，从最初的 OpenVZ 容器转向了 LXC，并将 LXC 深度整合到 Proxmox VE 中，使其可以与虚拟机在相同的网络和存储中使用。

Proxmox VE从6.0版本开始使用基于JavaScript的HTML5应用程序替换了原有的用户界面，并使用noVNC替换了原来基于Java的VNC控制台组件，用户只需通过Web浏览器就可以直接访问虚拟机桌面。同时简化了命令行操作，通过Web浏览器可以实现集群的构建，甚至可以实现Ceph分布式存储的构建。

随着虚拟化和云计算技术的不断发展，Proxmox VE开发人员引入了新的REST API，并使用JSON定义了所有的API。借助REST API，第三方公司不仅可以将Proxmox VE集成到现有的IT基础设施中，而且可以很容易地进行二次开发。

在Proxmox VE 7.2版本中，增加了许多新功能，优化了许多特性，例如，支持更多的虚拟化硬件、更好的虚拟网络性能、更好的安全性和可管理性等。此外，Proxmox VE还支持多种操作系统和应用程序，包括Linux、Windows、FreeBSD等，用户可以根据自身的需求进行选择。

1.2.2 Proxmox VE的功能特性

Proxmox VE能够提供完整的企业级功能，包括服务器虚拟化、LXC支持、Ceph分布式存储等。它具有的功能特性如下。

（1）服务器虚拟化

Proxmox VE的服务器虚拟化使用标准的KVM技术。KVM技术是一个成熟的服务器虚拟化解决方案，可以很好地运行Windows或Linux操作系统。

（2）LXC支持

Proxmox VE使用LXC作为底层容器技术，借助PCT（Proxmox Container Toolkit，Proxmox容器工具包）工具，可以直接使用Proxmox VE的网络资源和存储资源，简化了LXC的使用和管理。

（3）基于Web的管理

通过Web浏览器可以完成Proxmox VE的日常管理，还可以浏览每个节点的历史活动和系统日志，例如虚拟机备份恢复日志，虚拟机在线迁移日志、高可用活动日志等。

（4）高可用集群

Proxmox VE高可用集群基于Linux HA技术，能够提供稳定、可靠的高可用服务。多节点Proxmox VE集群支持用户自定义配置高可用的虚拟机。

（5）去中心化

Proxmox VE使用专门设计的基于数据库的Proxmox文件系统保存配置文件。这个文件系统通过Corosync将配置文件实时复制到Proxmox VE集群的所有节点，这就是Proxmox VE的去中心化设计。不需要安装和部署单独的管理端服务器即可完成对所有节点、虚拟机、LXC和整个集群的统一管理。

（6）集成Ceph分布式存储

Proxmox VE集成了开源Ceph分布式存储，也可以将其理解为Ceph超融合平台。通过

Web 管理界面即可在集群主机上运行和管理 Ceph，降低了部署及运行成本。

（7）集成完整备份与还原

Proxmox VE 集成了虚拟机和容器的全备份工具。通过 Web 管理界面即可完成虚拟机和容器的完整备份，并且可以通过备份快速还原。

（8）集成防火墙

Proxmox VE 集成了防火墙功能。通过 Web 管理界面可以对虚拟机和容器的网络通信流量进行过滤，从而降低通过命令行配置防火墙的难度。

（9）整合 Proxmox Backup Server 备份

Proxmox Backup Server 是企业级备份解决方案，用于备份和恢复虚拟机、容器和物理主机。不同于集成的完整备份，它支持增量、删除重复数据的备份，从而降低网络负载并节省宝贵的存储空间。

（10）支持多种身份认证

Proxmox VE 支持多种用户身份认证方法，包括 Microsoft 活动目录、LDAP（轻型目录访问协议）、双因素身份认证等。

1.2.3 Proxmox VE 的优势

与商业虚拟化软件相比，Proxmox VE 具有很多优势，具体如下。

（1）基于 Linux 内核

Proxmox VE 采用 Linux 内核，而 Linux 内核是业界知名的开源软件，稳定性有保障，且其源代码可以供用户查阅，保证了信息安全。

（2）开源软件

Proxmox VE 属于开源软件，根据开源软件的规则，可以查阅其源代码，这保证了信息安全。同时，由于其开源性，用户可以自行进行二次开发，使 Proxmox VE 更加适用于自己的环境。

（3）易于部署

Proxmox VE 在部署上简化了许多操作，可以做到快速安装并使用。另外，在安装过程中，用户可以根据自己的需求进行自定义设置，以满足不同的业务需求。

（4）基于 Web 的管理

Proxmox VE 采用了基于 Web 的管理方式，日常的操作都可以使用 Web 浏览器完成，降低了运维人员的学习成本。同时，这种基于 Web 的管理方式也让远程管理变得更加方便，无论何时何地，只需要一个 Web 浏览器即可进行管理。

（5）提供 REST API

Proxmox VE 提供 REST API，用户可以通过编写脚本等方式来管理和操作虚拟机。这种方式不仅可以减少人工干预的工作量，还可以提高工作效率。

（6）避免厂商依赖

Proxmox VE 属于开源软件，不存在厂商限制等问题，避免了企业生产环境中可能出现的单一厂商依赖情况。同时，这也意味着 Proxmox VE 可以与各种硬件设备兼容，无须进行额外的适配工作。

（7）社区以及商业支持

Proxmox VE 支持团队在 Proxmox VE Community Forum 社区分享相关知识。用户在使用过程中如果有问题，可以在社区中进行咨询和讨论。同时，Proxmox VE 也提供商业支持服务 Proxmox VE Subscription Service Plan。如果用户订阅了该服务，可以联系专门的支持渠道获取支持服务。通过社区和商业支持，用户可以得到良好的技术支持和服务保障。

1.3　本书实验拓扑

为了确保读者能够很好地参考和复制实际操作，并最大限度地还原 Proxmox VE 在企业生产环境中的实际应用情景，笔者采用物理服务器构建本书的实战环境。

1.3.1　物理拓扑介绍

实战环境使用多台物理服务器部署 Proxmox VE，同时构建 IP SAN 存储（iSCSI 存储 / NFS 存储）。所使用设备的详细配置如表 1-1 所示。

表 1-1　实战环境硬件配置

设备名称	CPU 型号	内存	硬盘	备注
Proxmox VE 节点 01	Xeon E5-2620 × 2	128GB	300GB	部署 Proxmox VE
Proxmox VE 节点 02	Xeon E5-2620 × 2	128GB	300GB	部署 Proxmox VE
Proxmox VE 节点 03	Xeon E5-2620 × 2	128GB	300GB	部署 Proxmox VE
Proxmox VE 节点 04	Xeon E5-2620 × 2	128GB	300GB	部署 Proxmox VE
存储服务器	Xeon E3-1365 × 1	12GB	10TB	提供 iSCSI/NFS 存储服务
物理交换机	思科 4948E、华为 S5720			

1.3.2　IP 地址分配

无论是测试环境还是生产环境，IP 地址的规划和分配都非常重要。为保证实战操作的严谨性，笔者规划了 Proxmox VE 平台使用的 IP 地址，详细 IP 地址如表 1-2 所示。

表 1-2　实战环境 IP 地址分配

设备名称	IP 地址	子网掩码	备注
Proxmox VE 节点 01	10.92.10.11	255.255.255.0	计算节点主机
Proxmox VE 节点 02	10.92.10.12	255.255.255.0	计算节点主机
Proxmox VE 节点 03	10.92.10.13	255.255.255.0	计算节点主机
Proxmox VE 节点 04	10.92.10.14	255.255.255.0	计算节点主机

（续）

设备名称	IP 地址	子网掩码	备注
Proxmox Backup Server	10.92.10.15	255.255.255.0	备份服务器主机
iSCSI 存储服务器	10.92.10.50	255.255.255.0	存储
NFS 服务器	10.92.10.50	255.255.255.0	存储

1.4 本章小结

本章介绍了虚拟化技术以及 Proxmox VE 的开发背景和技术特点等基础知识。为了便于理解和掌握 Proxmox VE 的应用，建议读者使用物理服务器进行部署实验。如果没有物理服务器，可以在台式机或笔记本电脑上部署 Ubuntu 18.04 系统，并在其上部署虚拟机进行模拟。需要注意的是，由于 KVM 虚拟化技术问题，使用模拟环境在实验过程中可能会出现未知的错误。

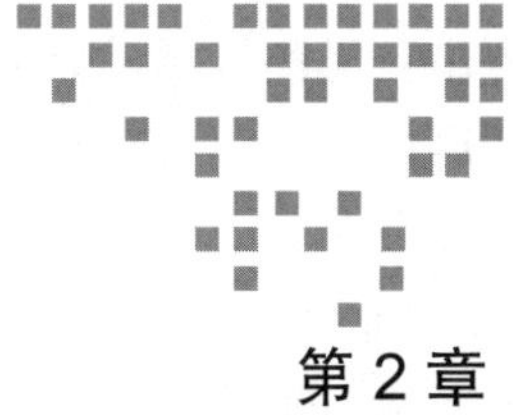

第 2 章 Chapter 2

部署 Proxmox VE

Proxmox VE 7.2 可以在主流的 x86 架构服务器上部署。如果生产环境的负载较小且要求不高，可以部署单台 Proxmox VE，它足以提供虚拟机和容器的运行环境。如果生产环境负载较大且要求高可用性，我们建议采用集群方式部署 Proxmox VE，以便提供更多高级特性。集群部署可以提高系统的可靠性和扩展性，更好地应对日益增长的业务需求。本章介绍如何部署独立节点和集群 Proxmox VE。

2.1 独立节点部署 Proxmox VE

在生产环境中部署 Proxmox VE 时，需要考虑多重因素。首先，需要了解部署所需的硬件要求，包括处理器类型和速度、内存容量和磁盘空间等。其次，还需要考虑网络拓扑结构和带宽要求。除此之外，还需要考虑部署后的系统管理和维护，包括备份和恢复策略、监控和警报设置等。只有充分考虑了这些因素，才能更好地规划和部署 Proxmox VE，并确保其在生产环境中的高效稳定性。本节介绍使用独立节点部署 Proxmox VE。

2.1.1 部署 Proxmox VE 的前提条件

目前市面上主流服务器的 CPU、内存、硬盘、网卡等均支持 Proxmox VE 部署。需要注意的是，使用兼容机可能会出现无法安装的情况。推荐的硬件标准如下。

（1）处理器

Intel 以及 AMD 主流 CPU 都能够支持 Proxmox VE 7.2 部署。生产环境推荐在同一集群内服务器的 CPU 为同一型号，否则可能会影响虚拟机在主机间的迁移。

（2）内存

物理服务器内存配置需要大于 8GB，生产环境推荐 128GB 以上，这样才能满足虚拟机或容器等的正常运行。

（3）网卡

Proxmox VE 集成主流的网卡驱动，支持多种 1Gbit/s 或 10GE 网卡。为了提升网络使用效率，生产环境推荐配置多个 1Gbit/s 或 10GE 网卡进行流量分离。

（4）硬盘

对于用于部署 Proxmox VE 的物理服务器，推荐本地硬盘的容量大于 90GB，用于安装服务器操作系统。需要注意的是，如果独立节点 Proxmox VE 不使用共享存储，需要根据使用情况增加硬盘容量，用于存储虚拟机以及容器等。

2.1.2　部署 Proxmox VE 使用的软件

Proxmox VE 官网提供所需要软件的下载，如图 2-1 所示。国内中科大也提供镜像下载，如图 2-2 所示。由于国外站点访问较慢，推荐使用国内镜像站点下载相关软件。

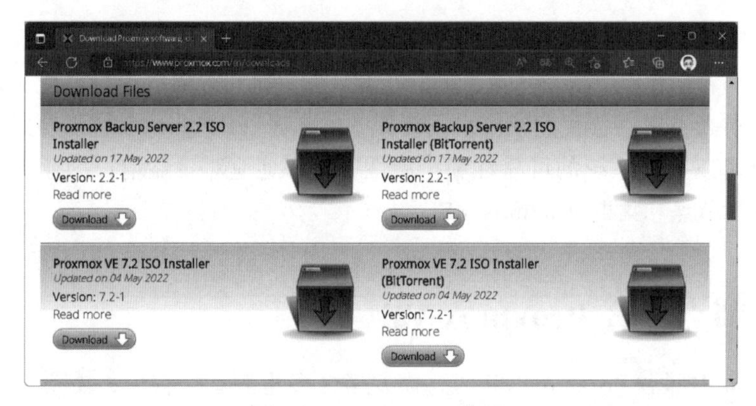

图 2-1　Proxmox VE 官网

Index of /proxmox/iso/

../		
SHA256SUMS	18-May-2022 15:15	937
SHA256SUMS.asc	18-May-2022 15:16	833
proxmox-backup-server_1.1-1.iso	15-Apr-2021 15:50	710651904
proxmox-backup-server_2.2-1.iso	17-May-2022 22:26	800538624
proxmox-mailgateway_5.2-1.iso	26-Mar-2019 17:43	792434688
proxmox-mailgateway_6.4-1.iso	30-Mar-2021 15:29	1024268288
proxmox-mailgateway_7.1-1.iso	30-Nov-2021 17:13	1064603648
proxmox-ve_3.4-102d4547-6.iso	27-May-2015 13:47	680990720
proxmox-ve_4.4-eb2d6f1e-2.iso	15-Dec-2016 17:22	547141632
proxmox-ve_5.4-1.iso	11-Apr-2019 16:25	687079424
proxmox-ve_6.4-1.iso	28-Apr-2021 14:47	928993280
proxmox-ve_7.2-1.iso	04-May-2022 16:00	1042497536

图 2-2　中科大镜像

2.1.3　独立节点部署 Proxmox VE 的步骤

准备好物理服务器以及下载好 Proxmox VE 软件后，即可部署 Proxmox VE。本小节将在物理服务器上部署独立节点 Proxmox VE。

1）使用 Proxmox VE 镜像引导启动物理服务器。启动成功后，选择“Install Proxmox VE”，如图 2-3 所示。

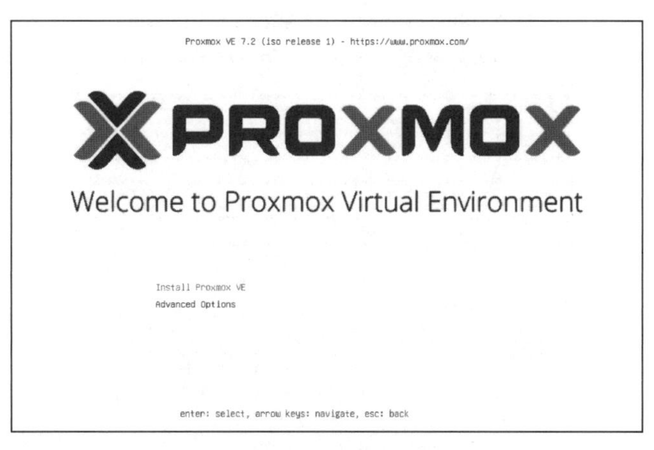

图 2-3　引导启动安装

2）系统开始加载程序，如图 2-4 所示。

```
boot comandline: BOOT_IMAGE=/boot/linux26 ro ramdisk_size=16777216 rw quiet spla
loading drivers:  ahci wmi acpi_pad ipmi_si ipmi_ssif mac_hid ioatdma i2c_i801 e
sh_clmulni_intel crc32_pclmul crct10dif_pclmul kvm_intel intel_powerclamp x86_pk
searching for block device containing the ISO proxmox-ve-7.2-1
with ISO ID '95af3540-cb77-11ec-a8db-97ed1a1c6062'
testing again in 1 seconds
testing again in 2 seconds
testing device '/dev/sr0' for ISO
found Proxmox VE ISO
switching root from initrd to actual installation system
Starting Proxmox installation
Installing additional hardware drivers
Starting hotplug events dispatcher: systemd-udevd.
Synthesizing the initial hotplug events (subsystems)...done.
Synthesizing the initial hotplug events (devices)...done.
Waiting for /dev to be fully populated...done.
mount: devpts mounted on /dev/pts.
/bin/dbus-daemon
starting D-Bus daemon
Attempting to get DHCP leases... Internet Systems Consortium DHCP Client 4.4.1
Copyright 2004-2018 Internet Systems Consortium.
All rights reserved.
For info, please visit https://www.isc.org/software/dhcp/

Listening on LPF/enp5s0f1/90:e2:ba:92:f6:26
Sending on   LPF/enp5s0f1/90:e2:ba:92:f6:26
Listening on LPF/enp5s0f0/90:e2:ba:92:f6:24
Sending on   LPF/enp5s0f0/90:e2:ba:92:f6:24
Listening on LPF/eno2/f0:4d:a2:75:f4:3d
Sending on   LPF/eno2/f0:4d:a2:75:f4:3d
Listening on LPF/eno1/f0:4d:a2:75:f4:3c
Sending on   LPF/eno1/f0:4d:a2:75:f4:3c
Sending on   Socket/fallback
DHCPDISCOVER on enp5s0f1 to 255.255.255.255 port 67 interval 5
DHCPDISCOVER on enp5s0f0 to 255.255.255.255 port 67 interval 6
DHCPDISCOVER on eno2 to 255.255.255.255 port 67 interval 6
DHCPDISCOVER on eno1 to 255.255.255.255 port 67 interval 7
DHCPDISCOVER on enp5s0f1 to 255.255.255.255 port 67 interval 6
DHCPDISCOVER on eno2 to 255.255.255.255 port 67 interval 5
DHCPDISCOVER on enp5s0f0 to 255.255.255.255 port 67 interval 5
DHCPDISCOVER on eno1 to 255.255.255.255 port 67 interval 3
No DHCPOFFERS received.
No working leases in persistent database - sleeping.
done
Starting chrony for opportunistic time-sync...
Starting a root shell on tty3.
Starting the installer GUI - see tty2 (CTRL+ALT+F2) for any errors...
```

图 2-4　加载安装程序

3）阅读最终用户许可协议，单击“I agree”按钮接受协议，如图 2-5 所示。

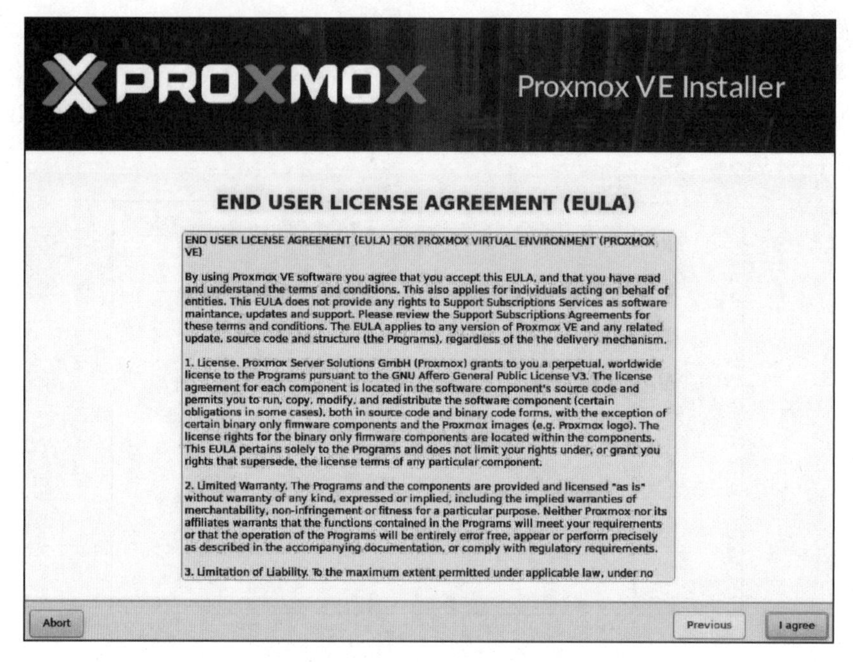

图 2-5　最终用户许可协议

4）选择部署 Proxmox VE 使用的硬盘，如图 2-6 所示，单击“Next”按钮。

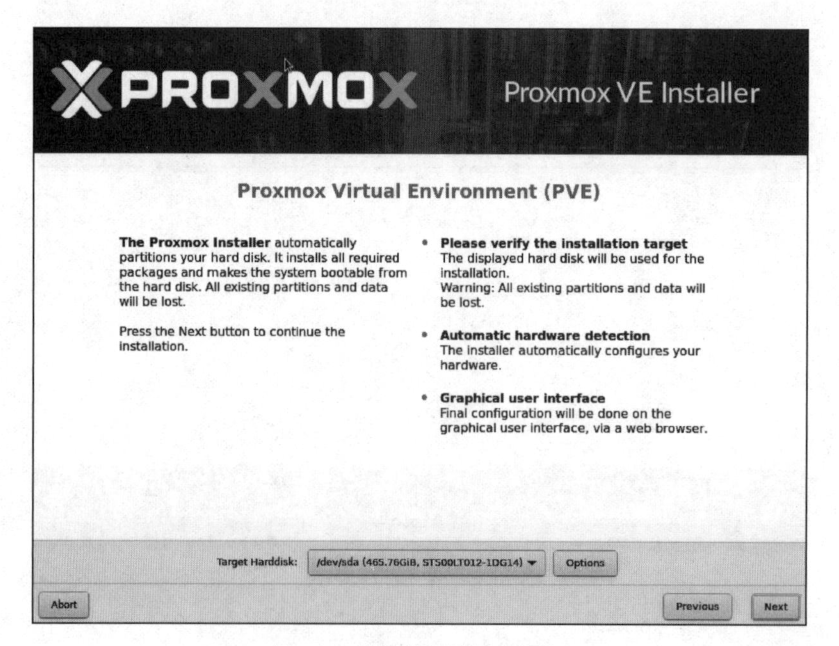

图 2-6　选择部署使用的硬盘

5）配置 Proxmox VE 时区以及键盘类型，在 Country 文本框中输入 China 会自动带出 Time zone 信息，如图 2-7 所示，单击“Next”按钮。

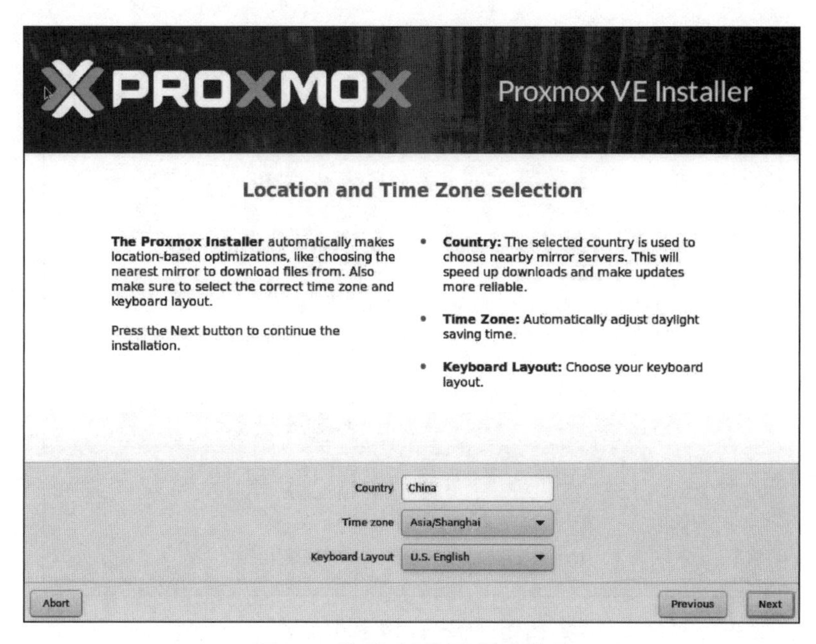

图 2-7 选择时间以及键盘类型

6）配置 Proxmox VE 口令以及 Email 地址，如图 2-8 所示，单击“Next”按钮。

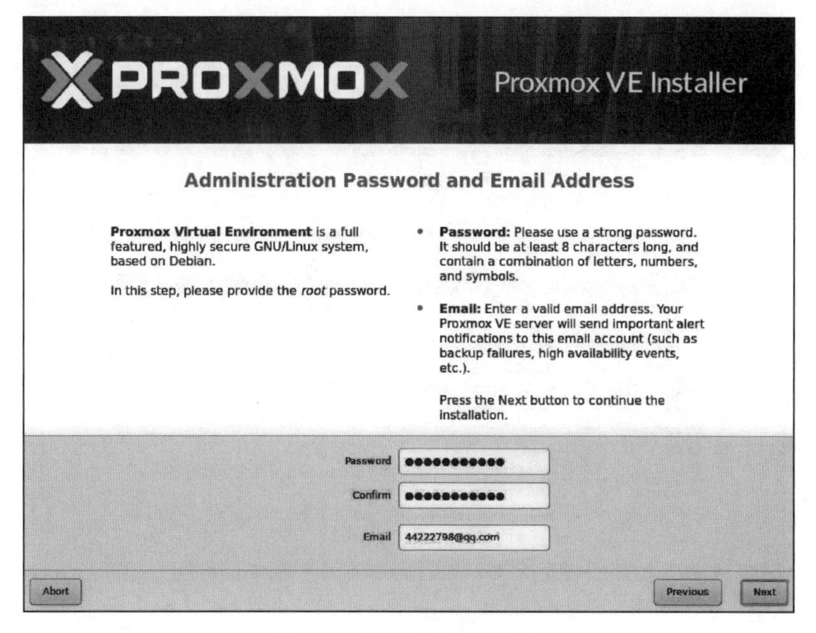

图 2-8 配置密码以及邮箱

7）配置网络相关参数，根据生产环境情况配置即可，如图 2-9 所示，单击“Next”按钮。

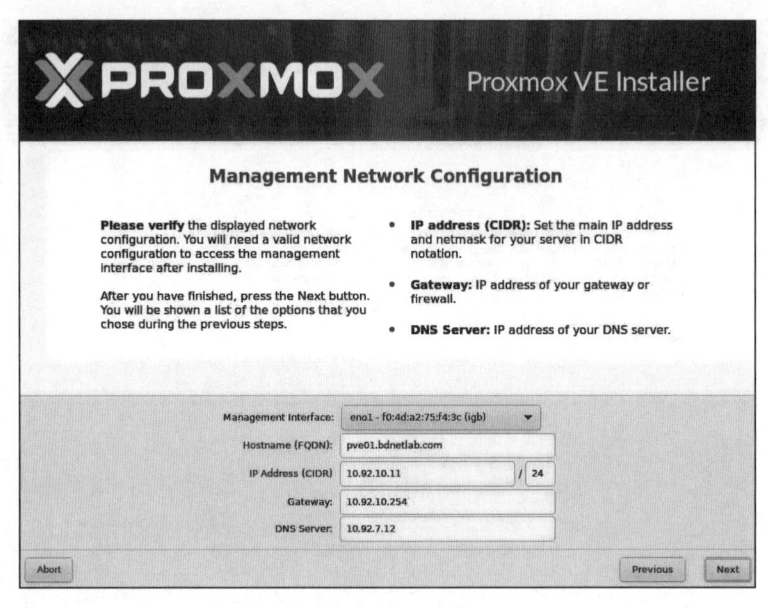

图 2-9　配置网络相关参数

8）确认 Proxmox VE 配置参数是否正确，如图 2-10 所示，单击“Install”按钮开始部署。

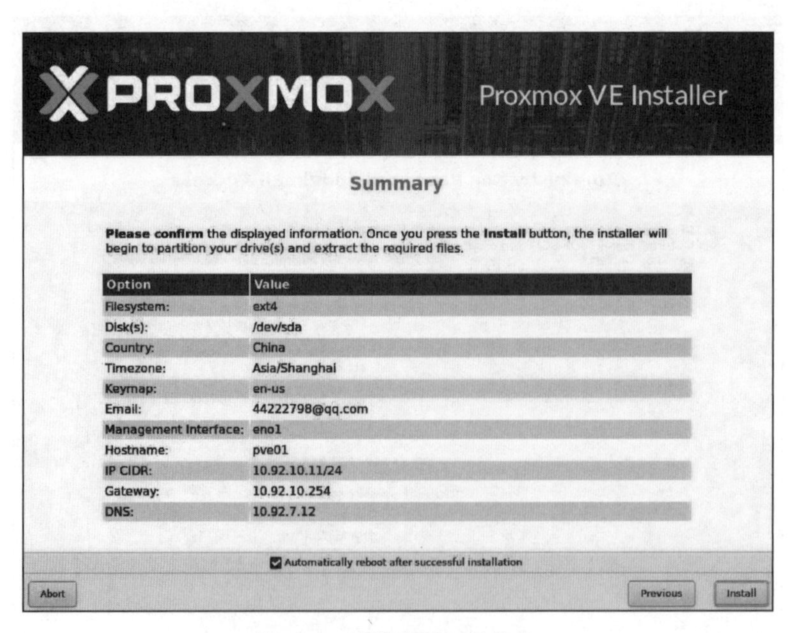

图 2-10　配置参数汇总信息

9）开始在物理服务器上部署 Proxmox VE，如图 2-11 所示。

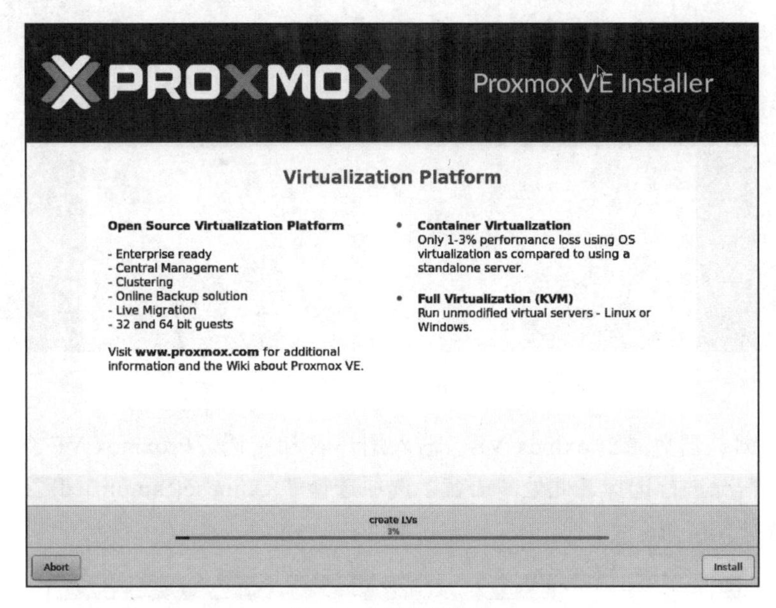

图 2-11　创建逻辑卷

10）完成独立节点 Proxmox VE 部署，如图 2-12 所示，单击“Reboot”按钮重启服务器。

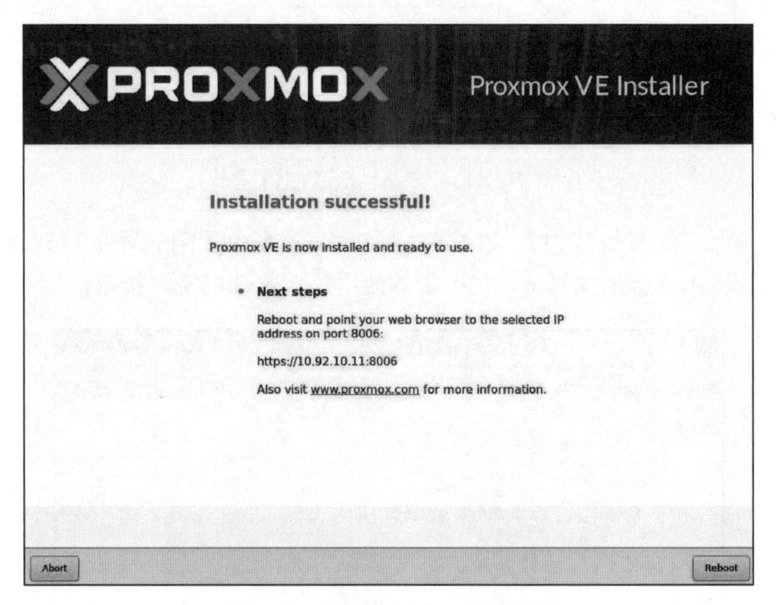

图 2-12　完成 Proxmox VE 部署

11）重启完成后登录物理服务器控制台，使用命令“cat /proc/version”可以看到 Proxmox VE 底层使用 Debian Linux 系统，如图 2-13 所示。

```
--------------------------------------------------------------------------------

Welcome to the Proxmox Virtual Environment. Please use your web browser to
configure this server - connect to:

  https://10.92.10.11:8006/

--------------------------------------------------------------------------------

pve01 login: root
Password:
Linux pve01 5.15.30-2-pve #1 SMP PVE 5.15.30-3 (Fri, 22 Apr 2022 18:08:27 +0200) x86_64

The programs included with the Debian GNU/Linux system are free software;
the exact distribution terms for each program are described in the
individual files in /usr/share/doc/*/copyright.

Debian GNU/Linux comes with ABSOLUTELY NO WARRANTY, to the extent
permitted by applicable law.
Last login: Wed Sep 21 16:37:56 CST 2022 on tty1
root@pve01:~# cat /proc/version
Linux version 5.15.30-2-pve (build@proxmox) (gcc (Debian 10.2.1-6) 10.2.1 20210110, GNU ld (GNU Binutils for Debian) 2.35.2) #1
SMP PVE 5.15.30-3 (Fri, 22 Apr 2022 18:08:27 +0200)
root@pve01:~#
```

图 2-13　Proxmox VE 底层使用的系统

12）使用浏览器登录 Proxmox VE，输入用户名和密码。Proxmox VE 支持多种语言，可以根据实际情况进行选择，此处“语言”选项选择“ Chinese(Simplified)”，如图 2-14 所示，单击“登录”按钮。

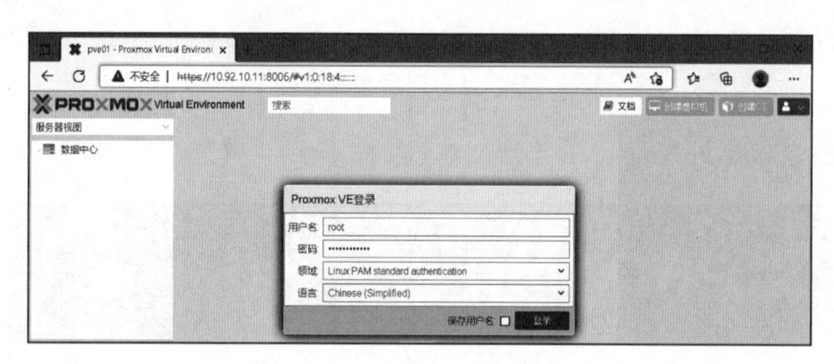

图 2-14　登录 Proxmox VE

13）系统提示“无有效订阅”，如图 2-15 所示。这是由于刚部署完 Proxmox VE，未输入订阅相关参数，因此会出现提示，但不影响使用，单击“确定”按钮。

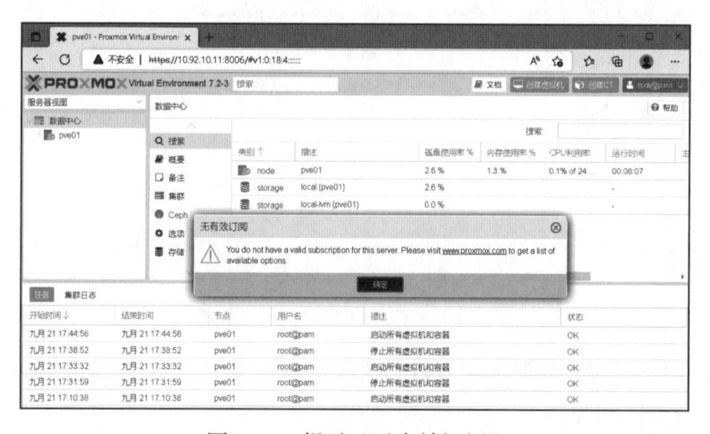

图 2-15　提示“无有效订阅”

14）查看 Proxmox VE 数据中心概要信息，可以看到目前使用的是独立节点，还可以看到客户、资源、订阅等信息，如图 2-16 所示。

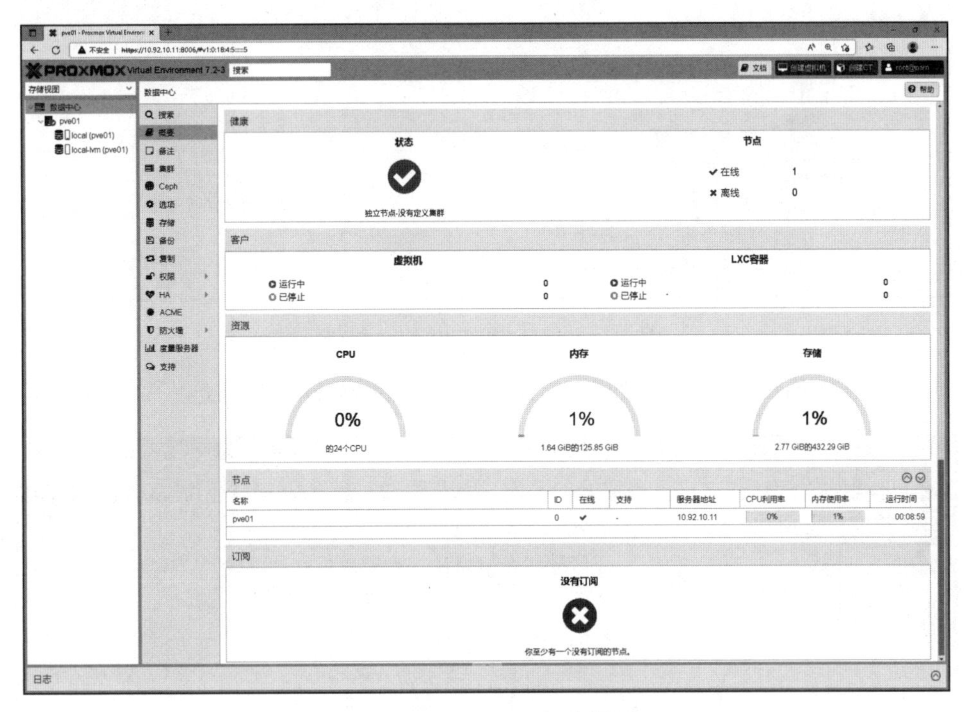

图 2-16　Proxmox VE 主界面

至此，独立节点部署 Proxmox VE 完成。通过以上操作可以看出，只要满足 Proxmox VE 部署条件，只需配置几个参数即可完成部署。上述操作简化了部署流程，降低了部署难度，初学者可以快速上手。

2.2　修改 Proxmox VE 更新源

Proxmox VE 底层基于 Debian Linux，默认更新源位于国外，国内访问默认更新源会比较缓慢，甚至会导致更新失败。为了提高访问速度并保证更新成功，国内的阿里云和中科大提供了 Proxmox VE 镜像源。本节介绍修改默认源为国内镜像站点。

2.2.1　修改 Proxmox VE 存储库

Proxmox VE 默认使用 Debian Linux 的 APT 存储库作为自己的更新源，因此需要手动修改默认 APT 存储库。本小节介绍如何将 Proxmox VE 的默认更新源修改为阿里云镜像站点。

1）查看 Proxmox VE 存储库信息，默认所有存储库均启用，链接访问国外站点，如图 2-17 所示。

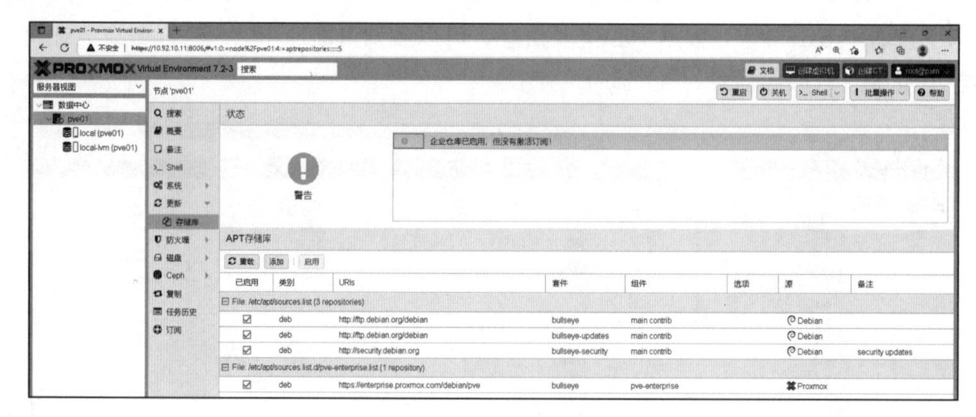

图 2-17　查看 Proxmox VE 存储库

2）将默认存储库全部禁用，如图 2-18 所示，单击“Shell”按钮进入命令行模式。

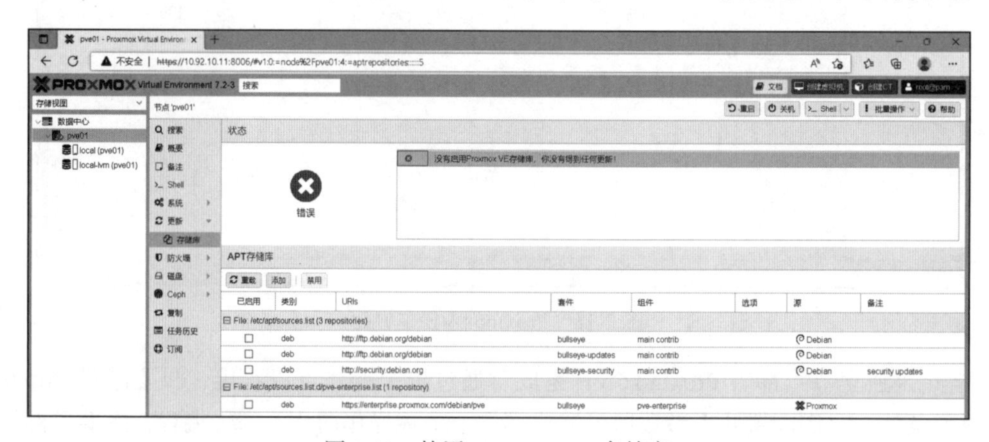

图 2-18　禁用 Proxmox VE 存储库

3）使用命令“vi /etc/apt/sources.list”修改默认更新源，添加阿里云镜像站点。

```
root@pve01:~# vi /etc/apt/sources.list
# deb http://ftp.debian.org/debian bullseye main contrib
# deb http://ftp.debian.org/debian bullseye-updates main contrib
# security updates
# deb http://security.debian.org bullseye-security main contrib
deb http://mirrors.aliyun.com/debian/ bullseye main non-free contrib  #添加阿里云
    镜像站点
deb http://mirrors.aliyun.com/debian-security/ bullseye-security main
deb http://mirrors.aliyun.com/debian/ bullseye-updates main non-free contrib
```

4）重新查看 Proxmox VE 存储库信息，可以看到已添加阿里云镜像站点，如图 2-19 所示。

5）进入更新界面，目前没有可用更新，如图 2-20 所示，单击“刷新”按钮。

6）Proxmox VE 通过阿里云镜像站点更新软件包数据库，如图 2-21 所示。

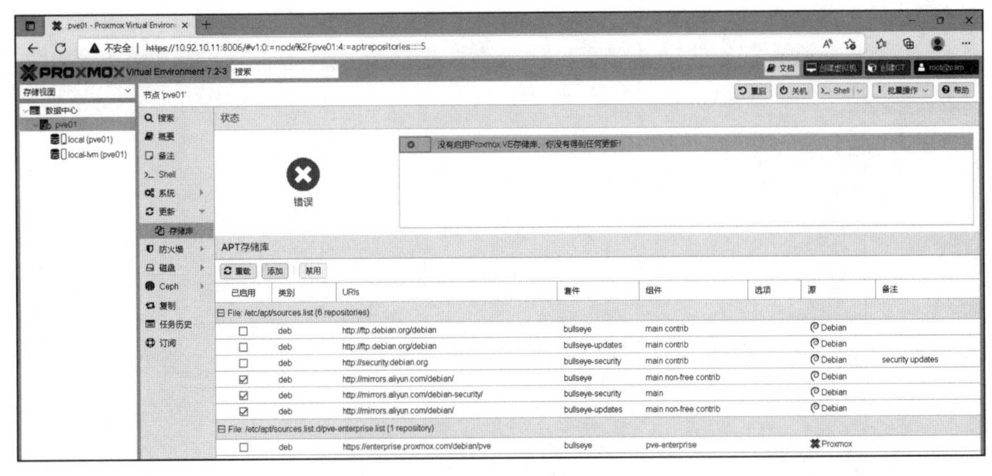

图 2-19　添加阿里云镜像站点

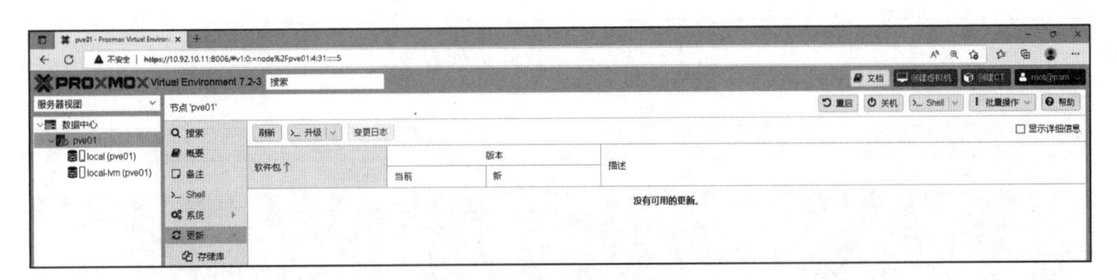

图 2-20　查看更新界面

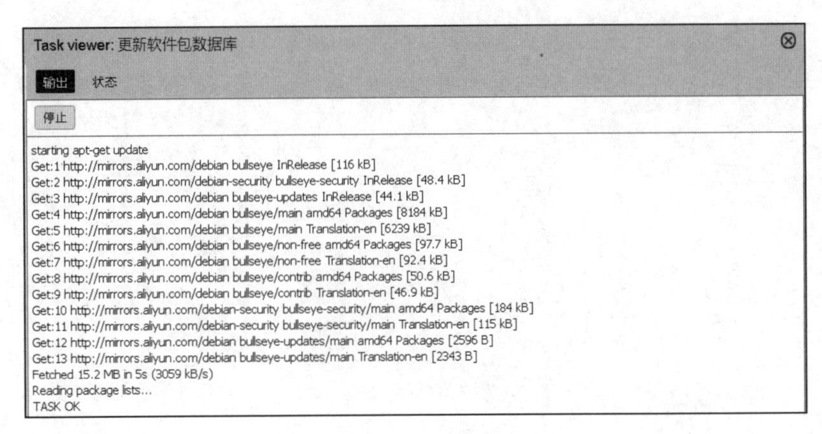

图 2-21　启动更新

7）重新查看更新软件包信息，需要更新的软件包已列出，如图 2-22 所示，单击“升级”按钮。

8）Proxmox VE 开始执行更新，但需要确认是否继续，如图 2-23 所示，输入 y 后按回车键。

图 2-22　更新软件包列表

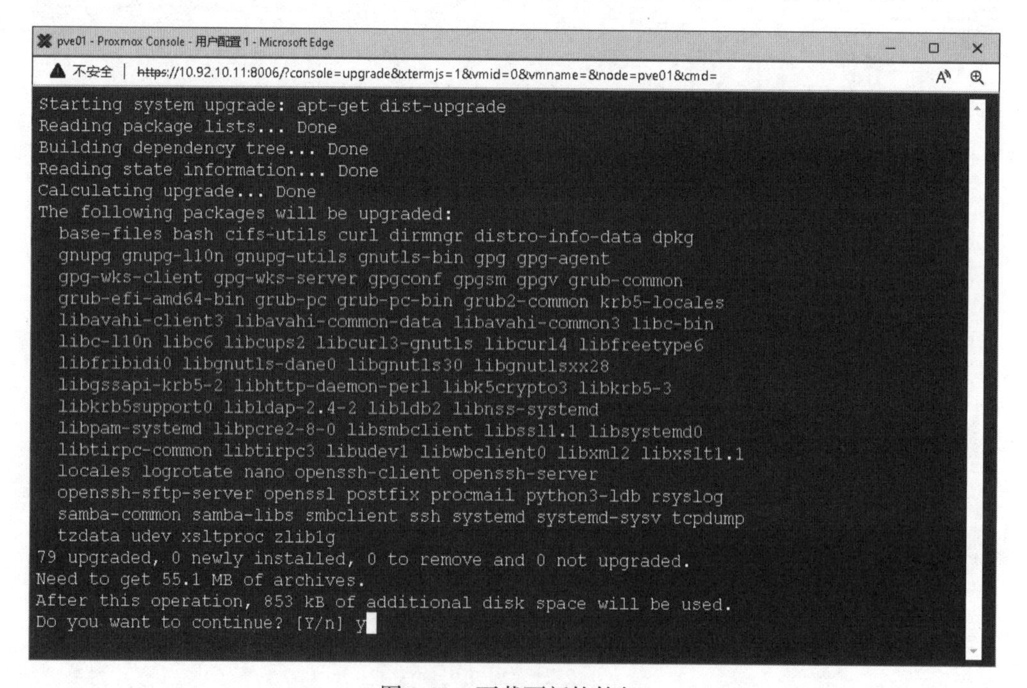

图 2-23　下载更新软件包

9）完成更新安装，系统提示“Your System is up-to-date”，代表系统是最新的，如图 2-24 所示。

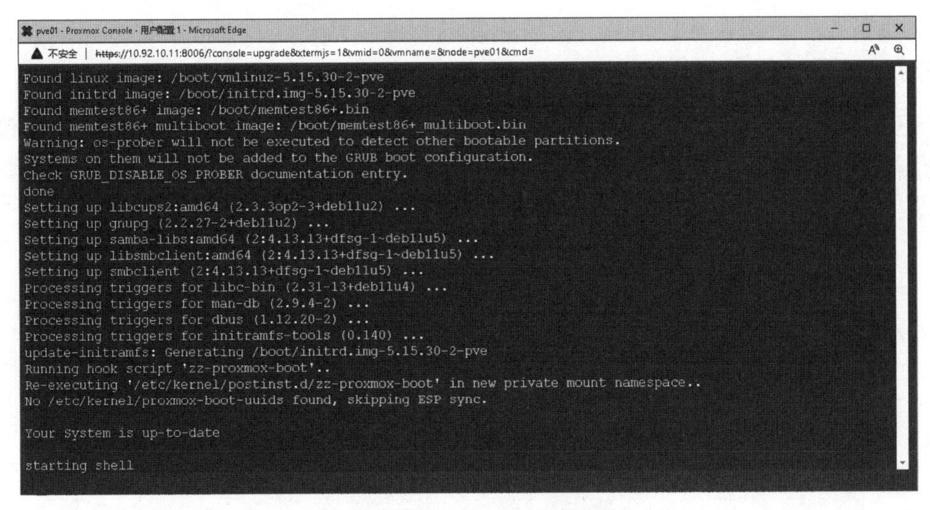

图 2-24　完成系统更新

2.2.2　修改 Proxmox VE Ceph 源

Proxmox VE 集成 Ceph 分布式存储，默认也使用 Debian Linux 源。但是，由于和系统存储库一样，国内访问速度较慢或访问超时，会导致更新失败。本小节介绍如何使用中科大镜像站点作为 Ceph 更新源。

1）使用命令“vi /etc/apt/sources.list.d/ceph.list”修改默认更新源，添加中科大更新源。

```
root@pve01:~#vi /etc/apt/sources.list.d/ceph.list
#deb http://download.proxmox.com/debian/ceph-pacific bullseye main      #添加中科大
    镜像站点
deb http://mirrors.ustc.edu.cn/proxmox/debian/ceph-pacific bullseye main
```

2）重新查看 Proxmox VE 存储库信息，可以看到中科大镜像站点已添加，如图 2-25 所示。

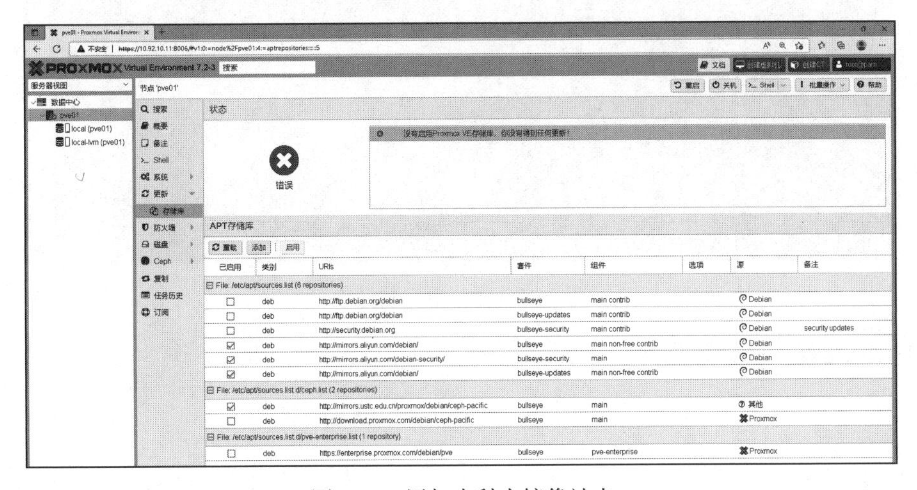

图 2-25　添加中科大镜像站点

3）重新查看更新软件包信息，需要更新的软件包已列出，如图 2-26 所示，单击“升级”按钮。

软件包 ↑	版本 当前	版本 新	描述
ceph-common	15.2.16-pve1	16.2.9-pve1	common utilities to mount and interact with a ceph storage cluster
ceph-fuse	15.2.16-pve1	16.2.9-pve1	FUSE-based client for the Ceph distributed file system
libcephfs2	15.2.16-pve1	16.2.9-pve1	Ceph distributed file system client library
libjaeger		16.2.9-pve1	This package provides libraries needed for distributed tracing for Ceph.
librados2	15.2.16-pve1	16.2.9-pve1	RADOS distributed object store client library
libradosstriper1	15.2.16-pve1	16.2.9-pve1	RADOS striping interface
librbd1	15.2.16-pve1	16.2.9-pve1	RADOS block device client library
librgw2	15.2.16-pve1	16.2.9-pve1	RADOS Gateway client library
python3-ceph-argparse	15.2.16-pve1	16.2.9-pve1	Python 3 utility libraries for Ceph CLI
python3-ceph-common	15.2.16-pve1	16.2.9-pve1	Python 3 utility libraries for Ceph
python3-cephfs	15.2.16-pve1	16.2.9-pve1	Python 3 libraries for the Ceph libcephfs library
python3-rados	15.2.16-pve1	16.2.9-pve1	Python 3 libraries for the Ceph librados library
python3-rbd	15.2.16-pve1	16.2.9-pve1	Python 3 libraries for the Ceph librbd library
python3-rgw	15.2.16-pve1	16.2.9-pve1	Python 3 libraries for the Ceph librgw library

图 2-26　更新的软件包列表

4）Proxmox VE 开始执行更新，但需要确认是否继续，如图 2-27 所示，输入 y 后按回车键。

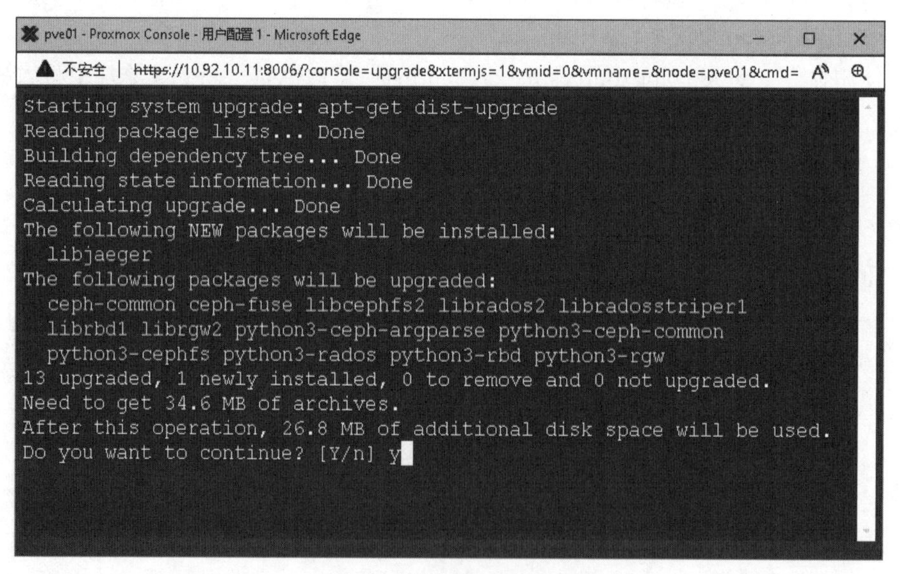

图 2-27　下载更新软件包

5）完成更新安装，系统提示“Your System is up-to-date”，代表系统是最新的，如图 2-28 所示。

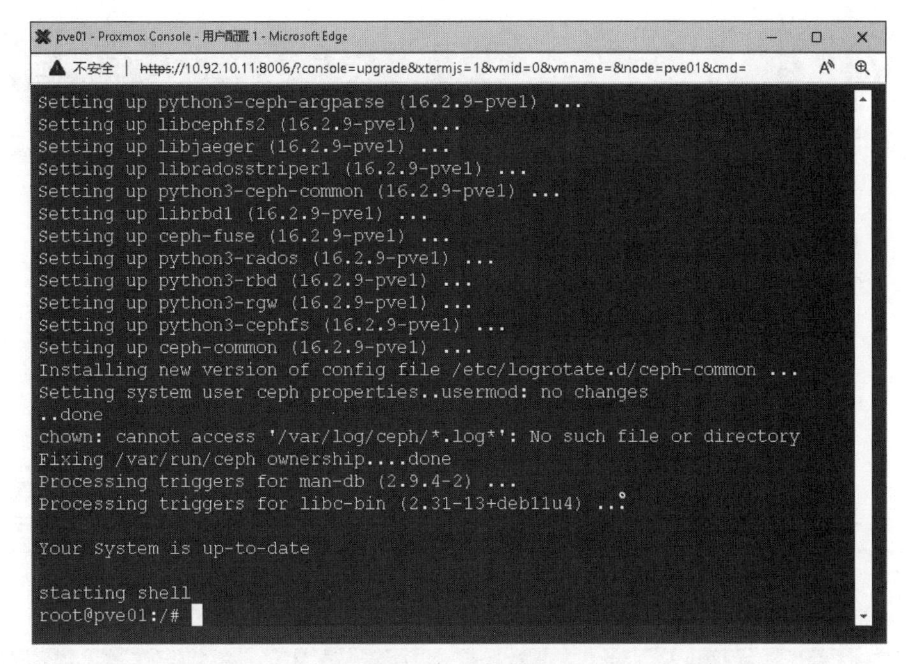

图 2-28　完成系统更新

2.2.3　修改 Proxmox VE 订阅

Proxmox VE 是开源软件，用户可以免费使用其完整功能。然而，在登录时可能会出现“无有效订阅”的提示，这是因为用户没有订阅 Proxmox VE 提供的技术支持服务，如图 2-29 所示。通过修改更新源可以获取更新，但会出现“没有启用 Proxmox VE 存储库，你没有得到任何更新”的提示，如图 2-30 所示。

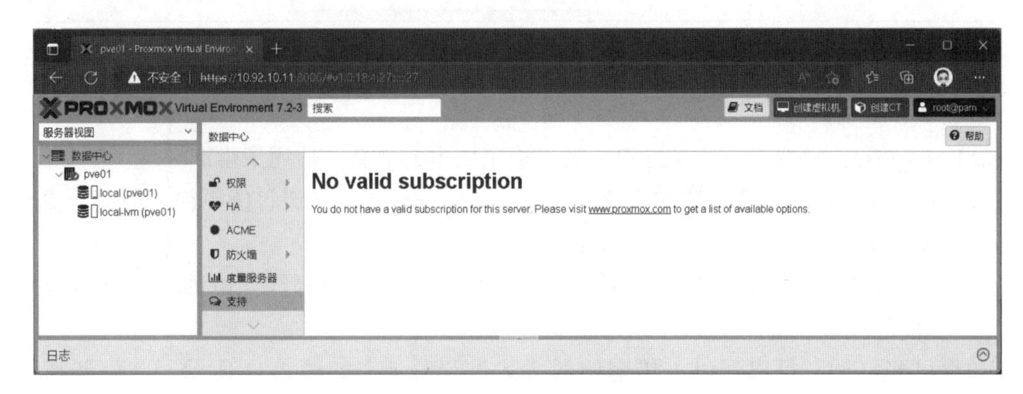

图 2-29　无有效订阅提示

要解决这个问题，可以通过订阅服务以及修改订阅来实现。Proxmox VE 提供多种订阅服务，主要包括 Enterprise、No-Subscription、Test，如图 2-31 所示。

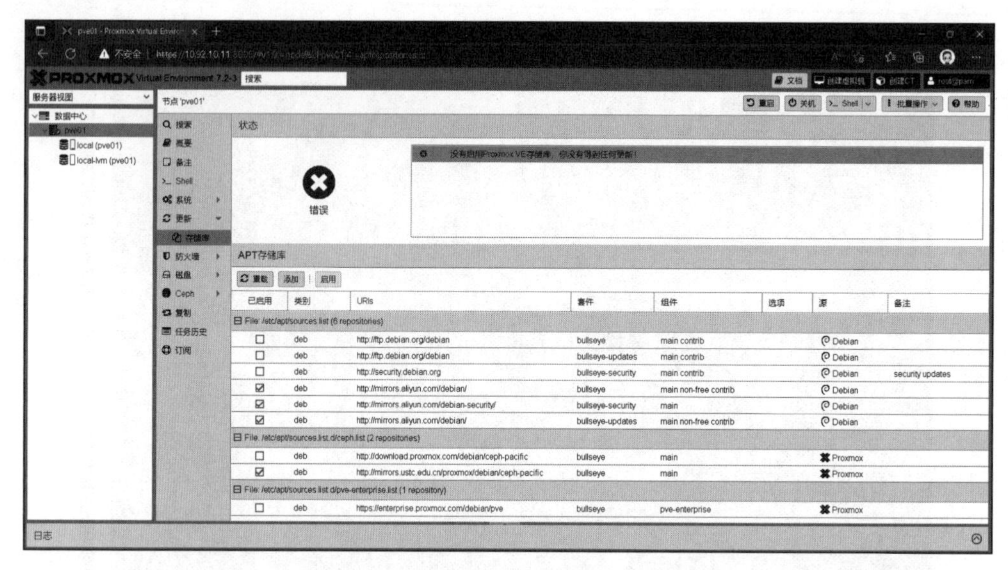

图 2-30　未启用 Proxmox VE 存储库提示

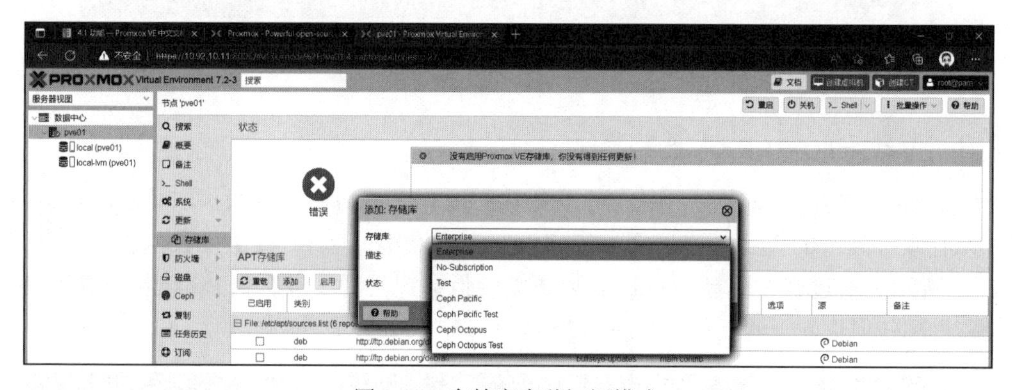

图 2-31　存储库多种订阅模式

参数解释如下。

- Enterprise：付费的企业级订阅，提供稳定版本的更新，适用于生产环境。
- No-Subscription：非付费的企业级订阅，更新速度比企业级订阅更快，但部分更新可能未经测试，不建议用于生产环境。
- Test：测试订阅，包括所有更新，属于开发团队测试新功能使用的版本，不建议用于生产环境。

如果已经订阅，可以通过上传密钥的方式进行验证，如图 2-32 所示。此处选择使用 No-Subscription 模式，再查看 Proxmox VE 的更新情况。

1）添加存储库，选择存储库为“No-Subscription”，如图 2-33 所示，单击“添加”按钮。

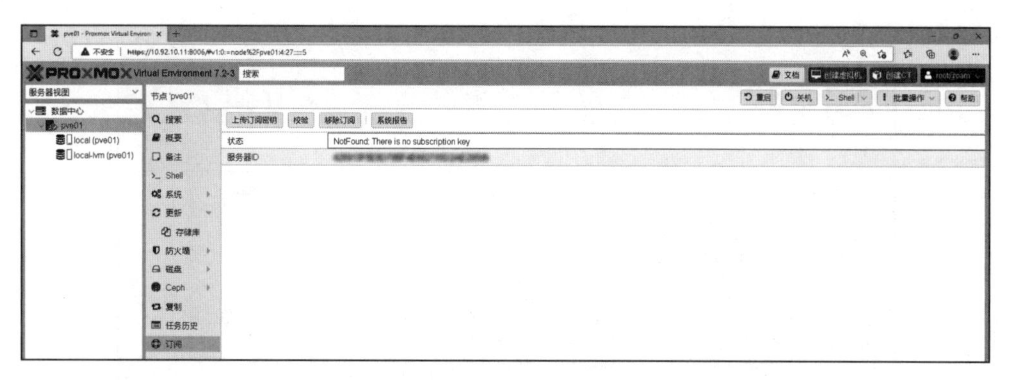

图 2-32　上传密钥界面

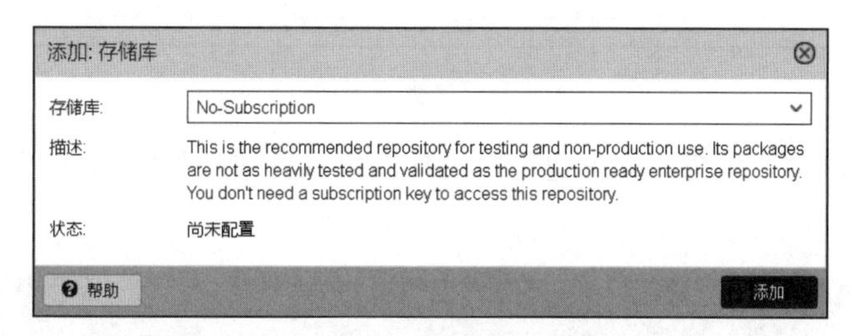

图 2-33　选择存储库

2）成功添加“No-Subscription”存储库，但会收到“你会收到 Proxmox VE 的更新”以及“不建议将非订阅存储库用于生产用途”的提示，如图 2-34 所示。

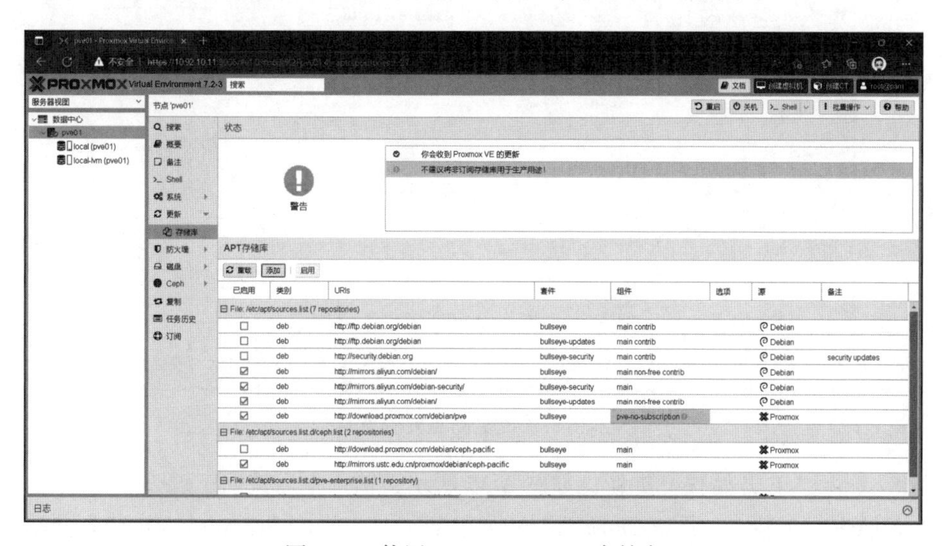

图 2-34　使用 No-Subscription 存储库

3）Proxmox VE 开始更新软件包，基于“No-Subscription”存储库更新需要访问 Proxmox VE 官方网站，如图 2-35 所示。

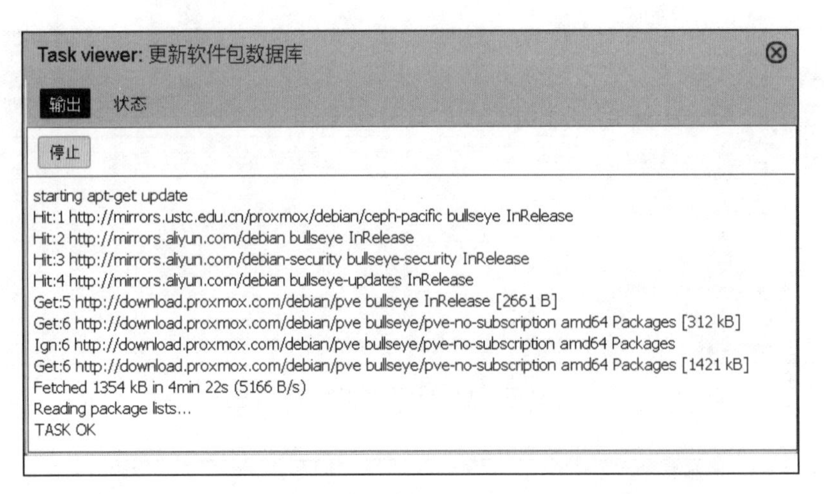

图 2-35 更新系统

4）完成更新软件包信息，软件包清单再次新增软件包，如图 2-36 所示，单击“升级”按钮。

图 2-36 系统更新需要的软件包

5）Proxmox VE 开始执行更新，如图 2-37 所示，输入 y 后按回车键。

6）开始进行更新，如图 2-38 所示。需要注意的是，访问 Proxmox VE 官方网站来更新的速度会比较慢，甚至出现更新失败的情况，如果失败，可以再次进行更新。

至此，修改 Proxmox VE 订阅完成，生产环境可以根据实际情况选择不同的订阅服务。

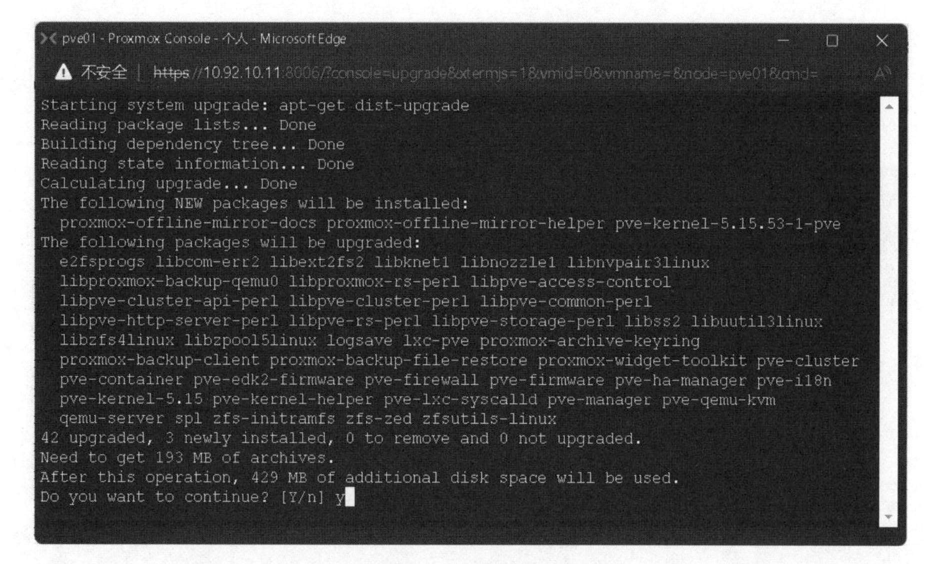

图 2-37 下载系统更新

```
pve01 - Proxmox Console - 个人 - Microsoft Edge
不安全 | https://10.92.10.11:8006/?console=upgrade&xtermjs=1&vmid=0&vmname=&node=pve01&cmd=
Building dependency tree... Done
Reading state information... Done
Calculating upgrade... Done
The following NEW packages will be installed:
  proxmox-offline-mirror-docs proxmox-offline-mirror-helper pve-kernel-5.15.53-1-pve
The following packages will be upgraded:
  e2fsprogs libcom-err2 libext2fs2 libknet1 libnozzle1 libnvpair3linux
  libproxmox-backup-qemu0 libproxmox-rs-perl libpve-access-control
  libpve-cluster-api-perl libpve-cluster-perl libpve-common-perl
  libpve-http-server-perl libpve-rs-perl libpve-storage-perl libss2 libuutil3linux
  libzfs4linux libzpool5linux logsave lxc-pve proxmox-archive-keyring
  proxmox-backup-client proxmox-backup-file-restore proxmox-widget-toolkit pve-cluster
  pve-container pve-edk2-firmware pve-firewall pve-firmware pve-ha-manager pve-i18n
  pve-kernel-5.15 pve-kernel-helper pve-lxc-syscalld pve-manager pve-qemu-kvm
  qemu-server spl zfs-initramfs zfs-zed zfsutils-linux
42 upgraded, 3 newly installed, 0 to remove and 0 not upgraded.
Need to get 193 MB of archives.
After this operation, 429 MB of additional disk space will be used.
Do you want to continue? [Y/n] y
Get:1 http://download.proxmox.com/debian/pve bullseye/pve-no-subscription amd64 logsave amd64 1.46.5-2~bpo11+2 [76.6 kB]
Get:2 http://download.proxmox.com/debian/pve bullseye/pve-no-subscription amd64 libext2fs2 amd64 1.46.5-2~bpo11+2 [259 kB]
1% [2 libext2fs2 150 kB/259 kB 58%]                                    5061 B/s 10h 36min 15s
```

图 2-38 下载并安装系统更新软件包

2.3 集群部署 Proxmox VE

独立节点部署 Proxmox VE 可提供虚拟化或容器运行环境，适用于测试环境或小规模非核心应用。但对于企业生产环境，建议采用集群部署 Proxmox VE。集群部署需要使用三台或三台以上的物理服务器，以实现高级特性，如迁移和高可用等。

2.3.1 创建 Proxmox VE 集群

默认情况下，Proxmox VE 以独立节点方式运行。由于采用去中心化的部署，可以任意选择一台 Proxmox VE 创建集群。本小节介绍如何创建 Proxmox VE 集群。

1）登录 Proxmox VE，进入数据中心的“集群”选项，如图 2-39 所示，单击“创建集群”按钮。

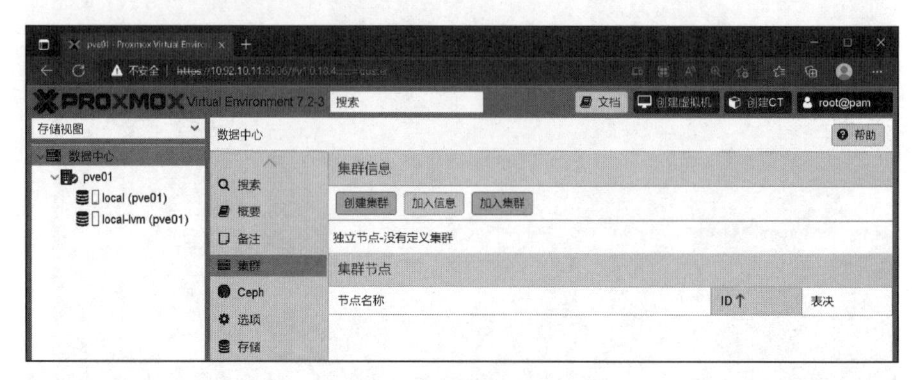

图 2-39 创建集群选项

2）输入新创建的集群的名称以及网络信息，如图 2-40 所示，单击“创建”按钮。

图 2-40 创建集群参数

3）系统开始创建集群，如图 2-41 所示。

4）完成集群创建，通过集群信息可以看到，目前集群节点数为 1，如图 2-42 所示，单击“加入信息”按钮。

5）加入信息相当于加入集群的密钥，其他 Proxmox VE 在加入这个集群时会使用到，如图 2-43 所示，单击“复制信息”按钮。

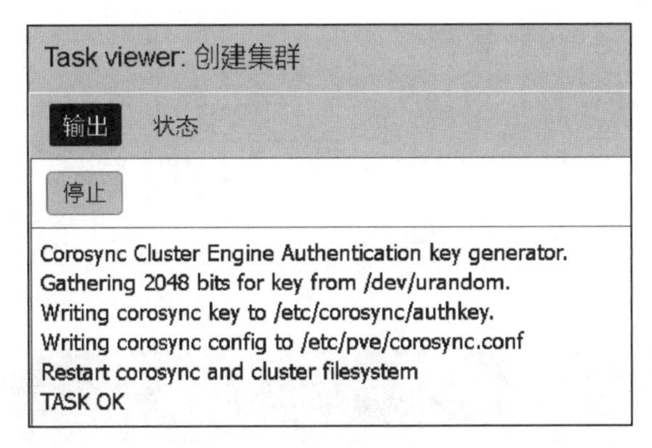

图 2-41　创建集群进程

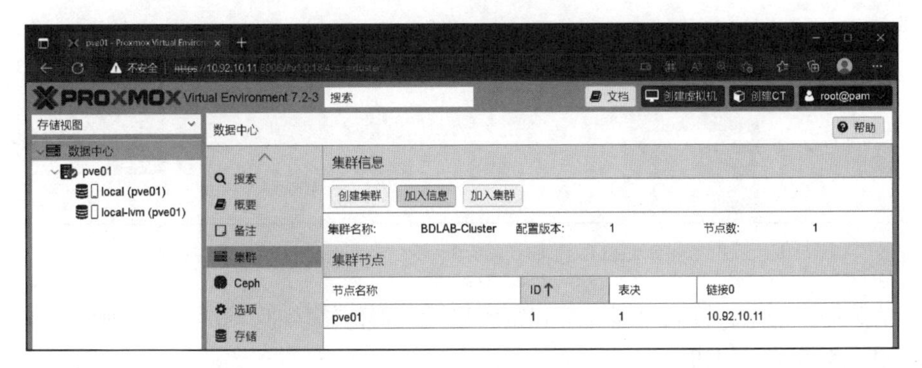

图 2-42　集群信息

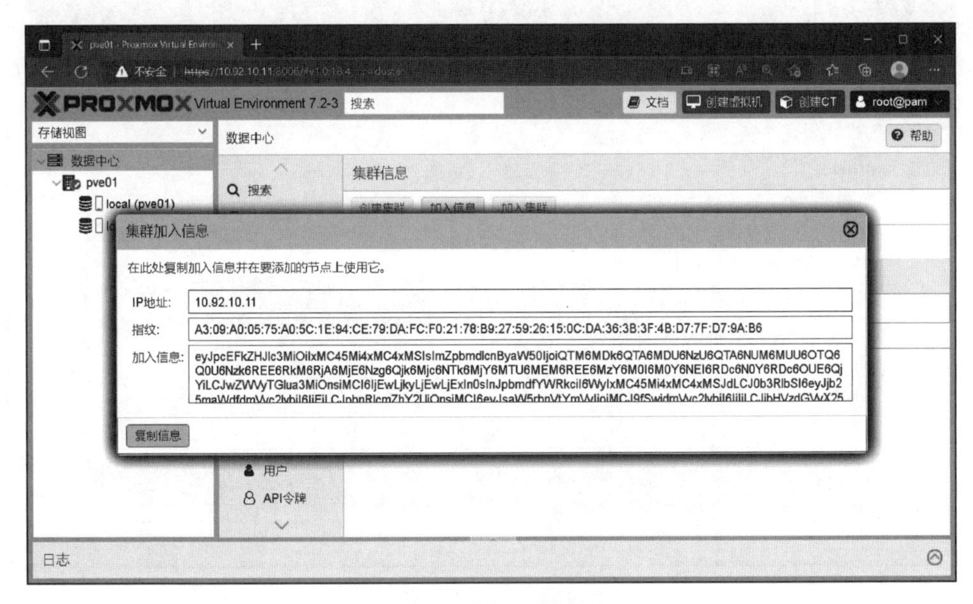

图 2-43　集群密钥信息

2.3.2 加入 Proxmox VE 集群

创建好 Proxmox VE 集群后，可以将其他 Proxmox VE 加入该集群。在加入前，请确保该 Proxmox VE 未加入其他 Proxmox VE 集群。本小节介绍如何将其他 Proxmox VE 加入 Proxmox VE 集群。

1）登录其他 Proxmox VE 节点，进入数据中心的“集群”选项，如图 2-44 所示，单击“加入集群”按钮。

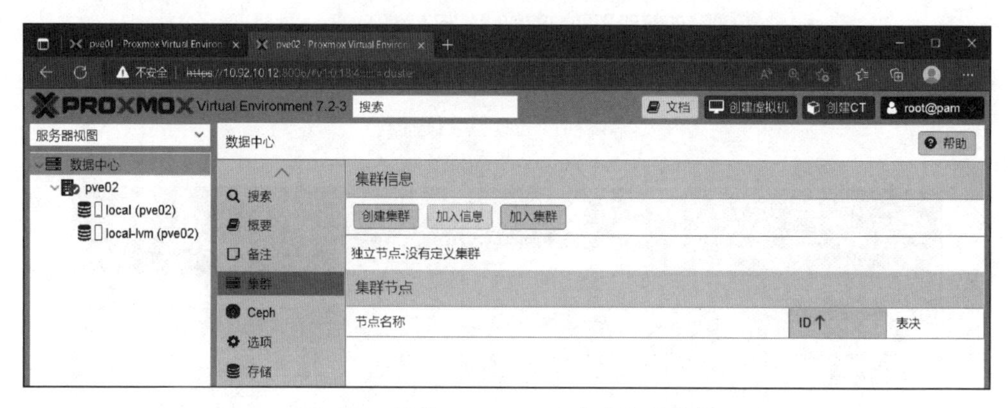

图 2-44　其他 Proxmox VE 节点集群信息

2）粘贴加入信息，输入对端地址和密码以及集群网络信息，如图 2-45 所示，单击“加入 'BDLAB-Cluster'”按钮。

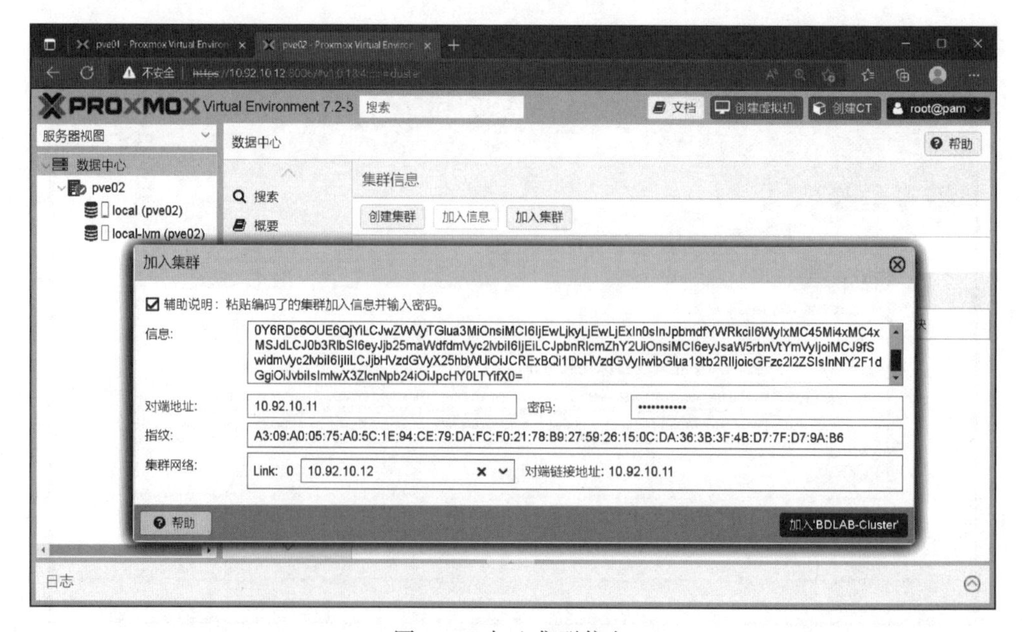

图 2-45　加入集群信息

3）Proxmox VE 开始加入集群，如图 2-46 所示。

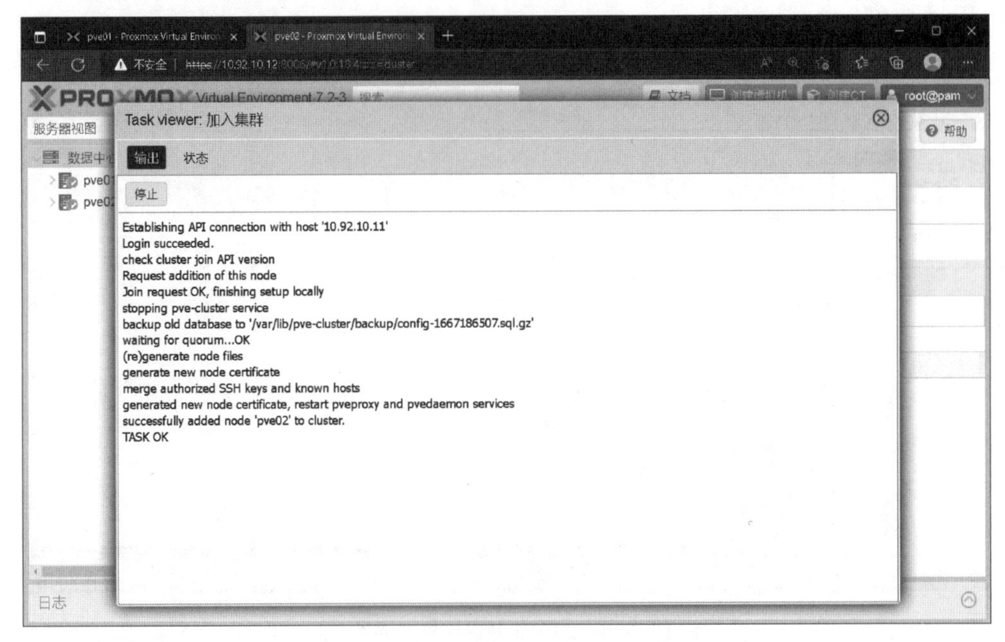

图 2-46　其他 Proxmox VE 加入集群

4）其他 Proxmox VE 成功加入集群，目前集群节点数为 2，如图 2-47 所示。

图 2-47　两台 Proxmox VE 节点集群

5）查看集群概要信息，可以看到 Proxmox VE 集群状态具有法定数目，节点数为 2，如图 2-48 所示。

图 2-48　Proxmox VE 集群概要

6）查看集群概要信息，可以看到 Proxmox VE 集群资源整体情况，如图 2-49 所示。

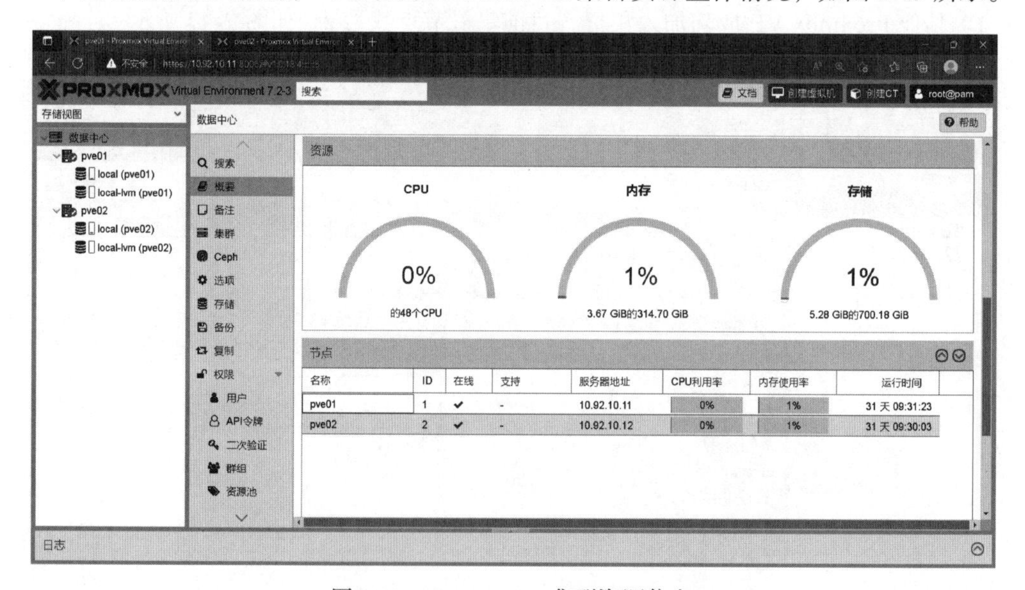

图 2-49　Proxmox VE 集群资源信息

7）按照相同的方式将其他两台 Proxmox VE 加入集群中，加入后集群节点数为 4，如图 2-50 所示。

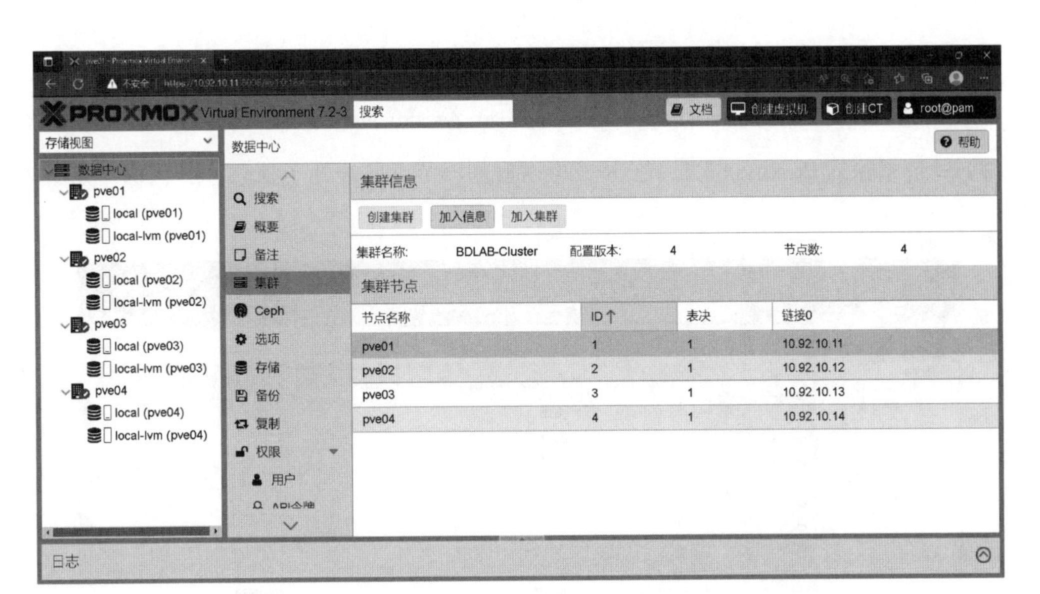

图 2-50　四台 Proxmox VE 节点主机集群

2.3.3　删除 Proxmox VE 集群

在生产环境中，由于维护或物理服务故障，可能需要将 Proxmox VE 从集群中删除。然而，目前无法通过浏览器完成此操作。本小节介绍如何将 Proxmox VE 从集群中删除。

1）使用 SSH 登录需要删除的 Proxmox VE，并使用命令行进行操作。

```
Linux pve01 5.15.30-2-pve #1 SMP PVE 5.15.30-3 (Fri, 22 Apr 2022 18:08:27 +0200)
    x86_64
The programs included with the Debian GNU/Linux system are free software;
the exact distribution terms for each program are described in the
individual files in /usr/share/doc/*/copyright.
Debian GNU/Linux comes with ABSOLUTELY NO WARRANTY, to the extent
permitted by applicable law.
Last login: Thu Sep 22 22:36:23 2022
root@pve01:~# service pve-cluster stop          # 停止 pve 集群服务
root@pve01:~# service corosync stop             # 停止集群同步服务
root@pve01:~# pmxcfs -l                         # 配置节点为独立节点
[main] notice: forcing local mode (although corosync.conf exists)
root@pve01:~# rm -rf /etc/corosync/*            # 删除集群配置文件
root@pve01:~# rm /etc/pve/corosync.conf         # 删除集群配置文件
root@pve01:~# cd /etc/pve/nodes/
root@pve01:/etc/pve/nodes# ls
pve01  pve02  pve03  pve04
root@pve01:/etc/pve/nodes# rm -rf !(pve01)
root@pve01:/etc/pve/nodes# ls
pve01
root@pve01:/etc/pve/nodes# killall pmxcfs
root@pve01:/etc/pve/nodes# service pve-cluster start
```

```
sh: 0: getcwd() failed: Transport endpoint is not connected
root@pve01:/etc/pve/nodes# service pveproxy restart
sh: 0: getcwd() failed: Transport endpoint is not connected
```

2）登录删除的 Proxmox VE 节点 0，可以看到该节点已经处于独立节点状态，如图 2-51 所示。

图 2-51　Proxmox VE 处于独立节点状态

3）登录集群中的其他 Proxmox VE，可以看到刚删除的 Proxmox VE 还有残留信息，如图 2-52 所示。这种情况需要使用命令行方式进行清理。

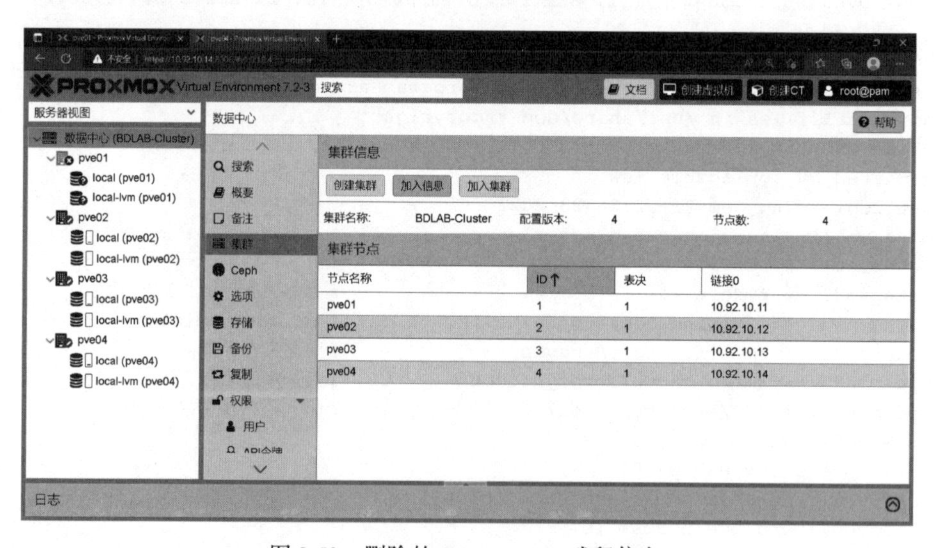

图 2-52　删除的 Proxmox VE 残留信息

4）使用 SSH 登录其他 Proxmox VE，使用命令行进行操作。

```
Linux pve04 5.15.30-2-pve #1 SMP PVE 5.15.30-3 (Fri, 22 Apr 2022 18:08:27 +0200)
    x86_64
The programs included with the Debian GNU/Linux system are free software;
the exact distribution terms for each program are described in the
individual files in /usr/share/doc/*/copyright.
Debian GNU/Linux comes with ABSOLUTELY NO WARRANTY, to the extent
permitted by applicable law.
Last login: Fri Sep 30 01:20:00 2022
root@pve04:~# pvecm delnode pve01        # 分离集群和节点
Killing node 1
Could not kill node (error = CS_ERR_NOT_EXIST)
root@pve04:~# rm -rf /etc/pve/nodes/pve01
```

5）重新查看集群信息，可以看到刚删除的 Proxmox VE 的残留信息已经清空，如图 2-53 所示。

图 2-53　三台 Proxmox VE 节点集群

至此，Proxmox VE 已成功删除。在生产环境中，从集群中删除 Proxmox VE 之后，我们建议重新安装 Proxmox VE，以确保所有集群密钥和共享配置数据都已被彻底清除。

2.4　生产环境 Proxmox VE 规划设计

通过前面章节的学习，我们已经成功部署了 Proxmox VE。对于生产环境而言，良好的规划设计非常重要，只有这样才能确保 Proxmox VE 能够高效、正常地运行。

2.4.1　订阅企业级服务

在生产环境中，Proxmox VE 的更新非常重要。No-Subscription 和 Test 两种更新不适用于生产环境。为了及时修复 Proxmox VE 存在的问题并尽可能避免因漏洞、安全等问题造成的损失，生产环境需要使用稳定更新。本小节将介绍如何订阅企业级服务。

1）查看 pve03 节点主机信息，系统会给出“你会收到 Proxmox VE 的更新”以及“测试存储库可能会引入不稳定的更新，不建议用于生产”的提示，如图 2-54 所示。

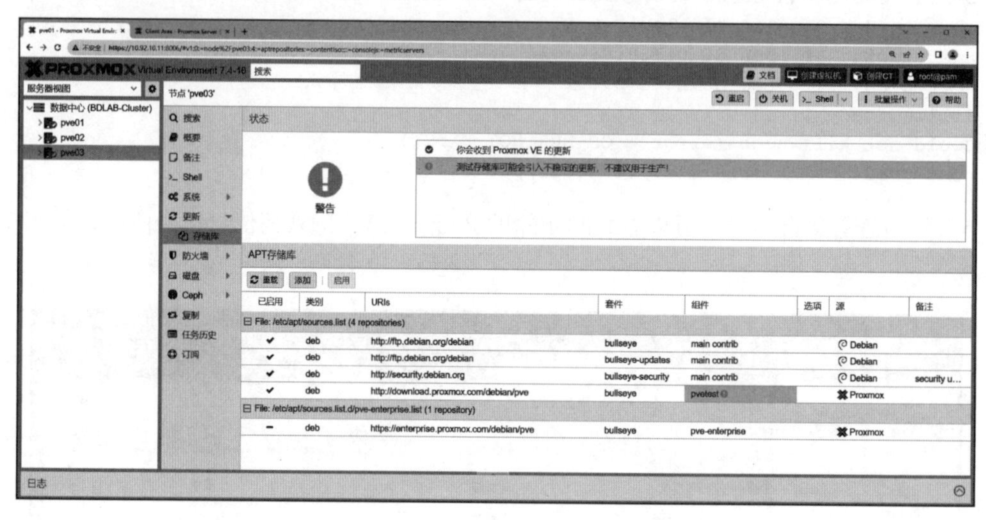

图 2-54　节点主机使用测试存储库

2）访问 Proxmox VE 官网订阅服务，官方提供 Community、Basic、Standard、Premium 多种订阅，不同订阅所需的费用不同，如图 2-55 所示。

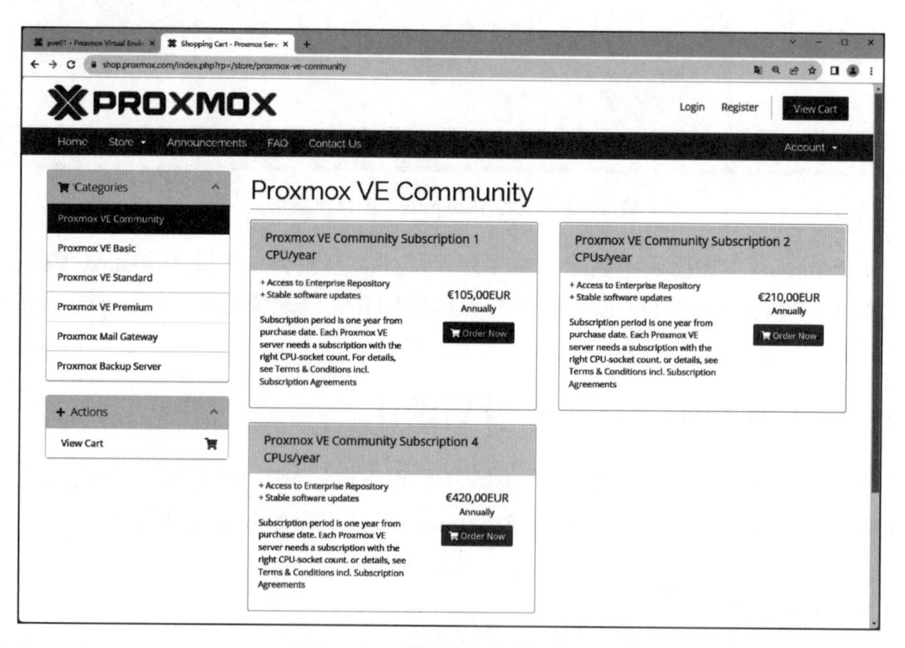

图 2-55　不同版本的订阅服务

3）本节操作订阅 Community，参数为 1 CPU/year，如图 2-56 所示。

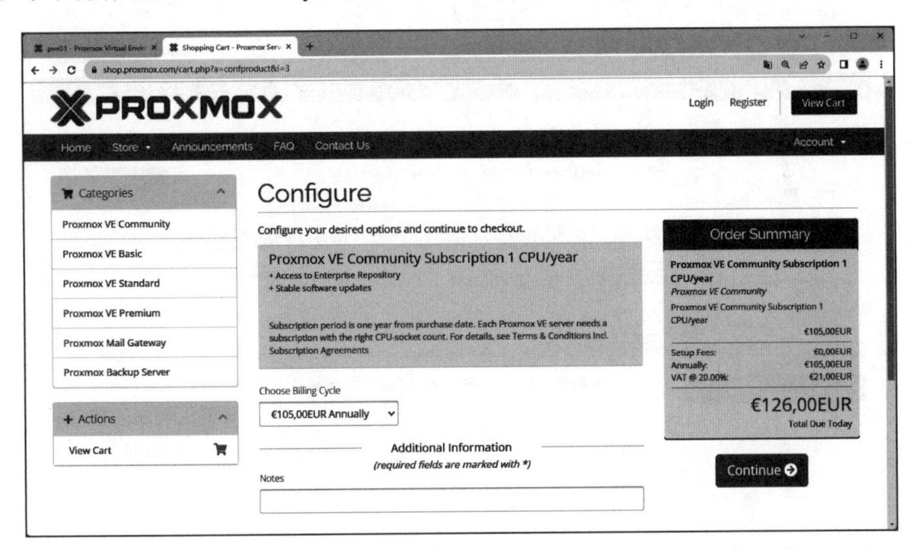

图 2-56　选择订阅 Community

4）确认订阅数量以及支付方式，如图 2-57 所示。

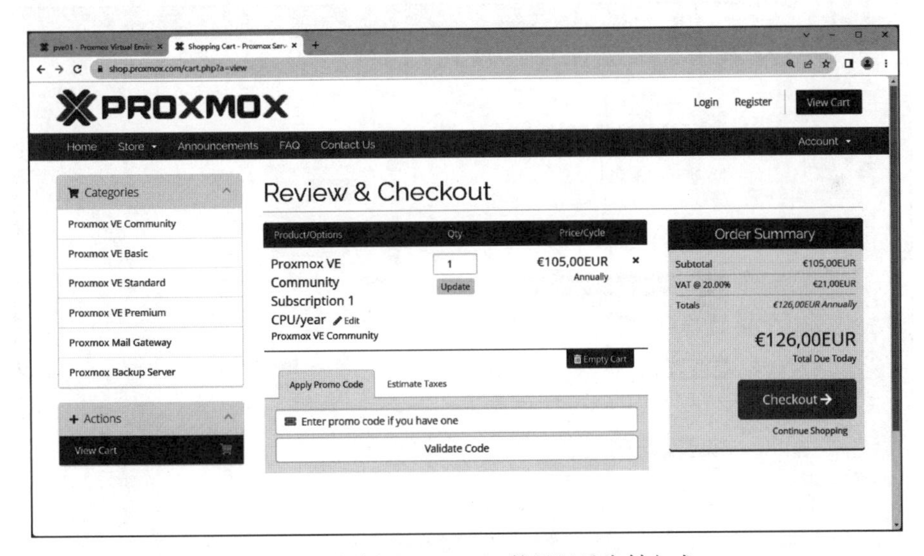

图 2-57　订阅 Community 数量以及支付方式

5）输入订阅 Community 个人相关信息，如图 2-58 所示。

6）生成订阅 Community 服务订单，如图 2-59 所示。

7）输入信用卡信息进行支付，如图 2-60 所示。

8）生成订单编号，如图 2-61 所示。

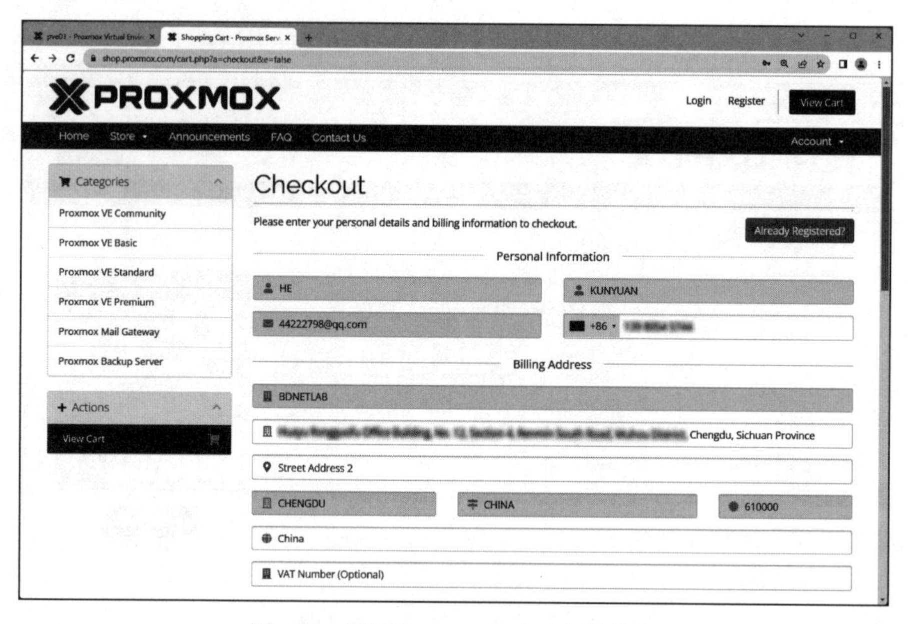

图 2-58　订阅 Community 个人相关信息

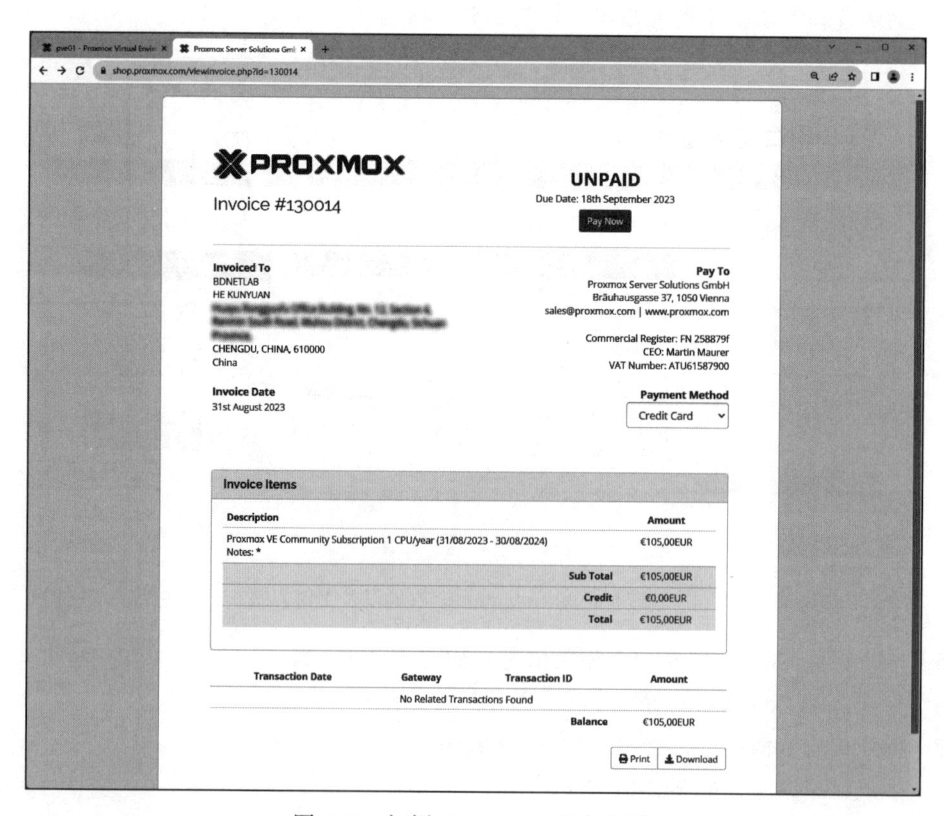

图 2-59　订阅 Community 服务订单

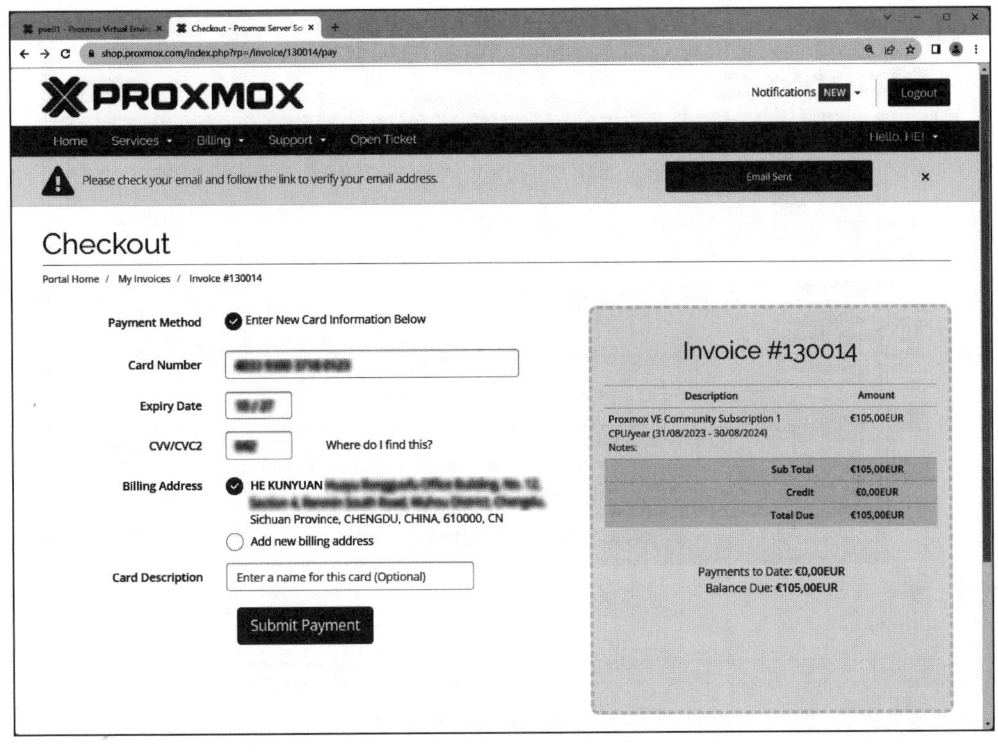

图 2-60　支付订阅费用

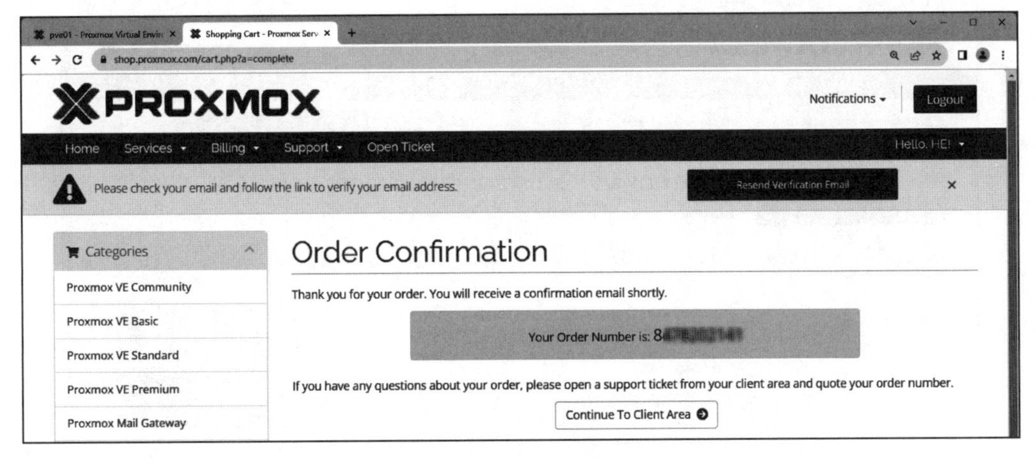

图 2-61　订单编号

9）完成 Community 服务订阅，如图 2-62 所示。

10）查看订阅 Community 服务的详细信息，如图 2-63 所示。

11）登录节点主机上传订阅密钥，如图 2-64 所示，单击“上传订阅密钥”按钮。

12）输入订阅密钥，如图 2-65 所示，单击“OK”按钮。

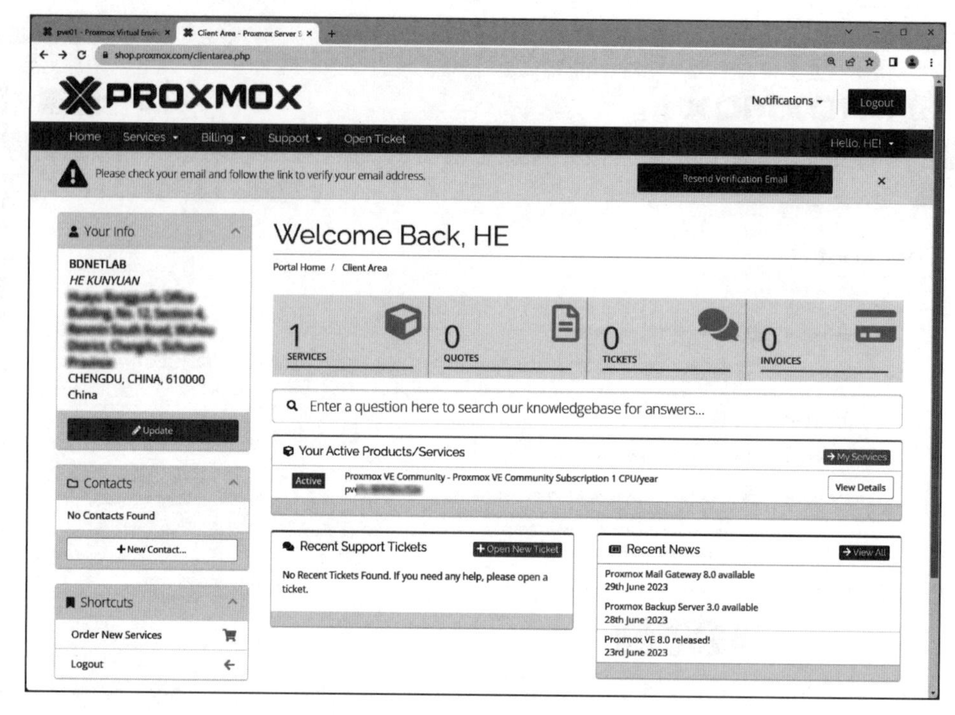

图 2-62 完成 Community 订阅

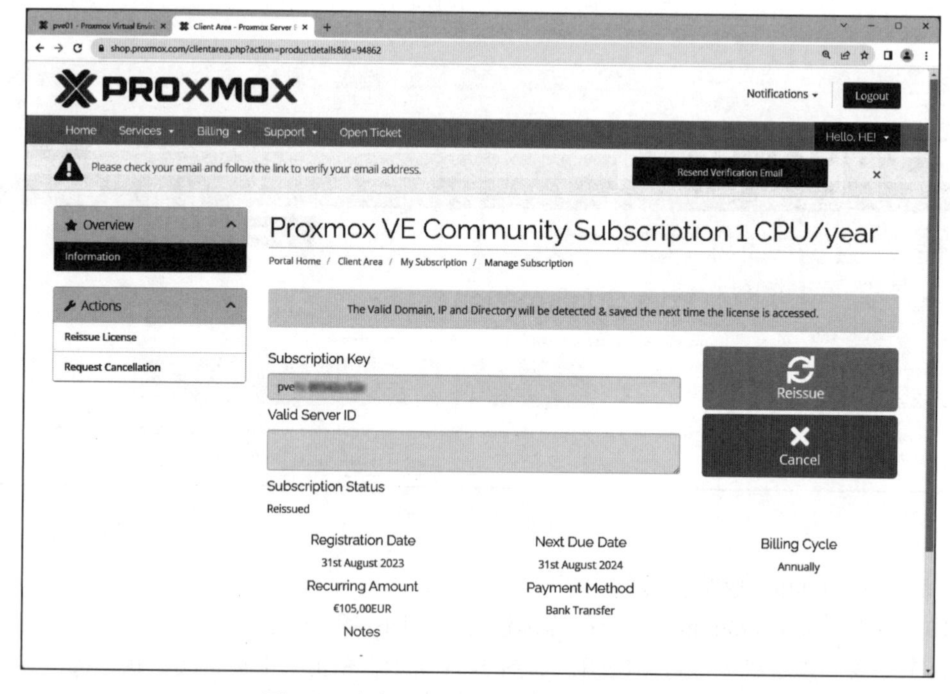

图 2-63 订阅 Community 服务的详细信息

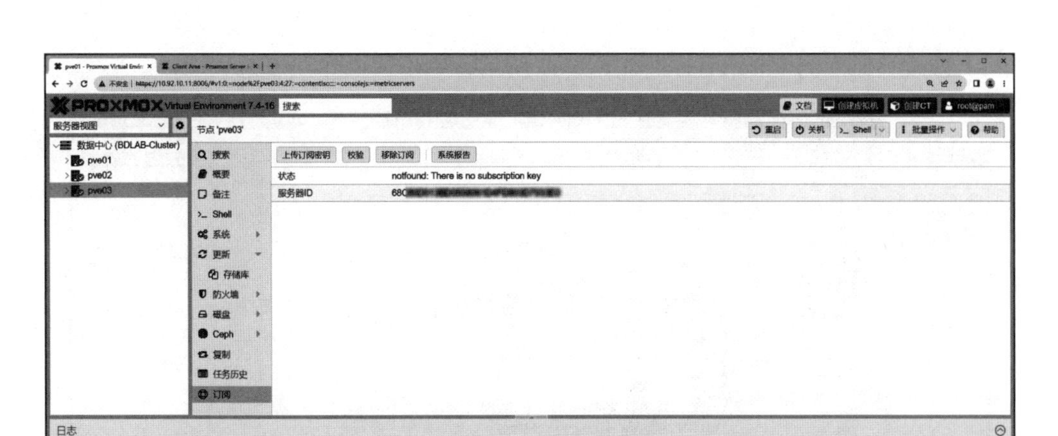

图 2-64　上传订阅密钥

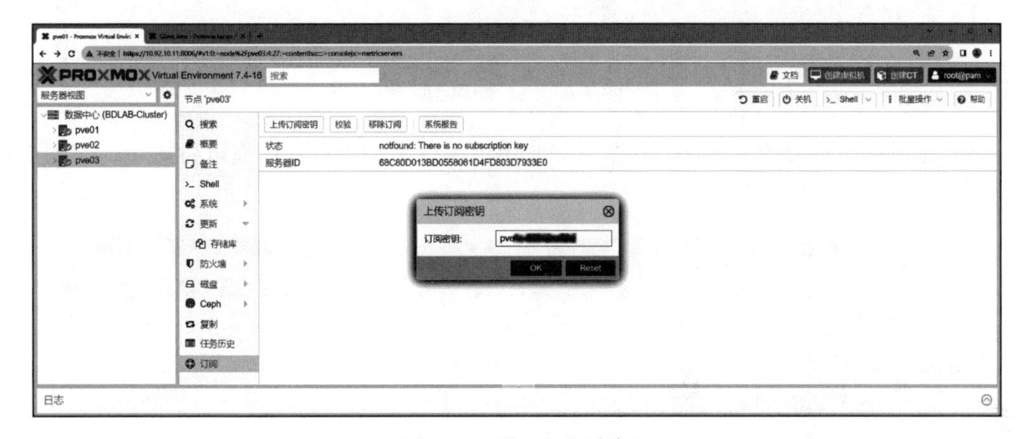

图 2-65　输入订阅密钥

13）完成 Community 服务订阅密钥的上传，如图 2-66 所示。

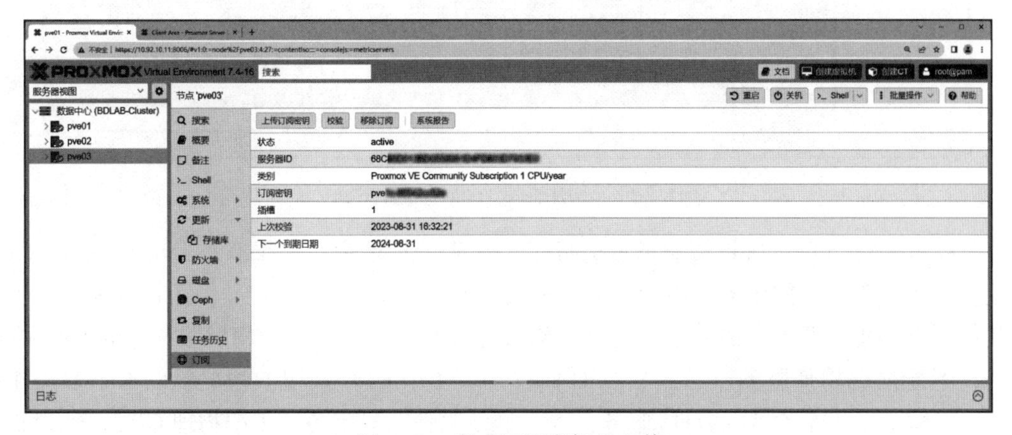

图 2-66　完成订阅密钥的上传

14）修改存储库为 Enterprise，如图 2-67 所示，单击“添加”按钮。

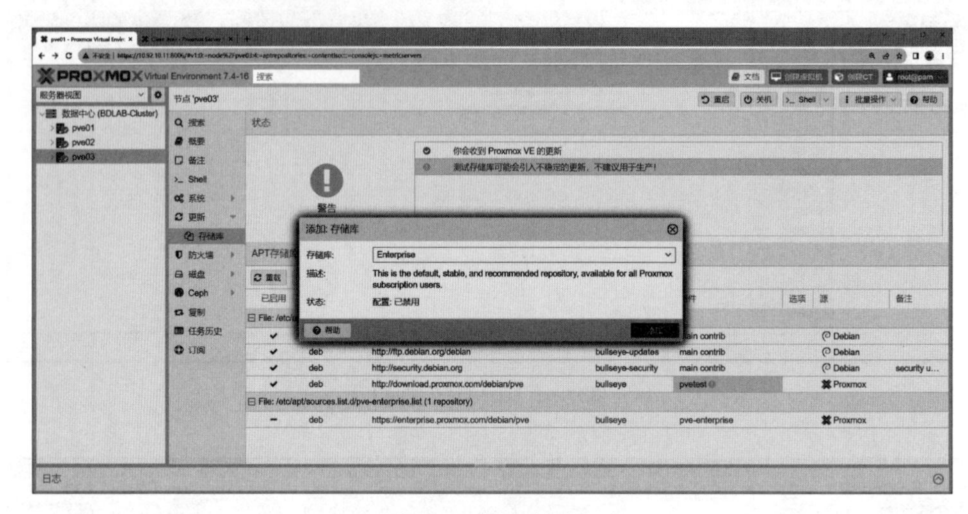

图 2-67 修改存储库

15）完成存储库修改，pve03 节点主机使用稳定版本的企业存储库进行更新，如图 2-68 所示。

图 2-68 使用企业存储库进行更新

至此，一台节点主机订阅服务就完成了。在生产环境中，如果有多台节点主机，每一台主机都需要购买订阅服务，因为订阅密钥会与服务器 ID 进行绑定，一个订阅密钥不能用于其他节点主机。此外，需要注意的是，购买订阅服务时需要结合物理服务器的 CPU 数量进行，不能出现物理服务器是 2 个 CPU 而仅购买 1 个 CPU 授权的情况。以本小节操作为例，我们购买了 1 个 CPU 的订阅服务，因为物理服务器只配备了 1 个物理 CPU，如果物理服务器配置 2 个 CPU，购买的订阅密钥将无法应用于节点主机。

2.4.2　Proxmox VE实施案例

本小节将通过真实案例介绍如何设计并实施Proxmox VE。

1. 背景介绍

某科技公司主要业务为软件外包。公司成立初期，为节省成本未构建自有数据中心，全部采用公有云提供的服务。随着业务的不断发展，公有云的日常开销越来越大，主要体现在租用的云服务器、容器、存储、网络等呈倍数增长，严重影响公司的利润，同时管理上也存在混乱的情况。

管理层经过充分的考虑，决定降低运营成本，自建企业数据中心，并将公有云上的各种服务逐渐迁移到自建数据中心上来，以此降低日常开销并优化管理。

2. 需求以及设计

结合背景介绍，我们基于降低运营成本自建数据中心进行需求分析，主要涉及以下几个方面：

（1）本地如何承载公有云使用的服务

根据背景了解到，公司目前租用了云服务器、容器等服务，如果自建数据中心，需要考虑数据中心使用什么架构进行承载。云服务器、容器平台对应的是虚拟化架构，因此需要考虑虚拟化架构的选型。

（2）底层虚拟化架构选型

出于稳定性等考虑，商业虚拟化架构VMware vSphere是首选，但成本不符合公司要求。因此，我们选择开源虚拟化架构。实际上，成熟的开源虚拟化架构无非就是oVirt、Proxmox VE两大类。oVirt属于红帽虚拟化架构社区版本，出现问题仅能求助社区，不太符合公司环境。而Proxmox VE可以购买订阅服务，且价格相对便宜，因此选择Proxmox VE作为自建数据中心虚拟化架构平台。

（3）服务器选型

选择自建数据中心虚拟化架构后，需要考虑架构运行在什么服务器上，以及服务器硬件配置。结合现有租用的云服务器以及容器数量，计划第一阶段使用5台DELL PowerEdge R430服务器部署Proxmox VE。该服务器可以支持最多两个Intel Xeon E5-2600 v4产品系列的处理器，最高可配置384GB内存，最多10个2.5英寸热插拔SATA或SSD硬盘。

（4）存储选型

确定服务器型号后，需要考虑后台存储如何配置。结合租用的云服务器以及容器等存储需求，基于成本考虑，计划第一阶段使用2台群晖DiskStation DS3617xs作为生产存储。其中一台用于主生产存储，一台用于生产备份以及其他使用。该存储硬盘槽为12个，最大支持扩充到36个，配置12块10TB硬盘，能够为生产环境提供110TB存储空间。

（5）其他

自建数据中心除服务器、存储外，还涉及网络、UPS等设备。本小节的重点在于

Proxmox VE 相关配置，故其他设备选型不作讨论。

3. 实施方案

完成需求分析和设计后，就可以开始具体的实施了。整个实施过程可以分为以下几个步骤。

（1）数据中心拓扑

良好的数据中心拓扑是至关重要的，数据中心拓扑如图 2-69 所示。Proxmox VE 集群包括 5 台节点主机，为用户提供虚拟机、容器等服务。在上层，部署 2 台存储设备，分别用于生产和备份。在边界处，部署 2 台防火墙，并同时配置电信、联通线路进行备份冗余，用于连接互联网以及访问内部虚拟机、容器提供的各种服务。

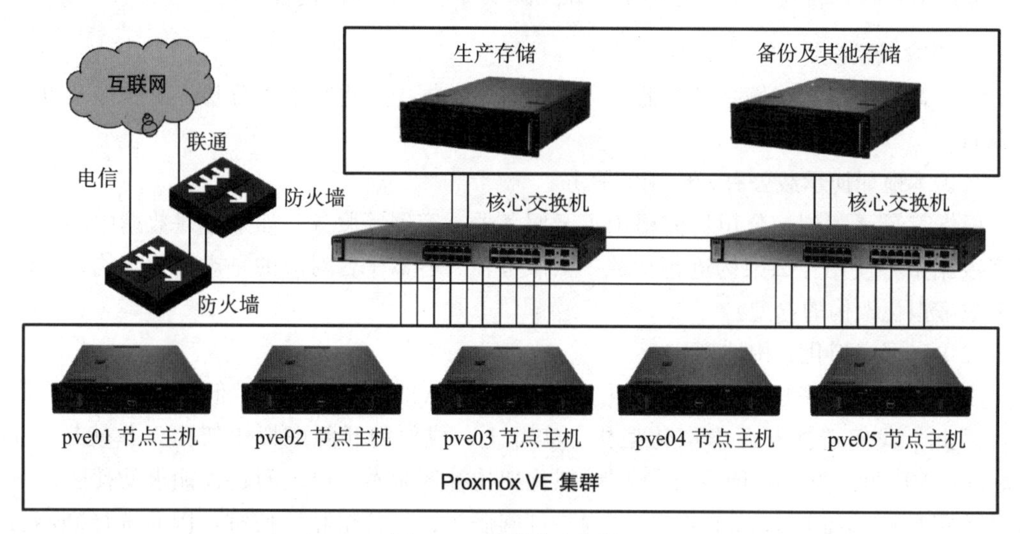

图 2-69 数据中心拓扑

（2）部署 Proxmox VE

数据中心采用集群方式部署 Proxmox VE。具体操作参考第 2 章内容。

（3）订阅 Proxmox VE 服务

数据中心使用的 Proxmox VE 需持续不间地对外提供服务，因此使用非企业库更新不合适。订阅 Proxmox VE Standard 服务，可以获取除企业存储库更新以外的多种服务，包括工作日 4 小时响应、SSH 远程客户支持等服务。订阅服务操作请参考 2.4.1 节内容。

（4）部署虚拟机和容器

结合公有云上租用的云服务器、容器，构建本地虚拟机和容器。具体操作参考第 5 章、第 6 章内容。

（5）部署 Proxmox VE 备份

生产环境虚拟机、容器的备份非常重要，使用专业级的 Proxmox Backup Server 进行备份操作。具体操作参考第 8 章内容。

（6）部署 Proxmox VE 监控

生产环境虚拟机、容器的监控非常重要。具体操作参考第 9 章内容。

（7）配置网络

数据中心网络主要涉及核心交换以及防火墙部分。具体操作建议读者参考相关厂商资料。

（8）迁移公有云数据

完成上述配置后，即可开始迁移公有云虚拟机和容器数据。一般可以通过工具完成，如果不支持直接迁移，则需要在本地创建虚拟机或容器，再通过停机迁移数据的方式进行。

（9）验收以及后续运维

完成公有云数据迁移后，即可进行验收工作。验收完成后需要进行日常运维工作。

2.5　本章小结

本章主要介绍了 Proxmox VE 节点的两种部署方式：独立节点和集群部署。在独立节点部署中，用户可以根据自己的需求选择单独的 Proxmox VE 节点进行使用；而在集群部署中，Proxmox VE 集群采用了去中心化的设计，不存在单独的管理控制端。用户可以选择任何一台 Proxmox VE 节点创建集群，其他 Proxmox VE 节点则可以通过密钥加入。此外，还介绍了如何修改 Proxmox VE 更新源，以保证节点系统的更新和升级。最后，以案例的方式介绍了如何在生产环境下订阅 Proxmox VE 企业级服务以及规划设计。相比于其他虚拟化平台（例如 VMware vSphere），Proxmox VE 集群的设计更加灵活，同时也更加方便用户进行节点的管理和维护。用户还可以通过命令行的方式将 Proxmox VE 节点从集群中删除，以适应不同的业务需求。

Chapter 3 第3章

配置 Proxmox VE 存储

Proxmox VE 支持多种存储类型，包括主流的 ZFS、NFS、iSCSI 以及 ZFS over iSCSI。此外，Proxmox VE 还内置了 Ceph 分布式存储，只需要进行简单配置即可使用，提高了 Proxmox VE 存储的可用性。另外，由于 Proxmox VE 底层使用 Debian Linux，因此也支持 Debian Linux 可用的存储技术。本章介绍如何对 Proxmox VE 进行存储的配置和使用。

3.1 Proxmox VE 支持的存储类型

Proxmox VE 将存储分为文件存储和块存储两种基本类型。文件存储允许访问全功能文件系统，这种存储方案比块存储更加灵活，允许保存所有类型的数据。块存储用于存储虚拟机镜像，不可用于存储其他文件（如 ISO 和虚拟机备份）。大多数较新的块存储方案自带快照和克隆功能。Proxmox VE 还支持分布式存储，并将数据分散在多个节点中保存。

3.1.1 ZFS 介绍

ZFS（Zettabyte File System）也叫动态文件系统，是第一个 128 位文件系统，最初是由 Sun 公司为 Solaris 10 操作系统开发的文件系统。作为 OpenSolaris 开源计划的一部分，ZFS 于 2005 年 11 月发布，被 Sun 称为终极文件系统。经过多年的开发，最新版本已全面开放，并更名为 OpenZFS。

ZFS 使用“存储池”概念来管理物理存储空间。过去，文件系统都是构建在物理设备之上的。为了管理这些物理设备并为数据提供冗余，“卷管理”提供了一个单设备的映像。但这种设计增加了复杂性，而且文件系统不能跨越数据的物理位置，因此无法使文件系统向更高层次发展。

ZFS完全抛弃了“卷管理”，不再创建虚拟的卷，而是把所有设备集中到一个存储池中进行管理。“存储池”描述了存储的物理特征（如设备的布局、数据的冗余等），并作为一个能够创建文件系统的专门存储空间。从此，文件系统不再局限于单独的物理设备，而且它还允许物理设备将其自带的文件系统共享到这个“池”中，也不再需要预先规划好文件系统的大小，因为文件系统可以在“池”的空间内自动地增大。当增加新的存储介质时，所有“池”中的文件系统都能立即使用新增的空间，而不需要额外的操作。

3.1.2 NFS介绍

NFS（Network File System，网络文件系统）是由Sun公司研制的UNIX表示层协议，能够使用户访问网络上其他计算机的文件，就像在使用自己的计算机一样。NFS是基于UDP/IP实现的应用，主要采用RPC（Remote Procedure Call，远程过程调用）机制。RPC提供了一组与机器、操作系统以及底层传送协议无关的存取远程文件的操作。RPC采用了XDR（Extended Detection and Response，扩展检测与响应）协议。XDR是一种与机器无关的数据描述编码的协议，以独立于任意机器体系结构的格式对网上传送的数据进行编码和解码，支持在异构系统之间进行数据传送。

NFS是UNIX和Linux系统中最流行的网络文件系统，可以在Linux或Windows Server系统中配置NFS，添加配置后即可提供NFS存储服务。

3.1.3 iSCSI介绍

iSCSI（Internet Small Computer System Interface，Internet小型计算机系统接口）基于TCP/IP，用于建立和管理IP存储设备、主机和客户机等之间的相互连接，并创建存储区域网络。存储区域网络使得iSCSI协议应用于高速数据传输网络成为可能，这种传输以数据块级别在多个数据存储网络之间进行。

iSCSI存储的最大好处是能够在不增加专业设备的情况下，利用已有服务器以及以太网环境快速搭建。虽然其性能和带宽与FC SAN存储还有一些差距，但整体能为企业节省30%～40%的成本。相对于FC SAN存储，iSCSI存储是一种便宜的IP SAN解决方案，也被称为存储性价比最高的解决方案。如果企业没有FC SAN存储费用预算，可以使用普通服务器安装iSCSI Target Software来实现iSCSI存储，iSCSI存储同时支持SAN BOOT引导，取决于iSCSI Target Software以及iSCSI HBA卡是否支持BOOT。

需要注意的是，目前多数iSCSI存储在部署过程中只采用iSCSI Initiator软件方式实施，对于iSCSI传输的数据将使用服务器CPU进行处理，这样会额外增加服务器CPU的使用率。因此，在服务器方面，使用TOE（TCP Offload Engine，TCP卸载引擎）和iSCSI HBA卡可以有效地节省CPU资源，尤其是对速度较慢但注重性能的应用程序服务器来说。

3.2 配置本地存储

本地存储是 Proxmox VE 的基本存储之一，支持虚拟机的存储、备份，以及上传 ISO 镜像和 CT 模板等。通过配置本地存储阵列，可以提供冗余性并获得最佳性能。

3.2.1 本地存储冗余介绍

Proxmox VE 使用 ZFS 来实现磁盘的冗余，ZFS 支持多种阵列格式，其命名为 RAIDZ，与传统阵列命名有所区别。

（1）单磁盘

基本的本地存储，Proxmox VE 可以识别的磁盘都能组成阵列，缺点是无冗余。

（2）Mirror

类似传统的 RAID1 阵列，需要至少 2 块磁盘。

（3）RAID10

类似传统的 RAID1+0 阵列，先组 RAID1，再组 RAID0。

（4）RAIDZ

类似传统的 RAID5 阵列，需要至少 3 块磁盘，允许 1 块磁盘故障。

（5）RAIDZ2

类似传统的 RAID6 阵列，需要至少 4 块磁盘，允许 2 块磁盘故障。

（6）RAIDZ3

需要至少 5 块磁盘，允许 3 块磁盘故障。

3.2.2 本地存储的配置过程

了解存储的基本概念后，可以在 Proxmox VE 上配置使用存储。本小节介绍本地存储配置。

1）安装 Proxmox VE 使用的磁盘是本地存储之一。查看 pve01 节点主机本地存储 local 的概要信息，如图 3-1 所示。

2）查看本地存储 local 的备份信息，该存储支持虚拟机备份，如图 3-2 所示。

3）查看本地存储 local 的 ISO 镜像信息，该存储支持上传和下载 ISO 镜像文件，如图 3-3 所示。

4）查看本地存储 local 的 CT 模板信息，该存储支持上传和下载 CT 模板，如图 3-4 所示。

5）查看本地存储 local-lvm 的概要信息，该存储与 local 的区别在于是否支持 ISO 镜像，如图 3-5 所示。

6）了解本地存储信息后，查看 pve01 节点的磁盘信息，通过图 3-6 可以看到节点挂载的物理磁盘。

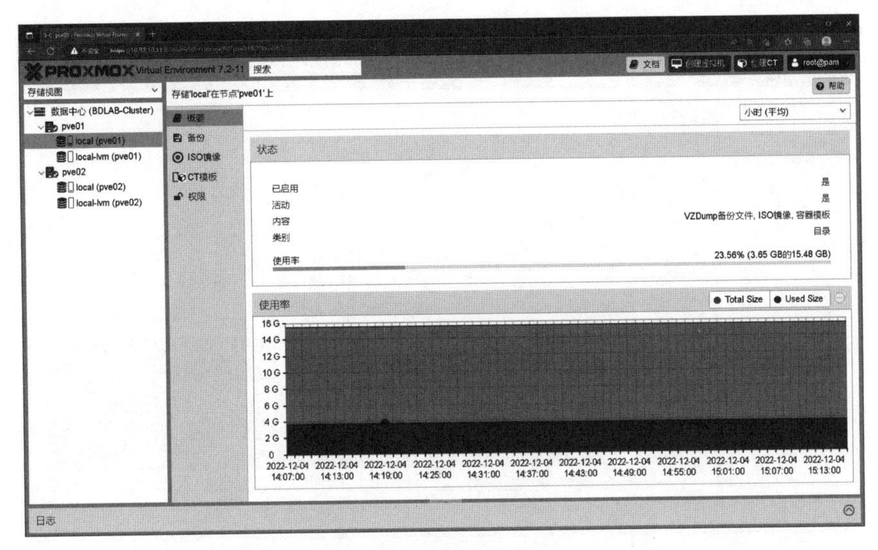

图 3-1　本地存储概要

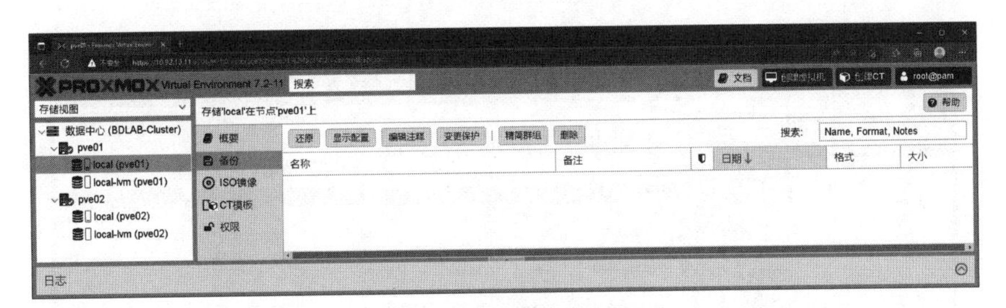

图 3-2　本地存储支持备份

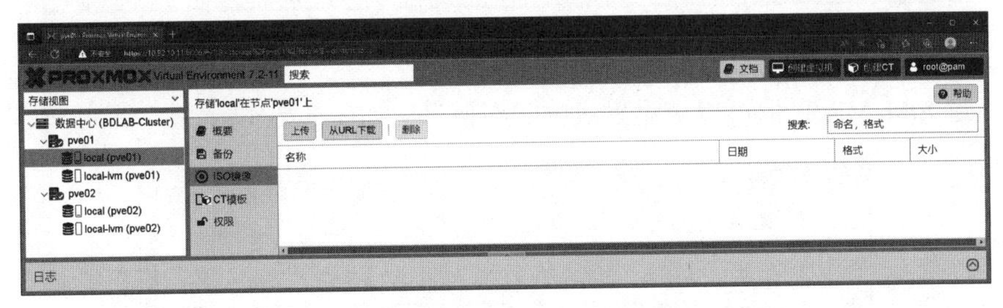

图 3-3　本地存储支持 ISO 镜像

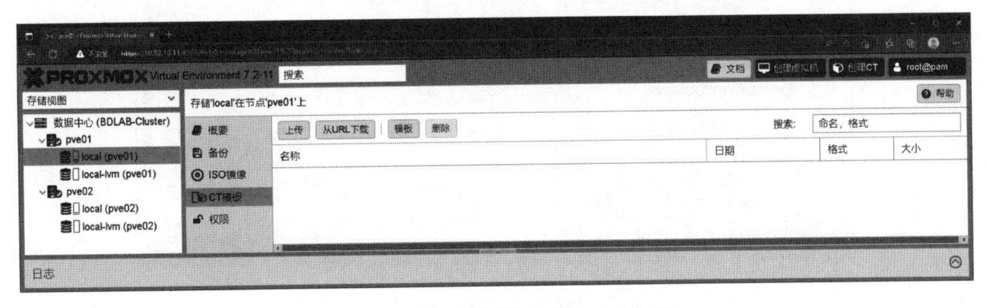

图 3-4　本地存储支持 CT 模板

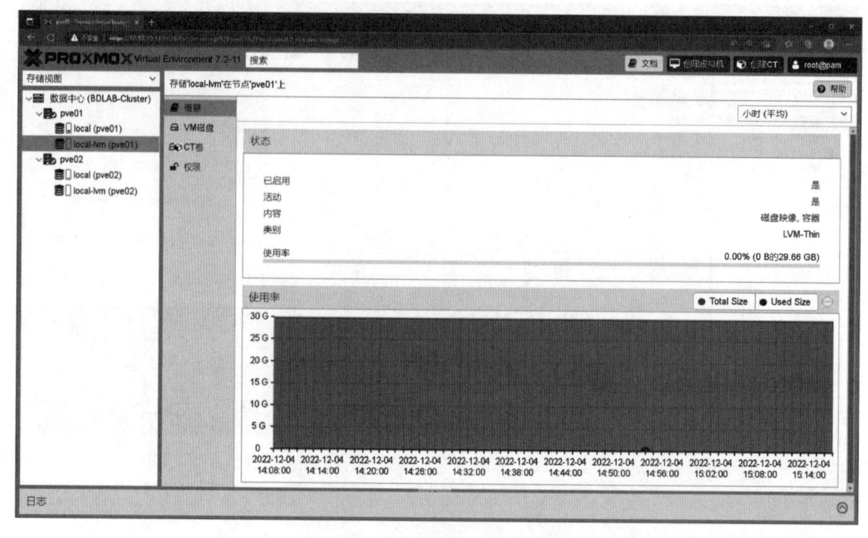

图 3-5　本地存储 lvm 概要

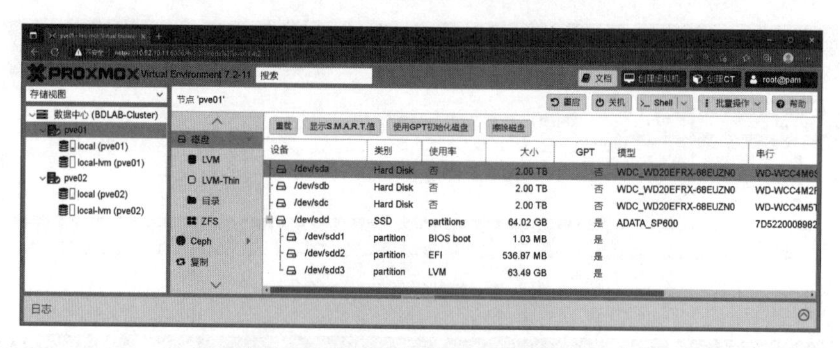

图 3-6　本地存储挂载的物理磁盘

7）通过 S.M.A.R.T. 值可以查看磁盘的状态信息，如图 3-7 所示。

S.M.A.R.T.值 (/dev/sda)

ID	属性	值	标准化	阈值	最差	标记	失败
1	Raw_Read_Error_Rate	1	200	51	200	POSR-K	-
3	Spin_Up_Time	4316	173	21	170	POS--K	-
4	Start_Stop_Count	581	100	0	100	-O--CK	-
5	Reallocated_Sector_Ct	0	200	140	200	PO--CK	-
7	Seek_Error_Rate	0	200	0	200	-OSR-K	-
9	Power_On_Hours	33143	55	0	54	-O--CK	-
10	Spin_Retry_Count	0	100	0	100	-O--CK	-
11	Calibration_Retry_Count	0	100	0	100	-O--CK	-
12	Power_Cycle_Count	559	100	0	100	-O--CK	-
192	Power-Off_Retract_Count	80	200	0	200	-O--CK	-
193	Load_Cycle_Count	860	200	0	200	-O--CK	-
194	Temperature_Celsius	28	119	0	98	-O---K	-
196	Reallocated_Event_Count	0	200	0	200	-O--CK	-
197	Current_Pending_Sector	0	200	0	200	-O--CK	-
198	Offline_Uncorrectable	0	100	0	253	----CK	-

重载　关闭

图 3-7　磁盘状态信息

8）选择磁盘目录中的 ZFS，如图 3-8 所示，单击“创建 :ZFS”按钮。

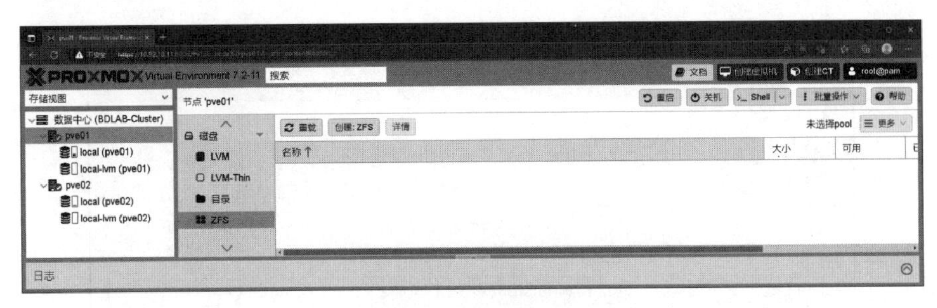

图 3-8　创建 ZFS

9）Proxmox VE 的 ZFS 支持多种 RAID 级别，如图 3-9 所示，结合生产环境实际情况进行选择，需要注意页面下方的警告提示“Note: ZFS is not compatible with disks backed by a hardware RAID controller.”，这是提示 ZFS 与硬件 RAID 控制器支持的磁盘不兼容，若是生产环境建议查看 Proxmox VE 支持的硬件兼容列表，测试环境则可以忽略。

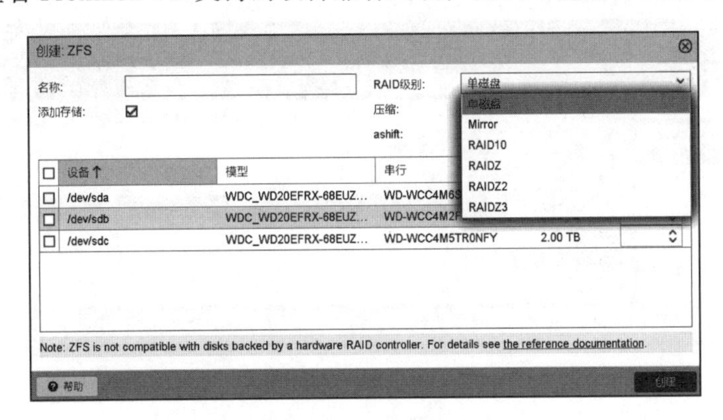

图 3-9　创建 ZFS 存储主界面

10）选择 2 块硬盘，创建 ZFS 镜像，如图 3-10 所示，单击“创建”按钮。

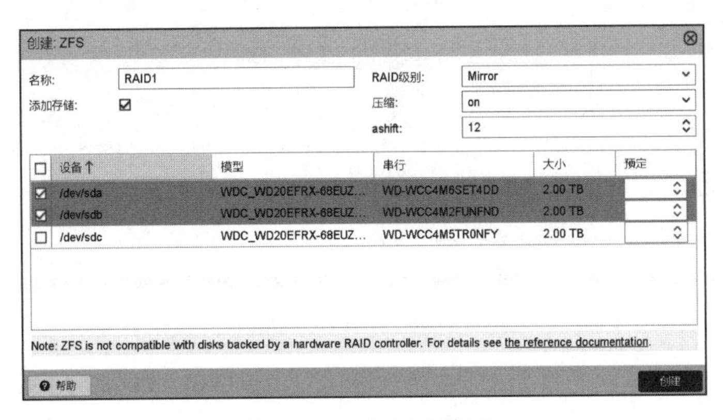

图 3-10　选择 ZFS 阵列

11）通过任务管理器查看创建状态，如图 3-11 所示。

Task viewer: ZFS存储 RAID1 - 创建

输出 状态

停止

状态	stopped: OK
任务类型	zfscreate
用户名	root@pam
节点	pve01
进程ID	350372
开始时间	2022-12-04 16:34:35
持续时间	6.4s
唯一任务ID	UPID:pve01:000558A4:00EE5604:638C5B9B:zfscreate:RAID1:root@pam:

图 3-11　通过任务管理器查看创建状态

12）完成名为 RAID1 镜像存储的创建，如图 3-12 所示，单击“详情”按钮查看阵列的具体情况。

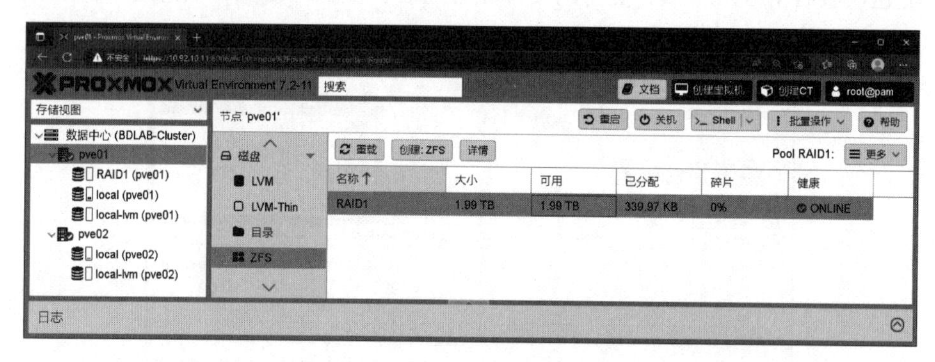

图 3-12　完成 ZFS 创建

13）查看 RAID1 镜像存储的状态，健康状况为 ONLINE，无错误，如图 3-13 所示。

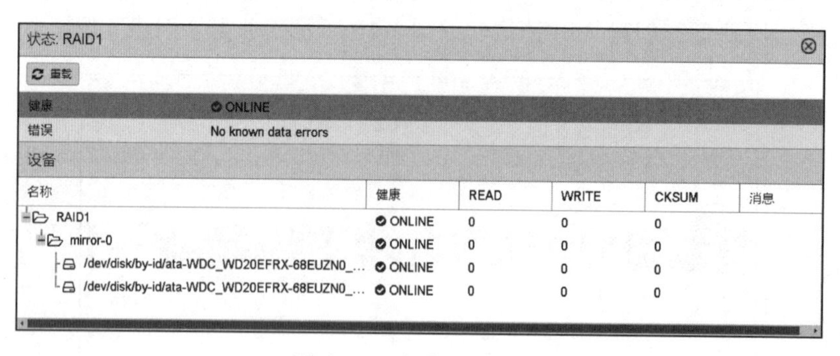

图 3-13　查看 ZFS 状态

14）查看 RAID1 存储的概要信息，存储容量为 1.93TB，如图 3-14 所示。该存储支持 VM 磁盘以及 CT 卷。

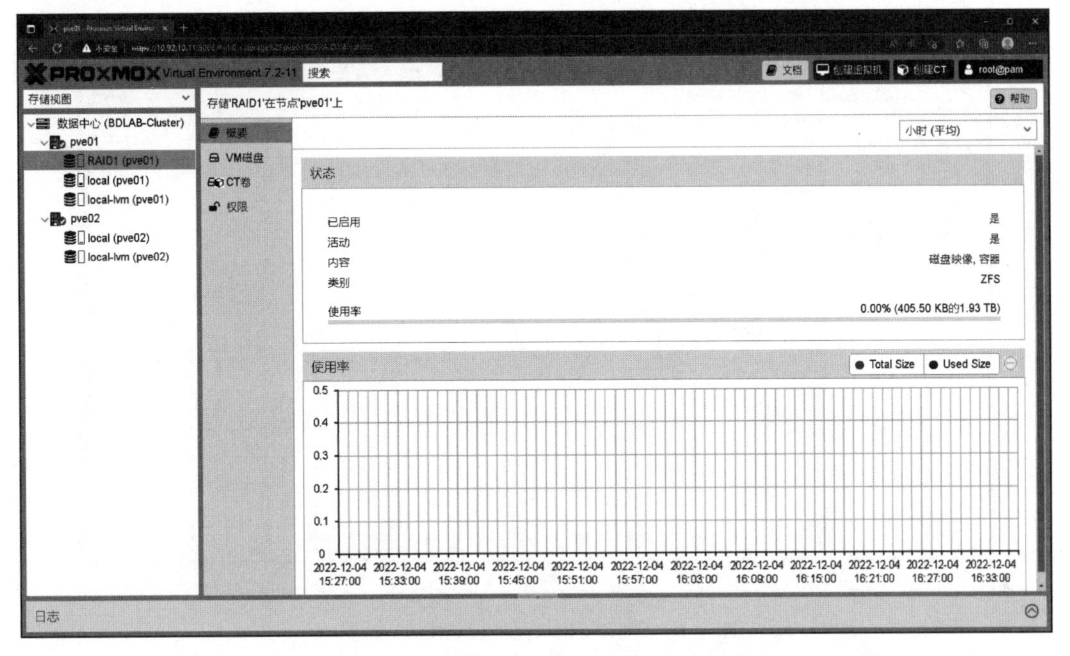

图 3-14　创建的 ZFS 存储（RAID1）概要

15）删除原 RAID1 阵列，创建 RAIDZ 阵列。需要注意的是，RAIDZ 阵列需要 3 块硬盘，勾选 3 块硬盘，如图 3-15 所示，单击“创建”按钮。

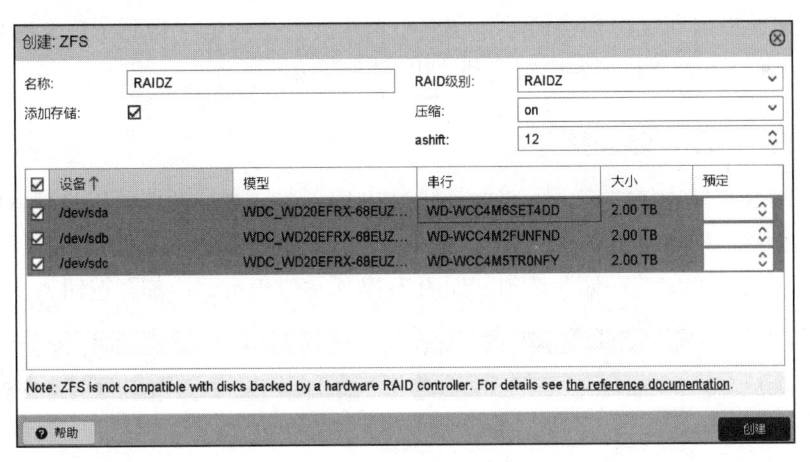

图 3-15　使用 RAIDZ 创建 ZFS

16）查看 RAIDZ 存储的概要信息，存储容量为 3.87TB，如图 3-16 所示。该存储支持 VM 磁盘以及 CT 卷。

至此，Proxmox VE 本地存储配置完成，可以将虚拟机放置在本地存储。

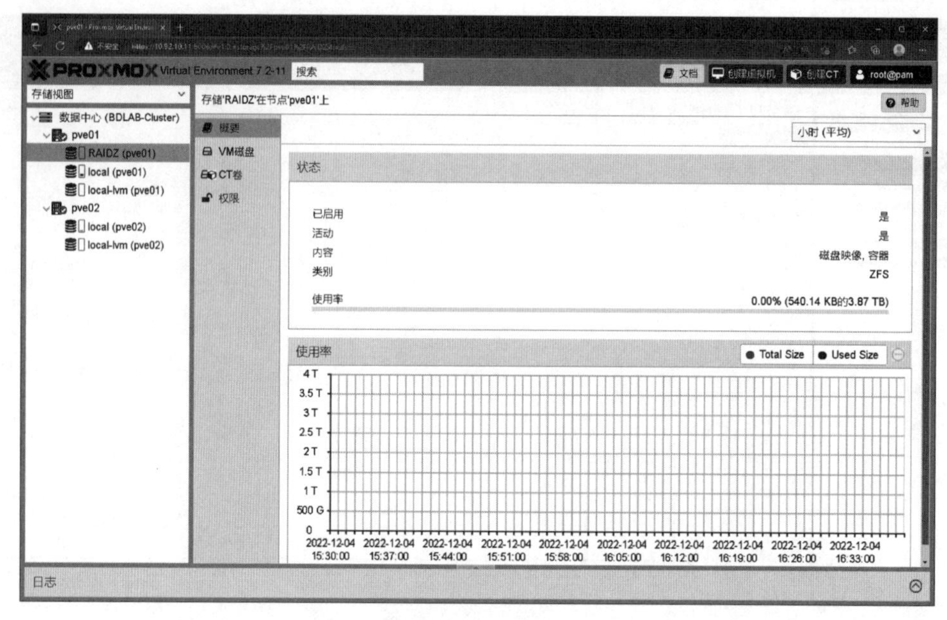

图 3-16 创建 ZFS 存储（RAIDZ）概要

3.3 配置 NFS 存储

NFS 存储的搭建和维护相当简单，在中小企业的生产环境中得到了广泛的使用。本节将介绍如何在 Proxmox VE 平台中配置和使用 NFS 存储。

3.3.1 配置 NFS 存储连接

在配置 NFS 存储连接之前，需要准备好 NFS 服务器。测试环境可以自建 NFS 服务器，生产环境则建议使用成熟的服务器产品。本小节将使用群晖服务器来配置 NFS 存储连接。

1）进入数据中心的“存储”选项，如图 3-17 所示，单击“添加”按钮。

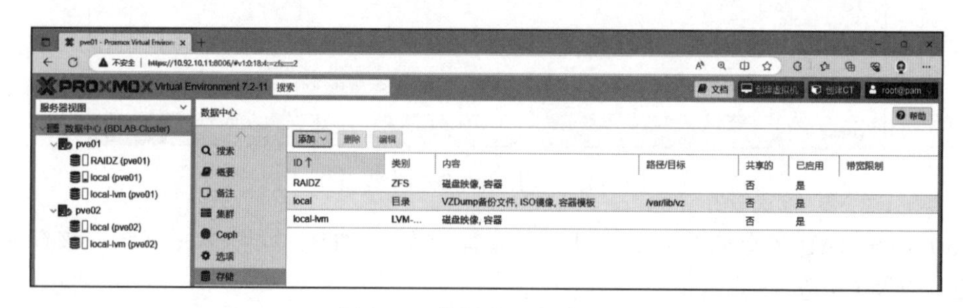

图 3-17 数据中心存储选项

2）Proxmox VE 支持多种存储类型，此处选择“NFS”，如图 3-18 所示。

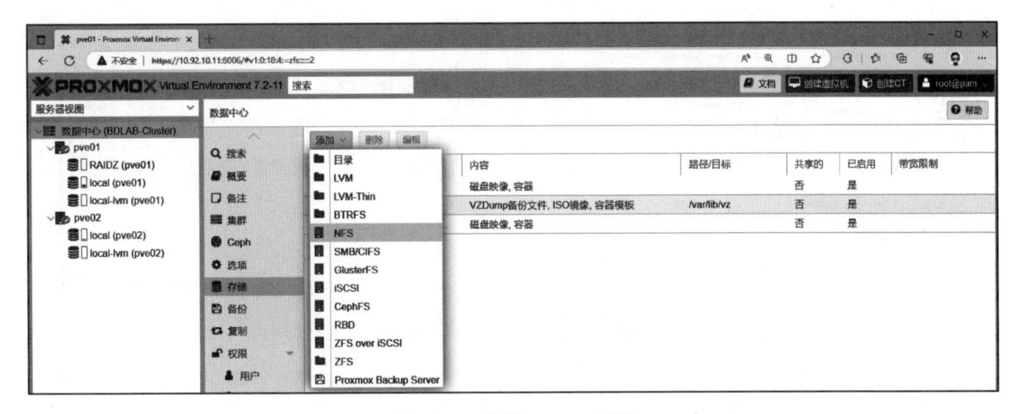

图 3-18　添加 NFS 存储

3）输入 NFS 存储相关参数信息，内容选择“磁盘映像”，如图 3-19 所示，单击“添加”按钮。

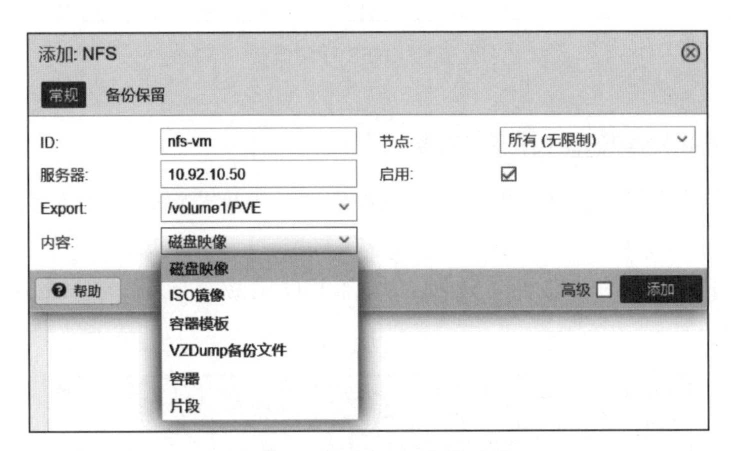

图 3-19　配置 NFS 存储参数

4）完成 NFS 存储的添加，如图 3-20 所示。

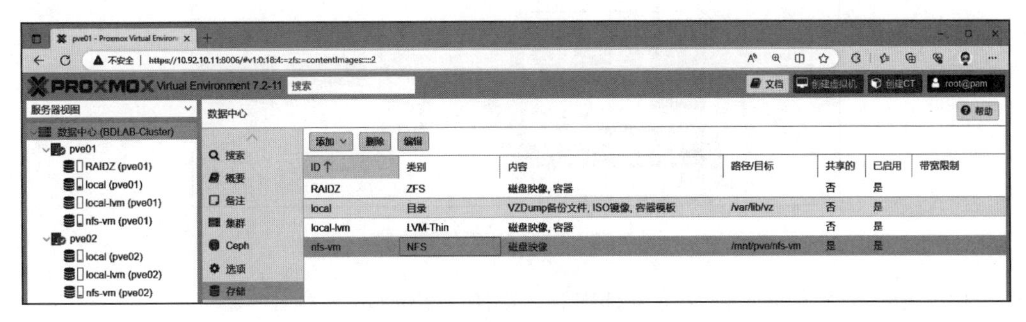

图 3-20　完成 NFS 存储配置

5）查看 NFS 存储的概要信息，如图 3-21 所示。

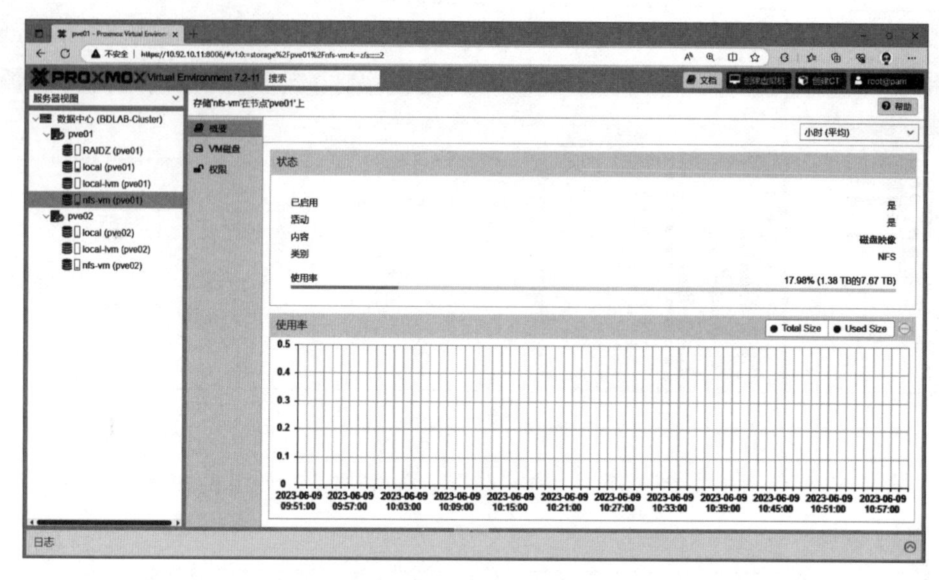

图 3-21　NFS 存储概要

3.3.2　上传 ISO 镜像至 NFS 存储

完成 NFS 存储配置后，就可以进行后续操作了。本小节将介绍如何将操作系统 ISO 上传到 NFS 存储。

1）调整 NFS 存储的“内容”选项，增加 ISO 镜像、容器，如图 3-22 所示，单击“OK”按钮。

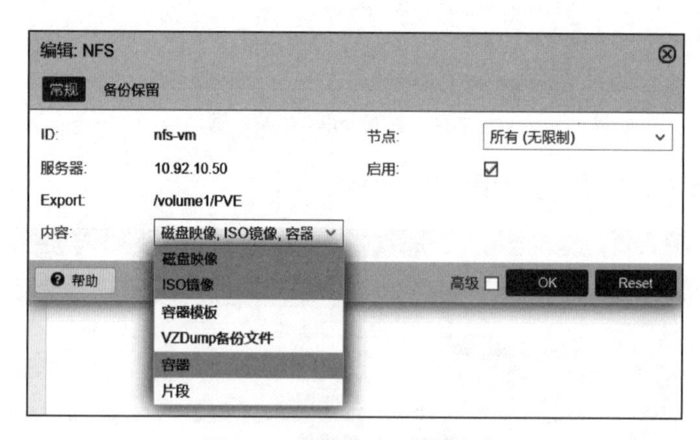

图 3-22　配置 NFS 存储内容

2）创建的 NFS 存储目前支持多种内容，如图 3-23 所示。

3）进入 NFS 存储的“ISO 镜像”选项，如图 3-24 所示，单击“上传”按钮上传 ISO 镜像文件。

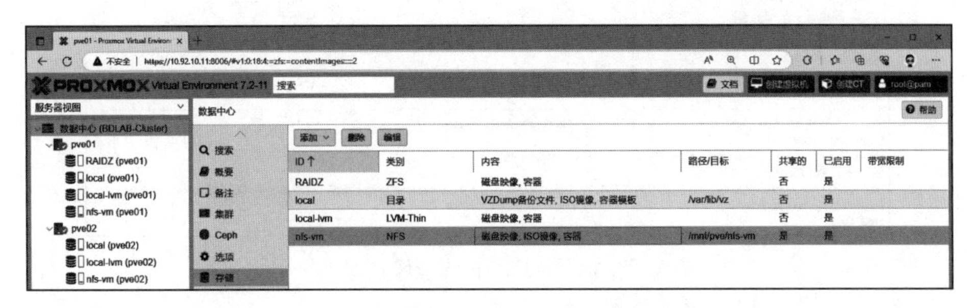

图 3-23　调整后的 NFS 存储支持内容

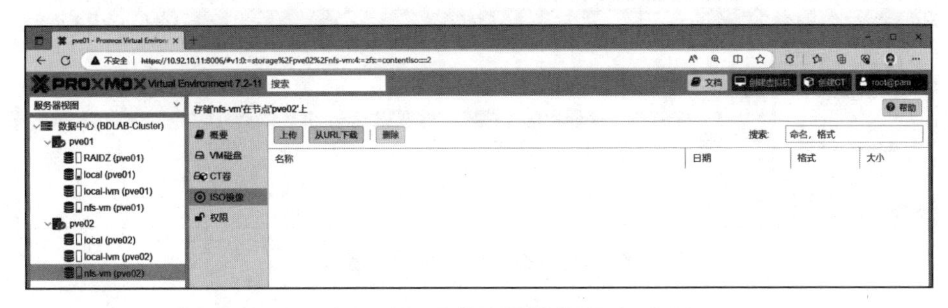

图 3-24　上传 ISO 镜像选项

4）选择需要上传的 ISO 文件，如图 3-25 所示，单击“上传”按钮。

5）Proxmox VE 开始上传 ISO 镜像文件，如图 3-26 所示。

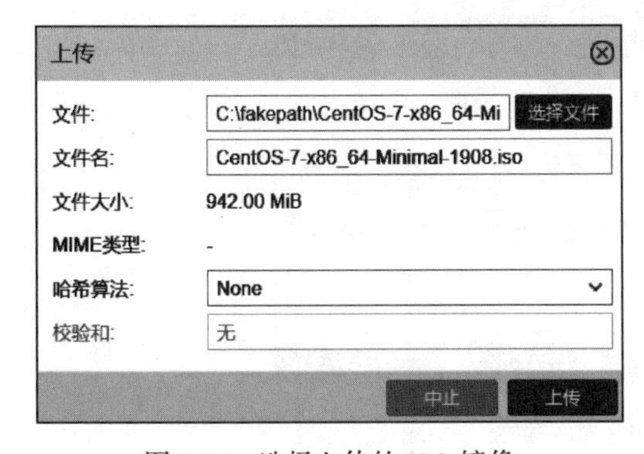

图 3-25　选择上传的 ISO 镜像

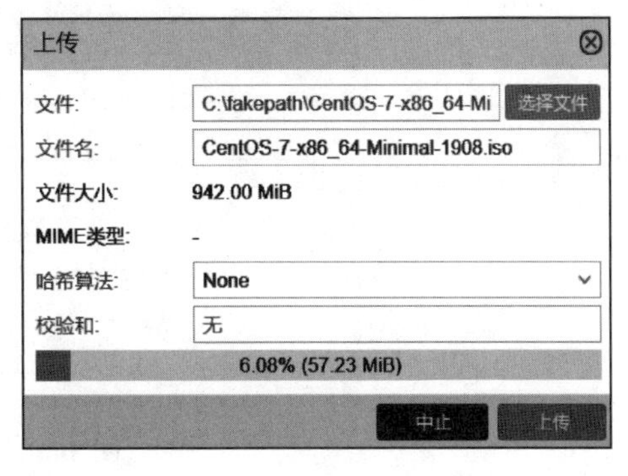

图 3-26　开始上传 ISO 镜像

6）完成 ISO 镜像文件的上传，如图 3-27 所示。

7）查看上传的 ISO 镜像文件，如图 3-28 所示。

8）Proxmox VE 支持直接从 URL 下载镜像。输入 URL 信息，如图 3-29 所示，单击“查询网址”按钮。

9）系统验证网址成功，同时带出下载的文件名，如图 3-30 所示，单击“下载”按钮。

10）Proxmox VE 开始从 URL 下载 ISO 镜像文件，如图 3-31 所示。

11）完成从 URL 下载 ISO 镜像文件，如图 3-32 所示。

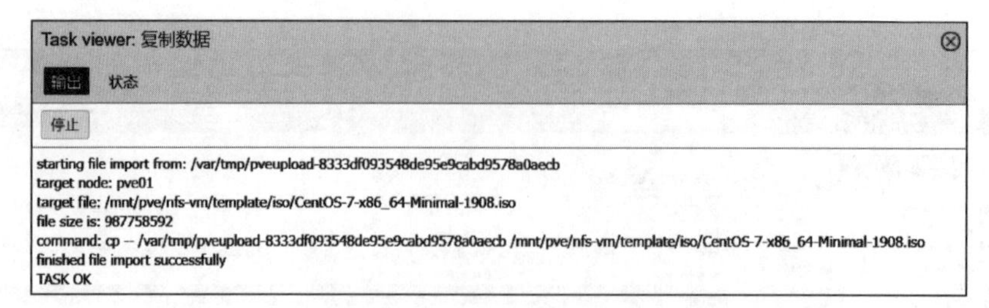

图 3-27　上传 ISO 镜像状态

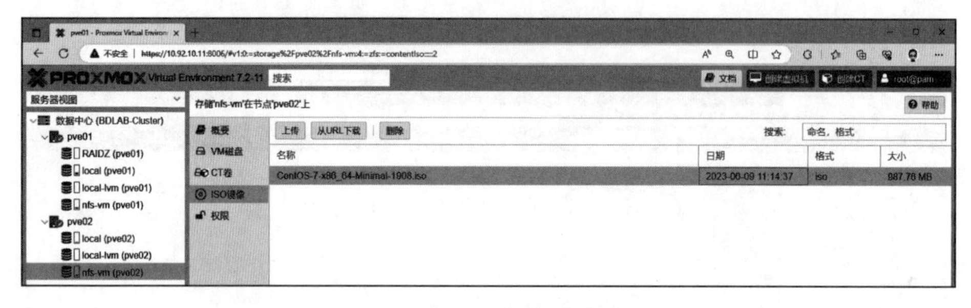

图 3-28　查看上传的 ISO 镜像

从URL下载

URL: https://mirrors.ustc.edu.cn/rocky/9.2/isos/x86_64/Rocky-9.2-x86_64　查询网址

文件名: 请（重新）查询 URL 以获取元信息

文件大小: -　MIME类型: -

高级　下载

图 3-29　从 URL 下载 ISO 镜像

从URL下载

URL: https://mirrors.ustc.edu.cn/rocky/9.2/isos/x86_64/Rocky-9.2-x86_64　查询网址

文件名: Rocky-9.2-x86_64-minimal.iso

文件大小: 1.50 GiB　MIME类型: application/octet-stream

高级　下载

图 3-30　验证下载链接

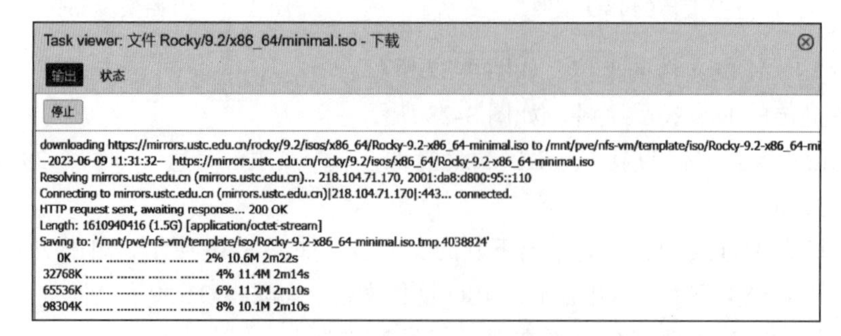

图 3-31　从 URL 下载 ISO 镜像状态

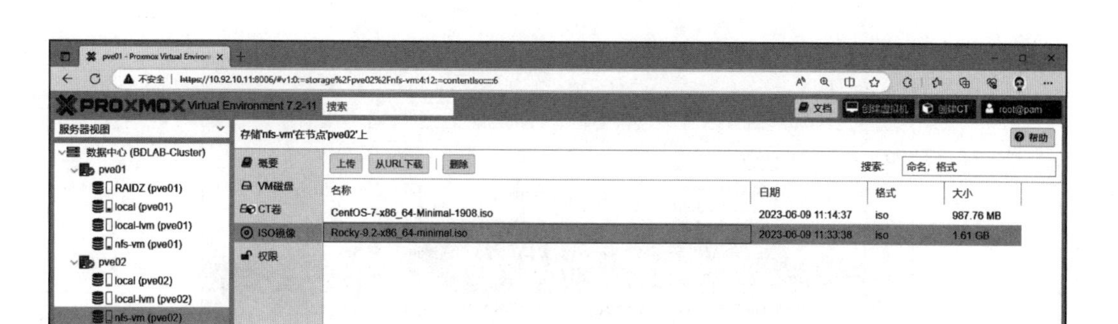

图 3-32　完成从 URL 下载 ISO 镜像

3.4　配置 iSCSI 存储

iSCSI 存储是性价比最高的存储之一，在企业中使用得非常广泛。本节将介绍如何在 Proxmox VE 平台中配置和使用 iSCSI 存储。

3.4.1　配置 iSCSI 存储连接

在配置 iSCSI 存储连接之前，需要准备好 iSCSI 服务器，就像配置 NFS 存储一样。本小节将使用群晖服务器来配置 iSCSI 存储连接。

1）选择添加“iSCSI”，如图 3-33 所示。

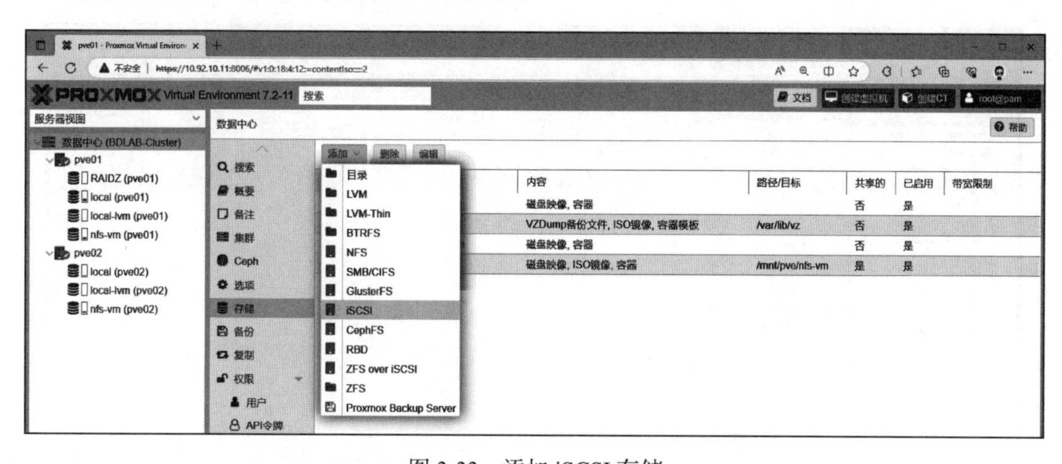

图 3-33　添加 iSCSI 存储

2）输入 iSCSI 存储服务器相关参数信息，如图 3-34 所示，单击“添加”按钮。

3）完成 iSCSI 存储的添加，如图 3-35 所示。

4）查看 iSCSI 存储的概要信息，如图 3-36 所示。

5）查看 iSCSI 存储的 VM 磁盘信息，如图 3-37 所示。

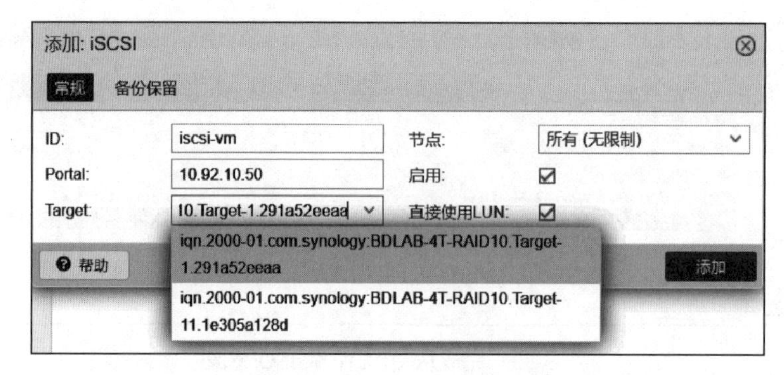

图 3-34 配置 iSCSI 存储参数

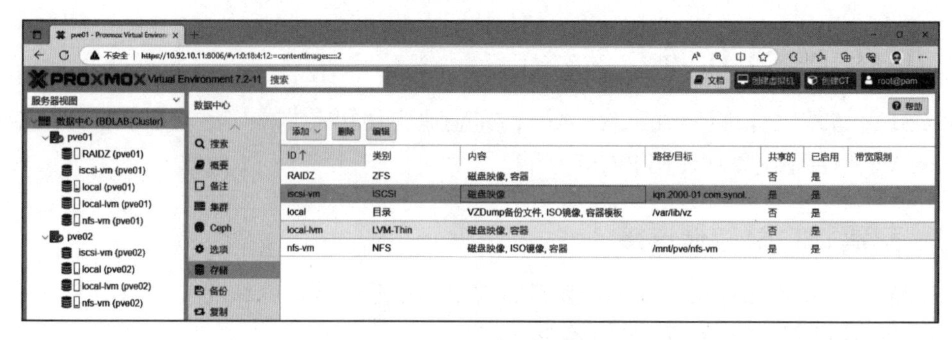

图 3-35 完成 iSCSI 存储的添加

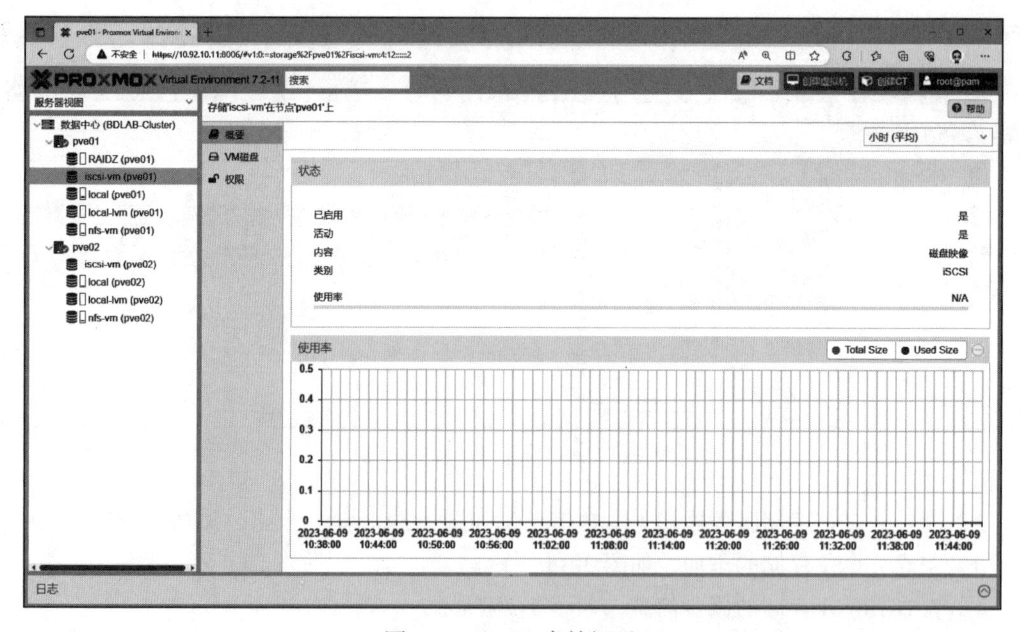

图 3-36 iSCSI 存储概要

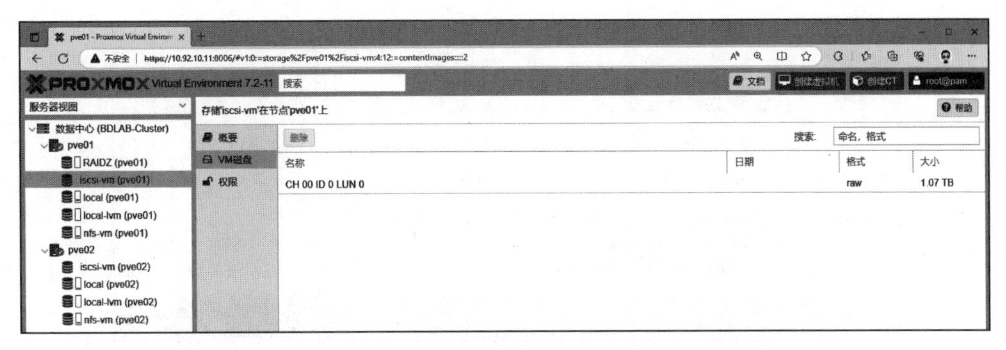

图 3-37　iSCSI 存储 VM 磁盘信息

3.4.2　配置 iSCSI+LVM 存储

在创建虚拟机时，如果使用新创建的 iSCSI 存储，会发现虚拟机磁盘映像会使用整个 iSCSI 存储，如图 3-38 所示。如果按照这种操作逻辑创建多台虚拟机，就需要创建多个 iSCSI 存储。在生产环境中，这种情况不适合，因此需要对 iSCSI 存储进行调整。本小节将介绍如何配置 iSCSI + LVM 存储。

图 3-38　虚拟机磁盘信息

1）编辑上一小节创建的 iSCSI 存储。取消勾选“直接使用 LUN”单选项，如图 3-39 所示，单击“OK”按钮。

2）完成 iSCSI 存储的基本调整，如图 3-40 所示，单击“添加”按钮。

3）选择“LVM”选项，如图 3-41 所示。

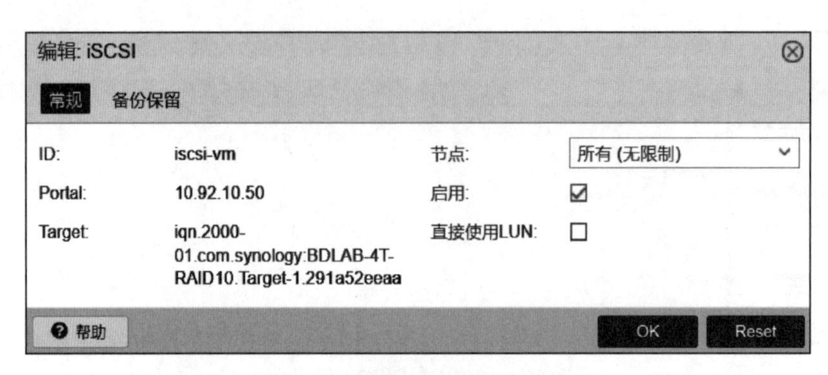

图 3-39　编辑 iSCSI 存储选项

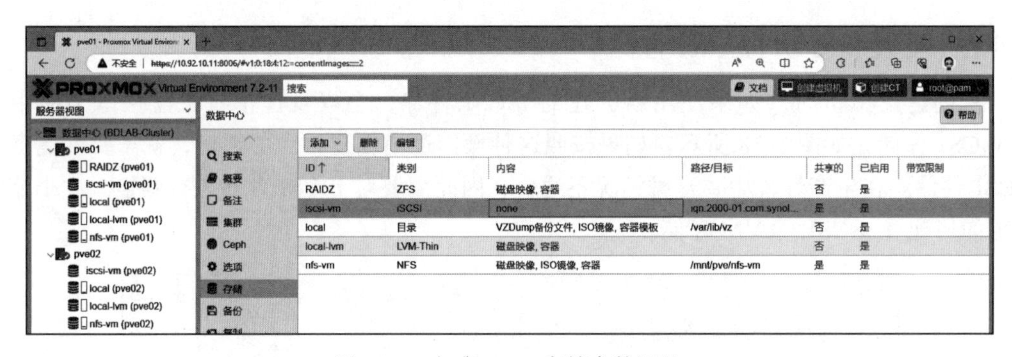

图 3-40　完成 iSCSI 存储参数调整

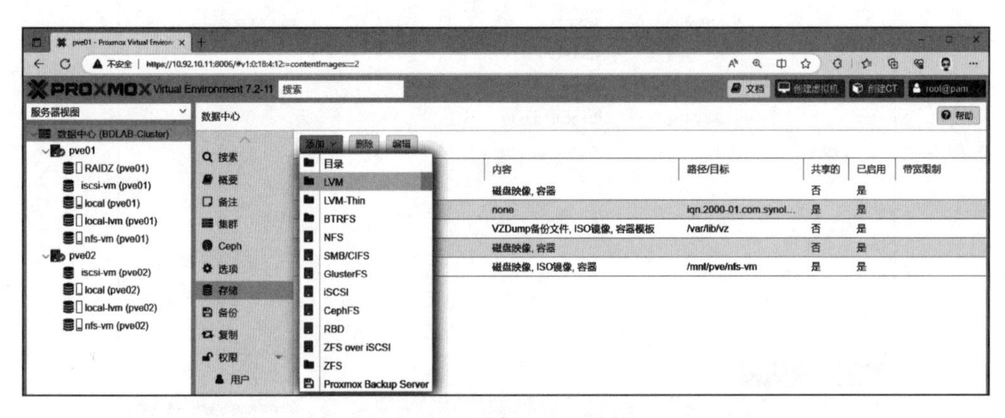

图 3-41　选择 LVM 选项

4）输入添加 LVM 相关参数信息，“基本存储”选择新创建的 iSCSI 存储“iscsi-vm(iSCSI)”，“基本卷”选择对应的“CH 00 ID 0 LUN 0”，“内容”选择支持“磁盘映像，容器”，如图 3-42 所示，单击“添加”按钮。

5）完成基于 iSCSI 存储的 LVM 创建，如图 3-43 所示。

6）查看 iSCSI 存储的 LVM 概要信息，如图 3-44 所示。

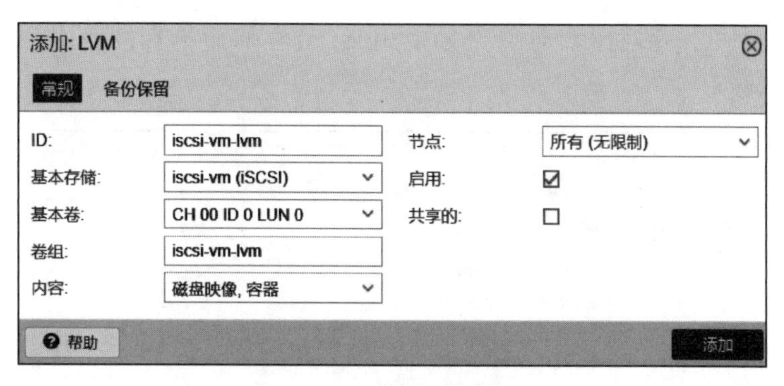

图 3-42　配置 LVM 参数

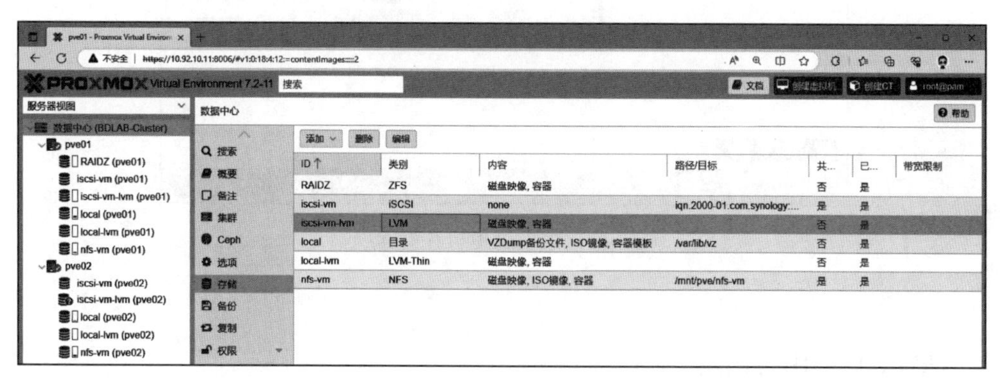

图 3-43　完成 LVM 创建

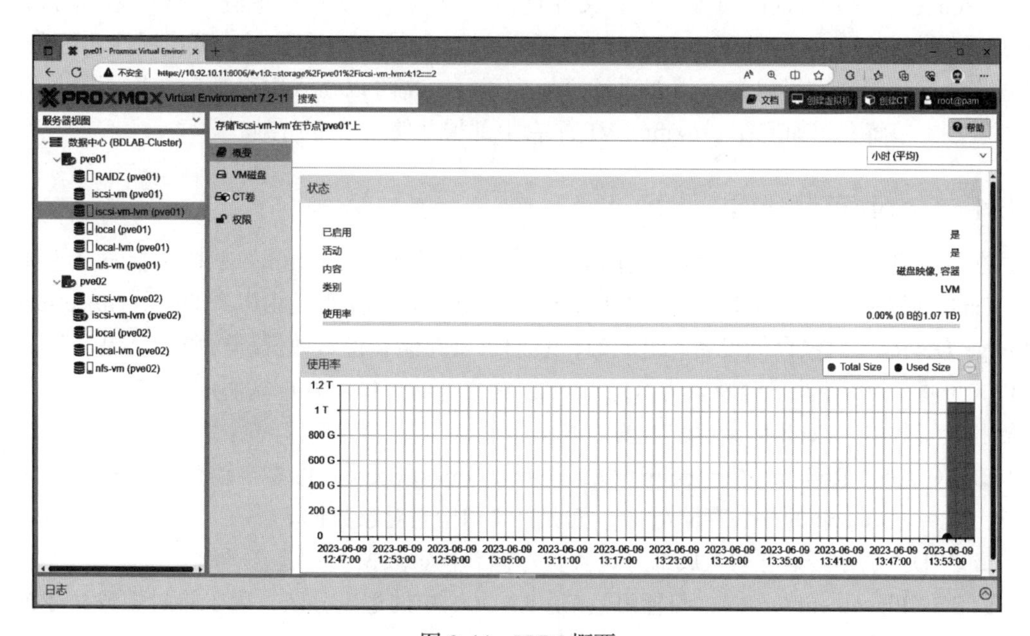

图 3-44　LVM 概要

7）创建虚拟机，这时磁盘可以直接使用iSCSI存储而不直接使用LUN，如图3-45所示。

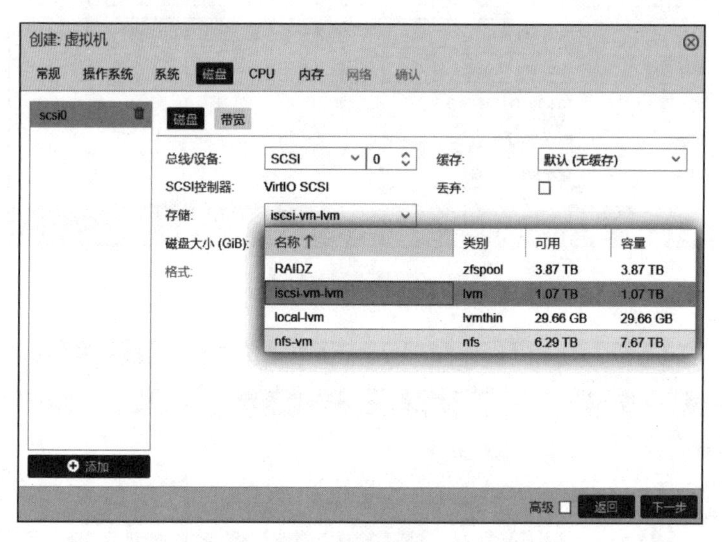

图3-45 配置虚拟机存储选项

3.5 配置Ceph存储

Ceph是一个分布式的对象、块、文件存储平台，其起源可以追溯到Sage在博士期间的研究工作，随后，Sage将Ceph贡献给了开源社区。Ceph具有高性能、可扩展性和可靠性。经过多年的发展，它可以在一组普通计算机上运行，也可以在云中以基础架构即服务的形式部署。本节将介绍如何在Proxmox VE平台上部署并使用Ceph存储。

3.5.1 Ceph存储介绍

在开始部署Ceph存储之前，我们需要了解其基本概念。Ceph的架构包括三个主要组件：Ceph存储集群、Ceph对象网关以及Ceph客户端。存储集群是由多个OSD（Object-based Storage Device，对象存储设备）组成的，它们负责存储和检索数据。对象网关是一种可选组件，可将Ceph存储平台映射为S3或Swift对象存储接口。客户端使用Ceph存储平台来存储和检索数据。Ceph存储比较重要的概念如下。

- RADOS（Reliable Autonomic Distributed Object Store，可靠自动分布式对象存储系统）：是Ceph的核心存储组件，负责存储和检索对象数据。
- OSD：是存储集群的组成部分，负责存储和检索数据。
- PG（Placement Group，归置组）：是RADOS中的逻辑分区，用于将对象数据分布在存储集群中。

- CRUSH（Controlled Replication Under Scalable Hashing，可扩展哈希下的受控复制）：是一种数据分布算法，用于将对象数据分布在存储集群中。
- RBD（RADOS Block Device，RADOS块设备）：是Ceph提供的块存储服务，可将块存储映射到客户端。
- Ceph FS（Ceph File System，Ceph文件系统）：是Ceph提供的分布式文件系统服务。

OSD用于集群中所有数据与对象的存储。处理集群数据的复制、恢复、回填、再均衡。并向其他OSD守护进程发送心跳，然后向监视器提供一些监控信息。当Ceph存储集群设定的数据有两个副本时（一共存两份），则至少需要两个OSD守护进程，即两个OSD节点，集群才能到达Active+Clean状态。无论使用哪种存储方式（对象、块、文件系统），存储的数据都会被切分成对象。对象大小可以由管理员调整，通常为2MB或4MB。每个对象都会有一个唯一的OID，由ino和ono组成，ino是文件的File ID，用于全局唯一标识每一个文件，ono是分片的编号。例如，一个文件File ID是A，它被切成两个对象，一个编号为0，另一个编号为1，那么这两个对象的OID则为A0和A1。OID的好处是可以唯一标识每一个不同的对象，并且存储了对象与文件的从属关系。由于Ceph的所有数据都虚拟成了整齐划一的对象，所以在读写时效率都会比较高。

但是对象并不会直接存储在OSD中，因为在一个大规模的集群中可能有几百到几千万个对象。如此多的对象，光是遍历寻址，速度就很缓慢，而且如果将对象直接通过某种固定映射的哈希算法映射到OSD上，当这个OSD损坏时，对象无法自动迁移到其他OSD上（因为映射函数不允许）。为了解决这些问题，Ceph引入了PG的概念。

PG是一个逻辑概念，Linux系统中可以直接看到对象，但是无法直接看到PG。它在数据寻址时类似于数据库中的索引：每个对象都会固定映射到一个PG中，所以当我们寻找一个对象时，只需要先找到对象所属的PG，然后遍历这个PG就可以了，无须遍历所有对象。在数据迁移时，也是以PG作为基本单位进行迁移，Ceph不会直接操作对象。

对象是如何映射进PG的？首先，使用静态Hash函数对OID做Hash取出特征码，然后用特征码与PG的数量取模，得到的序号就是PG ID。由于这种设计，PG的数量多少直接决定了数据分布的均匀性，因此合理地设置PG数量可以很好地提升Ceph集群的性能并使数据均匀分布。最后，PG会根据管理员设置的副本数量进行复制，通过CRUSH算法存储到不同的OSD节点上，第一个OSD节点为主节点，其余均为从节点。

Ceph监视器监控整个集群的状态，维护集群的集群数据分布图二进制表，保证集群数据的一致性。集群数据分布图描述了对象块存储的物理位置，以及一个将设备聚合到物理位置的桶列表。

监视器节点监控整个Ceph集群的状态信息，监听于TCP的6789端口。每个Ceph集群中至少要有一个监视器节点，官方推荐每个集群至少部署三台。监视器节点中保存了最新的版本集群数据分布图的主副本。客户端在使用时，需要挂载监视器节点的6789端口，下载最新的集群数据分布图，通过CRUSH算法获得集群中各OSD的IP地址，然后再与

OSD 节点直接建立连接来传输数据。所以对于 Ceph 来说，并不需要有集中式的主节点用于计算与寻址，客户端分摊了这部分工作。而且客户端也可以直接与 OSD 通信，省去了中间代理服务器的额外开销。

监视器节点之间使用 Paxos 算法来保持各节点集群数据分布图的一致性；各监视器节点的功能总体是一样的，相互间的关系可以被简单理解为主备关系。如果主监视器节点损坏，其他监视器存活节点超过半数时，集群还可以正常运行。当故障监视器节点恢复时，会主动从其他监视器节点拉取最新的集群数据分布图。

监视器节点并不会主动轮询各个 OSD 的当前状态，相反，OSD 只有在一些特殊情况下才会上报自己的信息，平常只会简单地发送心跳。特殊情况包括：新的 OSD 被加入集群或某个 OSD 发现自身或其他 OSD 发生异常。监视器节点在收到这些上报信息时，则会更新集群数据分布图信息并加以扩缩。

集群数据分布图信息是以异步形式扩散的。监视器并不会在每一次集群数据分布图版本更新后都将新版广播至全体 OSD，而是在有 OSD 向自己上报信息时，将更新发送给对方。类似地，各个 OSD 也是在和其他 OSD 通信时，如果发现对方的 OSD 中持有的集群数据分布图版本较低，则把自己更新的版本发送给对方。

3.5.2 生产环境部署 Ceph 的条件

生产环境中部署 Ceph 存储，必须满足其基本条件，具体如下。

1. Proxmox VE 节点主机数量

在生产环境中，通过 Proxmox VE 部署 Ceph 存储实现超融合，至少需要 3 台 Proxmox VE 节点主机。

2. CPU

目前市面上主流 CPU 基本都支持 Ceph 部署，生产环境需要选择高频率 CPU 以减少延迟。同时，应该为每个 Ceph 服务至少分配一个物理内核，以便为 Ceph 提供足够的资源。

3. 内存

在生产环境中，除了虚拟机和容器的内存使用量之外，还必须有足够的内存可供 Ceph 使用。根据日常使用的经验，对于大约 1TB 数据，OSD 将使用 1GB 的内存。特别是在恢复、重新平衡或回填期间。默认情况下，守护进程将使用额外的内存，守护程序的后端需要 3 ～ 5GB 的内存。

4. 硬盘

在生产环境中，应该为每台 Proxmox VE 节点主机配置 2 块或以上的硬盘以供 Ceph 使用。同时，物理服务器不使用硬件 RAID 阵列，因为 Ceph 直接处理数据对象冗余和多重并发磁盘写操作，因此使用硬件 RAID 控制器并不能提高性能和可用性。相反，Ceph 需要直接控制磁盘硬件设备。硬件 RAID 控制器并非为 Ceph 所设计，其写操作管理和缓存算法可能干扰 Ceph 对磁盘的正常操作，从而把事情复杂化，并导致性能降低。

对于小规模集群，恢复时间可能会非常长。推荐在小规模集群中使用 SSD 代替 HDD，以缩短恢复时间，降低恢复期间发生二次故障的风险。

通常情况下，SSD 的 IOPS 比传统磁盘高得多，但价格也更贵，可以组建不同类型的存储池，以提高恢复性能。除了选择合适的存储盘类型，还可以选择为单一节点配置偶数个对称存储盘，以提高 Ceph 性能。例如，单一节点使用 4 块 1TB 存储盘时的性能就比混合使用 1 块 1TB 存储盘和 3 块 500GB 存储盘要好。此外，还需要妥善平衡 OSD 数量和单一 OSD 容量。大容量 OSD 可以增加存储密度，但也意味着在 OSD 故障时，Ceph 需要恢复更多数据。

5. 网络

在生产环境中，建议为 Ceph 准备专用的 10Gbit/s 或者更高性能的网络。高负载网络通信，特别是虚拟机恢复时的流量，将影响运行在同一网络上的服务，很有可能造成 Proxmox VE 集群崩溃。单块硬盘可能不能使用完 1Gbit 链路，但多块硬盘组成的 OSD 就可以。主流 NVMe SSD 完全可以使用完 10Gbit/s 带宽。采用更高带宽性能的网络，可以确保网络任何时候都不会成为性能瓶颈。

3.5.3 安装 Ceph

Proxmox VE 平台原生支持 Ceph 存储，通过基本的配置即可使用 Ceph 存储。本小节介绍安装 Ceph 节点。

1）在节点主机上选择 Ceph，如果节点未安装 Ceph，会出现提示，如图 3-46 所示，单击“安装 Ceph”按钮。

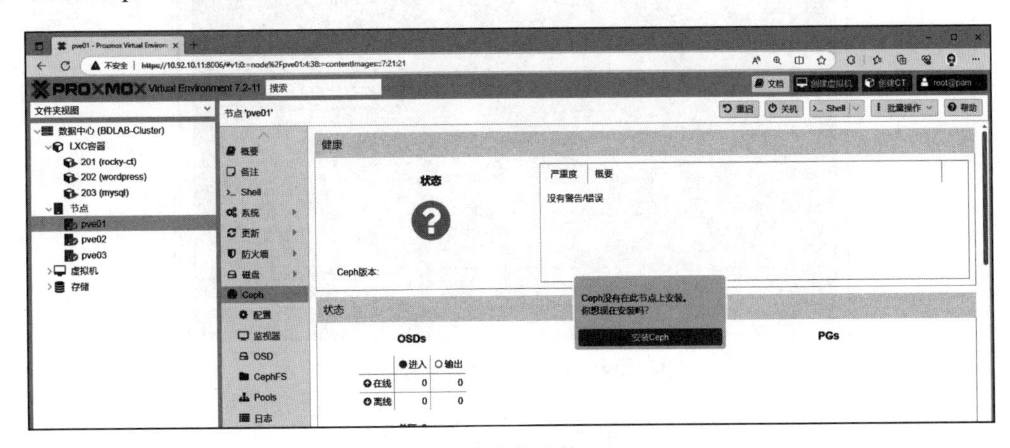

图 3-46　准备安装 Ceph

2）进入 Ceph 安装，选择 Ceph 版本为 pacific(16.2)，如图 3-47 所示，单击“开始

pacific 安装”按钮。

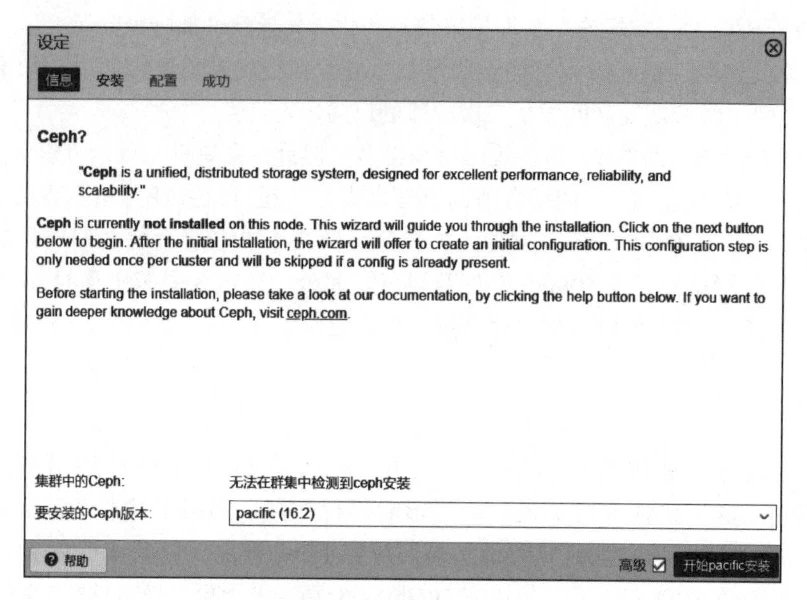

图 3-47 选择 Ceph 版本

3）安装 Ceph 需要下载安装包，如图 3-48 所示，输入“y”按钮按回车键。需要注意的是，节点需要访问互联网才能下载 Ceph 安装包。

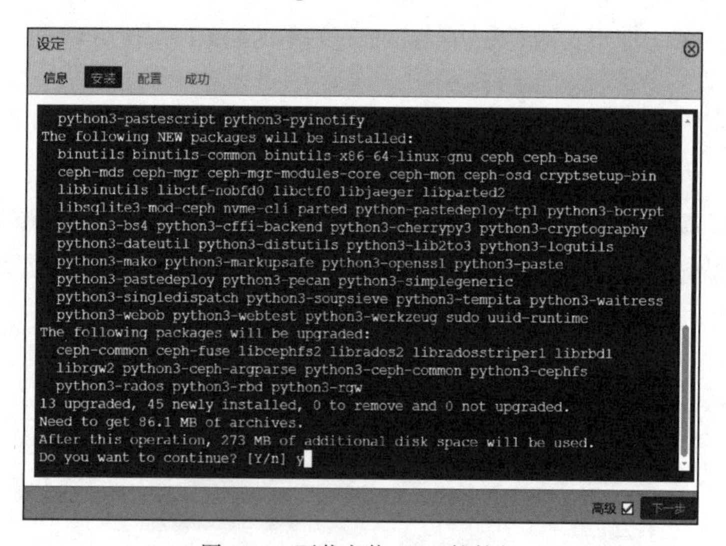

图 3-48 下载安装 Ceph 软件包

4）完成安装，如图 3-49 所示，单击“下一步”按钮。

5）配置 Ceph 集群网络，如图 3-50 所示，单击“下一步”按钮。生产环境结合实际情况对集群网络进行规划配置即可。

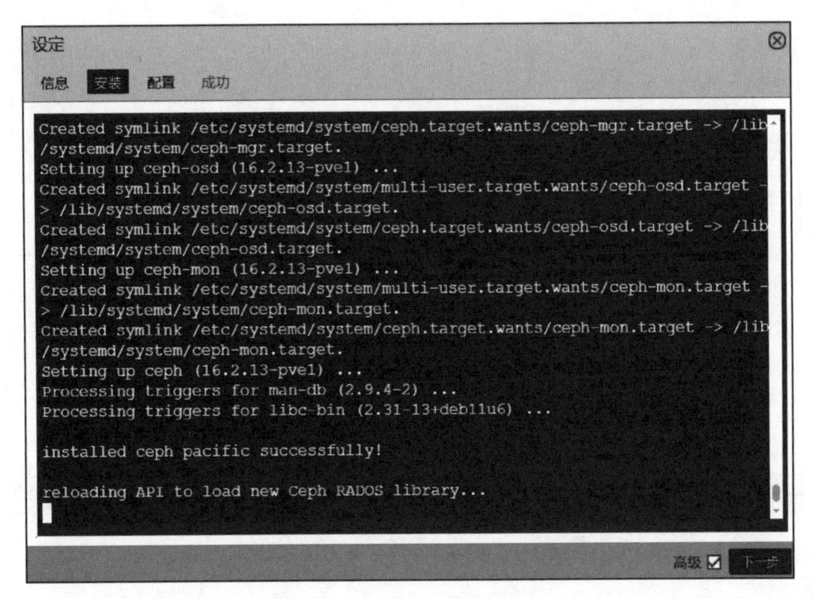

图 3-49　完成 Ceph 软件包安装

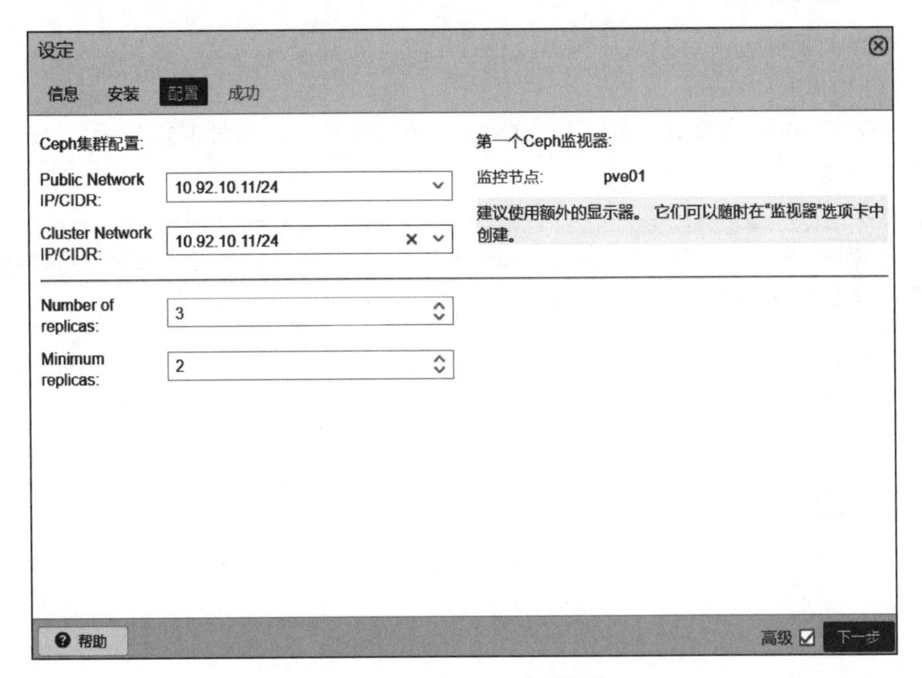

图 3-50　配置 Ceph 集群网络

6）一台 Ceph 节点安装成功，如图 3-51 所示，单击“完成”按钮。

需要注意的是，Ceph 存储集群需要至少 3 台节点主机，另外 2 台节点主机也需要安装 Ceph，此处不做演示。

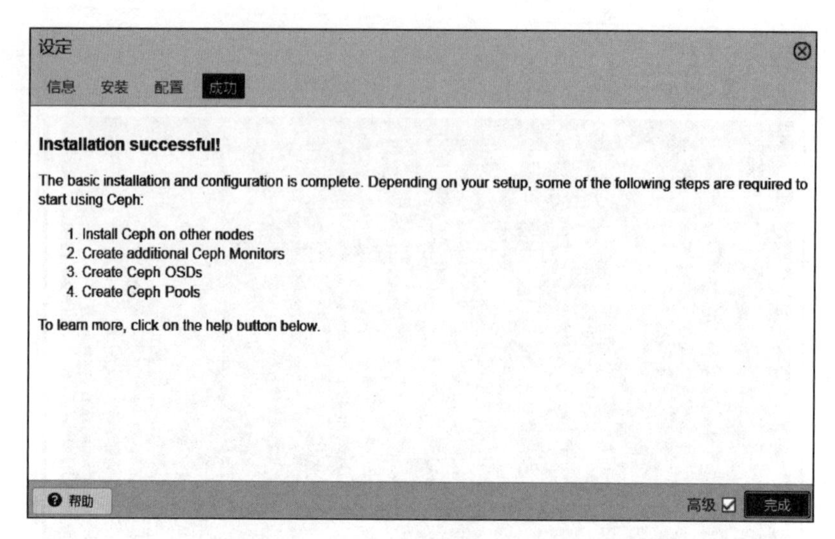

图 3-51　完成一台 Ceph 节点的安装

3.5.4　配置 Ceph

Ceph 存储集群包安装完成后就可以进行配置，配置完成后就可以使用 Ceph 存储了。本小节介绍如何配置 Ceph。

1）查看 Ceph 节点信息，可以看到 Ceph 处于警告状态，如图 3-52 所示，这是因为还没有配置 Ceph。

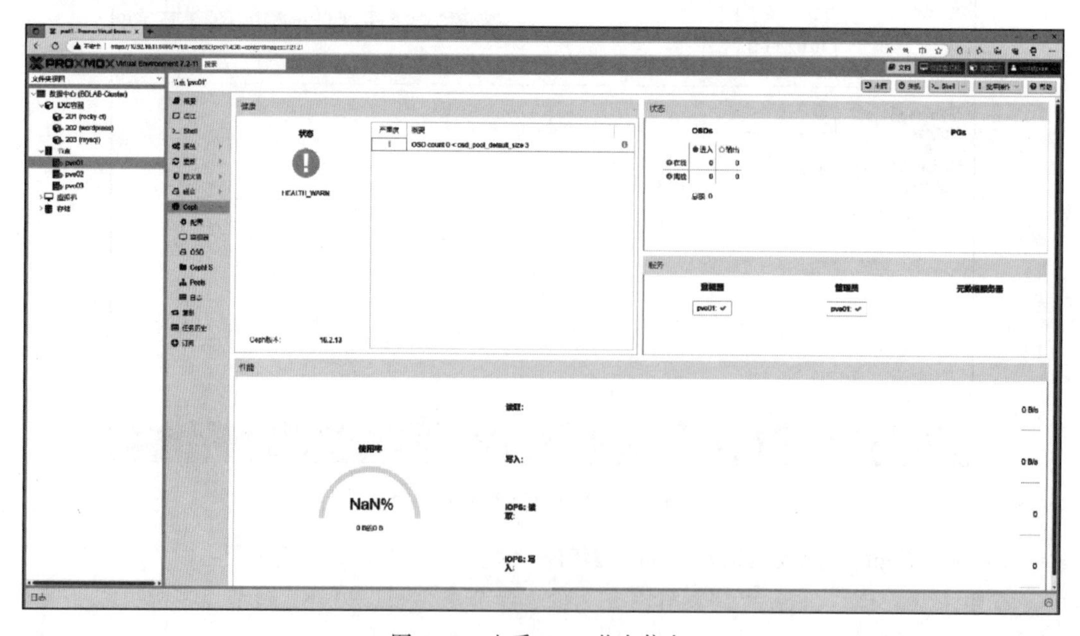

图 3-52　查看 Ceph 节点信息

2）查看监视器信息，目前仅 1 台节点主机添加到监视器，如图 3-53 所示，单击“创建”按钮将其他节点主机添加到监视器。

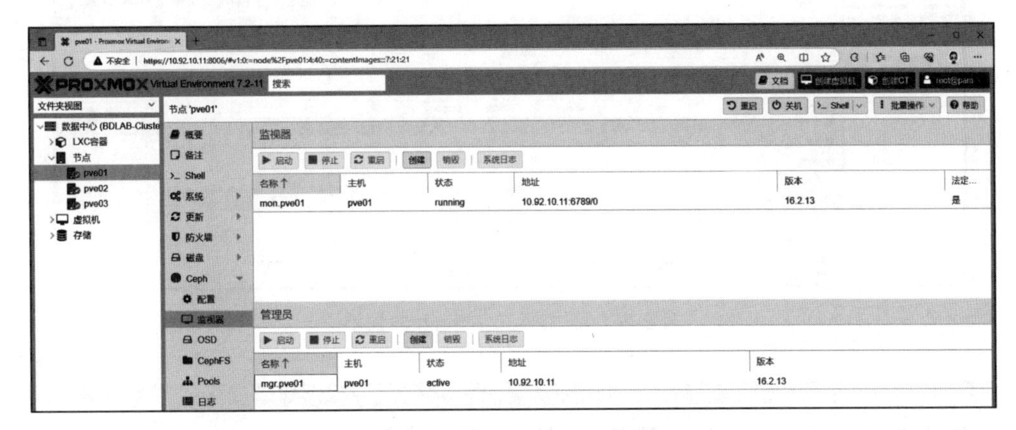

图 3-53　添加 Ceph 监视器

3）选择添加监视器的节点主机，如图 3-54 所示，单击“创建”按钮。

图 3-54　选择添加的 Ceph 监视器

4）成功将另一台节点主机添加到监视器，如图 3-55 所示。

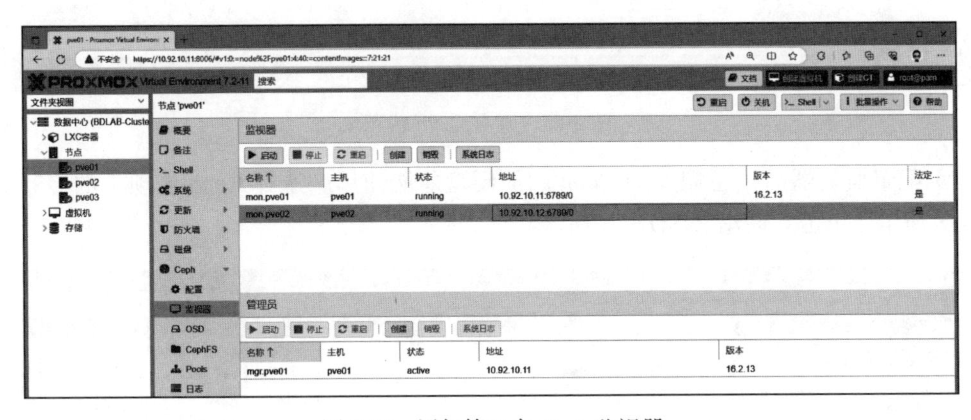

图 3-55　添加第二台 Ceph 监视器

5）按照相同的方法再添加一台节点主机到监视器，如图 3-56 所示，可以看到处于运行状态，监听端口为 6789。

6）查看 Ceph 状态，可以看到目前状态正常，如图 3-57 所示。

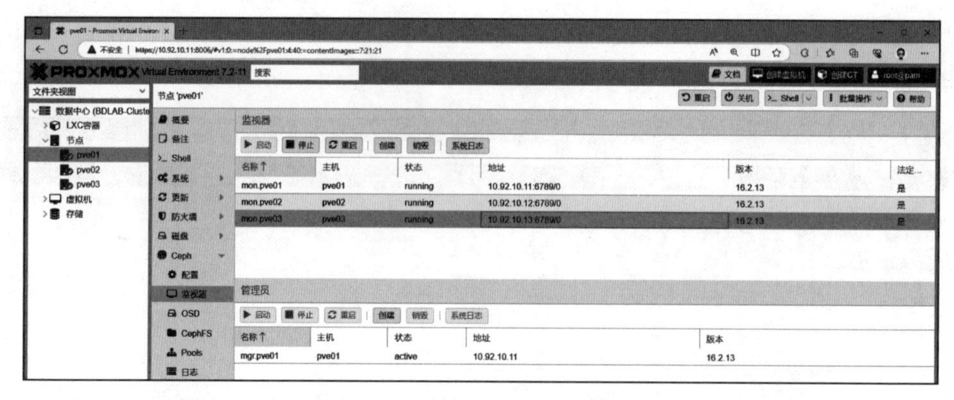

图 3-56 添加第三台 Ceph 监视器

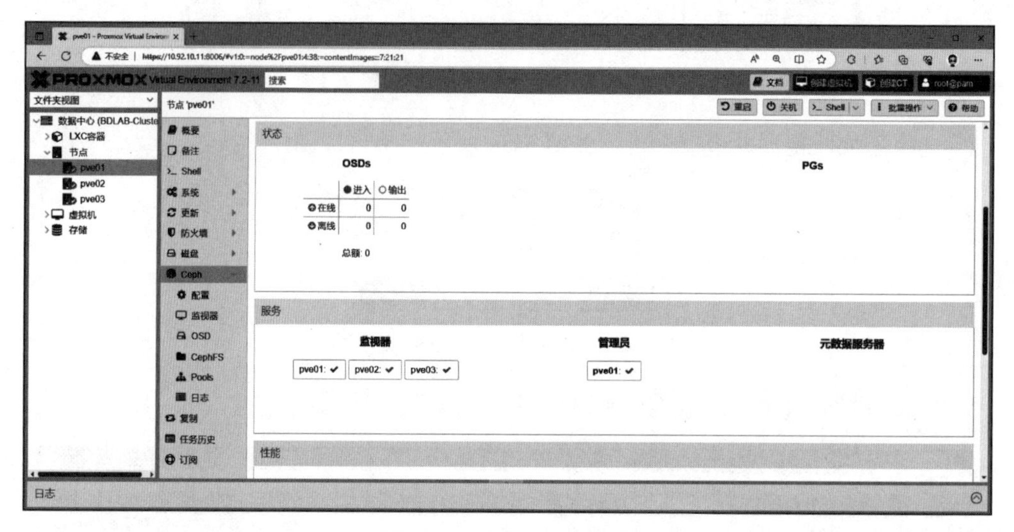

图 3-57 查看 Ceph 状态

7）配置监视器后，还需要为 Ceph 添加硬盘才能使用。选择 Ceph 选项下的 OSD，如图 3-58 所示，单击“创建 :OSD”按钮。

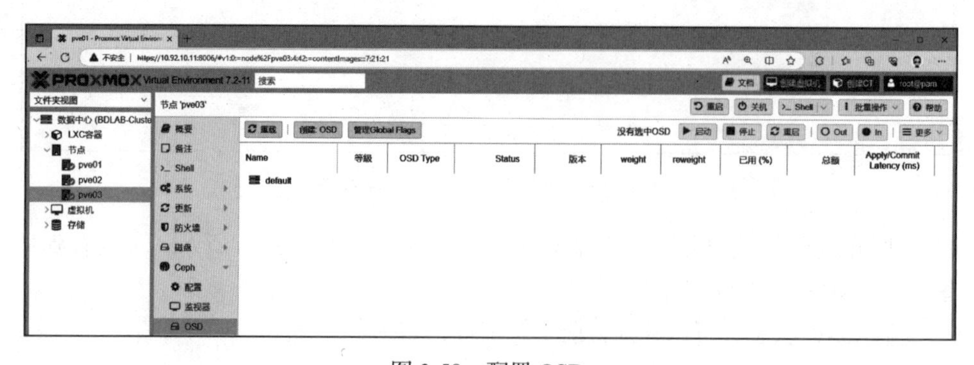

图 3-58 配置 OSD

8）选择未被使用的硬盘，如图 3-59 所示，然后单击“创建”按钮。需要注意的是，安装操作系统或者已经有其他分区的硬盘无法参与 Ceph 存储硬盘的创建。此外，为了参与 Ceph 存储，不建议使用 RAID，推荐采用直通的方式。

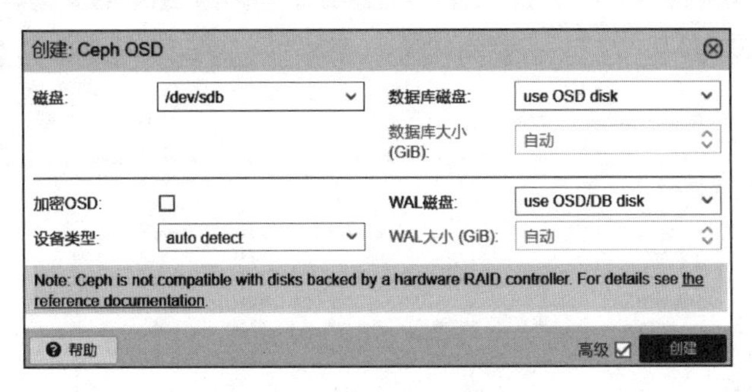

图 3-59　选择 OSD 硬盘

9）将 pve03 节点主机硬盘添加到 Ceph 存储，状态正常，容量为 1.82TiB，如图 3-60 所示。

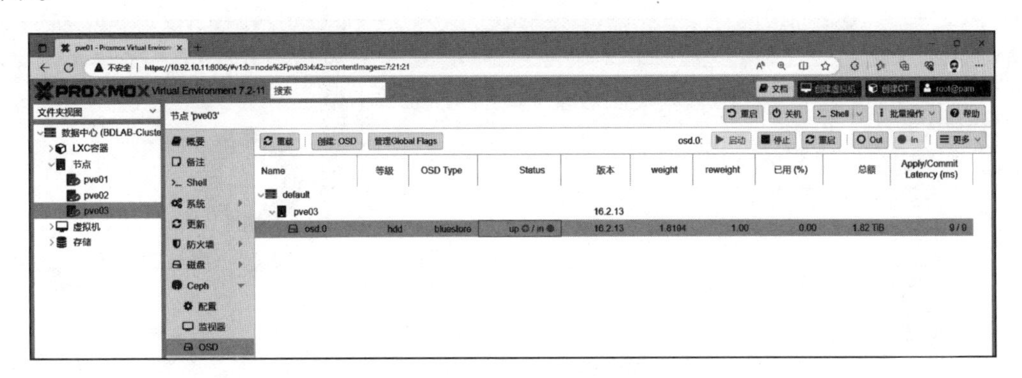

图 3-60　添加其他主机 OSD 硬盘（一）

10）按照相同的方式将 pve02 节点主机硬盘添加到 Ceph 存储，状态正常，容量为 931.48GiB，如图 3-61 所示。

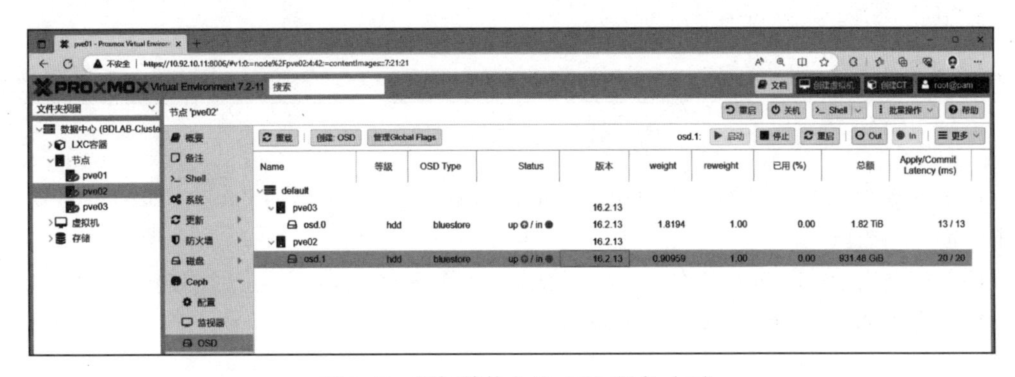

图 3-61　添加其他主机 OSD 硬盘（二）

11）按照相同的方式将 pve01 节点主机硬盘添加到 Ceph 存储，状态正常，容量为 1.82TiB，如图 3-62 所示。

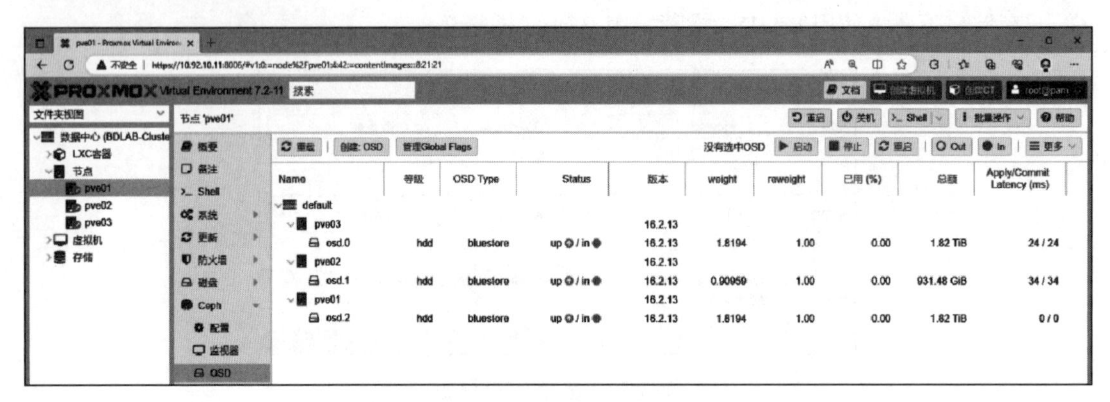

图 3-62　添加其他主机 OSD 硬盘（三）

12）完成 Ceph 存储容量的创建，目前存储总容量为 4.55TiB，如图 3-63 所示。

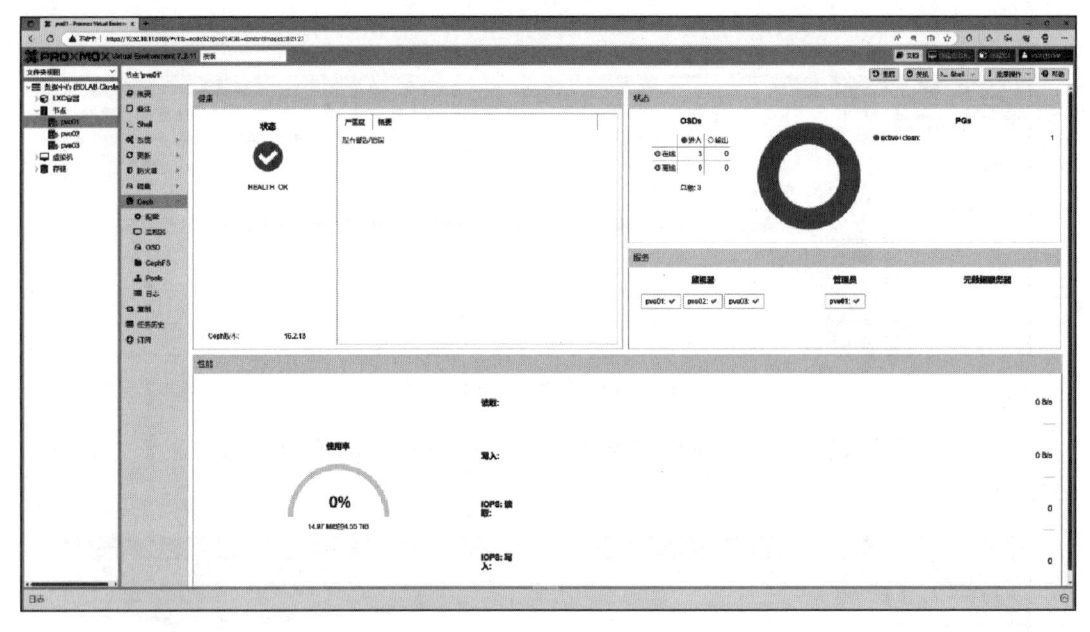

图 3-63　完成 Ceph 存储创建

13）为虚拟机或容器创建要使用的 Pool。选择 Ceph 选项下的 Pools，如图 3-64 所示，单击“创建”按钮。

14）根据实际情况输入名称、大小等信息，如图 3-65 所示，单击“创建”按钮。

15）完成 Pool 的创建，如图 3-66 所示。

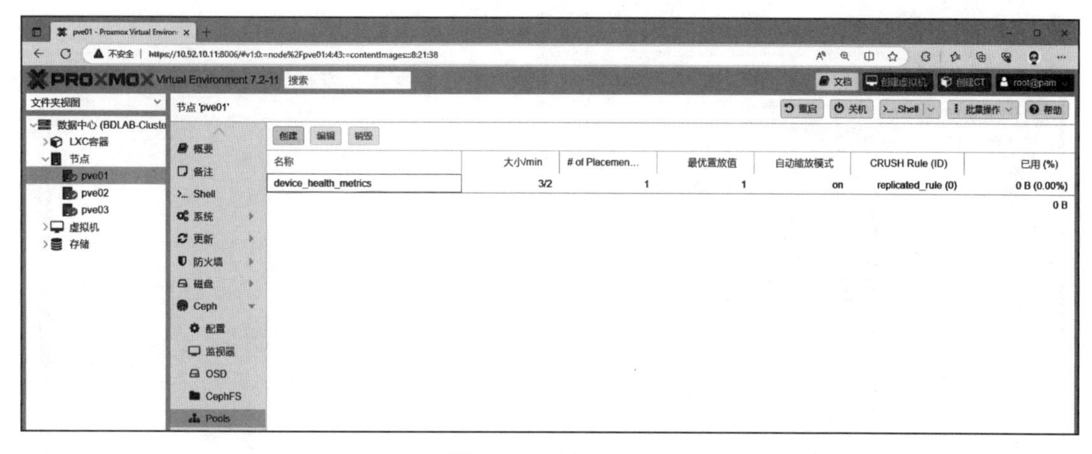

图 3-64　配置 Pools

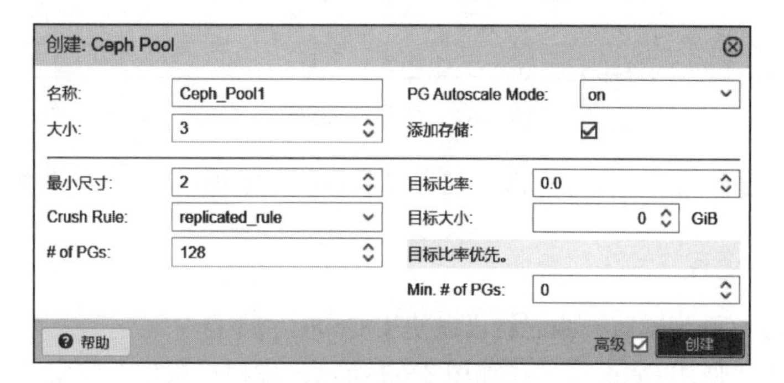

图 3-65　配置 Pool 参数

16）查看 Pool 信息，虚拟机或容器可以使用的容量为 1.58TB，如图 3-67 所示。这是 Ceph 分布式存储需要进行冗余计算所得出的空间。

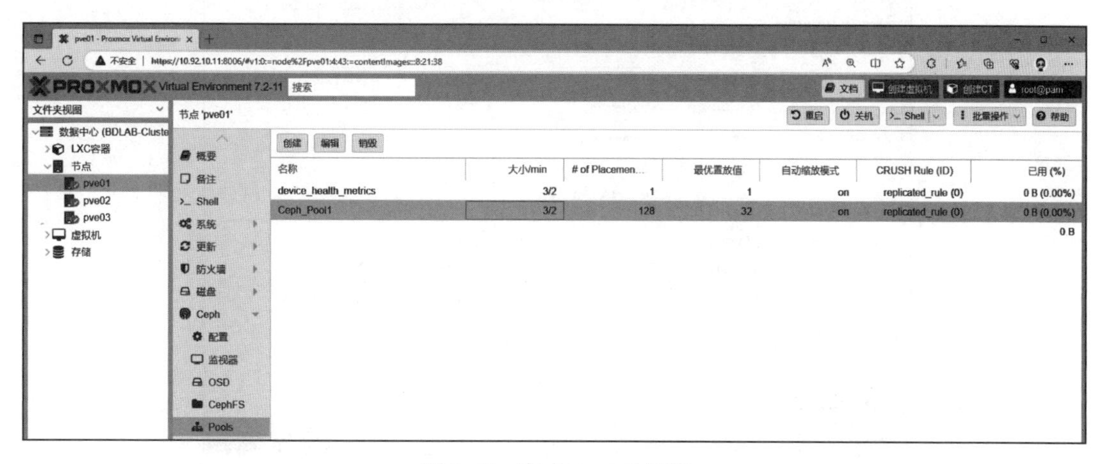

图 3-66　完成 Pool 的创建

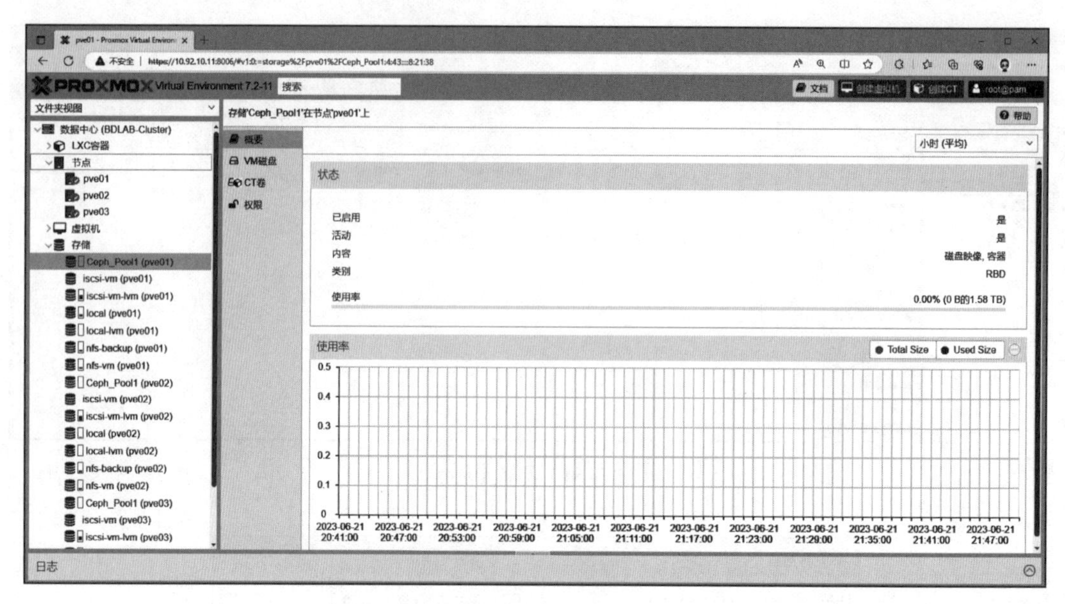

图 3-67 查看 Ceph 概要

至此，Ceph 存储的基本配置完成，虚拟机或容器已经可以使用 Ceph 作为存储。

3.5.5 使用 Ceph

完成 Ceph 存储的配置后，我们就可以使用 Ceph 存储了。

1）创建虚拟机使用 Ceph 存储，如图 3-68 所示。虚拟机操作系统安装不做演示，请参考 5.2 节内容。

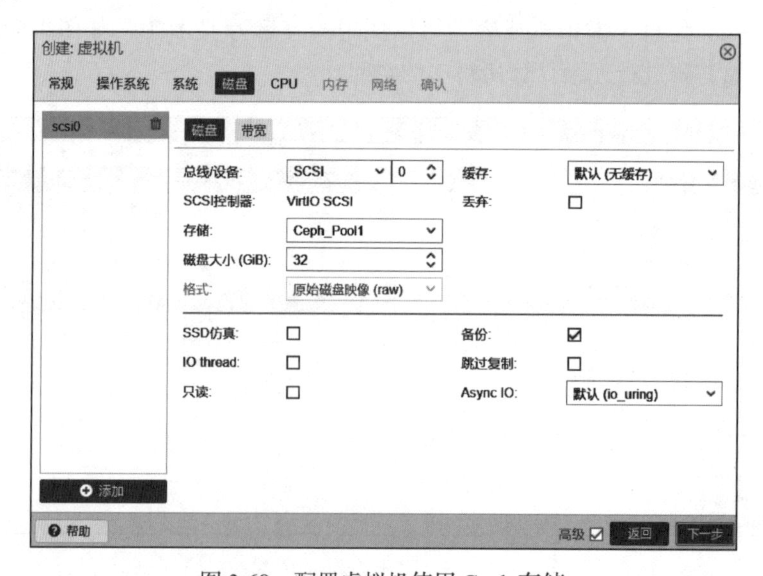

图 3-68 配置虚拟机使用 Ceph 存储

2）虚拟机使用 Ceph 存储处于运行正常状态，如图 3-69 所示。

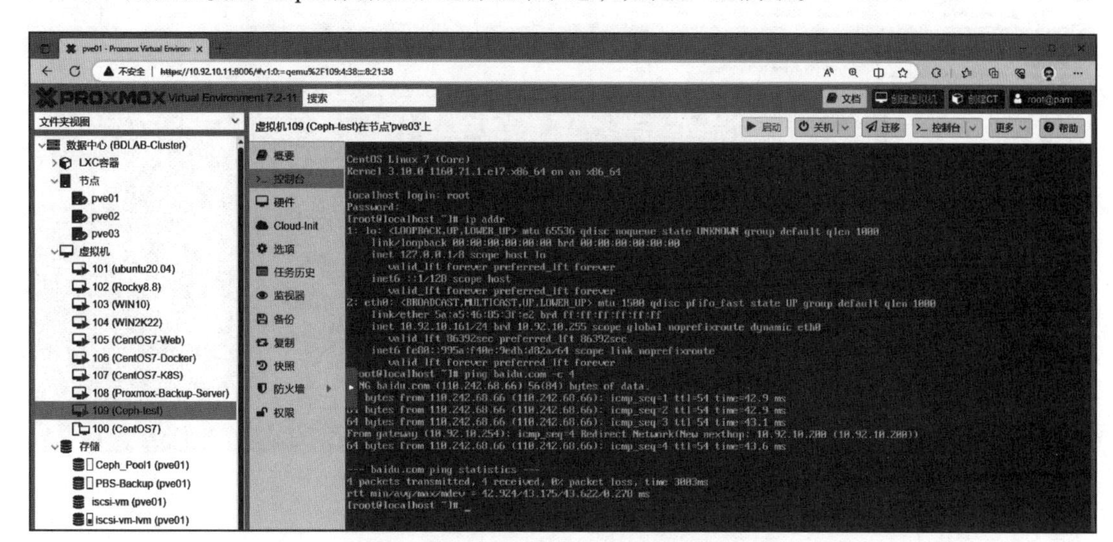

图 3-69　虚拟机使用 Ceph 存储且正常运行

3）查看 Pool 使用情况，可以看到虚拟机目前使用 4.75GiB 容量，如图 3-70 所示。

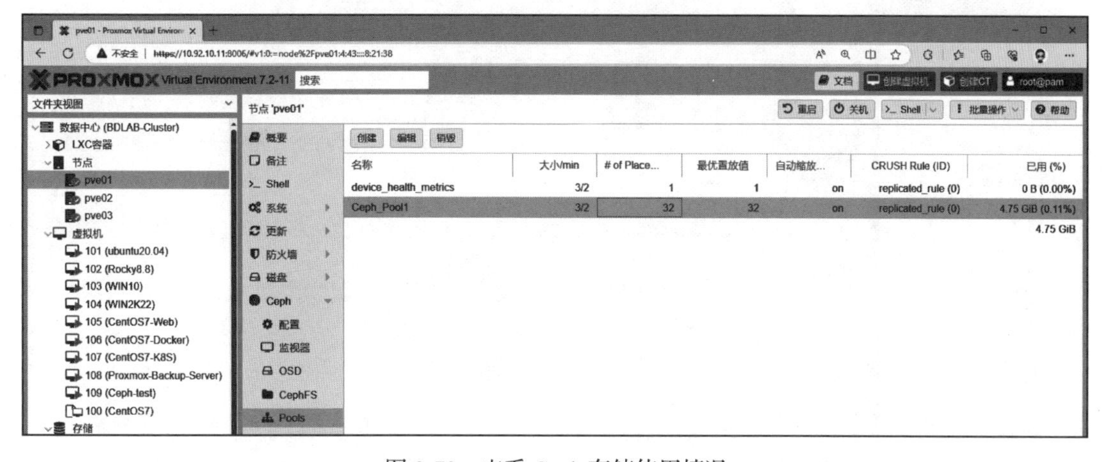

图 3-70　查看 Ceph 存储使用情况

4）模拟其中一台 Ceph 节点主机故障，查看是否会对虚拟机造成影响。目前 pve02 节点主机处于离线故障状态，但虚拟机不受影响，如图 3-71 所示。因为 Ceph 存储属于分布式存储，虚拟机使用的硬盘使用副本分布在三台节点主机上，其中一台故障不影响另外两个节点，也充分说明 Ceph 存储目前处于正常工作状态。

5）通过查看 Ceph 信息可以看到，目前 Ceph 集群出现了告警提示，如图 3-72 所示。其中一台故障不会影响 Ceph 集群正常工作。

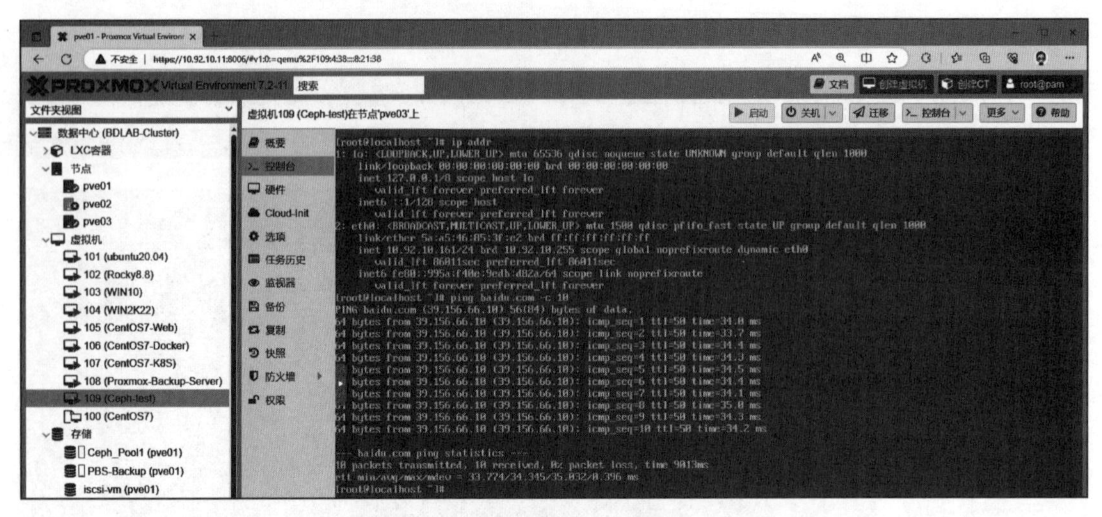

图 3-71　模拟 Ceph 故障

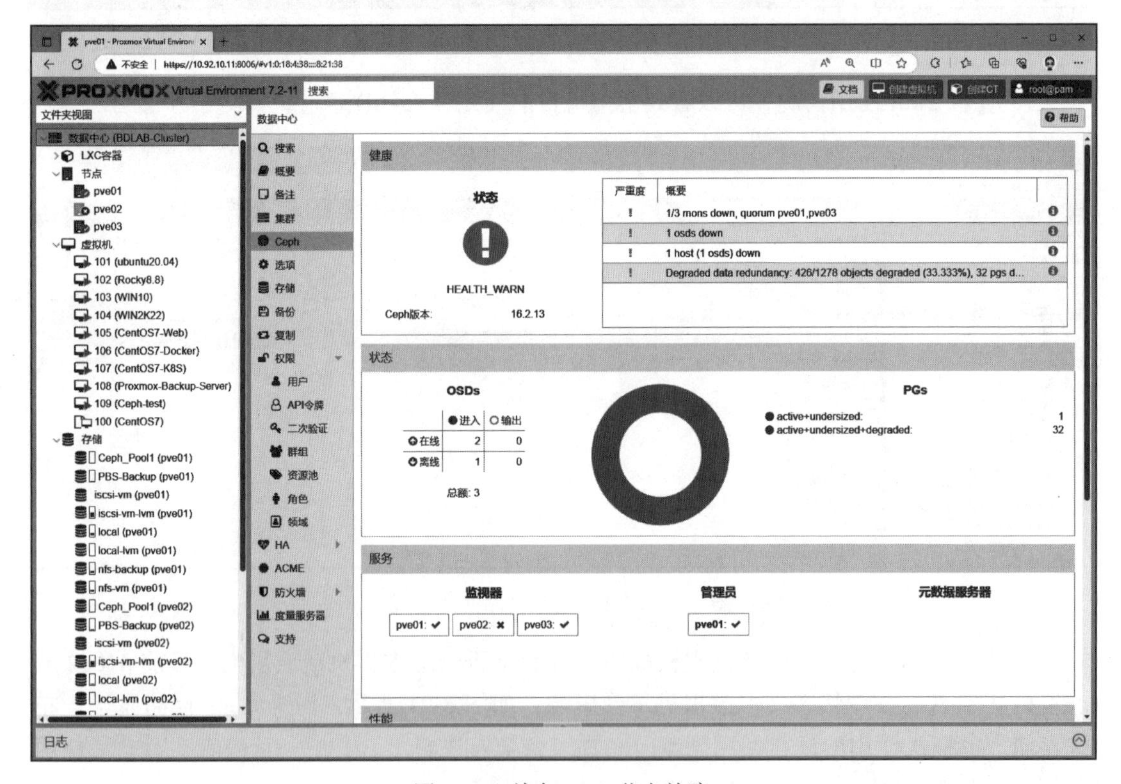

图 3-72　单台 Ceph 节点故障

6）查看 Ceph 监视器信息，可以看到 pve02 节点主机处于停止状态，如图 3-73 所示。

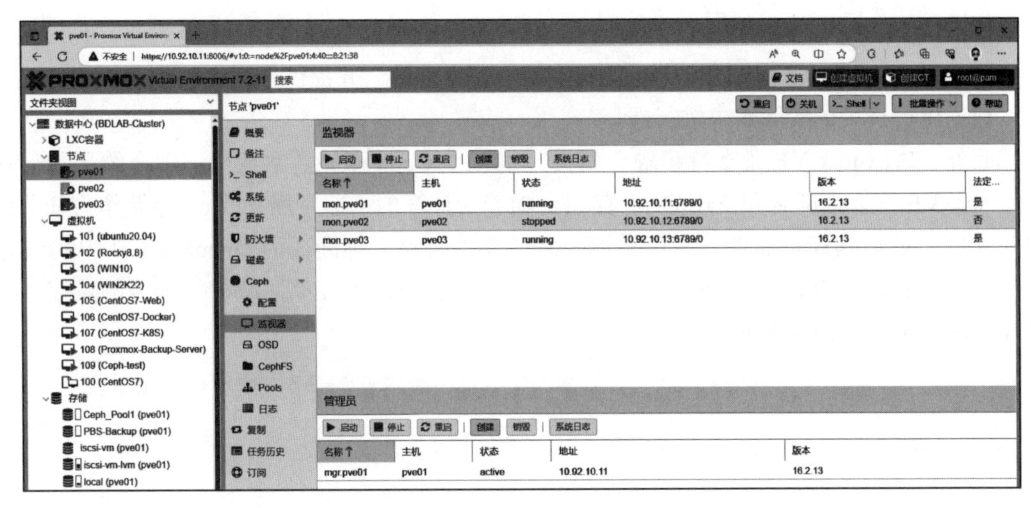

图 3-73　查看 Ceph 监视器

3.5.6　Ceph 的维护与监控

在生产环境中，Ceph 中的常见维护任务之一是更换 OSD 的磁盘。如果磁盘已经处于故障状态，则可以继续执行销毁 OSD 的步骤。如果可能，Ceph 将在剩余的 OSD 上重新创建这些副本。一旦检测到 OSD 故障或主动停止了 OSD，重新平衡将立即开始。

需要注意的是，Ceph 对象平衡器默认将一个完整的节点作为故障域，如果要更换仍然正常工作的磁盘，需要执行销毁 OSD 的步骤，需要等待群集显示 HEALTH_OK，然后再停止 OSD 将其销毁。在虚拟机或容器上定期运行丢弃操作是一种很好的措施。这将会释放文件系统不再使用的数据块，减少了数据使用和资源负载。大多数操作系统会定期向其磁盘发出这样的丢弃命令。

Ceph 通过清理 PG 来确保数据的完整性。Ceph 会检查 PG 中每个对象的健康状况，有两种形式的清理，即每日简单元数据检查和每周深度数据检查。每周深度清理通过读取对象并使用校验和来确保数据的完整性。如果正在运行的擦除工作会干扰业务性能需求，可以调整执行擦除的时间。

生产环境建议从安装 Ceph 后就开始持续监控 Ceph 的健康状态。可以通过自带工具，也可以通过 Proxmox VE API 监控。如果要查看进一步详细信息，可以查看 /var/log/ceph/ 下的日志文件，每个 Ceph 服务都会在该目录下有一个日志文件。如果日志信息不够详细，还可以进一步调整日志记录级别。

3.6　本章小结

本章详细介绍了 Proxmox VE 支持的主流存储类型，包括 NFS 和 iSCSI 存储。对于企业来说，iSCSI 存储是一种性价比较高的存储类型，使用范围也非常广泛。因此，我们特别介绍了如何在 Proxmox VE 环境中配置和使用 iSCSI 存储，并提供了详细的步骤说明。用户可以根据生产环境的实际需求进行选择。

此外，Proxmox VE 还支持超融合架构，也就是 Ceph 存储。本章也详细介绍了如何在 Proxmox VE 平台上部署和使用 Ceph 存储。随着云计算的迅速发展，Ceph 存储作为开源分布式存储，凭借其高扩展性、高可靠性、高性能等特点，逐渐成为 OpenStack 等开源主流云平台后端存储的首选。Proxmox VE 平台深度集成的 Ceph 存储，减少了部署的难度，两者配合使用可以大幅度降低企业存储的总体成本。

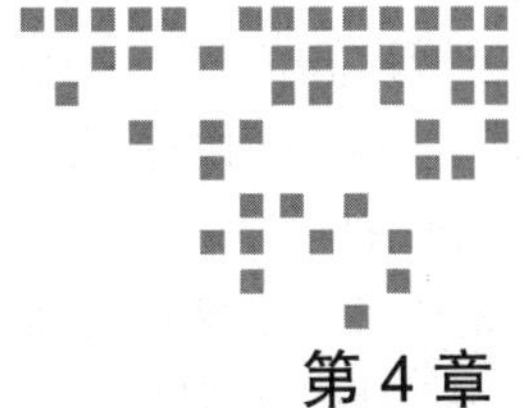

第4章 Chapter 4

配置 Proxmox VE 网络

作为开源架构，Proxmox VE 能够提供基础的网络功能，以确保虚拟机、容器等设备可以进行外部通信。然而，对于现今的数据中心来说，基础的网络功能显然是不够用的。因此，Proxmox VE 还提供了软件定义网络（Software-Defined Networking，SDN）解决方案。Proxmox VE SDN 使用灵活的软件控制配置，可以对虚拟来宾网络进行分离和精细化控制。但是需要注意的是，SDN 目前在 Proxmox VE 中仍是一个实验性功能，不建议在生产环境中使用。本章将介绍如何配置和使用 Proxmox VE 的基础网络。

4.1 Proxmox VE 支持的网络

Proxmox VE 提供的基础网络功能包括 Linux Bridge、Linux Bond、Linux VLAN 等，能够满足多数环境下虚拟机、容器对网络的使用需求。

4.1.1 Linux Bridge 介绍

在介绍 Linux Bridge 之前，我们先了解一下什么是 Bridge。Bridge 就是桥接，是一种连接网络设备的方式。简单来说，桥接就是把一台主机上的若干个网络接口“连接”起来。它的作用是，其中一个网络接口收到的报文会被复制给其他网络接口并发送出去，以使网络接口之间的报文能够互相转发。在企业的数据中心，交换机就是这样一个设备，它有若干个网络接口，并且这些网络接口是桥接起来的。于是，与交换机相连的若干主机就能够通过交换机的报文转发而互相通信。

Linux 内核支持网络接口的桥接，但是这与接入交换机不同。多数交换机只是一个二层设备，对于接收到的报文，要么转发，要么丢弃。接入的交换机只需要一块交换芯片即可，并不需要 CPU 进行计算工作。而运行 Linux 内核的计算机本身就是一台主机，有可能就是网络报文的目的地，它收到的报文除了被转发或丢弃，还可能被送到网络协议栈的上层（网络层），从而被自己消化。

Linux 内核是通过一个虚拟的网桥设备来实现桥接的。这个虚拟设备可以绑定若干个以太网接口设备，从而将它们桥接起来，这就是 Linux Bridge。Linux Bridge 可以通过软件方式实现网络分离。在 Linux Bridge 中，可以通过配置 VLAN 和桥接口等方式进行网络分离，实现不同子网之间的网络互通。

Linux Bridge 的使用非常广泛，特别是在虚拟化环境中，比如 OpenStack、KVM 等。在这些场景中，Linux Bridge 可以提供网络隔离和二层转发等功能，实现虚拟机之间的通信。同时，Linux Bridge 还可以通过 GRE（Generic Routing Encapsulation，通用路由封装）隧道等方式实现跨物理网络的通信，为云计算等场景提供灵活的网络解决方案。

整体来说，Linux Bridge 是 Linux 内核中一个非常重要的网络设备，通过它可以实现网络隔离、二层转发、跨物理网络的通信等功能，为云计算等场景提供非常重要的支持。

4.1.2 Linux Bond 介绍

Linux Bond 是一种将多个物理网卡绑定为一个逻辑网卡的技术。通过绑定，可以实现链路冗余、带宽倍增、负载均衡等目的。在生产环境中，这是一种提高性能和可靠性的常用技术。Linux 内置了网卡绑定的驱动程序，可以将多个物理网卡分别绑定成多个不同的逻辑网卡（例如将 eth0、eth1 绑定为 Bond0，将 eth2、eth3 绑定为 Bond1）。对于每个 Bond 接口，可以分别定义不同的绑定模式和链路监视选项。

Proxmox VE 提供 7 种网卡绑定模式。

（1）balance-rr（轮询模式）：将传输数据包的负载平均分配到所有可用的网卡中。

（2）active-backup（主备模式）：只有一张网卡处于活动状态，其余网卡处于备用状态，当活动网卡故障时，备用网卡会自动接管。

（3）balance-xor（异或模式）：使用源和目的 IP 地址、端口和 MAC 地址的异或值来选择网卡，从而提高网络负载均衡的效率。

（4）broadcast（广播模式）：将传输数据包广播到该组内的所有网卡，适用于需要将数据包传输到多个接收者的场景。

（5）LACP(802.3ad)（链路聚合模式）：将多个网卡聚合成一个逻辑网卡，提高网络吞吐量和可靠性。需要注意的是，该模式需要进行物理交换机配置。

（6）balance-tlb（自适应负载平衡模式）：根据网卡的带宽利用率和延迟时间等因素，动态地进行网卡之间的负载均衡。

（7）balance-alb（自适应传输负载平衡模式）：将传输数据包的负载均衡到多个网卡上，根据网卡的带宽和延迟时间进行动态选择。

4.1.3　Linux VLAN 介绍

虚拟局域网（VLAN）技术是企业网络设计中的重要组成部分。在生产环境中，VLAN 技术可以提供更加灵活和高效的解决方案来满足不同业务和应用场景的需要。通过使用 VLAN 技术，企业可以将网络划分为多个逻辑网络，每个逻辑网络之间可以进行隔离通信，从而提高网络的安全性和可管理性。

Linux VLAN 是一种基于网络层的虚拟局域网技术，它通过在网络层上添加一层标记，将一个物理局域网划分为多个逻辑的虚拟局域网，使不同的 VLAN 可以在同一物理网段上实现隔离通信。在 Linux 系统中，VLAN 是通过内核中的网络子系统实现的。当一个 VLAN 数据包进入系统时，内核会根据数据包中的 VLAN 标记信息进行处理，然后将数据包转发到相应的 VLAN 接口或物理接口上。

Linux VLAN 的实现主要包括两种方式：内核模块方式和 VLAN 交换机方式。内核模块方式通过在内核中加载 VLAN 模块来实现，而 VLAN 交换机方式则是通过软件模拟交换机实现 VLAN 功能。内核模块方式比 VLAN 交换机方式更加灵活，但是需要较高的技术水平和更多的配置工作；而 VLAN 交换机方式则更加易于配置和管理，但是需要更强的硬件配置和更高的成本投入。

4.2　Proxmox VE 基础网络配置

在 Proxmox VE 平台中，基本的网络配置相对简单。其主要目的是实现不同的网络流量通过不同的网卡进行分流，并实现冗余等功能。本节介绍 Proxmox VE 的基础网络配置。

4.2.1　配置 Linux Bridge 网络

在安装完 Proxmox VE 之后，系统会默认创建名为 vmbr0 的 Linux Bridge 网络。在生产环境中，需要根据实际情况创建不同的 Linux Bridge 网络，以对网络流量进行分流，进而提升整体的网络性能。本小节介绍如何在 Proxmox VE 平台中配置 Linux Bridge 网络。

1）确定需要配置的 Proxmox VE 主机，选择“系统”选项下的“网络”，单击“创建”按钮，如图 4-1 所示。

2）选择“Linux Bridge”，如图 4-2 所示。

3）输入要创建的 Linux Bridge 网络的名称及桥接端口，如图 4-3 所示，单击“创建”按钮。生产环境需要根据整体规划分配桥接端口。

4）完成 Linux Bridge 网络的创建，但还需要重新启动或使用“应用配置”才能使用它。如图 4-4 所示，单击“应用配置”按钮。

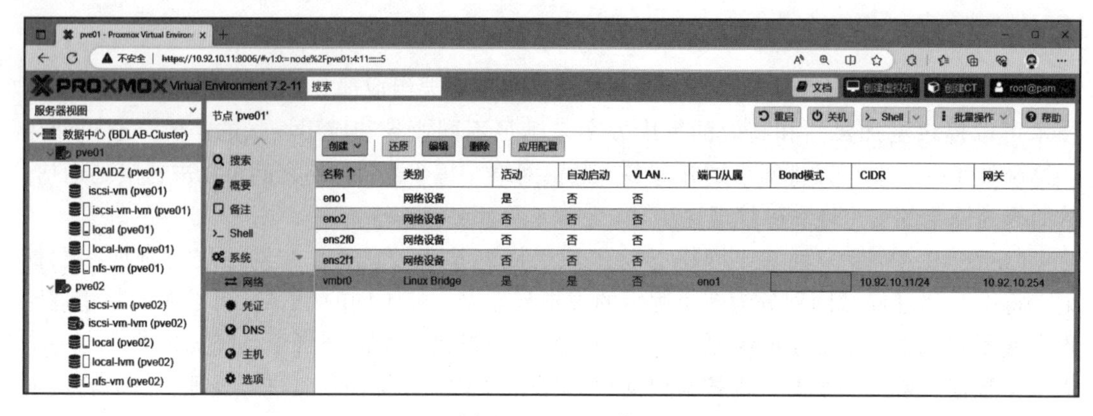

图 4-1　配置网络

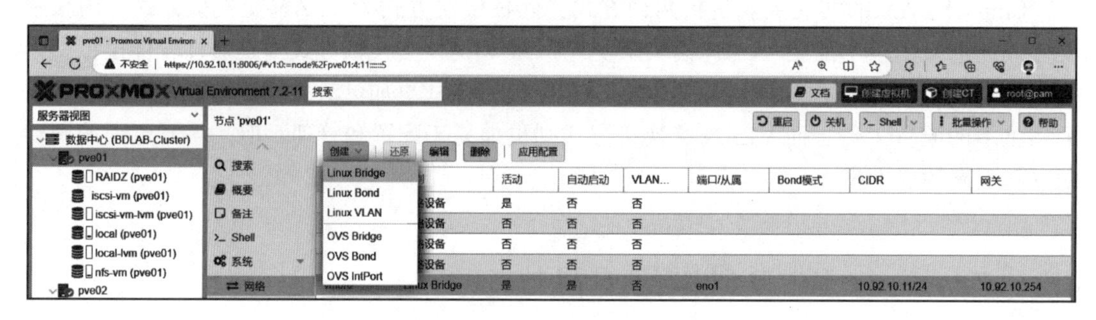

图 4-2　选择 Linux Bridge 网络

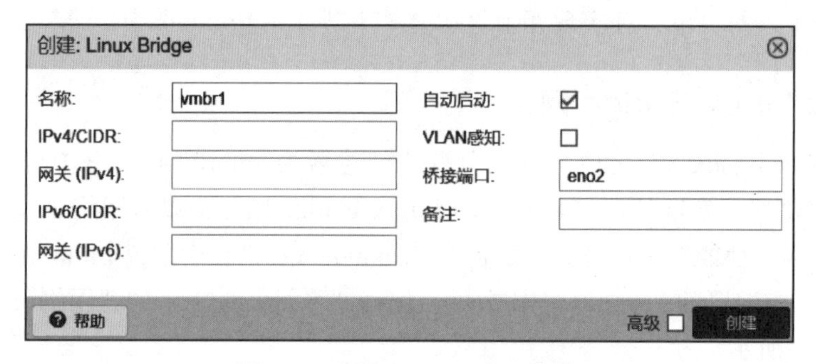

图 4-3　配置 Linux Bridge 参数

5）系统提示是否确认网络变更，如图 4-5 所示，单击“是”按钮。需要注意的是，任何涉及网络变更的操作都会出现这样的提示，这是一种安全保护机制，如果误操作，可能导致 Proxmox VE 平台以及虚拟机和容器无法对外提供服务。

6）Linux Bridge 网络生效，如图 4-6 所示。

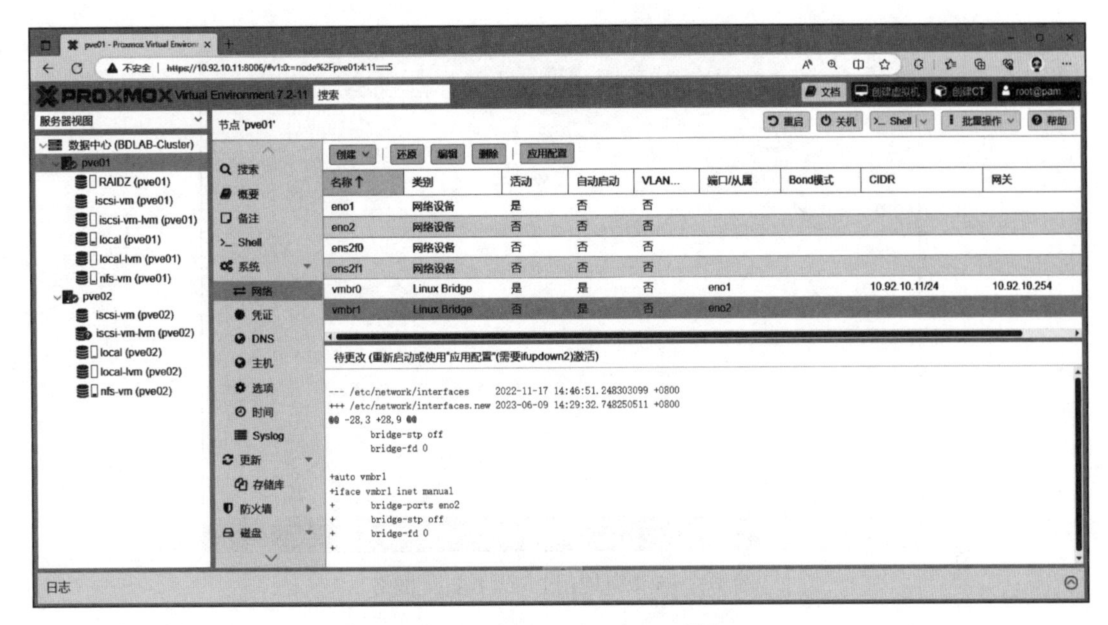

图 4-4　应用 Linux Bridge 配置

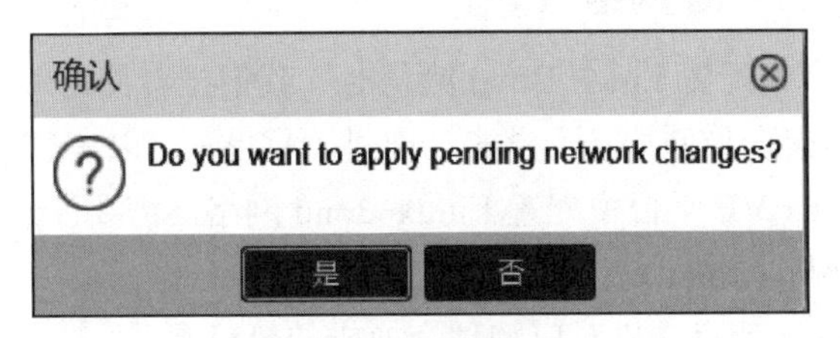

图 4-5　网络变更提示

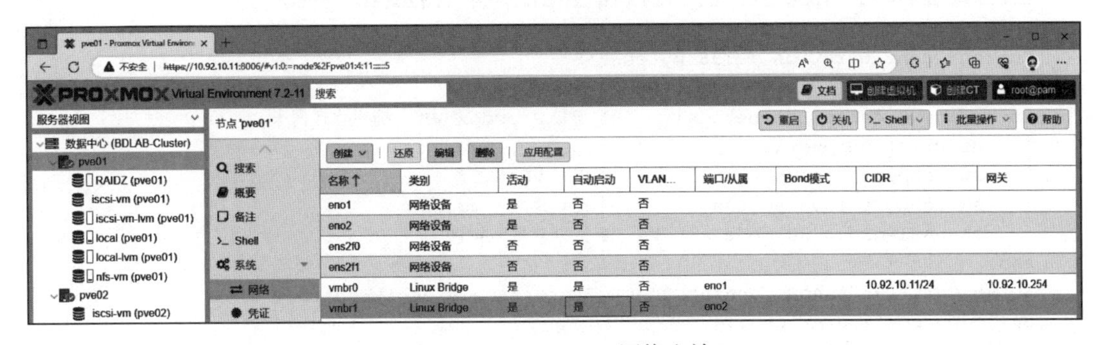

图 4-6　Linux Bridge 网络生效

7）创建虚拟机，在“网络”配置界面已经可以选择新创建的 Linux Bridge 网络了，如图 4-7 所示。

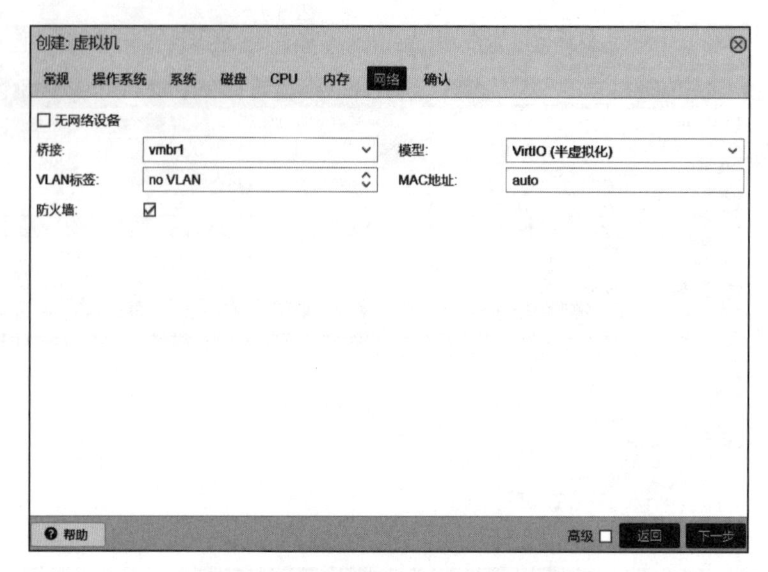

图 4-7　虚拟机使用 Linux Bridge 网络

4.2.2　配置 Linux Bond 网络

在 ProxmoxVE 平台中配置 Linux Bond 网络时，我们推荐使用 LACP（Link Aggregation Control Protocol，链路聚合控制协议）模式。通过 LACP，可以实现负载均衡和冗余。本小节将介绍如何在 Proxmox VE 平台中配置 Linux Bond 网络。需要注意的是，要使配置生效，需要在对应的物理交换机上进行 LACP 配置。

1）查看 Proxmox VE 节点主机对应物理交换机的接口配置。

```
BDLAB-Core_4948#show running-config interface gigabitEthernet 1/41
Building configuration...
Current configuration : 138 bytes
!
interface GigabitEthernet1/41      #连接 Proxmox VE 主机的物理网卡
    description pve-11
    switchport access vlan 10      #接口 VLAN 信息
    switchport mode access         #接口模式为 access
    channel-group 30 mode active   #接口启用 LACP
end
BDLAB-Core_4948#show running-config interface gigabitEthernet 1/42
Building configuration...
Current configuration : 138 bytes
!
interface GigabitEthernet1/42
    description pve-11
    switchport access vlan 10
    switchport mode access
    channel-group 30 mode active
```

```
end
BDLAB-Core_4948#show running-config interface port-channel 30
Building configuration...
Current configuration : 95 bytes
!
interface Port-channel30          #LACP聚合端口信息
    switchport
    switchport access vlan 10
    switchport mode access
end
BDLAB-Core_4948#show etherchannel summary    #查看LACP聚合端口状态
        Flags:    D - down     P - bundled in port-channel   I - stand-alone    s
            - suspended
        R - Layer3  S  - Layer2   U - in use    f - failed to allocate aggregator
        M - not in use, minimum links not met   u - unsuitable for bundling
        w - waiting to be aggregated            d - default port
Number of channel-groups in use:    3
Number of aggregators:              3
Group  Port-channel  Protocol     Ports
------+-------------+-----------+-----------------------------------------------
10       Po10(SU)     LACP    Gi1/47(P)    Gi1/48(P)
20       Po20(SU)     -       Gi1/35(P)    Gi1/36(P)
30       Po30(SD)     LACP    Gi1/41(s)    Gi1/42(s)      #LACP聚合端口处于SD状态
```

2）选择“Linux Bond”，如图4-8所示。

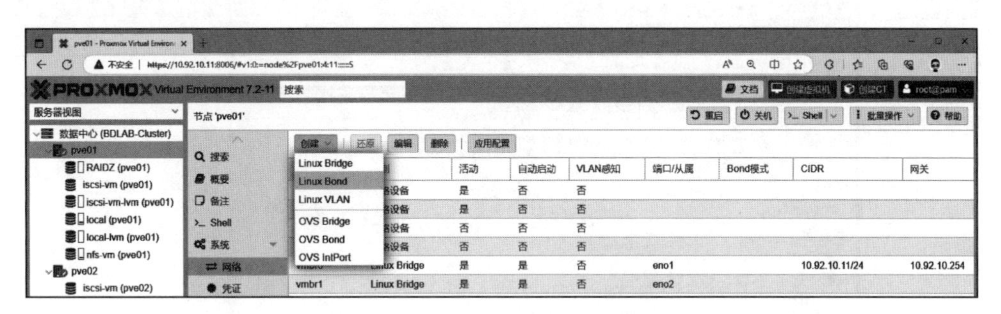

图4-8　选择Linux Bond网络

3）配置Linux Bond参数信息，“从属”选择输入物理网卡信息，“模式”选择“LACP(802.3ad)”，如图4-9所示。

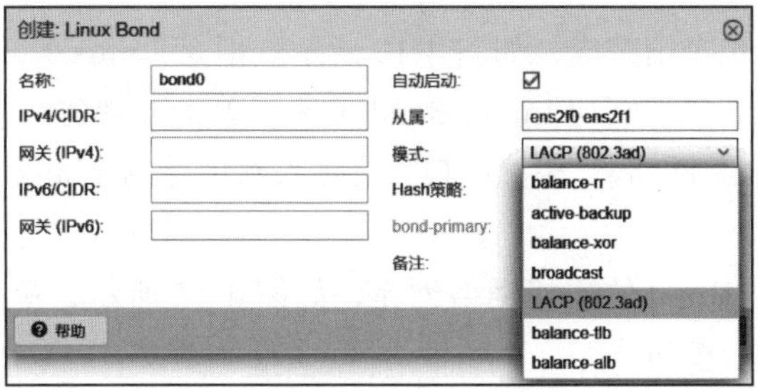

图4-9　配置Linux Bond模式

4）LACP(802.3ad) 对应的 Hash 策略支持多种链路层聚合，根据实际情况选择即可，如图 4-10 所示。

图 4-10　配置 Hash 策略

5）完成 Linux Bond 网络的创建，如图 4-11 所示，单击“应用配置”按钮。

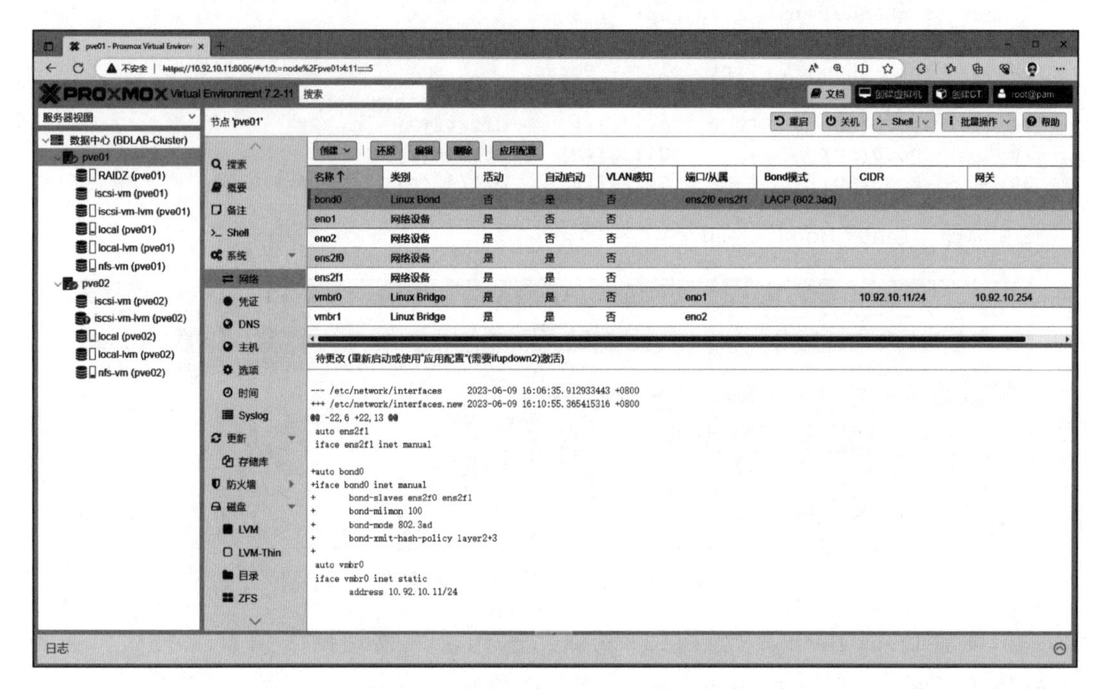

图 4-11　完成 Linux Bond 网络的创建

6）确认 Linux Bond 应用完成，如图 4-12 所示。但是 Linux Bond 还不能使用，还需要创建对应的 Linux Bridge 并将其与 Linux Bond 关联，单击“创建”按钮。

7）创建 Linux Bridge 网络，“桥接端口”处输入新创建的 Linux Bond，如图 4-13 所示，单击“创建”按钮。

8）完成基于 Linux Bond 的桥接网络创建，如图 4-14 所示，单击“应用配置”按钮并在弹出窗口中单击“是”按钮。

9）基于 Linux Bond 的桥接网络生效，如图 4-15 所示。

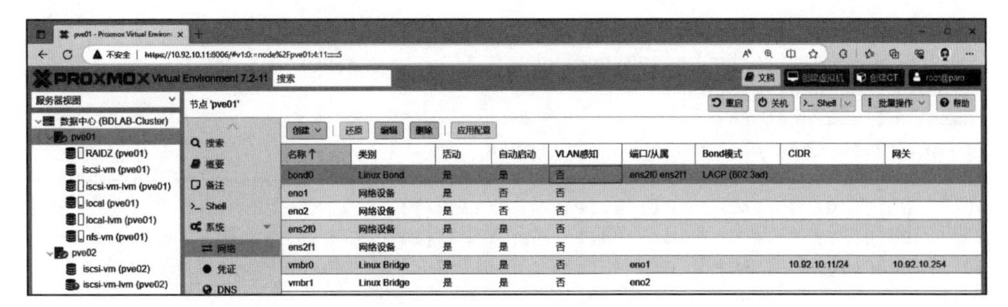

图 4-12　Linux Bond 网络

创建: Linux Bridge

名称:	vmbr2	自动启动:	☑
IPv4/CIDR:		VLAN感知:	☐
网关 (IPv4):		桥接端口:	bond0
IPv6/CIDR:		备注:	
网关 (IPv6):			

帮助　　高级 ☐　创建

图 4-13　创建 Linux Bridge 网络并配置 Linux Bond 网络关联

名称 ↑	类别	活动	自动启动	VLAN感知	端口/从属	Bond模式	CIDR	网关
bond0	Linux Bond	是	是	否	ens2f0 ens2f1	LACP (802.3ad)		
eno1	网络设备	是	否	否				
eno2	网络设备	是	否	否				
ens2f0	网络设备	是	是	否				
ens2f1	网络设备	是	是	否				
vmbr0	Linux Bridge	是	是	否	eno1		10.92.10.11/24	10.92.10.254
vmbr1	Linux Bridge	是	是	否	eno2			
vmbr2	Linux Bridge	否	是	否	bond0			

待更改 (重新启动或使用"应用配置"(需要ifupdown2)激活)

```
--- /etc/network/interfaces     2023-06-09 16:10:55.365415316 +0800
+++ /etc/network/interfaces.new 2023-06-09 16:13:10.739753862 +0800
@@ -43,3 +43,9 @@
        bridge-stp off
        bridge-fd 0

+auto vmbr2
+iface vmbr2 inet manual
+       bridge-ports bond0
+       bridge-stp off
+       bridge-fd 0
+
```

服务器视图：数据中心 (BDLAB-Cluster)、pve01、RAIDZ (pve01)、iscsi-vm (pve01)、iscsi-vm-lvm (pve01)、local (pve01)、local-lvm (pve01)、nfs-vm (pve01)、pve02、iscsi-vm (pve02)、iscsi-vm-lvm (pve02)、local (pve02)、local-lvm (pve02)、nfs-vm (pve02)

节点 'pve01'：搜索、概要、备注、Shell、系统、网络、凭证、DNS、主机、选项、时间、Syslog、更新、存储库、防火墙、磁盘、LVM

日志

图 4-14　完成基于 Linux Bond 的桥接网络创建

10）查看对应的物理交换机的 LACP 链路聚合状态，可以看到处于 SU 正常状态，其中 S 代表二层网络，U 代表正在使用。

```
BDLAB-Core_4948#show etherchannel summary
Flags:  D — down    P - bundled in port-channel  I - stand-alone s — suspended
        R - Layer3 S - Layer2      U - in use      f - failed to allocate aggregator
```

```
        M - not in use, minimum links not met    u - unsuitable for bundling
        w - waiting to be aggregated             d - default port
Number of channel-groups in use:    3
Number of aggregators:              3
Group   Port-channel  Protocol     Ports
------+-------------+-----------+-----------------------------------------------
10     Po10(SU)     LACP    Gi1/47(P)    Gi1/48(P)
20     Po20(SU)     -       Gi1/35(P)    Gi1/36(P)
30     Po30(SU)     LACP    Gi1/41(s)    Gi1/42(s)     #LACP 聚合端口处于 SU 状态
```

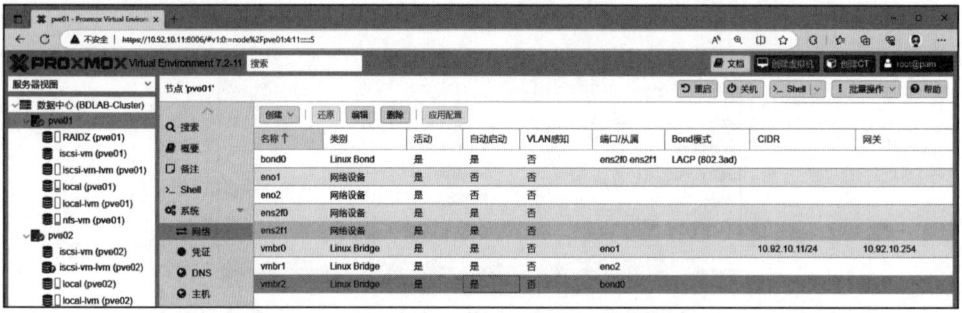

图 4-15 基于 Linux Bond 的桥接网络生效

4.2.3 配置 Linux VLAN

在生产环境中，由于业务要求或安全性等需求，虚拟机及容器会使用不同的 VLAN。Proxmox VE 提供了 VLAN 划分功能。本小节将介绍如何在 Proxmox VE 平台中配置 Linux VLAN。

1）物理交换机配置使用 Linux Bond 配置，需要将对应的物理网卡模式调整为 TRUNK 模式。

```
BDLAB-Core_4948#show running-config interface gigabitEthernet 1/41
Building configuration...
Current configuration : 175 bytes
!
interface GigabitEthernet1/41
    description pve-11
switchport trunk encapsulation dot1q  # 接口封装 TRUNK 协议
    switchport mode trunk             # 接口模式为 trunk
    channel-group 30 mode active      # 接口启用 LACP
end
BDLAB-Core_4948#show running-config interface gigabitEthernet 1/42
Building configuration...
Current configuration : 175 bytes
!
interface GigabitEthernet1/42
    description pve-11
```

```
switchport trunk encapsulation dot1q
    switchport mode trunk
    channel-group 30 mode active
end
BDLAB-Core_4948#show etherchannel summary
Flags:  D – down     P - bundled in port-channel I - stand-alone s – suspended
        R - Layer3  S - Layer2      U - in use   f - failed to allocate aggregator
        M - not in use, minimum links not met    u - unsuitable for bundling
        w - waiting to be aggregated             d - default port
Number of channel-groups in use:    3
Number of aggregators:              3
Group   Port-channel  Protocol     Ports
------+-------------+-----------+-----------------------------------------------
10     Po10(SU)     LACP    Gi1/47(P)    Gi1/48(P)
20     Po20(SU)     -       Gi1/35(P)    Gi1/36(P)
30     Po30(SU)     LACP    Gi1/41(s)    Gi1/42(s)
```

2）调整 Linux Bridge 网络配置，勾选“VLAN 感知”复选框，如图 4-16 所示，单击“OK”按钮。

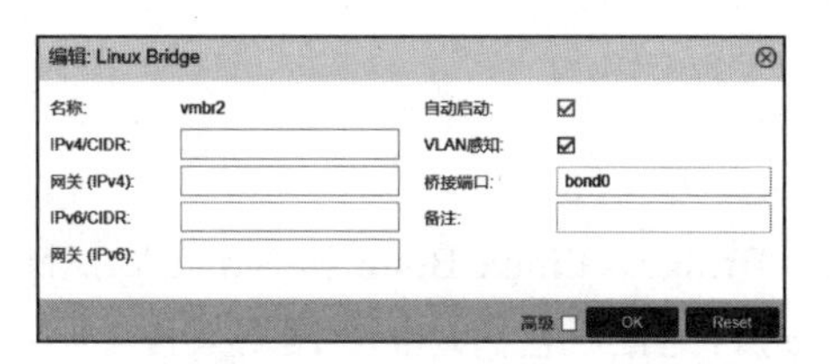

图 4-16　配置 Linux VLAN

3）完成基于 Linux VLAN 的配置，如图 4-17 所示，单击“应用配置”按钮并在弹出窗口中单击“是”按钮。

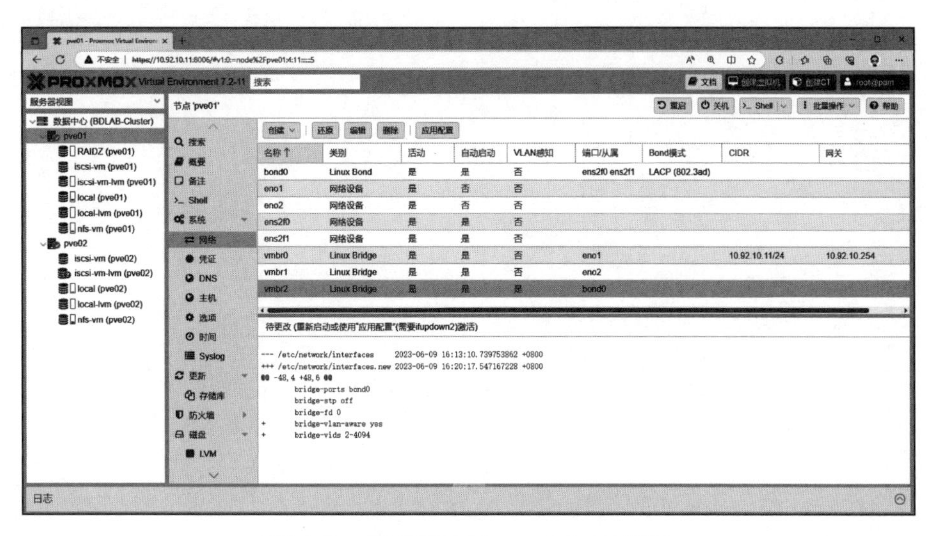

图 4-17　完成基于 Linux VLAN 的配置

4）创建虚拟机，在“VLAN 标签”处输入 VLAN 信息即可实现虚拟机 VLAN 的划分，如图 4-18 所示。

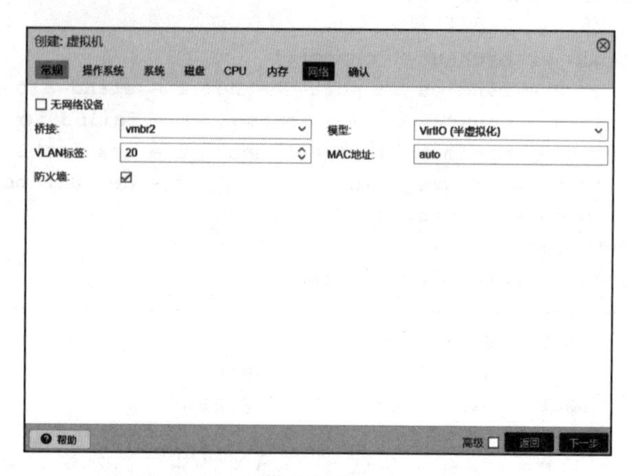

图 4-18　虚拟机使用 Linux VLAN

4.3　本章小结

本章详细介绍了 Linux Bridge、Linux Bond 和 Linux VLAN 的基本概念，以及如何在 Proxmox VE 环境中对它们进行配置。它们是企业网络架构中必不可少的组件，可以帮助企业实现更高效、更安全的网络通信。作为一个开源的虚拟化平台，Proxmox VE 目前的网络功能还比较有限，SDN 也仍处于测试版本阶段。但是，Proxmox VE 提供的基础网络功能可以满足大多数企业生产环境对网络的基本需求。

第 5 章 Chapter 5

创建和使用虚拟机

在完成 Proxmox VE 基本架构的部署后，就可以创建和使用虚拟机了。Proxmox VE 平台对虚拟化支持良好，主流的 Linux 和 Windows 操作系统都可以很好地运行。本章将介绍如何在 Proxmox VE 平台上创建和使用虚拟机。

5.1 Proxmox VE 虚拟机介绍

Proxmox VE 平台使用基于内核的虚拟机（Kernel-based Virtual Machine，KVM）。KVM 直接通过加载相关模块将 Linux 内核转换为 Hypervisor，然后通过 QEMU（Quick EMUlator，快速模拟器）将虚拟硬件提供给虚拟机使用。

5.1.1 QEMU 介绍

QEMU 是一个开源的虚拟机管理软件，主要功能是模拟物理设备。从运行 QEMU 的主机来看，QEMU 就是一个普通的用户进程，将物理主机拥有的硬盘分区、文件、网卡等本地资源虚拟成物理硬件设备并映射给虚拟机使用。在 Proxmox VE 中，Qemu 进程以 root 权限运行。

虚拟机的操作系统访问这些虚拟硬件时，就好像在访问真正的物理硬件设备一样。例如，当设置 QEMU 参数向虚拟机映射一个 ISO 镜像时，虚拟机的操作系统就会看到一个 CD 驱动器里的 CD ROM 光盘。

QEMU 能够模拟目前市面上使用的主流硬件设备，而 Proxmox VE 仅仅使用了其中的 32 位和 64 位 PC 平台模拟硬件，这也是当前绝大部分服务器所使用的硬件环境。此外，借助 CPU 的虚拟化扩展功能，QEMU 模拟相同架构硬件环境的速度可以大大提高。

QEMU 模拟的硬件设备包括 CPU、内存、硬盘、网卡等。这些硬件都是以软件模拟方式实现的。简单来说，这些虚拟硬件和对应的物理硬件完全相同，客户机操作系统安装了相应的驱动程序，客户机就可以像驱动真实物理硬件一样驱动这些虚拟硬件。这样，QEMU 就可以直接运行客户机而无须修改客户机操作系统。

这种方式的缺点是性能损耗较大，因为 CPU 必须消耗大量的计算能力才能以软件方式模拟硬件操作。为了提高性能，QEMU 还提供了半虚拟化硬件，这样客户机操作系统就能感知到 QEMU 模拟环境的存在，并直接与虚拟机管理器配合工作。

QEMU 的半虚拟化硬件采用了 VirtIO 标准，并以 VirtIO 半虚拟化硬件形式实现，具体包括半虚拟化硬盘控制器、半虚拟化网卡、半虚拟化串口、半虚拟化 SCSI 控制器等。鉴于其提供的高性能，推荐优先使用 VirtIO 半虚拟化硬件。在使用 Bonnie++ 软件进行的连续写测试中，VirtIO 半虚拟化硬盘控制器的性能是模拟 IDE 控制器的 2 倍。而在基于 iperf 的测试中，VirtIO 半虚拟化网卡的性能是模拟 Intel E1000 虚拟网卡的 3 倍。

5.1.2 虚拟机硬件介绍

了解 QEMU 后，需要了解虚拟机具体使用的硬件。一般来说，Proxmox VE 默认提供的虚拟机硬件配置就是最佳选择。

1. 虚拟机通用配置

虚拟机通用配置如下。

- 节点：虚拟机所处的物理服务器名。
- 虚拟机 ID：用于标识虚拟机的唯一编号。
- 名称：虚拟机名称，用于描述虚拟机的字符串。
- 资源池：虚拟机所处的逻辑组。

2. 操作系统设置

在创建虚拟机时，需要选择操作系统，Proxmox VE 会针对操作系统优化虚拟机底层配置。

3. 系统设置

创建虚拟机时，可以根据生产环境的实际需求修改虚拟机的部分系统配置。Proxmox VE 支持多种 BIOS 固件和机器类型。BIOS 固件以及机器类型决定了虚拟机的硬件布局，主流的机器类型有 Intel 440FX 和 Q35 两种，它们的主要区别在于对 PCIE 设备的支持。

4. CPU

创建虚拟机时，会选择 CPU 插槽数量，插槽是指物理服务器 CPU 插槽，通常物理服务器具有 2 个或 4 个插槽。在 Proxmox VE 环境中，为虚拟机配置 1 个插槽、4 个核心虚拟 CPU 和配置 2 个插槽、2 个核心虚拟 CPU 在性能上差别不大。但需要注意的是，某些软件是基于插槽授权的，这时按照软件授权设置插槽数量就显得比较有意义了。通常增加虚拟机的虚拟 CPU 数量可以改善性能，但最终改善程度还依赖于虚拟机对 CPU 的使用方式。每增加 1 个虚拟 CPU，QEMU 都会在 Proxmox VE 主机上增加一个处理线程，从而改善多线程应用的性能。

需要注意的是，如果所有虚拟机的内核总数大于物理服务器上的核心数，比如：在有 8 个内核的服务器上创建 4 台虚拟机，每个虚拟机配置 2 个内核，则是没有问题的。在这种情况下，主机系统将在物理服务器内核之间平衡 QEMU 执行线程。但是，Proxmox VE 将阻止启动虚拟 CPU 内核数多于物理可用内核的虚拟机，因为会导致降低性能。Proxmox VE 还使用多种机制来提升 CPU 的使用效率，主要为以下几种机制。

（1）资源限制

Proxmox VE 通过资源限制来控制 CPU 的使用。在虚拟机中，除了可以设置虚拟 CPU 数量，还可以设置一个虚拟机能够占用的物理 CPU 时间比例，以及相对其他虚拟机占用 CPU 时间的比例。通过设置“主机 CPU 时间”参数限制虚拟机能占用的主机 CPU 时间。该参数是一个浮点数，1.0 表示占用 100%，2.5 表示占用 250%，以此类推。如果单进程充分利用一个 CPU 核心，就是达到 100% 的 CPU 时间占有率。对有 4 个虚拟 CPU 的虚拟机，在充分利用所有核心的情况下，可以达到的最大理论值为 400%。由于 QEMU 还为虚拟外部设备启用其他线程，因此虚拟机真实的 CPU 占有率会更高一些。这个设置对于有多个虚拟 CPU 的虚拟机最有用，因为可以有效避免同时运行多个进程的虚拟机 CPU 利用率全部达到 100%。举个极端的例子：对于有 8 个虚拟 CPU 的虚拟机，任何时候都不能让其 8 个核心同时全速运行，因为这样会让服务器负载过大，导致服务器上其他虚拟机和容器无法正常运行。这时，可以设置“主机 CPU 时间”为 4.0（=400%）。所有核心同时运行重载任务时，最多占有为服务器 CPU 核心 50% 时间资源。但是，如果只有 4 个核心运行重载任务，仍然有可能导致 4 个物理 CPU 核心利用率达到 100%。

需要注意的是，根据具体设置，虚拟机有可能启动其他线程，例如处理网络通信、I/O 操作、在线迁移等。因此，虚拟机实际占用的 CPU 时间会比虚拟 CPU 所占用的要多。为确保虚拟机占用的 CPU 时间不超过所拥有的核心数量总数，可以设置“主机 CPU 时间”为所有核心数量总数。

第二个 CPU 资源限制参数是 CPU 权重，可用于控制虚拟机占用 CPU 资源相对其他虚拟机的比例。这是一个相对的份额权重，默认值为 1024，增加某个虚拟机的 CPU 权重，将导致调度器调低其他虚拟机的 CPU 分配权重。例如，虚拟机 A 权重为默认值 1024，虚拟机 B 权重调整为 2048 后，分配给虚拟机 B 的 CPU 时间将是虚拟机 A 的两倍。

（2）CPU 类别

QEMU 可以模拟包括从 486 到最新 Xeon 处理器在内的多种 CPU 硬件。模拟更新的 CPU 意味着模拟更多功能特性，比如硬件 3D 渲染、随机数生成器、内存保护等。通常，在创建虚拟机选择 CPU 时，应该选择与主机 CPU 最接近的虚拟机 CPU 类别，这可以让虚拟机使用主机 CPU 的功能特性。

这种配置方法最大的问题在于，如果需要将一个虚拟机在线迁移到另一台物理服务器，虚拟机可能会因为两台物理服务器的 CPU 类别不同而迁移失败。如果 CPU 特性不一致，QEMU 进程会直接停止运行。为避免该问题，Proxmox VE 专门提供了一种名为 KVM64 的虚拟 CPU，这也是 Proxmox VE 默认使用的 CPU 类别，能提供最好的兼容性。

在生产环境中，我们需要确保虚拟机的在线迁移能力，推荐使用默认的 KVM64 虚拟 CPU 类别。如果生产环境不涉及迁移，但需要最好的性能，可以设置虚拟 CPU 类别为 host，这样虚拟机的虚拟 CPU 就和主机物理 CPU 完全一致了。

（3）自定义 CPU 类别

除了标准的 CPU 类别，Proxmox VE 可以使用一组可配置的功能自定义 CPU 类别。这些配置文件可以在 /etc/pve/virtual-guest/cpu-models.conf 中进行维护。

（4）Meltdown 和 Spectre CPU 标识

在一些特殊应用中，需要调整 Meltdown 和 Spectre CPU 标识。除非虚拟机的 CPU 类别已经默认启用，否则需要进行手工设置以确保安全。启用这两个 CPU 标识，需要满足以下先决条件。

- 主机 CPU 必须支持相关特性，并传递给客户虚拟机的虚拟 CPU。
- 客户虚拟机的操作系统已升级到最新版本，能够利用这两个标识缓解攻击。

否则，需要先在 Web GUI 调整虚拟 CPU 类别或修改虚拟机配置文件中的 CPU 选项属性，确保虚拟 CPU 支持相关 CPU 标识。

（5）非一致性内存访问架构

Proxmox VE 支持非一致性内存访问（Non-Uniform Memory Access，NUMA）架构。NUMA 架构抛弃了以往多个内核共同使用一个大内存池的设计，而将内存按照插槽数量分配给每个 CPU 插槽。NUMA 架构有效地解决了共用一个大内存池时的内存总线瓶颈问题，极大地改善了系统性能。如果物理服务器支持 NUMA 架构，推荐启用，可以更合理地在物理服务器上分配虚拟机工作负载。此外，如果虚拟机需要使用 CPU 和内存热插拔，也需要启用该项配置。需要注意的是，如果启用了 NUMA，建议为虚拟机分配与物理服务器一致的插槽数量。

（6）CPU 热插拔

CPU 热插拔技术已经发展很多年，目前主流操作系统多数支持 CPU 热插拔功能，并在一定程度上支持 CPU 热拔出。在 Proxmox VE 环境下，CPU 热插拔较物理服务器更为简单，因为无须考虑物理 CPU 插拔带来的各类硬件问题。但是，CPU 热插拔仍然是一个复杂且不成熟的功能特性，同时还依赖于客户机操作系统的支持，在生产环境中，不建议使用该功能。

5. 内存

在创建虚拟机时，需要配置内存大小。Proxmox VE 支持两种方式的内存分配。

（1）分配固定容量内存

当设置内存容量和最小内存容量为相同值时，Proxmox VE 将为虚拟机分配固定容量内存。即使使用固定容量内存，也可以在虚拟机启用 ballooning 设备，以监控虚拟机的实际内存使用量。通常情况下，应该启用 ballooning 设备，如需禁用，可以取消 ballooning 设备的勾选，或者在虚拟机配置文件中设置 balloon 值为 0。

（2）自动分配内存

当设置的最小内存容量低于设置的内存容量值时，Proxmox VE 将为虚拟机分配设置的最小容量内存，并在物理服务器内存占用率达到 80% 之前根据虚拟机需要动态分配内存，直到达到设置的最大内存分配量。

当物理服务器内存不足时，Proxmox VE 将开始回收分配给虚拟机的内存，并在必要时启动 SWAP 分区，如果仍然不能满足需要，最终将启动 OOM 进程关闭部分进程以释放内存。物理服务器和虚拟机之间的内存分配和释放通过虚拟机内的 balloon 驱动完成，该驱动主要用于从主机抓取或向主机释放内存页面。

当有多台虚拟机使用自动内存分配方式时，可以通过配置 shares 参数，在多个虚拟机之间分配可用内存份额。比如，Proxmox VE 主机现有 4 台虚拟机，其中 3 台为 Web 虚拟机，1 台为数据库虚拟机。为了优先给数据库虚拟机分配更多内存，可以设置数据库虚拟机的 Shares 为 3000，并设置其他 3 台 Web 虚拟机的 Shares 为默认值 1000。

2010 年以后，所有的 Linux 发行版默认都安装了 balloon 驱动。对于 Windows 系统，则需要手工安装 balloon 驱动，并且可能会导致系统性能降低，所以我们不建议在重要的 Windows 系统上安装 balloon 驱动。

需要注意的是，当为虚拟机分配内存时，至少要为主机保留 1GB 可用内存。

6. 磁盘

在创建虚拟机时，需要配置磁盘参数。Proxmox VE 支持多种磁盘参数配置，主要包括以下类型。

（1）总线 / 设备

QEMU 能模拟多种总线 / 设备类型。

- IDE 总线 / 设备：最早可追溯到 1984 年的 PC/AT 硬盘控制器。当虚拟机使用 2003 年以前开发的操作系统时，使用 IDE 控制器将是最佳选择。该控制器上最多可挂载 4 个设备。
- SATA 总线 / 设备：出现于 2003 年，采用了更为现代化的设计，不仅提供了更高的数据传输速率，并且支持挂载更多的设备。该控制器上最多可挂载 6 个设备。
- SCSI 总线 / 设备：设计于 1985 年，通常用于服务器级硬件，最多可挂载 14 个设备。

默认情况下，Proxmox VE 模拟的 SCSI 控制器型号为 LSI 53C895A。

- VirtIO Block 总线 / 设备：通常简称为 VirtIO 或 Virtio-blk，是一种较旧的半虚拟化控制器。

如果想追求更高的虚拟硬盘性能，可以选择使用 VirtIO SCSI 类型的 SCSI 控制器。Proxmox VE 4.3 开始将该类型的 SCSI 控制器用于 Linux 虚拟机的默认配置。Linux 于 2012 年开始支持该控制器，而 FreeBSD 则于 2014 年开始支持。对于 Windows 操作系统，需要在安装操作系统时使用专门的驱动光盘安装驱动程序后才可以使用。如果想追求最极致的性能，可以选用 VirtIO SCSI single，并启用 IO Thread 选项。在选用 VirtIO SCSI single 时，QEMU 将为每个虚拟磁盘创建一个专用控制器，而不是让所有磁盘共享一个控制器。

（2）磁盘格式

每种控制器都支持同时挂载多个虚拟硬盘设备，虚拟硬盘可以基于一个文件，也可以基于某种存储服务提供的块存储设备。而所选择的存储服务类型决定了虚拟硬盘镜像能采用的数据格式。块存储只能保存 RAW 格式虚拟硬盘，文件系统存储则允许使用 RAW 格式或 QEMU 镜像格式。

- RAW 格式是一种逐位存储数据的硬盘镜像格式，这种镜像格式不具有创建快照或精简模式存储的功能，而需要下层存储服务支持才可以实现这些功能。但是其速度可能比 QEMU 镜像格式快 10%。
- QEMU 镜像格式是一种基于“写时复制”的虚拟硬盘格式，支持虚拟硬盘快照和精简模式存储。
- VMware 镜像格式仅供从其他类型虚拟机系统导入 / 导出硬盘镜像时使用。

（3）缓存模式

虚拟硬盘的缓存模式设置会影响 Proxmox VE 主机系统向虚拟机操作系统返回数据块写操作完成通知的时机。设置为无缓存是指在所有数据块都已写入物理存储设备写队列后，再向虚拟机发出写操作完成通知，而忽略主机页缓存机制。该方式将能较好地平衡数据安全性和写入性能。

（4）TRIM/ 丢弃

启用丢弃配置后，并且虚拟机操作系统支持 TRIM 功能，当在虚拟机中删除文件后，虚拟机文件系统会将对应磁盘扇区标识为未使用，磁盘控制器会根据该信息压缩磁盘镜像。为了支持虚拟机发出的 TRIM 命令，必须使用 VirtIO SCSI 控制器（或 VirtIO SCSI Single），或者在虚拟机磁盘上设置启用 SSD emulation 选项。注意，丢弃参数在 VirtIO Block 设备上是不能生效的。如果希望虚拟机磁盘表现为固态硬盘而非传统磁盘，可以在相应虚拟磁盘上设置 SSD emulation。该参数并不需要底层真的使用 SSD，任何类型物理介质均可使用该参数。

（5）IO Thread

在 Proxmox VE 环境中，对虚拟磁盘的读写在后端默认由 QEMU 主线程负责处理，这样会造成如下问题。

- 虚拟机的I/O请求都由一个QEMU主线程进行处理，因此单线程的CPU利用率成为虚拟机I/O性能的瓶颈。
- 虚拟机I/O在QEMU主线程处理时会持有Qemu全局锁（qemu_global_mutex），一旦I/O处理耗时较长，Qemu主线程长时间占有全局锁，会导致虚拟机CPU无法正常调度，影响虚拟机整体性能及用户体验。

可以为VirtIO Block控制器配置IO Thread属性，在QEMU后端单独开启IO Thread线程处理虚拟磁盘读写请求，IO Thread线程和VirtIO Block控制器可配置成一对一的映射关系，尽可能地减少对VirtIO主线程的影响，提高虚拟机整体I/O性能，提升用户体验。

当使用VirtIO SCSI single控制器时，对于启用VirtIO Block控制器或VirtIO Block SCSI控制器的磁盘可以启用IO Thread。启用IO Thread后，QEMU将为每一个虚拟硬盘分配一个读写线程，与之前所有虚拟硬盘共享一个线程相比，能大大提高多硬盘虚拟机的性能。注意，IO Thread配置并不能提高虚拟机备份的速度。

7. 网卡

Proxmox VE虚拟机可以配置多个网卡，共有以下4种类型虚拟网卡可供选择。

- Intel E100：默认配置的网卡类型，模拟了Intel千兆网卡设备。
- VirtIO网卡：半虚拟化网卡，具有较高的性能。但和其他VirtIO虚拟设备一样，虚拟机必须安装VirtIO驱动程序。
- Realtek 8139网卡：模拟了旧的100Mb/s的网卡。当虚拟机使用旧版操作系统（2002年以前发行）时，可以使用该类型虚拟网卡。
- VMXNET3网卡：VMware高性能网卡，可用于从其他类型虚拟化平台导入的虚拟机。

Proxmox VE支持配置VirtIO网卡使用Multiqueue功能。启用Multiqueue可以让虚拟机同时使用多个虚拟CPU处理网络数据包，从而提高整体网络数据包处理能力。在Proxmox VE下使用VirtIO网卡时，每个虚拟网卡的收发队列都传递给内核处理，每个收发队列的数据包都由虚拟主机驱动创建的一个内核线程负责处理。当启用Multiqueue后，可以为每个虚拟网卡创建多个收发队列交由主机内核处理。使用Multiqueue时，推荐设置虚拟机收发队列数量与虚拟CPU数量一致。

Proxmox VE会为每一块虚拟网卡生成一个随机的MAC地址，以便虚拟机网络通信使用。虚拟网卡的工作模式分为以下两种。

- 桥接模式：每个虚拟网卡的底层都使用物理服务器上的tap设备（软件实现的loopback物理网卡设备）实现。该tap设备被添加到虚拟交换机上，如Proxmox VE默认的vmbr0，以便虚拟机直接访问物理服务器所连接的局域网。
- NAT模式：虚拟网卡将只能和QEMU的网络协议栈通信，并在内嵌的路由服务和DHCP服务的帮助下进行网络通信。内嵌的DHCP服务会在10.0.2.0/24范围内分配

IP 地址。由于 NAT 模式的性能远低于桥接模式，所以一般仅用于测试环境。该模式仅支持通过 CLI 或 API 使用，不能直接在 WebUI 中编辑配置。

8. 虚拟显示器

QEMU 支持多种虚拟化显示器。具体为以下几类。

- STD：默认显卡，模拟基于 Bochs VBE 扩展的显卡。
- CIRRUS：模拟比较老的显卡，问题比较多，一般在部署 Windows XP 或更老版本的操作系统时使用。
- VMWare：模拟 VMWare 的 SVGA-II 类显卡。
- QXL：模拟 QXL 半虚拟化显卡，选择该类型显卡将同时为虚拟机启用 SPICE 显示器。

9. USB 直通

Proxmox VE 支持以下两种 USB 直通的方法。

（1）基于主机的 USB 直通

基于主机的 USB 直通是将主机上的一个 USB 设备分配给虚拟机使用。具体可以通过指定厂商 ID 和设备 ID 分配，也可以通过指定主机总线号和端口号分配。

厂商 / 设备 ID 格式为：0123:abcd。其中，0123 为厂商 ID，abcd 为设备 ID，这意味着同样型号的 USB 设备将具有同样的 ID。

总线 / 端口号格式为：1-2.3.4。其中，1 为总线号，2.3.4 为端口路径。合起来标识了主机上的一个物理端口（取决于 USB 控制器的内部顺序）。

即使虚拟机配置中的 USB 直通设备并未连接到物理服务器，虚拟机也可以顺利启动。在主机上指定的直通设备不可访问时，虚拟机会做跳过处理。

由于 USB 直通设备只存在于当前主机上，因此使用 USB 直通的虚拟机将无法在线迁移到其他物理服务器。

（2）基于 SPICE 协议的 USB 直通

基于 SPICE 协议的 USB 直通需要 SPICE 客户端的支持。如果你给虚拟机添加了 SPICE USB 端口，那么就可以直接将 SPICE 客户端上的 USB 设备直通给虚拟机使用（例如输入设备或硬件加密狗）。

10. BIOS 和 UEFI

物理服务器具有 BIOS，为了模拟计算机硬件，Qemu 使用了固件，也就是物理服务器的 BIOS 或 (U)EFI，用于虚拟机的初始启动，完成基本的硬件初始化，并为操作系统提供硬件和固件访问接口。QEMU 默认使用开源 x86 BIOS 固件 SeaBIOS。大多数情况下，推荐使用 SeaBIOS。

11. QEMU 代理

QEMU 代理是一种在虚拟机内部运行的服务，在主机和虚拟机之间提供通信通道。它用于交换信息，并允许主机向虚拟机发出命令。例如，虚拟机“摘要”面板中的 IP 地址是通过 QEMU 代理获取的。对于大多数 Linux 发行版，来宾代理可用在官方软件仓库中。该软件包通常被命名为 qemu-guest-agent。对于 Windows，它可以从 Fedora VirtIO 驱动程序 ISO 安装。

5.2　创建虚拟机

Proxmox VE 平台对 Linux 操作系统的支持基于内核版本。Proxmox VE 7.2 平台支持 Linux 内核版本为 2.4 或 2.6-5.x。然而，最新的 Linux 6.x 内核不在官方支持列表中，因此不建议在生产环境中使用。本节将介绍如何创建并使用 Linux 虚拟机。为验证兼容性，本节将使用不同的 Linux 发行版本进行操作。

5.2.1　创建 Linux 虚拟机

在创建 Linux 虚拟机之前，需要准备并上传 ISO 镜像文件。本小节将创建 CentOS、Ubuntu、Rocky Linux 三台虚拟机，以验证 Proxmox VE 平台对 Linux 虚拟机的兼容性。由于创建过程基本相同，这里仅介绍 CentOS 虚拟机的创建过程。

1）登录 Proxmox VE 平台，单击文件夹视图中的虚拟机，可以看到虚拟机列表为空，如图 5-1 所示，单击“创建虚拟机”按钮。

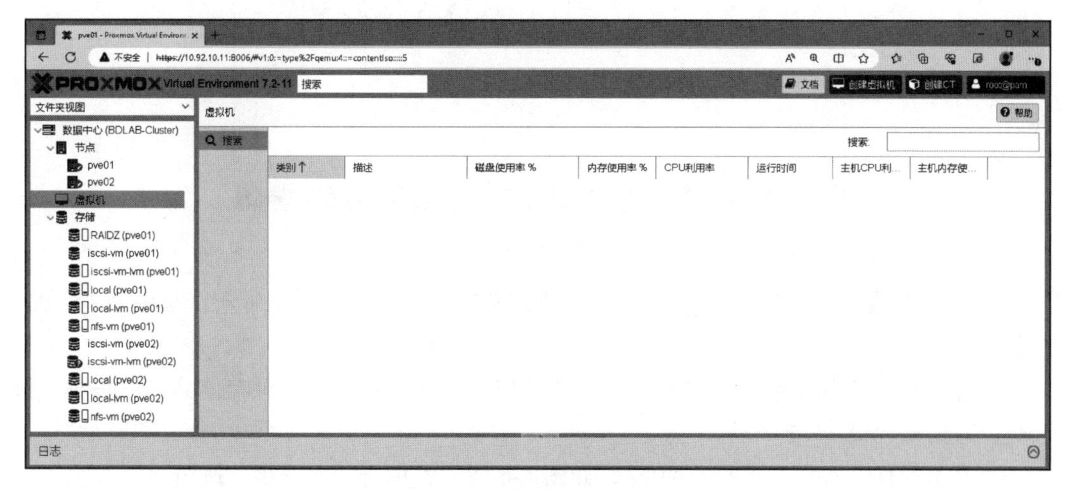

图 5-1　创建虚拟机界面

2）进入创建虚拟机向导，选择节点，输入虚拟机名称，如图 5-2 所示，单击“下一步”按钮。

3）选择安装操作系统使用的 ISO 镜像文件以及客户机操作系统的类别、版本，如图 5-3 所示，单击“下一步”按钮。

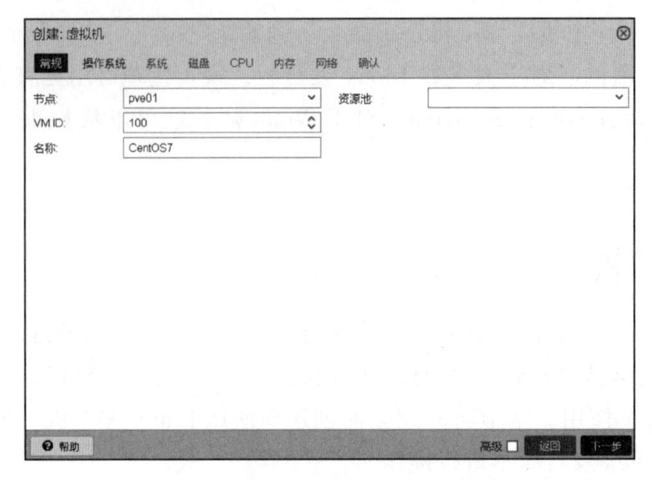

图 5-2　创建虚拟机的“常规”选项

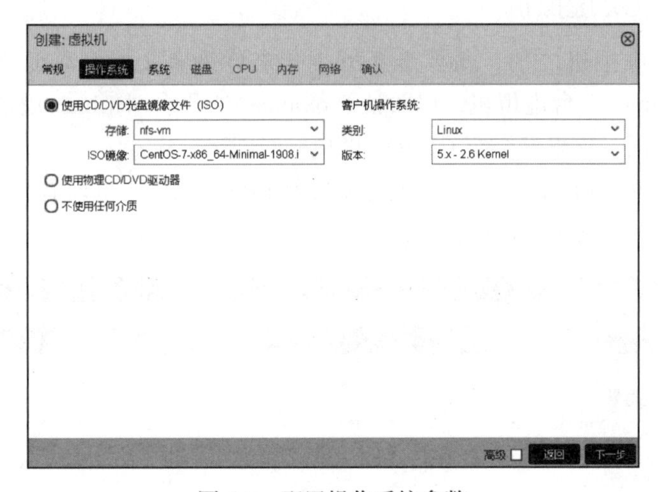

图 5-3　配置操作系统参数

4）配置虚拟机的系统相关参数，使用默认参数即可，如图 5-4 所示，单击“下一步”按钮。

5）配置虚拟机的磁盘相关参数。在生产环境中，如果配置了多种存储，可以根据实际情况进行选择，如图 5-5 所示。

6）本节操作“存储”选择 RAIDZ，如图 5-6 所示，单击“下一步”按钮。

7）配置虚拟机的 CPU 相关参数，如图 5-7 所示，单击“下一步”按钮。

8）配置虚拟机的内存相关参数，如图 5-8 所示，单击“下一步”按钮。

9）配置虚拟机的网络相关参数。在生产环境中，根据实际情况桥接网络，本节操作选择 vmbr1 桥接网络，如图 5-9 所示，单击“下一步”按钮。

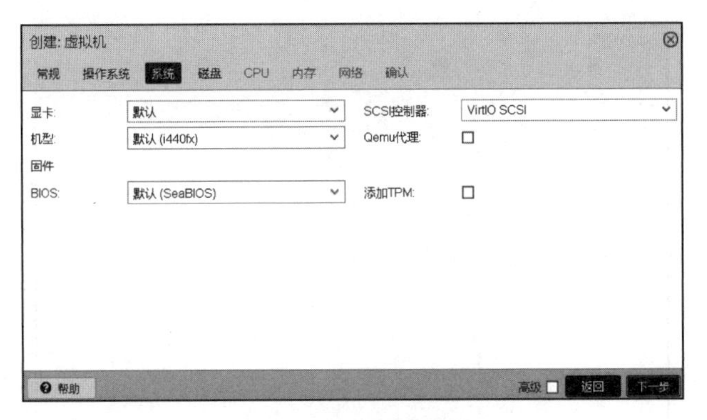

图 5-4　配置系统参数

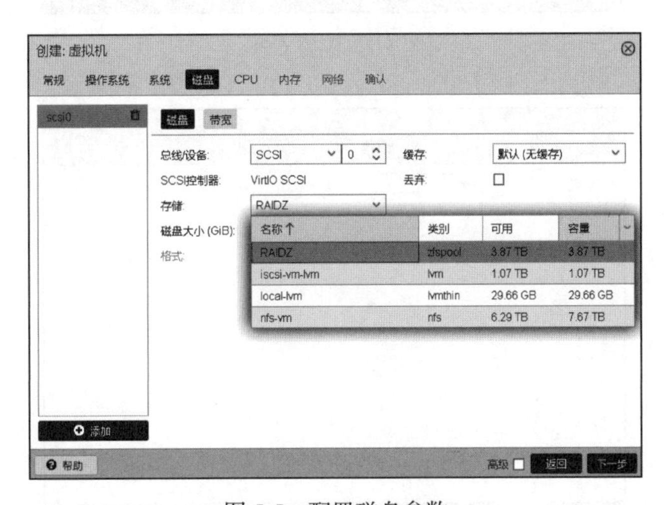

图 5-5　配置磁盘参数

图 5-6　配置磁盘

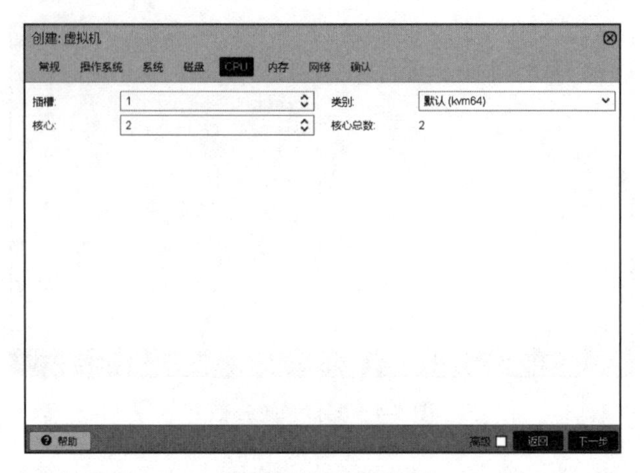

图 5-7 配置 CPU

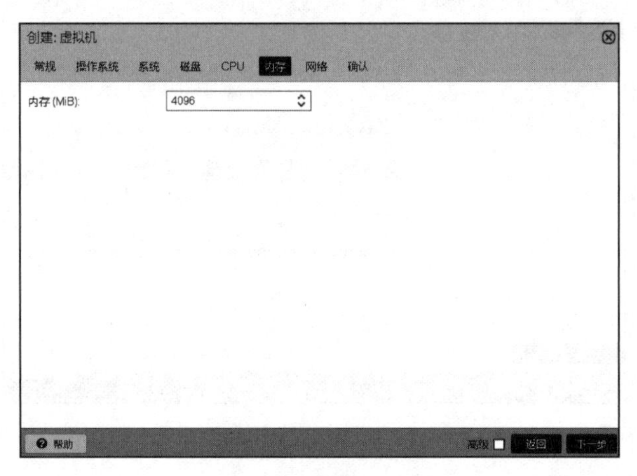

图 5-8 配置内存

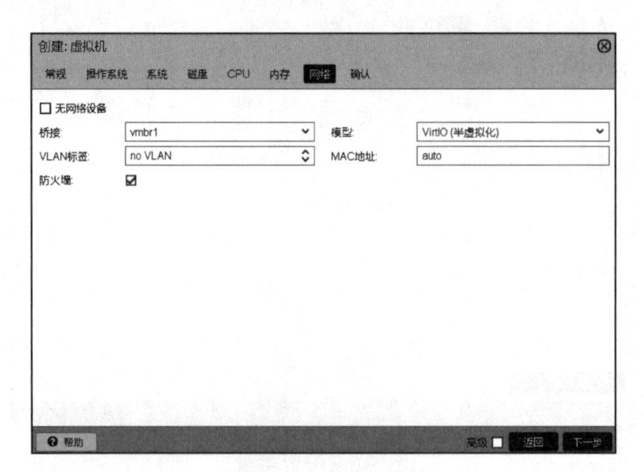

图 5-9 配置网络

10）完成虚拟机的参数配置后，勾选“创建后启动”复选框，如图 5-10 所示，确认参数正确后单击“完成”按钮。

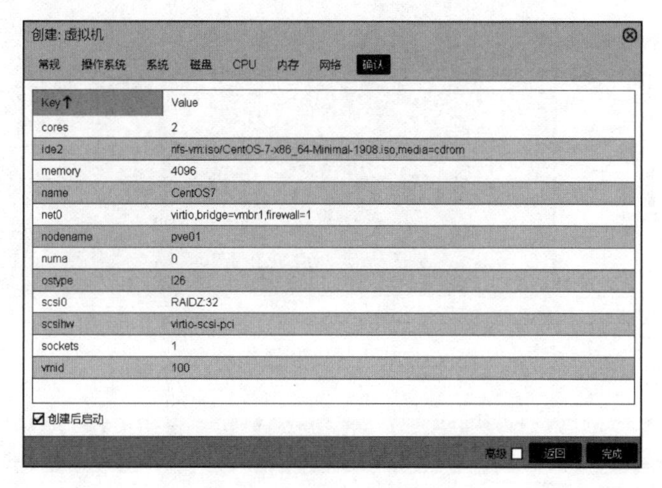

图 5-10　确认虚拟机参数

11）系统开始创建虚拟机，查看虚拟机概要信息，如图 5-11 所示。

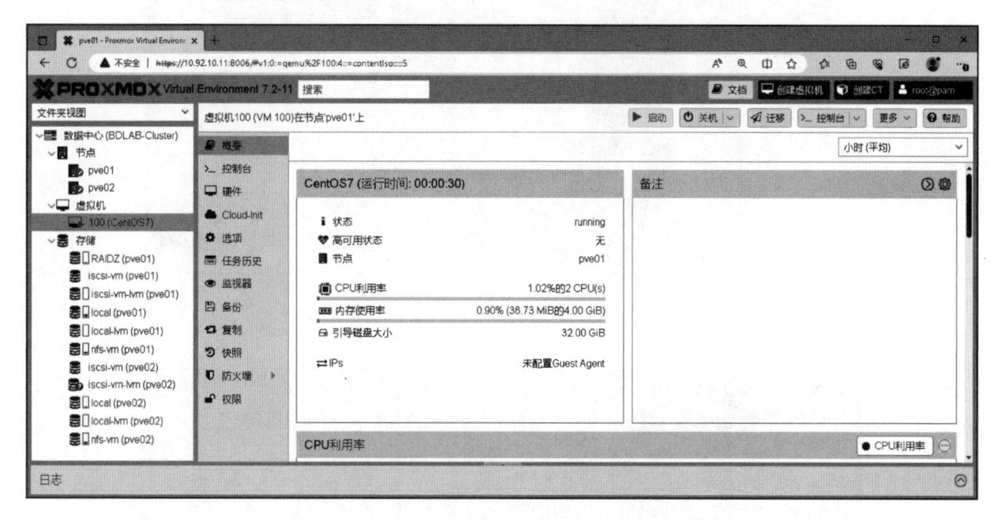

图 5-11　查看虚拟机概要信息

12）进入虚拟机控制台，虚拟机开始引导安装，如图 5-12 所示，选择“Install CentOS 7”后按回车键。

13）进入 CentOS 7 安装界面，如图 5-13 所示，安装过程与物理服务器安装过程相同，此处不做详细演示。

14）完成 CentOS 7 操作系统的安装，如图 5-14 所示，单击“重启”按钮重新启动虚拟机。

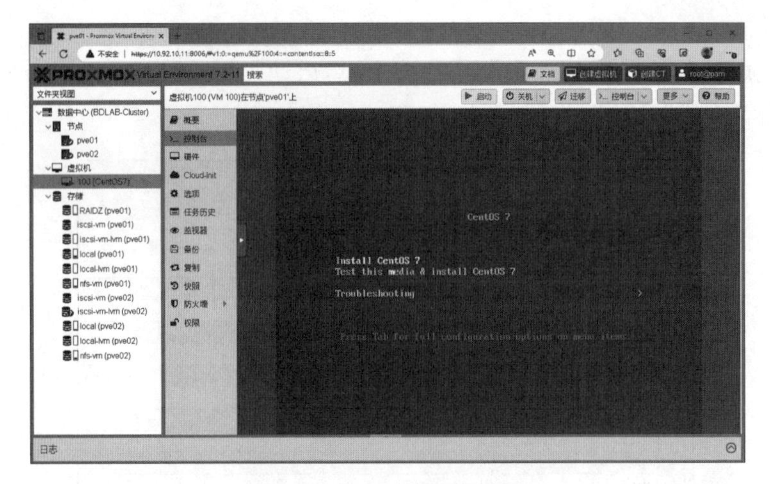

图 5-12　引导安装操作系统

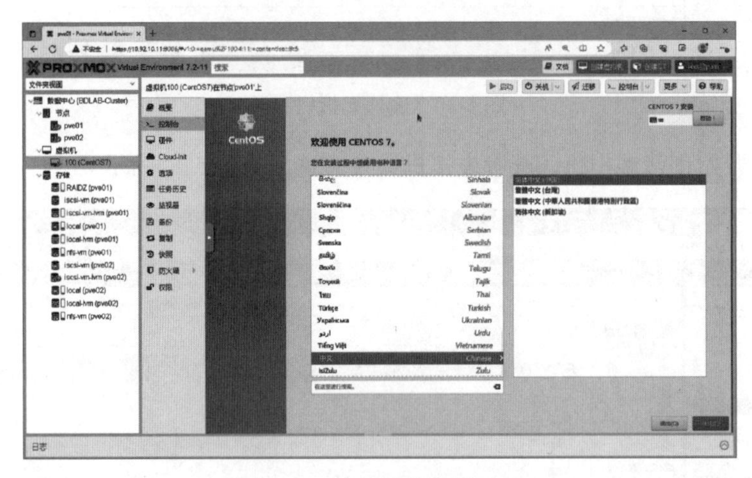

图 5-13　选择操作系统语言

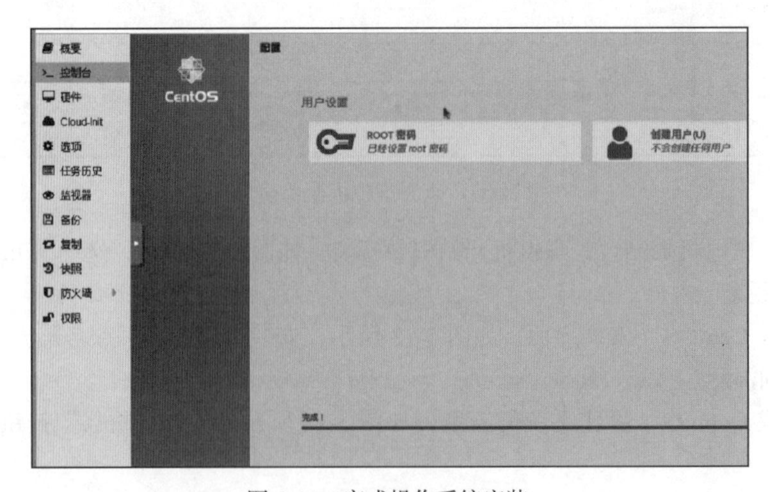

图 5-14　完成操作系统安装

15）登录虚拟机，使用命令查看 IP 地址以及验证网络连通性，虚拟机可以正常访问网络，如图 5-15 所示。

图 5-15　登录访问操作系统

16）查看虚拟机硬件信息，可以看到目前运行的虚拟机的硬件配置，如图 5-16 所示。

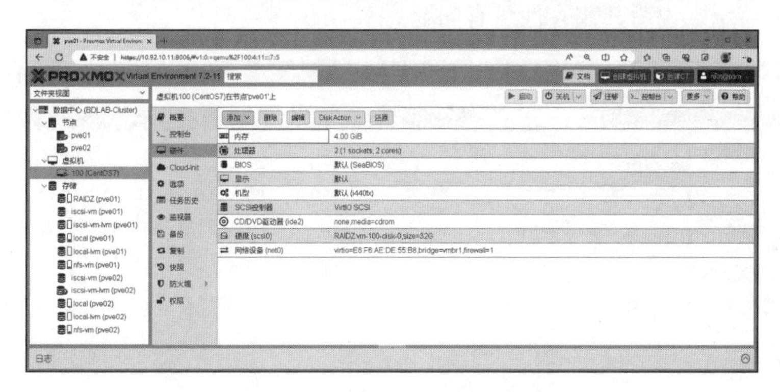

图 5-16　查看虚拟机硬件信息

17）按照相同步骤安装一台 ubuntu20.04 虚拟机，如图 5-17 所示。

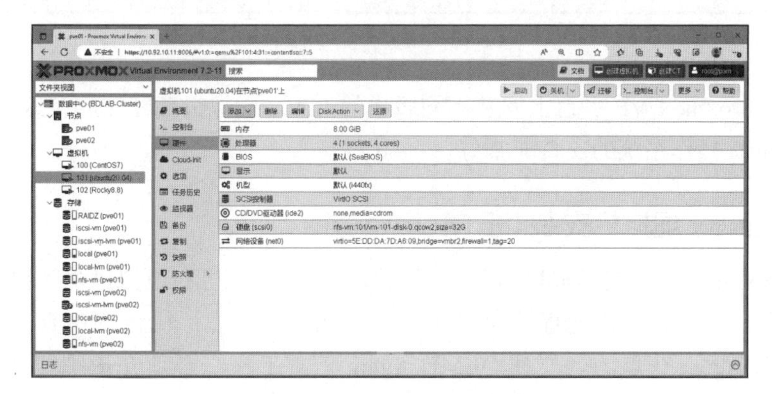

图 5-17　安装 ubuntu 虚拟机

18）按照相同步骤安装一台 Rocky8.8 虚拟机，如图 5-18 所示。

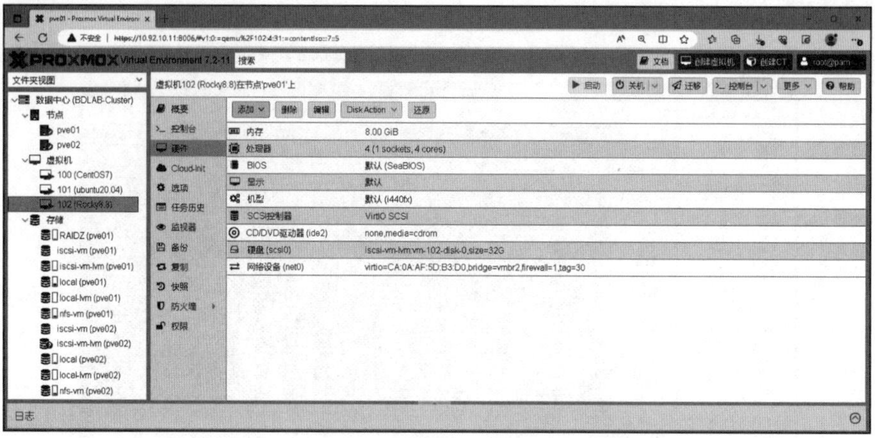

图 5-18　安装 Rocky 虚拟机

19）查看虚拟机的情况。可以看到，三台 Linux 虚拟机在 Proxmox VE 平台上正常运行，如图 5-19 所示，说明其兼容性没有问题。

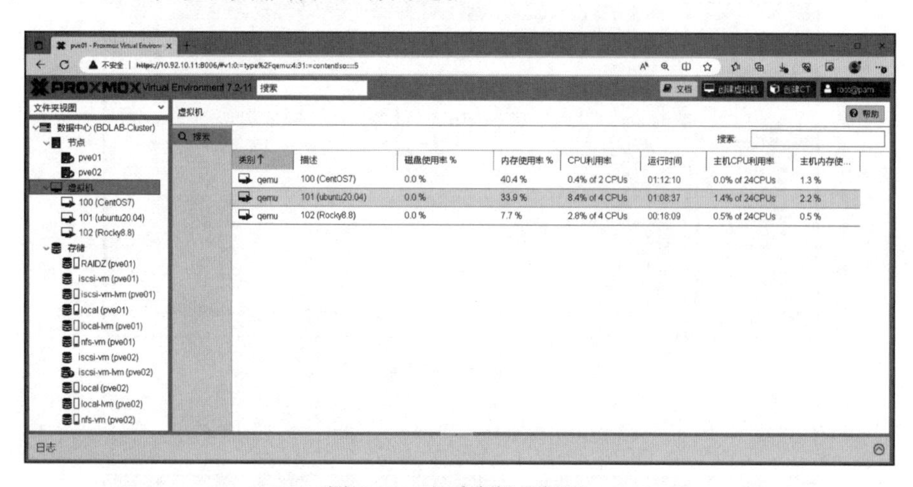

图 5-19　查看虚拟机概要

至此，在 Proxmox VE 平台上安装不同版本的 Linux 虚拟机已经完成，这说明 Proxmox VE 平台对 Linux 操作系统的支持非常好。

5.2.2　为 Linux 虚拟机安装 QEMU Agent

QEMU Agent 是一种在虚拟机内部运行的服务，它在主机和虚拟机之间提供通信通道，用于交换信息，并允许主机向虚拟机发出命令。例如，在虚拟机概要中查看到的 IP 地址是通过 QEMU Agent 获取的。要使 QEMU Agent 正常工作，必须在虚拟机中安装 QEMU

Agent 并确保其正在运行，同时在 Proxmox VE 中启用 QEMU Agent。对于大多数 Linux 发行版，QEMU Agent 可在官方软件仓库中获得，该软件包通常被命名为 qemu-guest-agent。本小节介绍如何为 Linux 虚拟机安装 QEMU Agent。

1）查看虚拟机概要，提示"未配置 Guest Agent",IP 地址也没有显示，如图 5-20 所示。

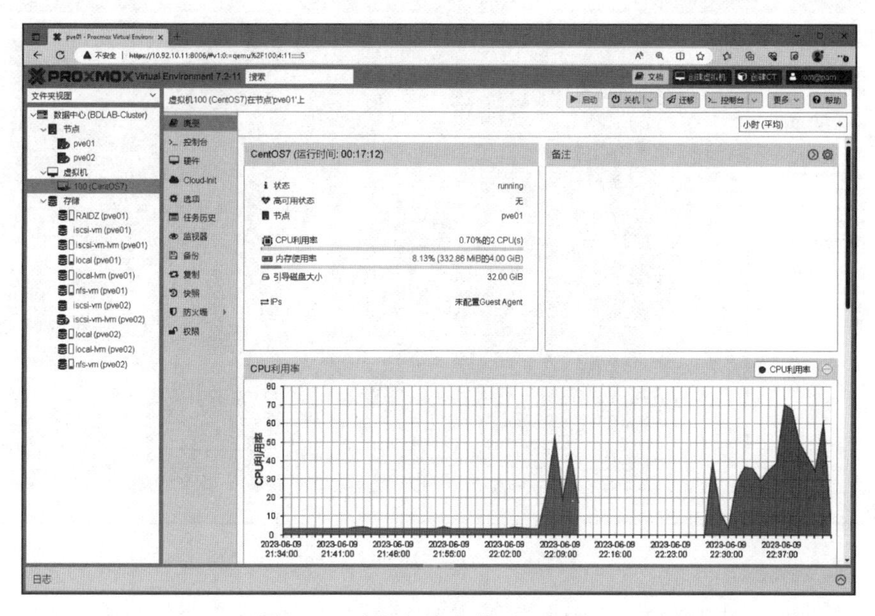

图 5-20　虚拟机未安装 Guest Agent

2）使用命令" yum install qemu-guest-agent" 安装 QEMU Agent，如图 5-21 所示。需要注意的是，不同的 Linux 版本使用的安装命令可能不同，具体请参考版本文档。

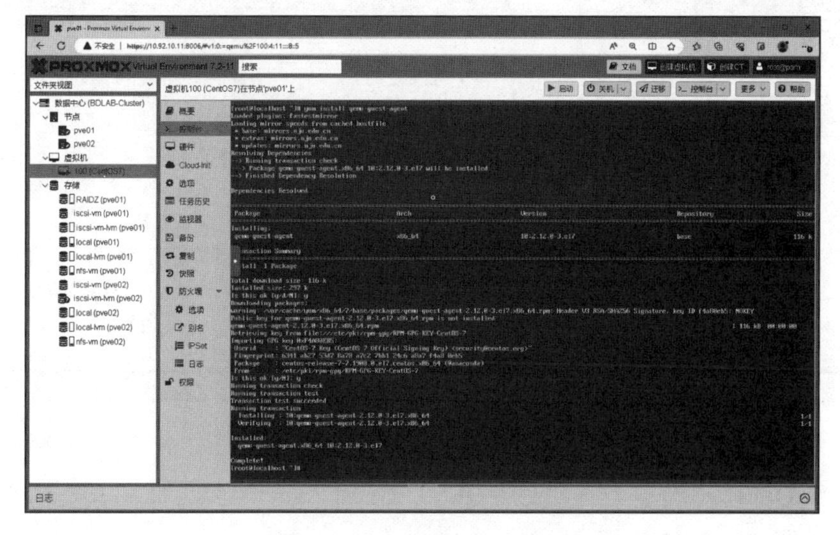

图 5-21　安装 QEMU Agent

3）使用命令“systemctl start qemu-guest-agent”启动 QEMU Agent，但是启动报错，如图 5-22 所示。

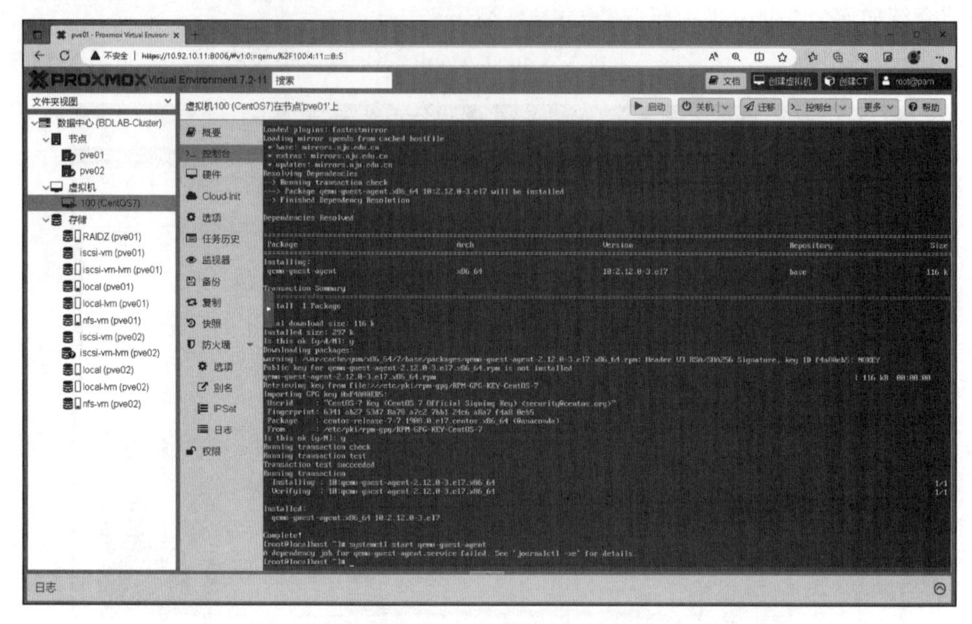

图 5-22　启动 QEMU Agent

4）查看虚拟机选项参数，默认情况下“QEMU Guest Agent”处于禁用状态，如图 5-23 所示。

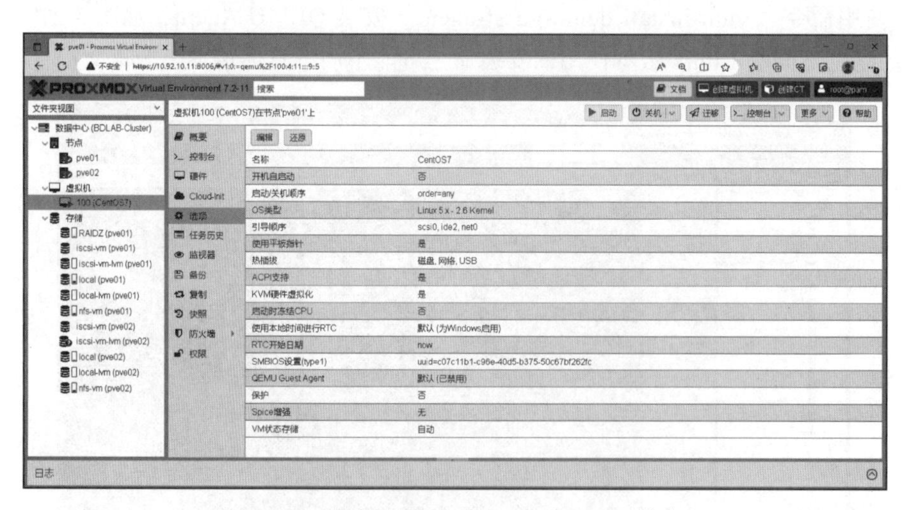

图 5-23　查看虚拟机 QEMU Guest Agent 状态

5）编辑 QEMU 代理，勾选“使用 QEMU Guest Agent”复选框，如图 5-24 所示，单击“OK”按钮。

图 5-24　启用 QEMU Guest Agent

6）QEMU Guest Agent 处于已启用状态，如图 5-25 所示。

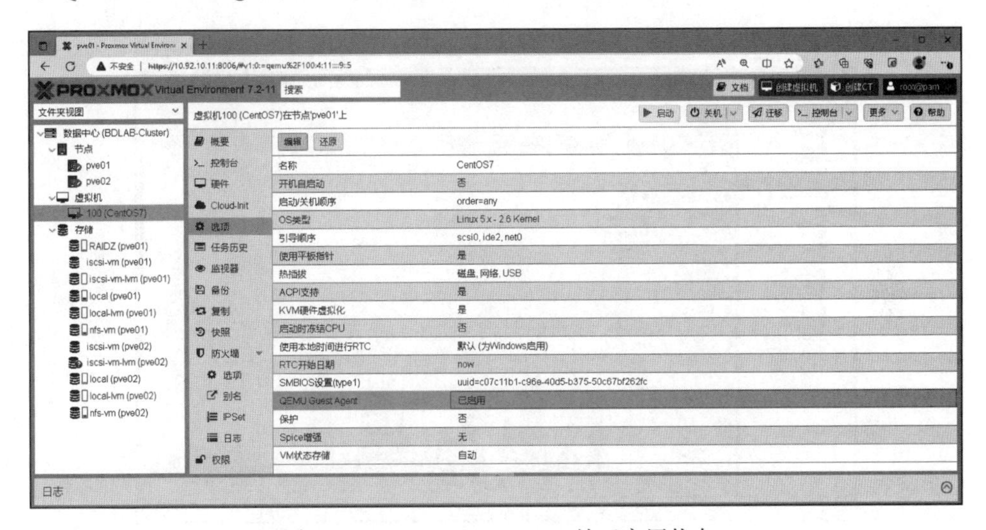

图 5-25　QEMU Guest Agent 处于启用状态

7）重新查看虚拟机概要信息，QEMU Guest Agent 运行正常，IP 地址显示正常，如图 5-26 所示。

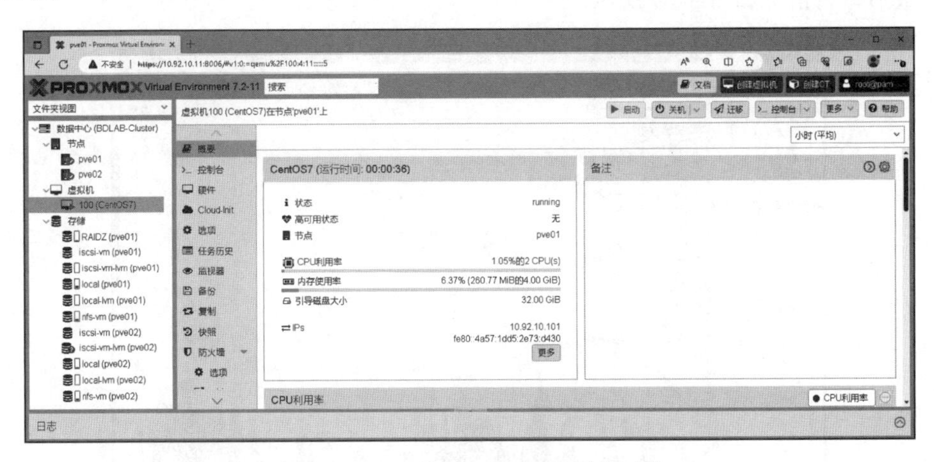

图 5-26　QEMU Guest Agent 运行正常

8）查看 QEMU Guest Agent 网络信息，可以获取更详细的信息参数，如图 5-27 所示。

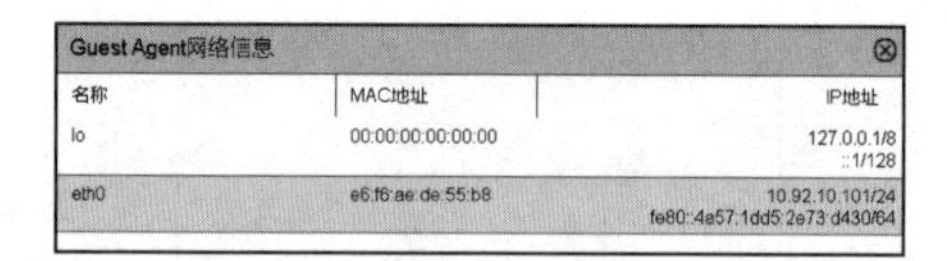

图 5-27　查看 QEMU Guest Agent 网络信息

9）Ubuntu20.04 虚拟机使用命令“ apt install qemu-guest-agent”安装 QEMU Guest Agent，安装完成后运行情况如图 5-28 所示。

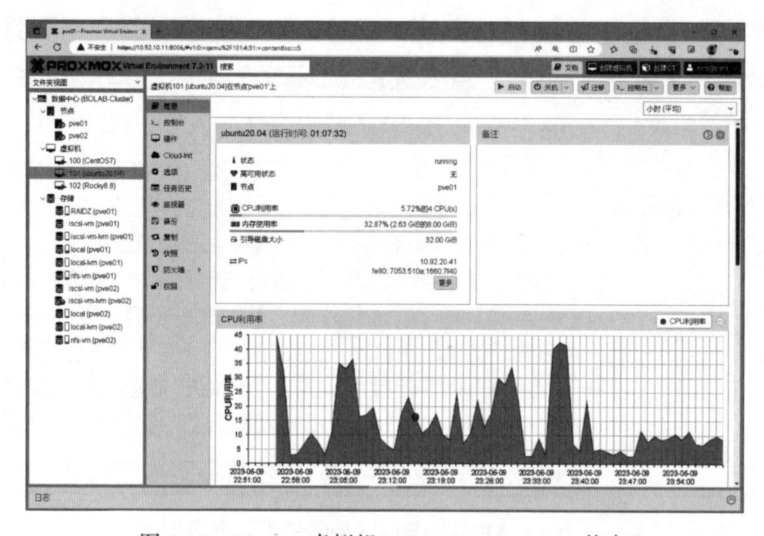

图 5-28　Ubuntu 虚拟机 QEMU Guest Agent 状态

10）Rocky8.8 虚拟机使用命令“ yum install qemu-guest-agent”安装 QEMU Guest Agent，安装完成后运行情况如图 5-29 所示。

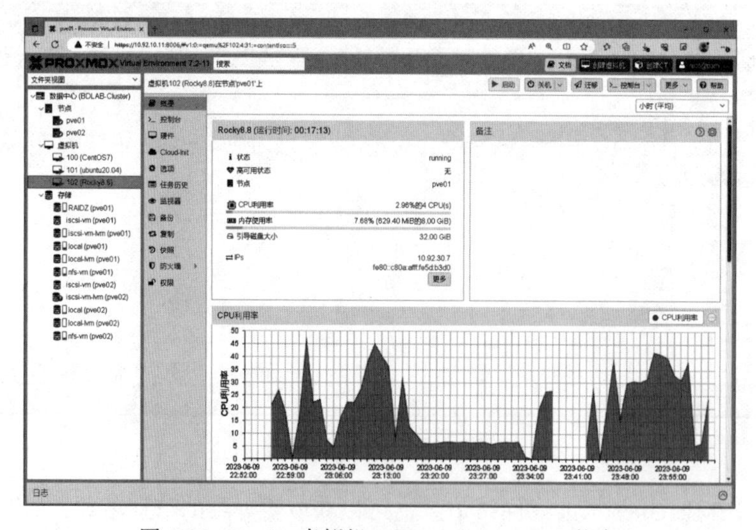

图 5-29　Rocky 虚拟机 QEMU Guest Agent 状态

至此，Linux 虚拟机 QEMU Guest Agent 的安装已经完成。尽管不安装 QEMU Guest Agent 虚拟机也可以正常运行，但建议在生产环境的虚拟机中安装 QEMU Guest Agent 以便与虚拟化平台完美匹配。

5.2.3 创建 Windows 虚拟机

Proxmox VE 平台对 Windows 操作系统的支持基于其版本。Proxmox VE 7.2 平台支持 Windows 桌面版和服务器版，其中桌面版包括从 Windows XP 到 Windows 11，服务器版包括从 Windows Server 2000 到 Windows Server 2022。需要注意的是，Windows 操作系统需要安装 VirtIO 驱动，该驱动可以从 Fedora 官方网站下载。本节将介绍如何创建并使用 Windows 虚拟机。为了验证兼容性，我们将安装桌面版和服务器版 Windows 操作系统。

与创建 Linux 虚拟机一样，需要先准备并上传 ISO 镜像文件。本小节将创建两台虚拟机，一台是 Windows 10，另一台是 Windows Server 2022，以验证 Proxmox VE 平台对 Windows 虚拟机的兼容性。由于创建过程基本相同，这里主要介绍 Windows 10 虚拟机的创建过程，仅对 Windows Server 2022 的创建过程中需要注意的地方进行说明。

1）进入创建虚拟机向导，选择节点，输入虚拟机名称，如图 5-30 所示，单击“下一步”按钮。

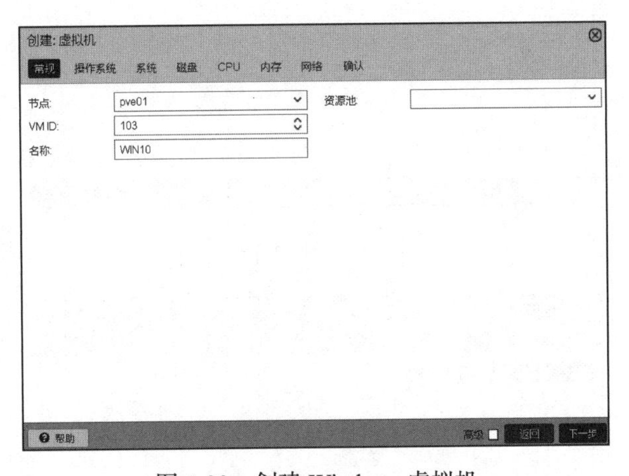

图 5-30 创建 Windows 虚拟机

2）选择安装操作系统使用的 ISO 镜像文件以及客户机操作系统的类别、版本，如图 5-31 所示。对于 Windows 操作系统的虚拟机，需要特别注意版本的选择，因为不同的版本所使用的引导不同，错误的选择可能导致虚拟机无法引导。选择正确后，单击“下一步”按钮。

3）配置虚拟机的系统相关参数，注意勾选“Qemu 代理”复选框，其他使用默认参数即可，如图 5-32 所示，单击“下一步”按钮。

4）此处“存储”选择 RAIDZ，如图 5-33 所示，单击“下一步”按钮。

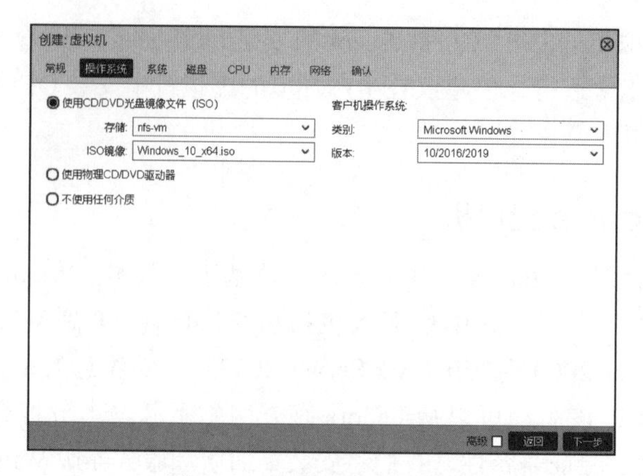

图 5-31　配置操作系统参数

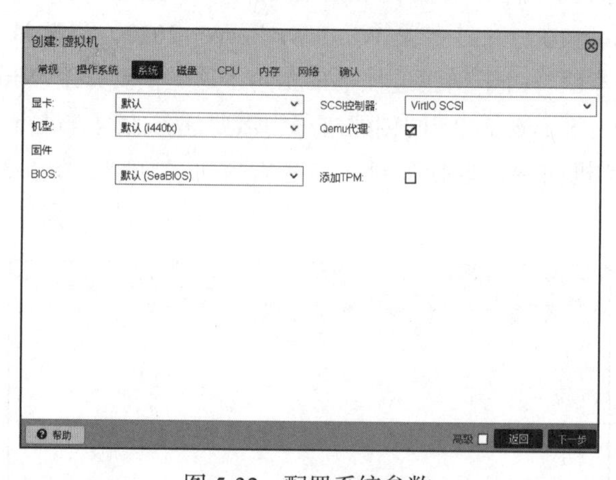

图 5-32　配置系统参数

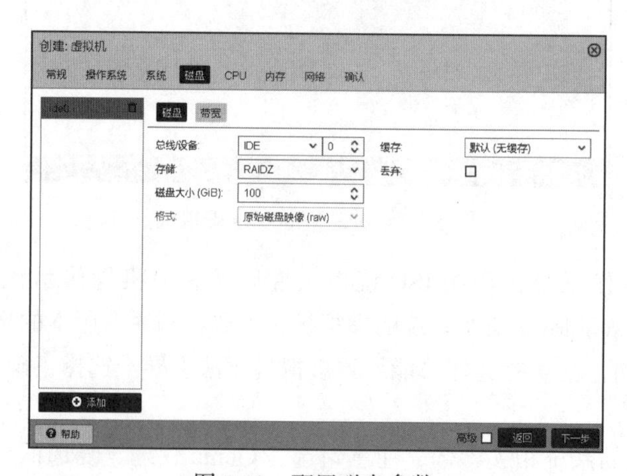

图 5-33　配置磁盘参数

5）配置虚拟机的 CPU 相关参数，如图 5-34 所示，单击“下一步”按钮。

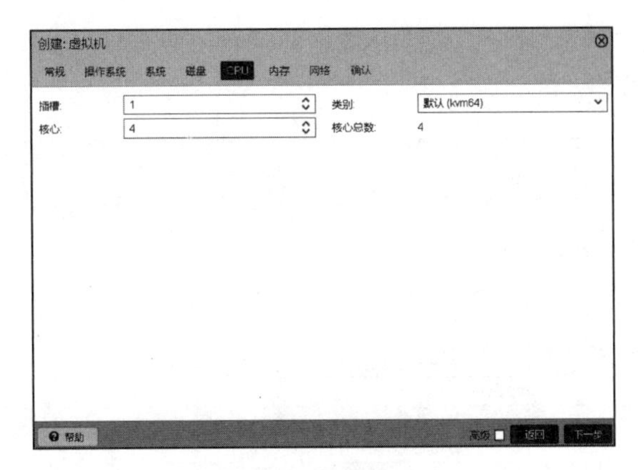

图 5-34　配置 CPU

6）配置虚拟机的内存相关参数，如图 5-35 所示，单击“下一步”按钮。

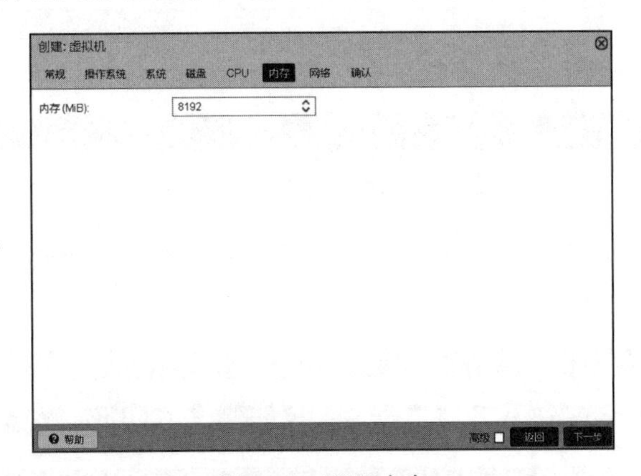

图 5-35　配置内存

7）配置虚拟机的网络相关参数，此处选择 vmbr1 桥接网络，如图 5-36 所示，单击“下一步”按钮。

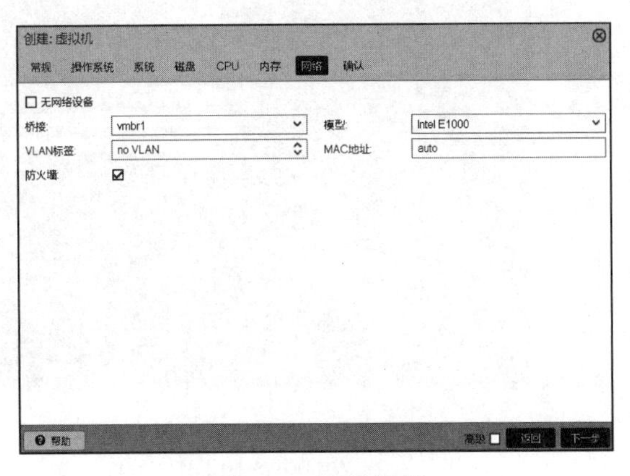

图 5-36　配置网络

8）完成虚拟机的参数配置后，勾选“创建后启动”复选框，如图 5-37 所示，确认参数正确后单击“完成”按钮。

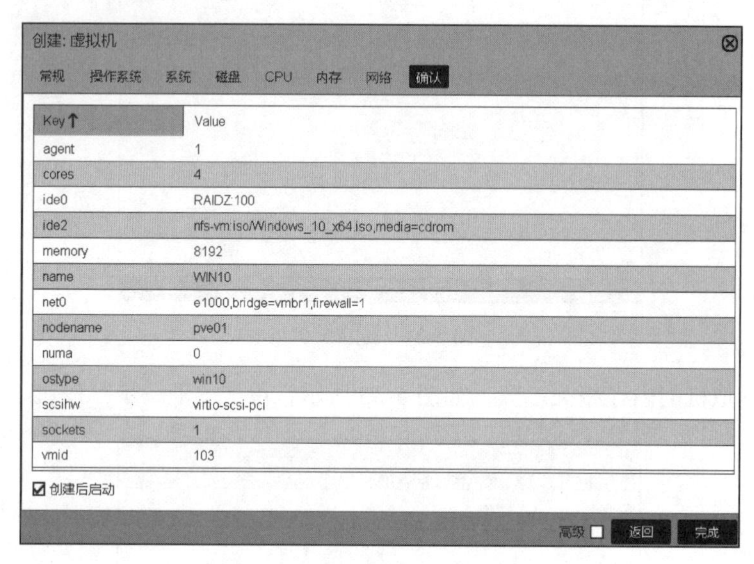

图 5-37　确认虚拟机参数配置

9）进入 Windows 10 操作系统安装界面，如图 5-38 所示，根据提示操作即可，此处不进行详细演示操作。

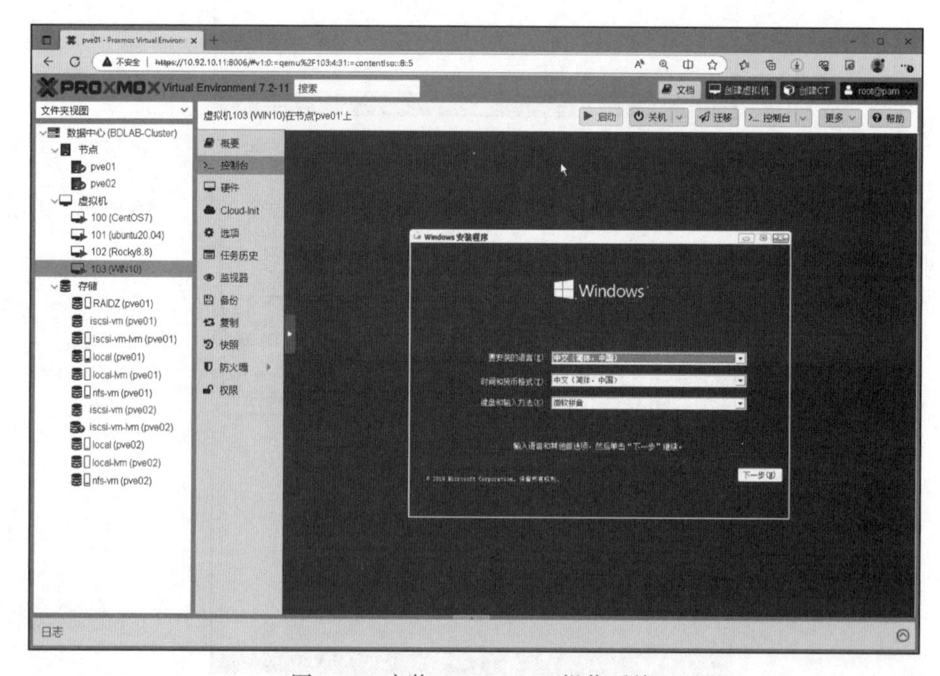

图 5-38　安装 Windows 10 操作系统

10）登录虚拟机，使用命令查看 IP 地址以及验证网络连通性，虚拟机可以正常访问网络，如图 5-39 所示。

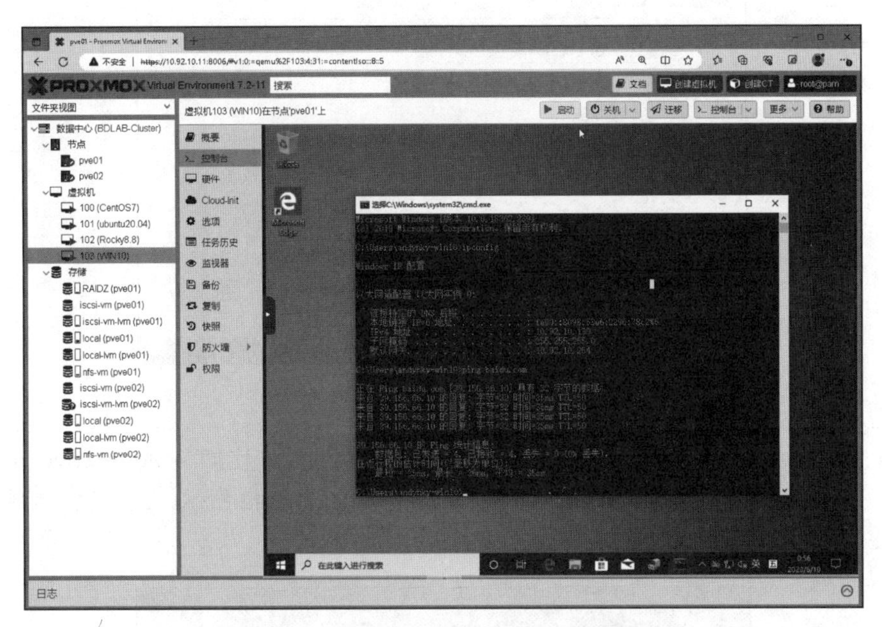

图 5-39 完成 Windows 10 操作系统安装

11）按照相同的方式创建一台 Windows Server 2022 服务器，如图 5-40 所示，单击“下一步”按钮。

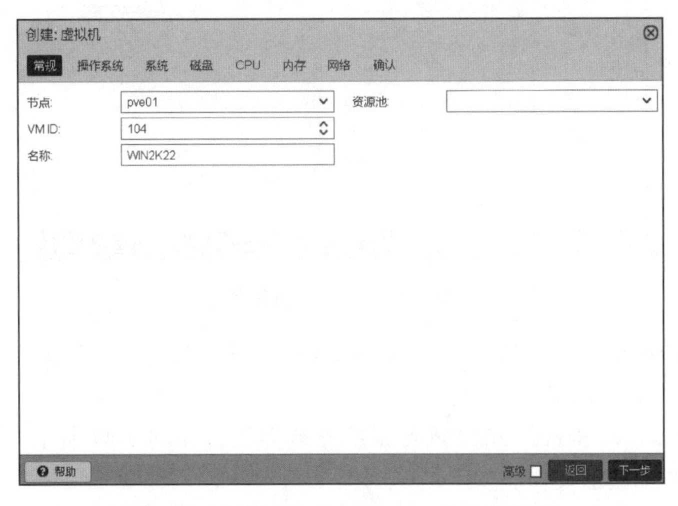

图 5-40 安装 Windows Server 2022 服务器

12）特别注意客户机操作系统的版本选择，选择“11/2022”，代表支持 Windows 11 以及 Windows Server 2022 操作系统，如图 5-41 所示，单击“下一步”按钮。

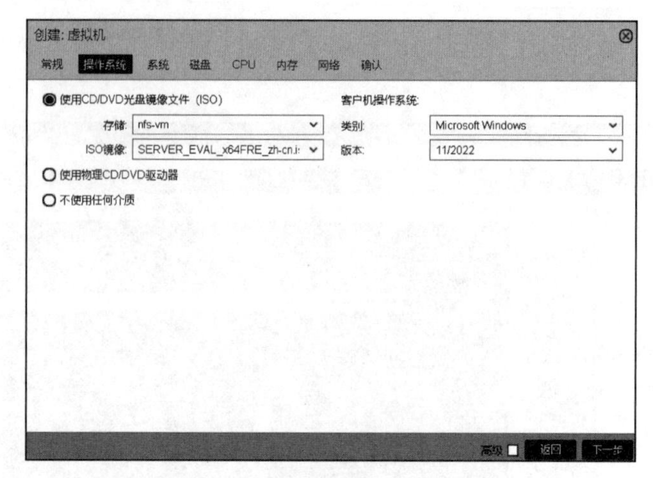

图 5-41　配置操作系统参数

13）选择正确的 Windows 版本后会带出额外参数设置，比如 Windows Server 2022 使用 UEFI 引导，同时还涉及 TPM 安全功能参数选择，如图 5-42 所示，配置完成后单击“下一步”按钮。

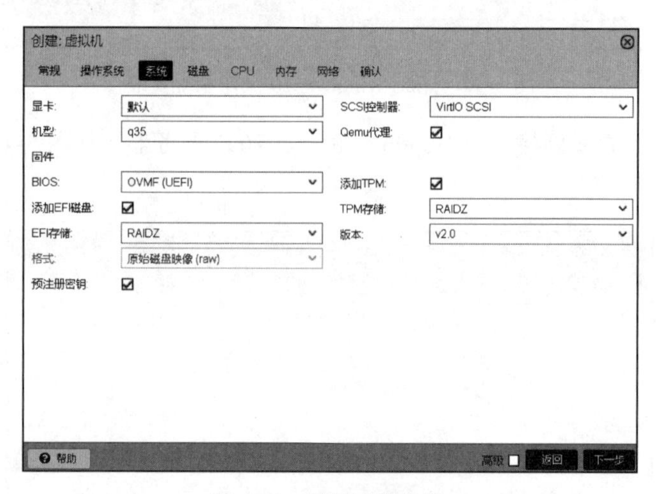

图 5-42　配置系统参数

14）完成虚拟机的参数配置后，勾选“创建后启动”复选框，如图 5-43 所示，确认参数正确后单击“完成”按钮。

15）进入 Windows Server 2022 操作系统安装界面，如图 5-44 所示，根据提示操作即可，此处不进行详细演示操作。

16）Windows Server 2022 安装程序正确识别硬盘，如图 5-45 所示。需要注意的是，部分 Windows 操作系统在加载过程中可能无法识别硬盘，这是磁盘选项错误导致的，可以对磁盘进行修改或通过加载第三方驱动进行安装。

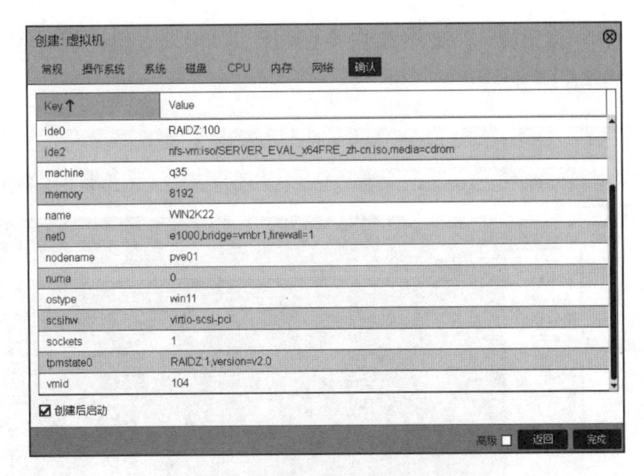

图 5-43　确认虚拟机参数配置

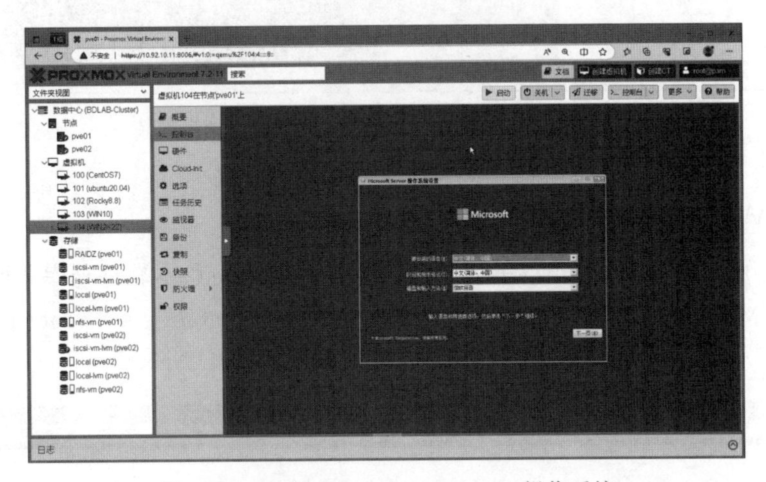

图 5-44　安装 Windows Server 2022 操作系统

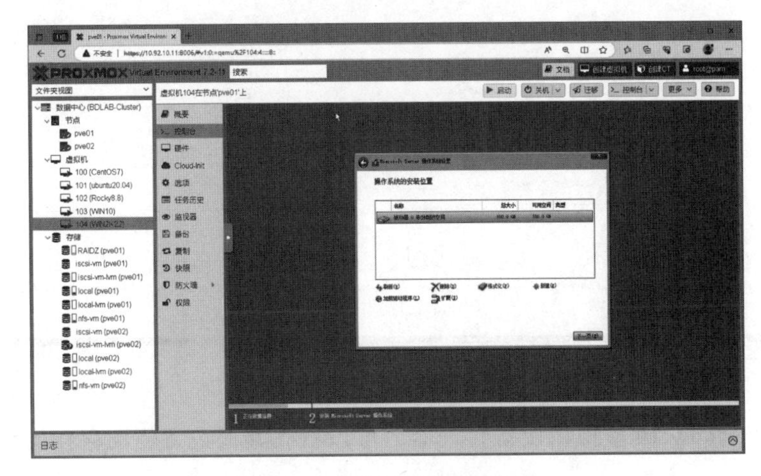

图 5-45　安装过程中识别硬盘

17）安装完成后登录虚拟机，使用命令查看 IP 地址以及验证网络连通性，虚拟机可以正常访问网络，如图 5-46 所示。

图 5-46　完成 Windows Server 2022 操作系统安装

5.2.4　为 Windows 虚拟机安装 QEMU Agent

Windows 虚拟机也需要安装 QEMU Agent。与通过发行版本软件仓库获取的 Linux 虚拟机安装 QEMU Agent 不同，Windows 版本的 QEMU Agent 需要从 Fedora 官方下载，如图 5-47 所示。本小节介绍如何为 Windows 虚拟机安装 QEMU Agent。

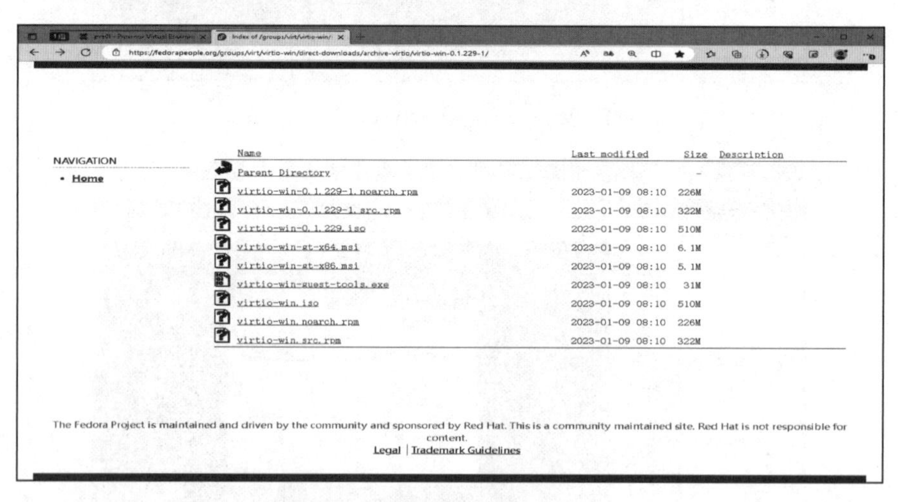

图 5-47　下载 QEMU Guest Agent

1）打开 Window 10 虚拟机设备管理器，可以看到其他设备驱动存在问题，如图 5-48 所示。

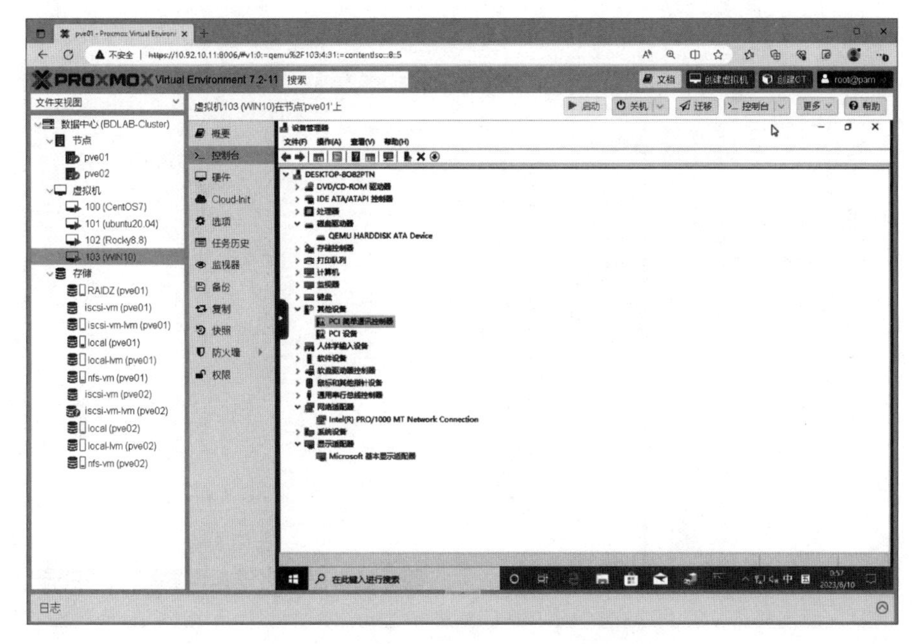

图 5-48　查看 Windows 设备管理器

2）在虚拟机硬件 CD/DVD 处挂载下载好的 virtio-win-0.1.229.iso 镜像文件，如图 5-49 所示，单击“OK”按钮。

图 5-49　挂载 ISO

3）运行“virtio-win-guest-tools”应用程序，如图 5-50 所示。

4）“virtio-win-guest-tools”应用程序属于标准 Windows 安装程序，勾选“I agree to the license terms and conditions”复选框，如图 5-51 所示，单击“Install”按钮。

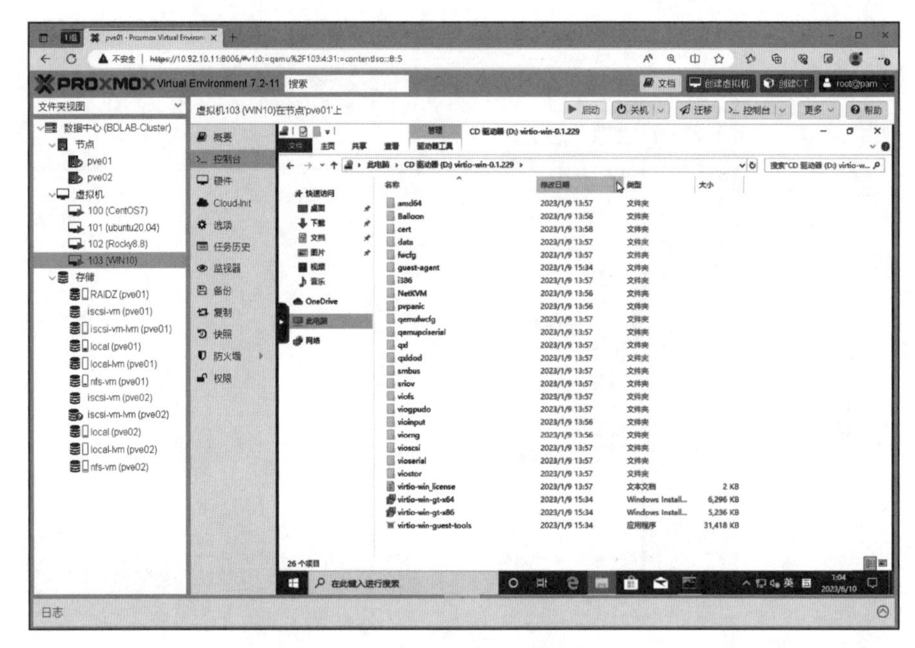

图 5-50 运行安装程序

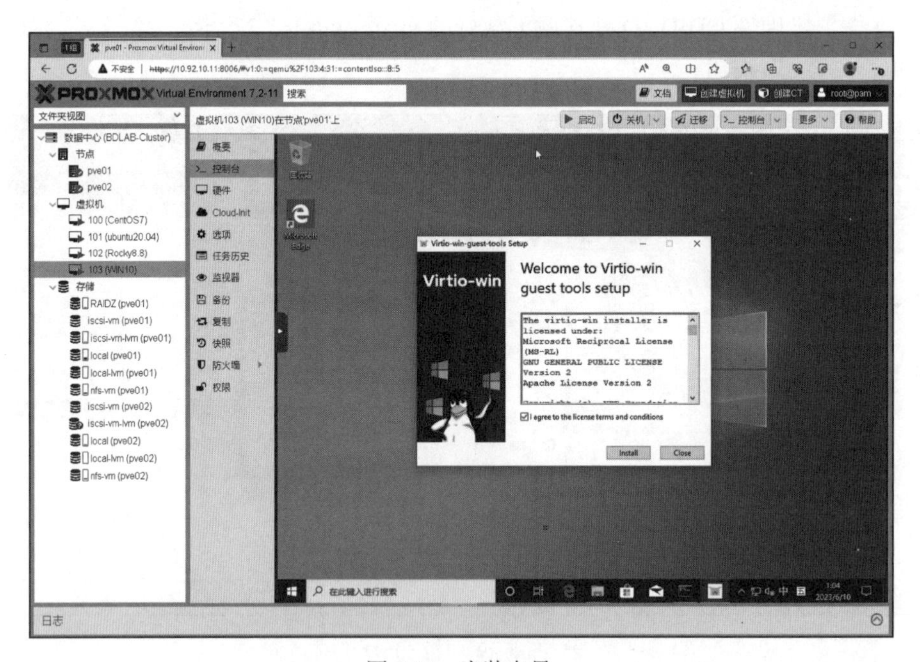

图 5-51 安装向导

5）根据实际情况选择需要安装驱动的程序，如图 5-52 所示，单击“Next”按钮。推荐全部选择安装。

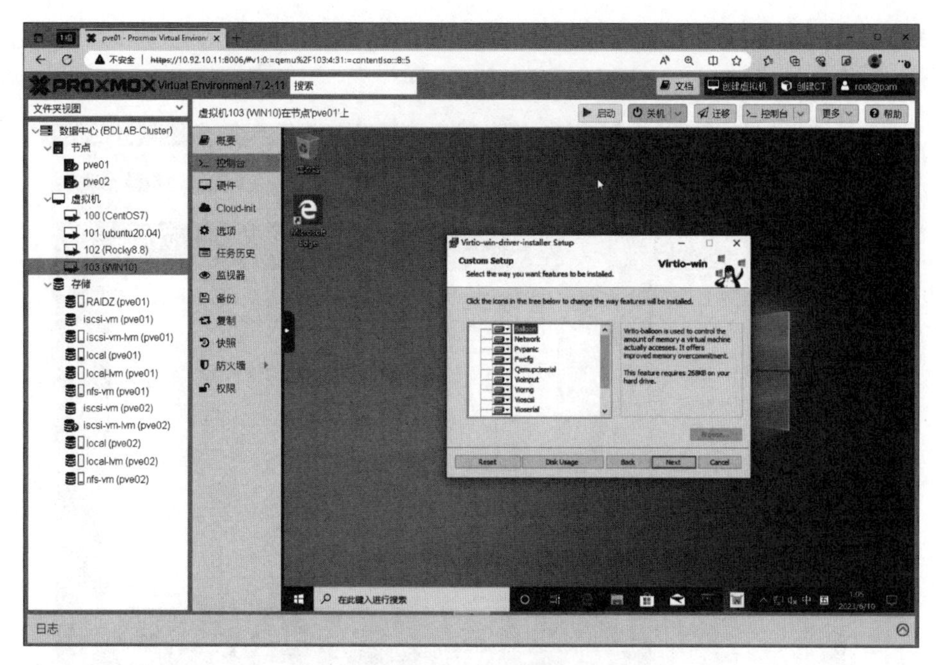

图 5-52　选择驱动

6）完成“virtio-win-guest-tools”的安装，如图 5-53 所示。

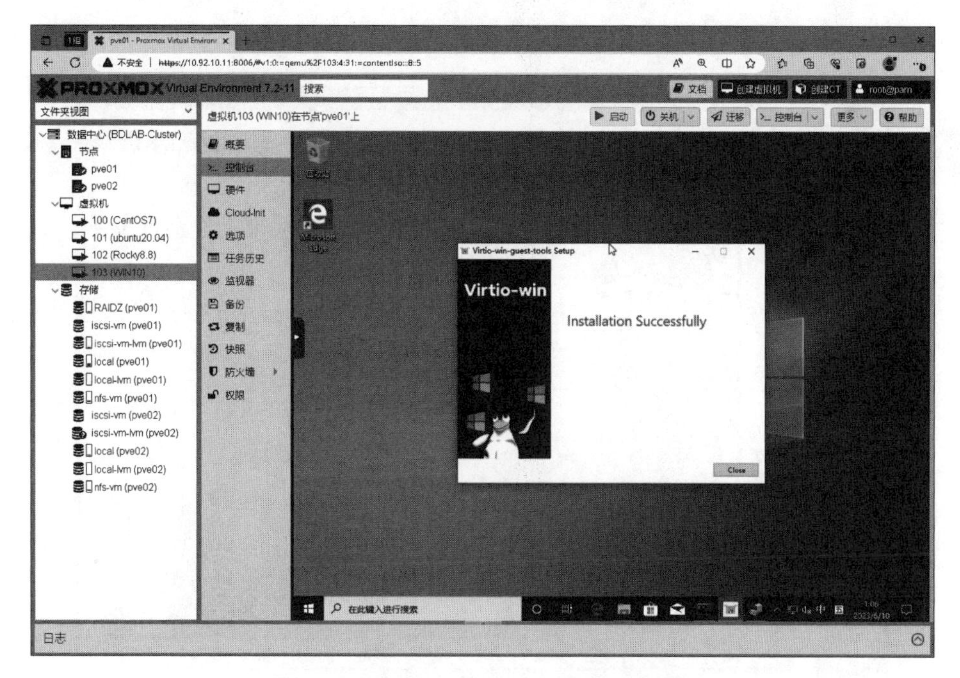

图 5-53　完成 QEMU Guest Agent 的安装

7）查看 Window 10 虚拟机的设备管理器，可以看到设备驱动安装完成，未出现任何错误提示，如图 5-54 所示。

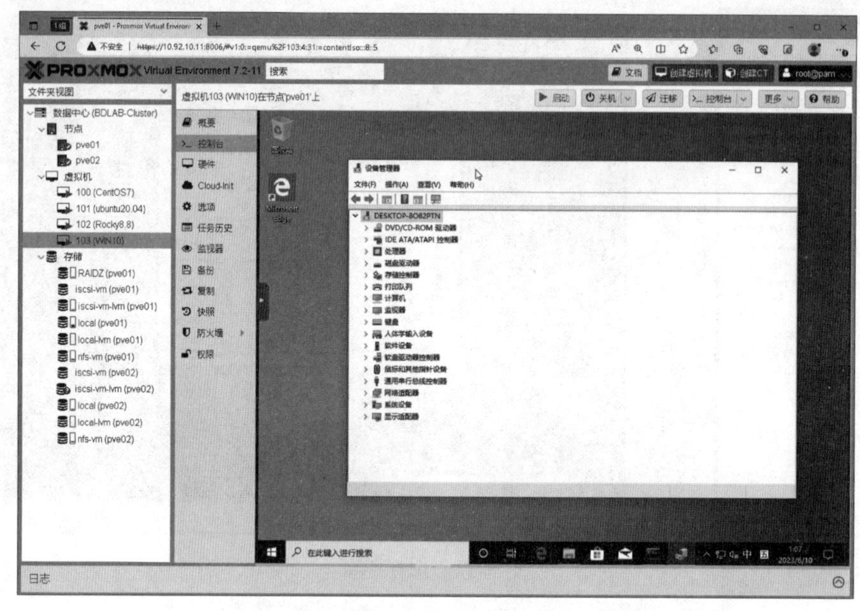

图 5-54　查看安装驱动后的设备管理器

8）查看虚拟机概要，QEMU Guest Agent 运行正常，IP 地址显示正常，如图 5-55 所示。

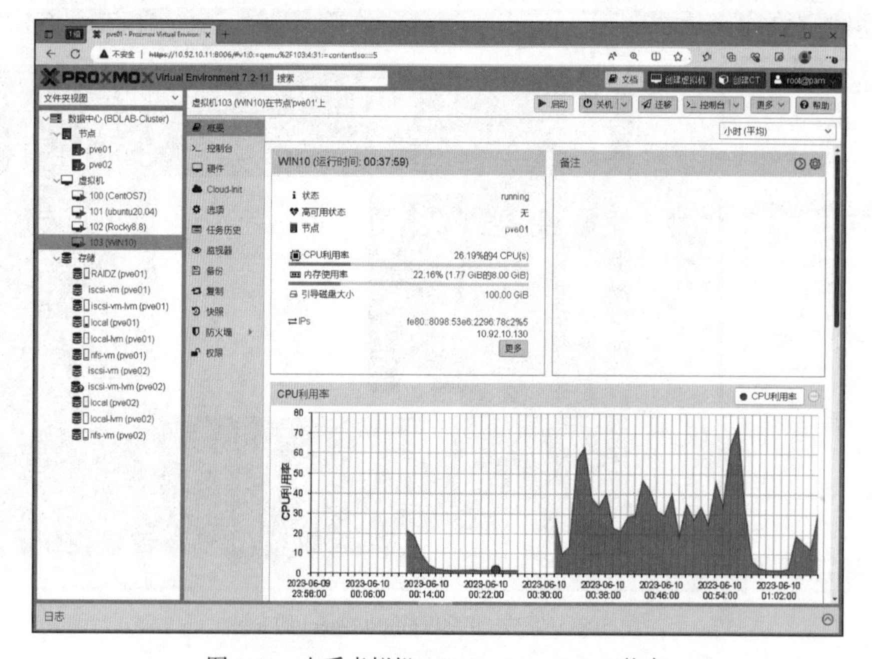

图 5-55　查看虚拟机 QEMU Guest Agent 状态

9）Windows Server 2022 虚拟机的其他设备也存在问题，如图 5-56 所示。按照上述操作安装 QEMU Agent。

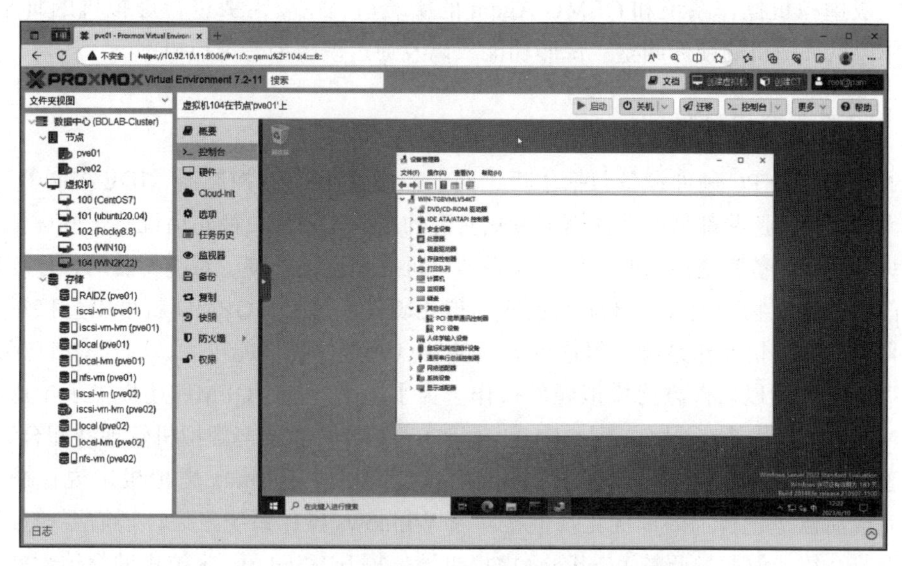

图 5-56　Windows Server 2022 虚拟机设备管理器

10）安装完成后查看虚拟机概要，QEMU Guest Agent 运行正常，IP 地址显示正常，如图 5-57 所示。

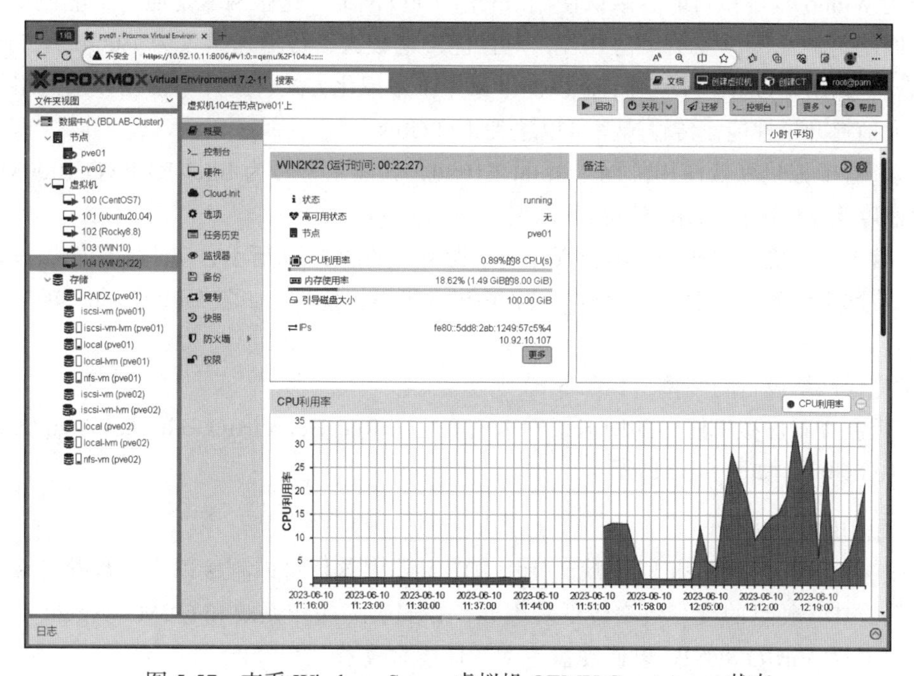

图 5-57　查看 Windows Server 虚拟机 QEMU Guest Agent 状态

5.3 虚拟机的日常操作

在完成虚拟机操作系统和 QEMU Agent 的安装后，主要需要进行虚拟机的日常操作。这些操作包括虚拟机的硬件调整、快照功能，以及通过模板创建虚拟机。

5.3.1 调整虚拟机硬件

QEMU 模拟的 PC 硬件设备包括主板、网卡控制器、SCSI 控制器、IDE 控制器、SATA 控制器、串口等，这些都是以软件模拟方式实现的虚拟化硬件。换句话说，这些虚拟化硬件都是和对应硬件设备完全相当的软件，如果客户机操作系统安装了对应的驱动程序，客户机就可以像驱动真实物理硬件一样驱动这些虚拟化硬件。这样，QEMU 就可以直接运行客户机而无须修改客户机操作系统。但这种方式的缺点就是性能损耗较大，因为 CPU 必须耗费大量计算能力才能以软件方式模拟硬件操作。为了提高性能，QEMU 还提供了半虚拟化硬件，这时客户机操作系统会感知到 QEMU 环境的存在，并直接与虚拟机管理器配合工作

由于 Proxmox VE 平台本身基于 Linux 内核，所以对于 Linux 虚拟机来说，操作系统在安装完成后已经进行了内部优化。但是对于 Windows 操作系统来说，还需要单独进行调整。本小节介绍如何通过调整 Windows 虚拟机硬件提升 Windows 虚拟机的整体性能。在进行虚拟机硬件优化前，请确保已经安装 QEMU Agent。

1. 调整虚拟机网卡

安装 Windows 虚拟机时，默认使用 Intel E1000 网卡。这张网卡是通过全虚拟化模拟出来的，网络传输会经过多层架构处理，对性能影响较大，传输速率仅为 1.0Gb/s。Proxmox VE 平台推荐使用 VirtIO Net 网卡，该网卡采用半虚拟化方式，设计不使用多层网络传输架构，极大地提升了性能，传输速率可以达到 10.0Gb/s。

1）查看虚拟机默认使用的网卡 Intel E1000，其显示型号为 Intel(R) PRO/1000MT，默认传输速度为 1.0Gb/s，如图 5-58 所示。

2）编辑虚拟机“硬件”选项，选择网络设备，如图 5-59 所示，单击“编辑”按钮。

3）将网络设备的“模型”调整为“ VirtIO（半虚拟化)”，如图 5-60 所示，单击“ OK”按钮。

4）完成网络设备的调整，如图 5-61 所示。

5）重新查看虚拟机使用的网卡，网卡已变更为 Red Hat VirtIO Ethernet Adapter，传输速度为 10.0Gb/s，如图 5-62 所示。

2. 调整虚拟机硬盘

在安装 Windows 虚拟机时，默认使用 IDE 硬盘，这样可以直接识别硬盘并安装操作系统。但是，IDE 硬盘的读写效率较低。因此，在安装完操作系统和 QEMU Agent 后，建议将 IDE 更换为 VirtIO SCSI，以使硬盘达到最佳读写效率。

图 5-58　查看虚拟机默认网卡速率

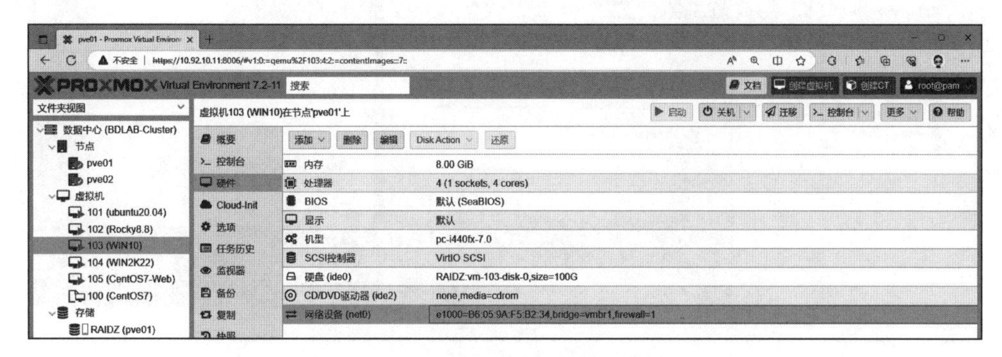

图 5-59　编辑虚拟机硬件参数

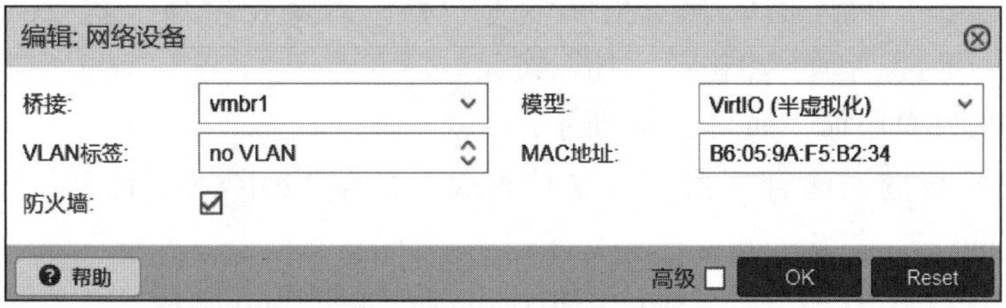

编辑: 网络设备

桥接: vmbr1　　模型: VirtIO (半虚拟化)

VLAN标签: no VLAN　　MAC地址: B6:05:9A:F5:B2:34

防火墙: ☑

帮助　　高级 ☐　OK　Reset

图 5-60　编辑网络设备

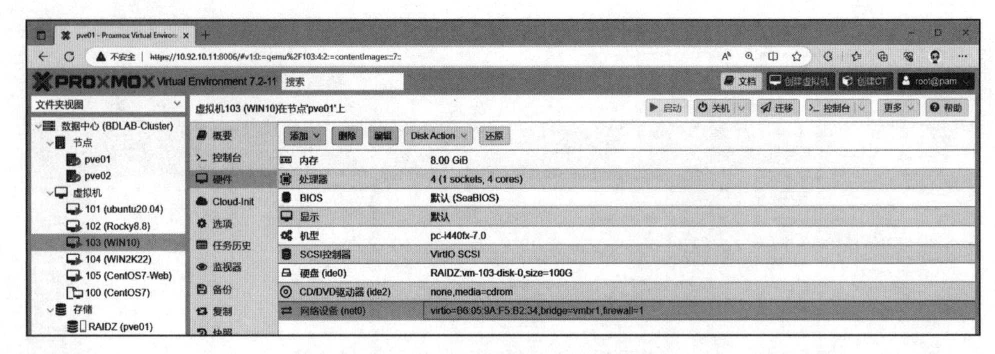

图 5-61　完成网络设备的调整

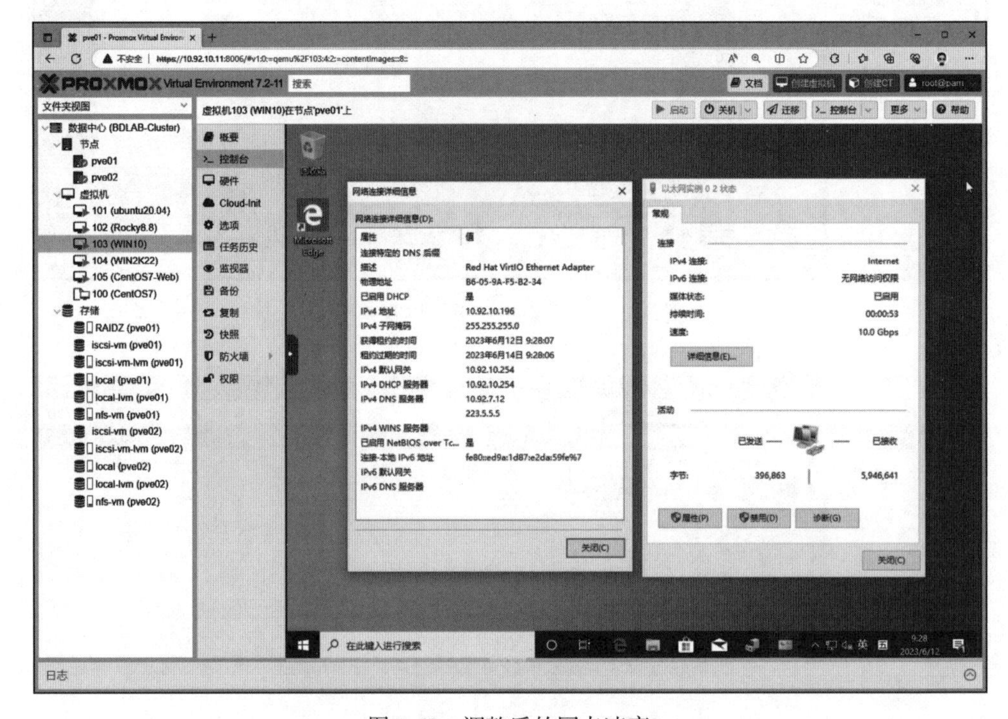

图 5-62　调整后的网卡速率

1）Windows 虚拟机硬盘的调整与网卡不一样，需要先增加一块硬盘来加载 VirtIO SCSI 驱动，如图 5-63 所示，单击“添加”按钮。

2）确认完成硬盘添加，如图 5-64 所示。

3）打开虚拟机的设备管理器，查看是否成功加载 VirtIO SCSI 存储控制器驱动，如图 5-65 所示。

4）更换 VirtIO SCSI 驱动需要关闭虚拟机电源，如图 5-66 所示。

5）选择虚拟机原 IDE 硬盘，如图 5-67 所示，单击“分离”按钮。

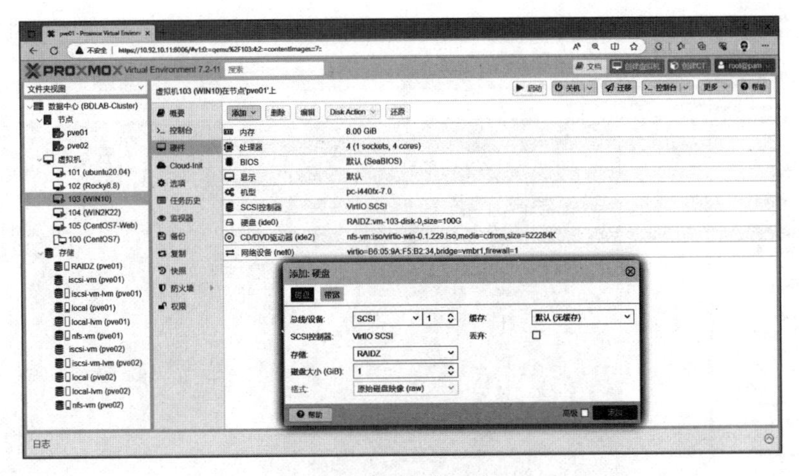

图 5-63　添加硬盘

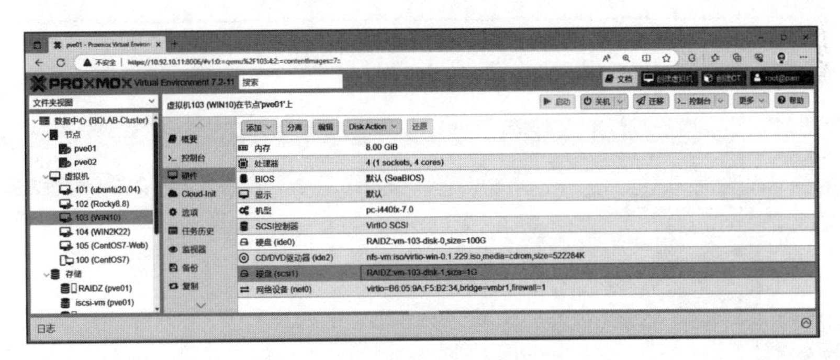

图 5-64　查看添加后的硬盘

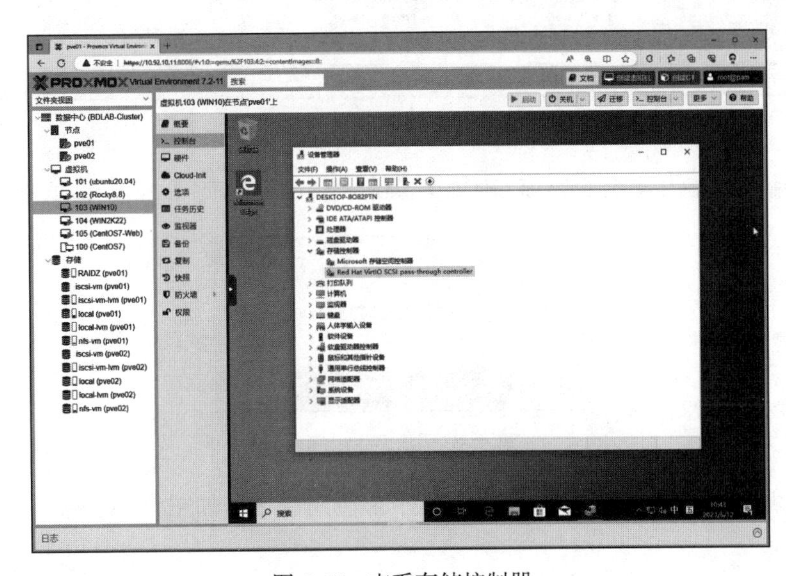

图 5-65　查看存储控制器

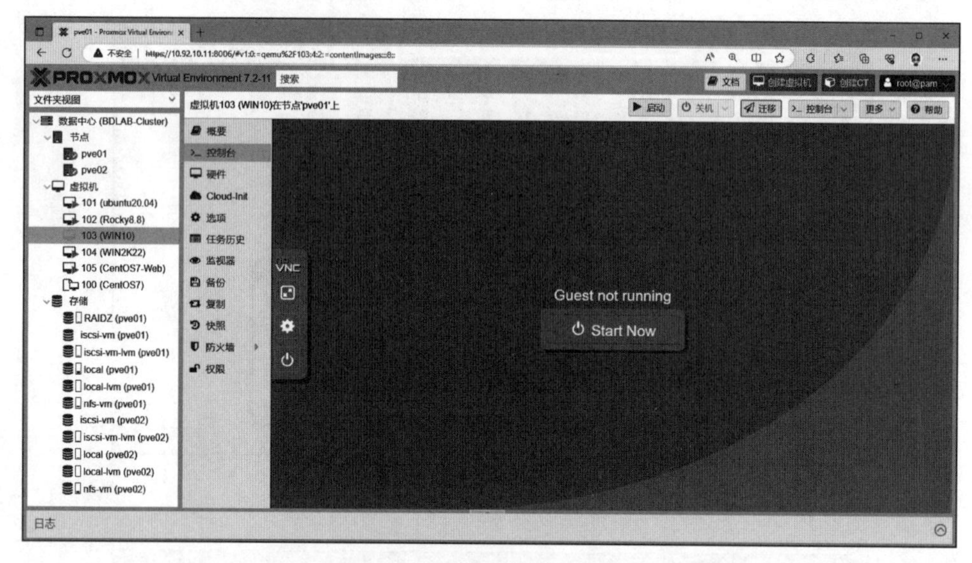

图 5-66 关闭虚拟机电源

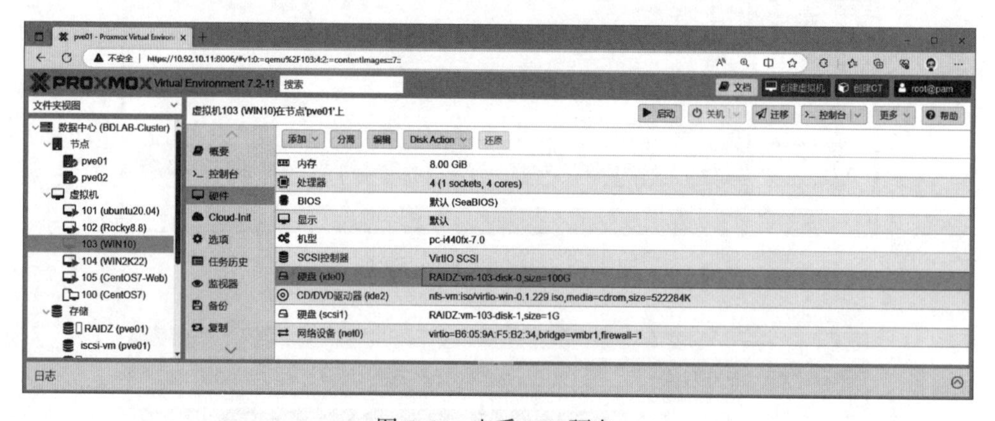

图 5-67 查看 IDE 硬盘

6）系统提示“确定要分离该项 ' 硬盘（ide0)' 吗？”，如图 5-68 所示，单击“是”按钮。

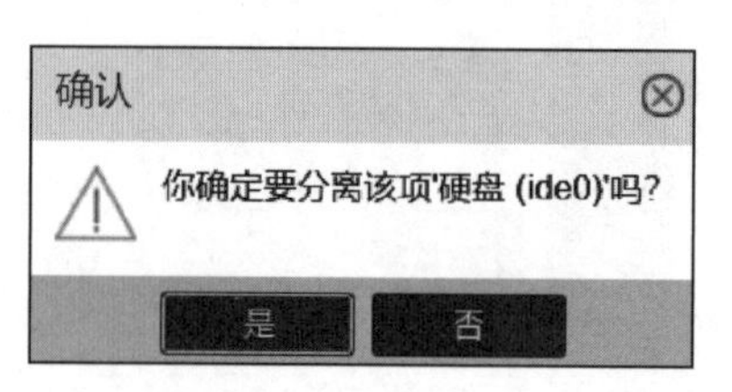

图 5-68 确认分离硬盘

7）完成原硬盘分离，可以看到磁盘处于未使用状态，如图 5-69 所示，单击“编辑”按钮。

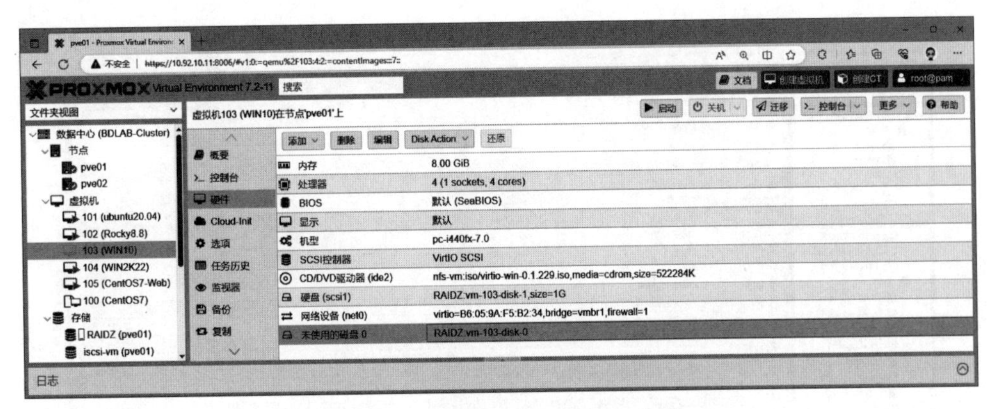

图 5-69　查看磁盘处于未使用状态

8）调整磁盘的“总线 / 设备”为 SCSI，如图 5-70 所示，单击“添加”按钮。

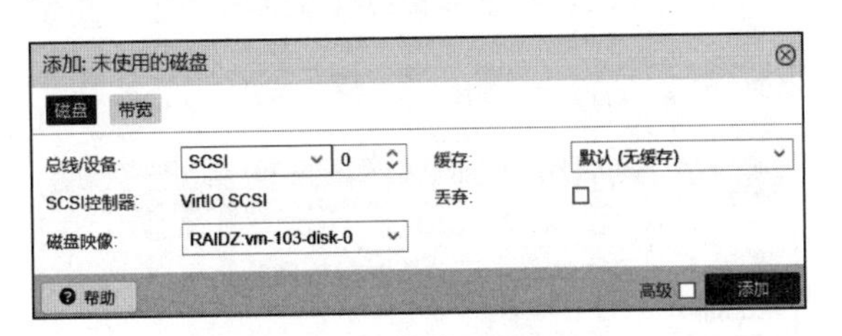

图 5-70　添加未使用磁盘

9）完成原硬盘的修改，如图 5-71 所示，单击“选项”调整引导顺序。

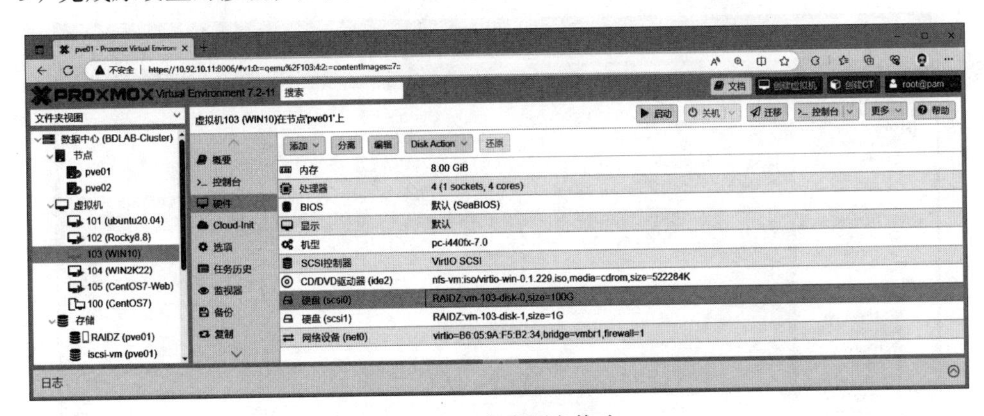

图 5-71　完成硬盘修改

10）选择“引导顺序”，如图 5-72 所示，单击“编辑”按钮。

11）勾选“scsi0”并调整为第 1 引导，如图 5-73 所示，单击“OK”按钮。

12）完成虚拟机的引导顺序调整，如图 5-74 所示。

13）启动虚拟机，打开设备管理器查看硬盘相关信息，目前两块硬盘均使用 VirtIO SCSI 硬盘，如图 5-75 所示。

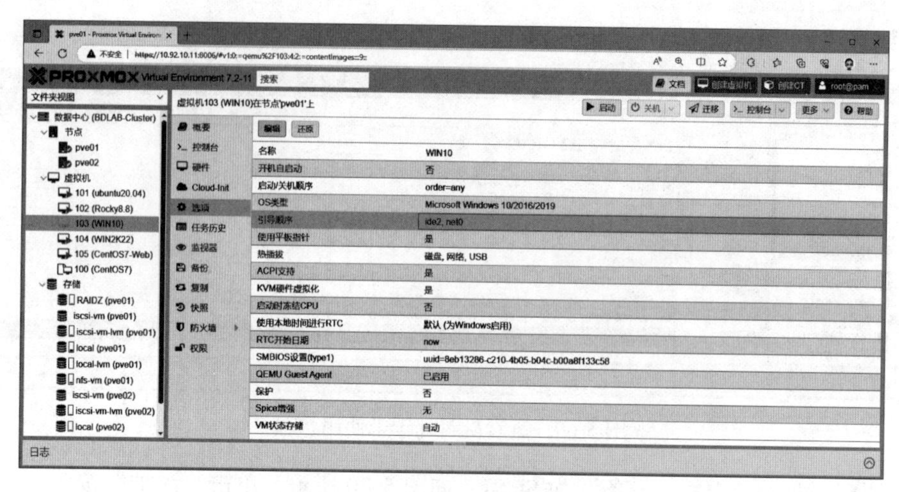

图 5-72　查看虚拟机引导顺序

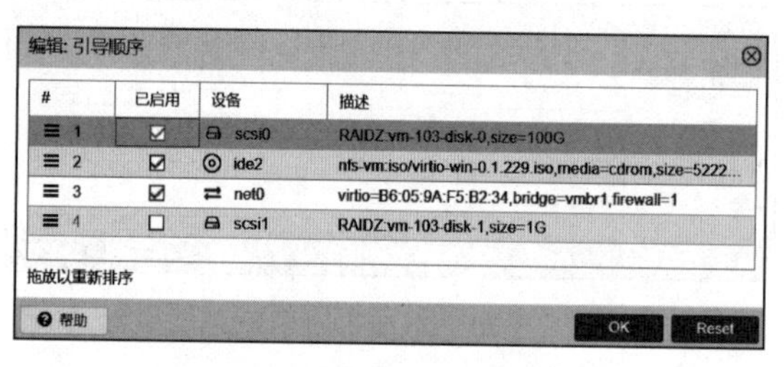

图 5-73　调整虚拟机引导顺序

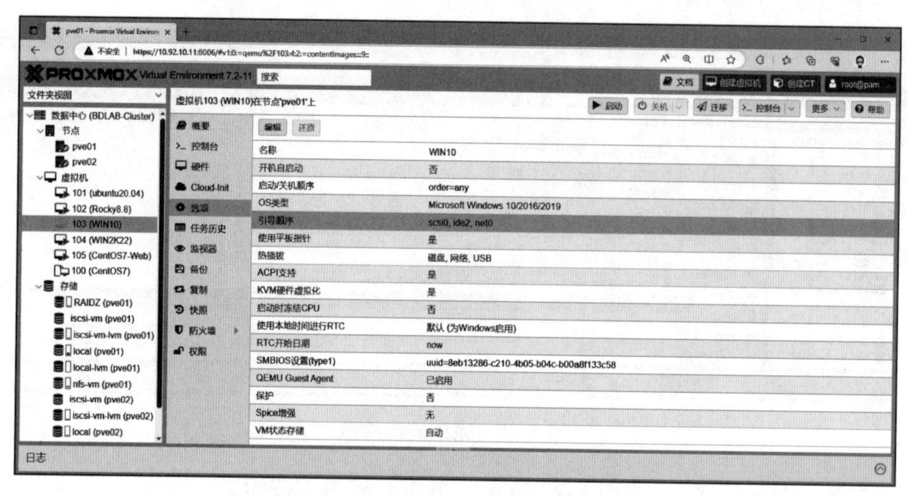

图 5-74　调整后的虚拟机引导顺序

14）删除临时添加的硬盘，如图 5-76 所示。

15）再次打开设备管理器查看硬盘相关信息，可以看到只剩一块硬盘了，如图 5-77 所示。

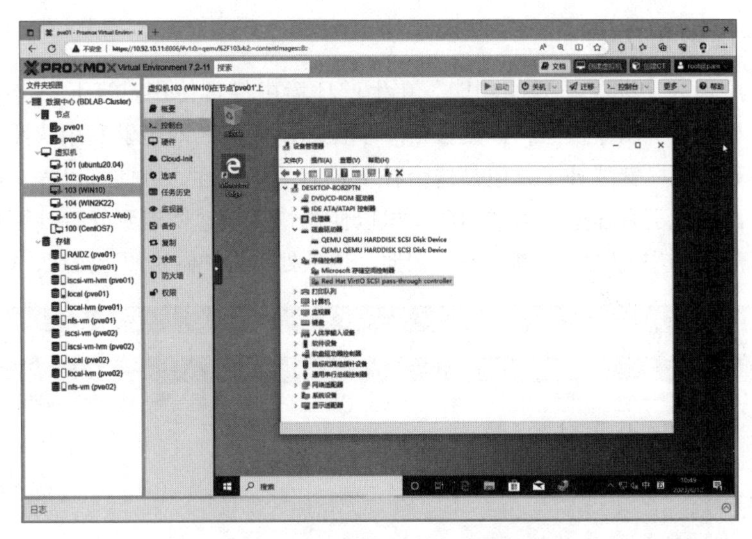

图 5-75　查看硬盘使用的存储控制器

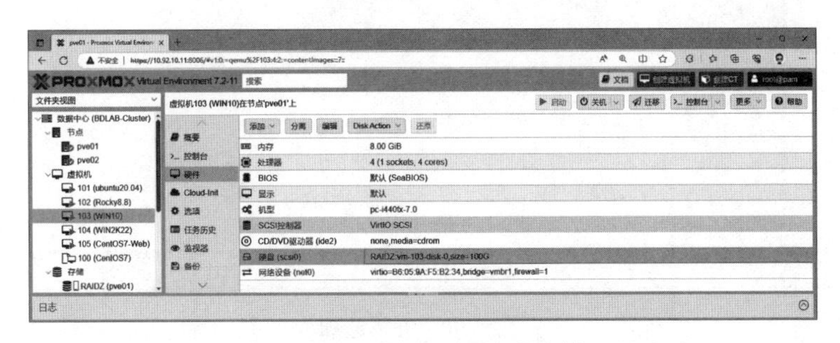

图 5-76　删除临时添加的硬盘

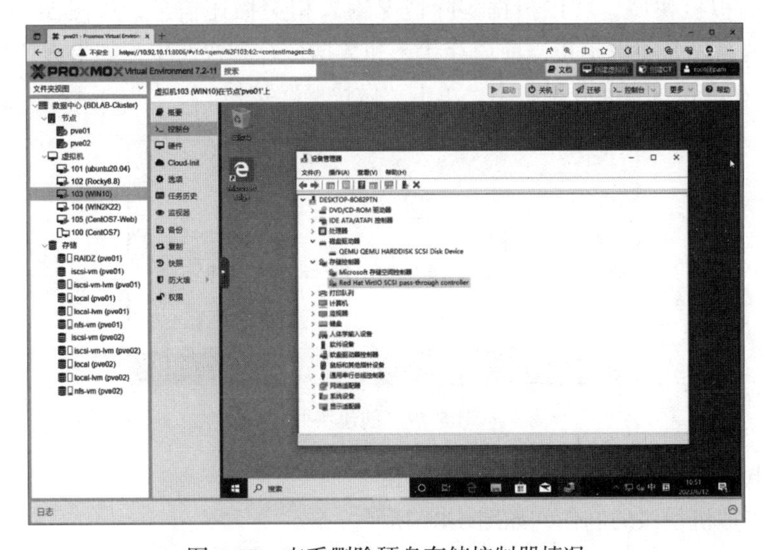

图 5-77　查看删除硬盘存储控制器情况

5.3.2 创建虚拟机快照

虚拟机快照是一个非常重要的功能，在生产环境中经常使用。当下一步操作具有不确定性时，可以对虚拟机制作快照，以便在下一步操作出现问题时能够利用快照进行回退。例如，现在需要对虚拟机安装补丁，但是这个补丁具有不确定性，因此可以先对虚拟机制作一个快照。如果安装补丁后虚拟机出现问题，可以使用快照快速回退到安装补丁前的状态。

1）选择需要制作快照的虚拟机，在“快照”选项处单击“做快照”按钮，如图 5-78 所示。

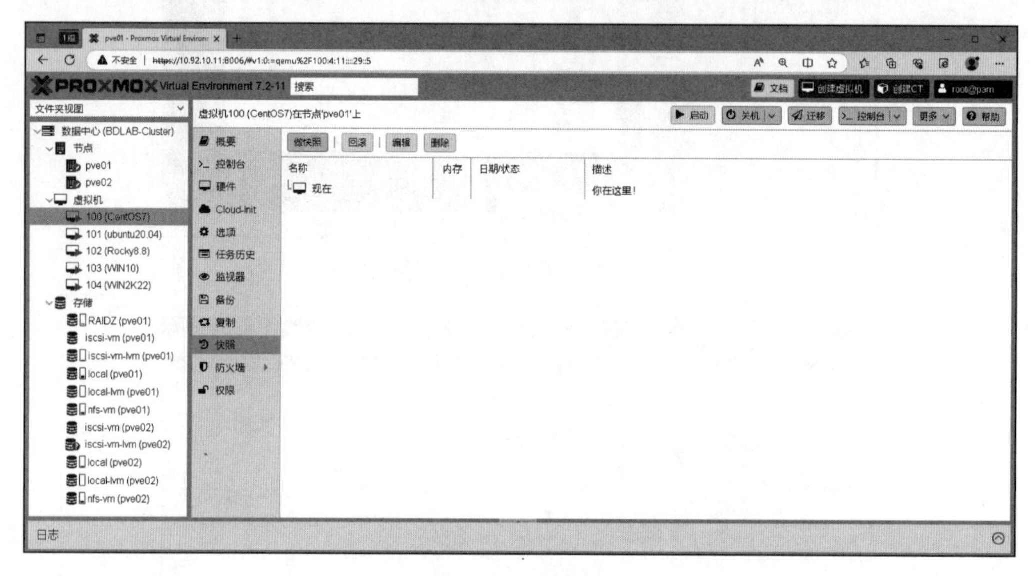

图 5-78　快照选项

2）创建虚拟机快照，可以根据实际情况输入相关描述信息，如图 5-79 所示，其中，“包括内存”的意思是将虚拟机当前内存状态和数据保存到快照中，如果虚拟机处于开机状态，快照将保存虚拟机当前开机状态。单击“做快照”按钮。

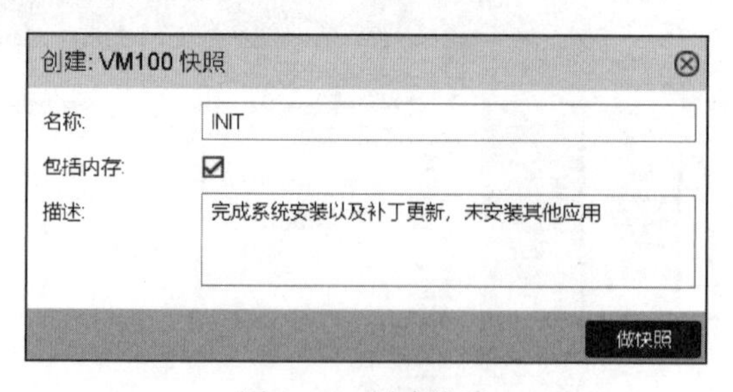

图 5-79　创建快照

3）开始制作虚拟机快照，如图 5-80 所示。

4）完成虚拟机快照的制作，如图 5-81 所示。

5）使用命令“yum install httpd”安装服务，如图 5-82 所示。

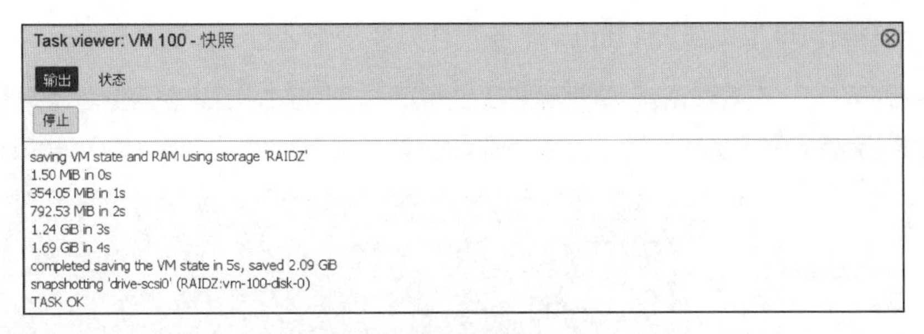

图 5-80　创建快照进度

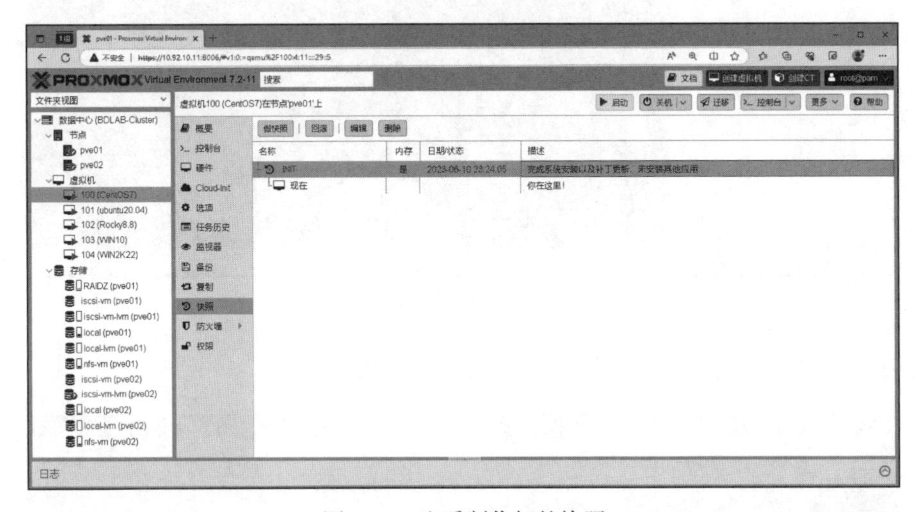

图 5-81　查看制作好的快照

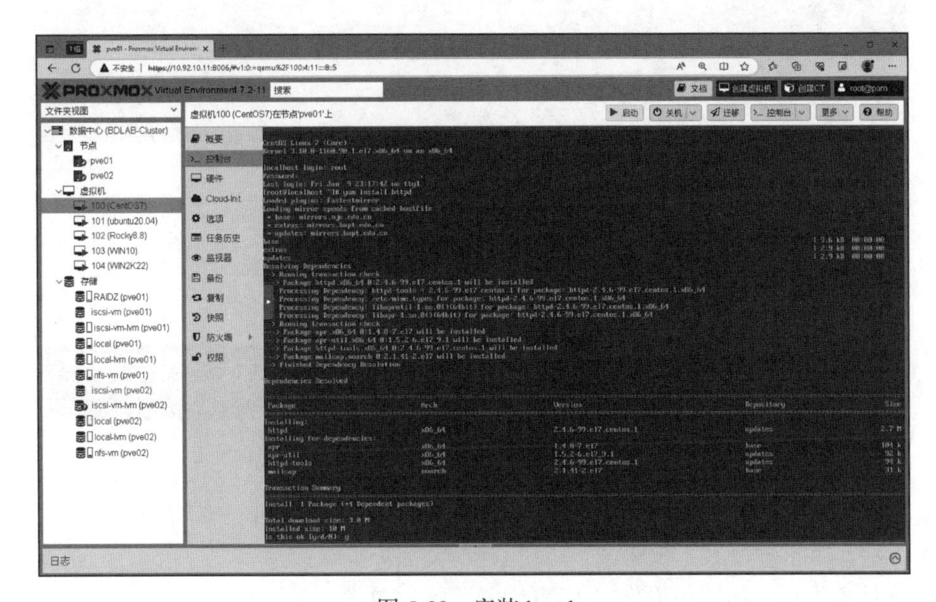

图 5-82　安装 httpd

6）可以看到该虚拟机部署了 httpd 服务，且服务正常运行，如图 5-83 所示。

图 5-83　查看 httpd 运行状态

7）通过浏览器访问服务，服务正常，如图 5-84 所示。

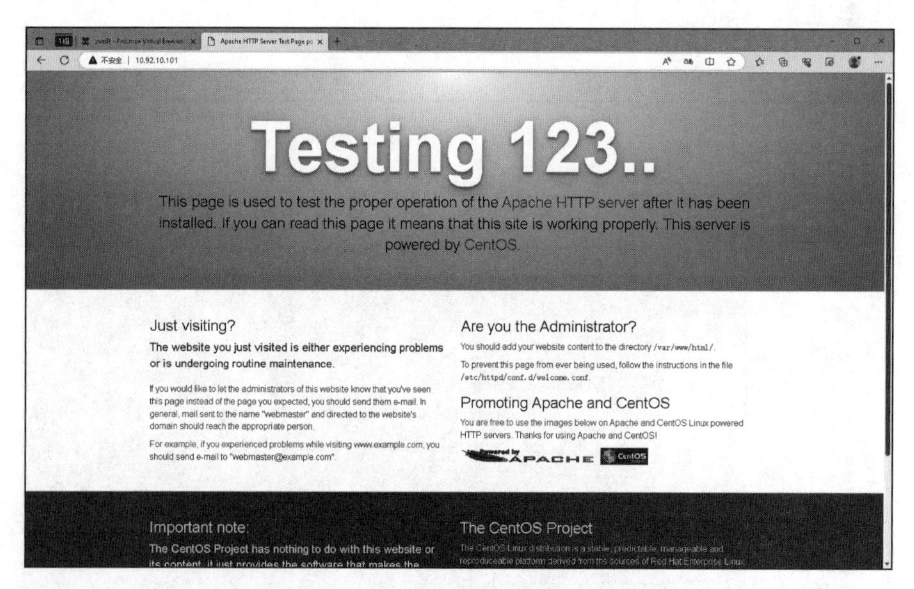

图 5-84　访问 httpd 服务

8）对虚拟机快照进行回滚操作，恢复到部署服务前的状态。选择制作好的快照，如图 5-85 所示，单击“回滚”按钮。

9）确认虚拟机快照回滚操作，如图 5-86 所示，单击“是”按钮。

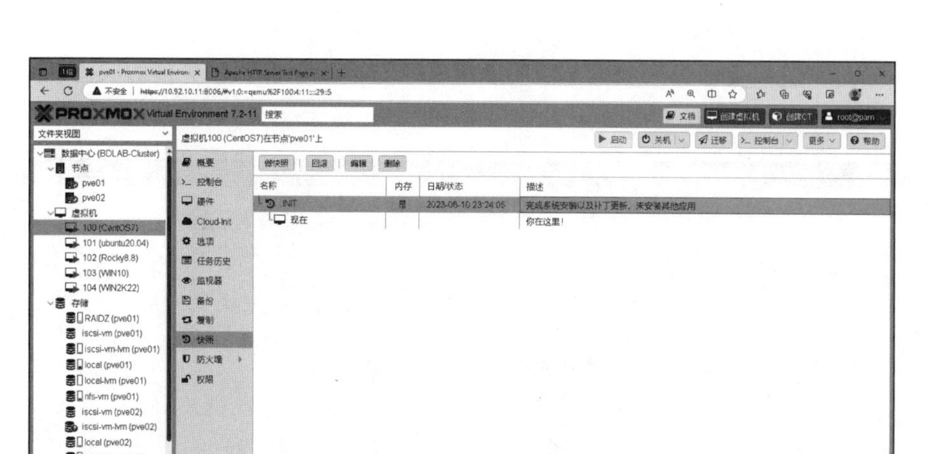

图 5-85　准备执行快照回滚操作

图 5-86　确认操作

10）完成虚拟机快照的回滚操作，虚拟机处于开机状态，如图 5-87 所示。

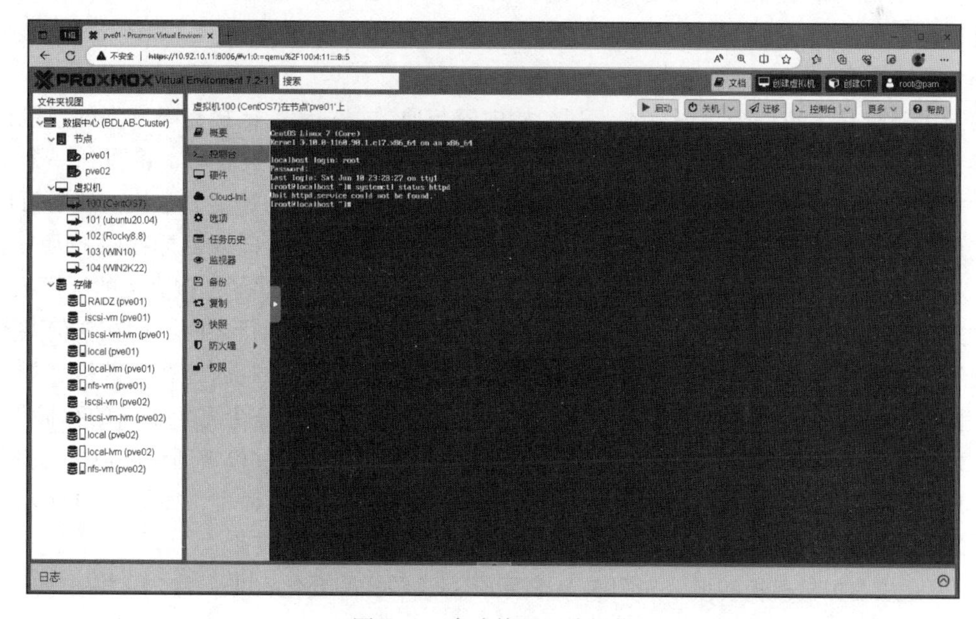

图 5-87　完成快照回滚操作

11）通过浏览器无法访问服务，说明虚拟机已经回滚到部署服务前的状态，如图 5-88 所示。

图 5-88　无法访问 httpd 服务

5.3.3　创建虚拟机模板

在生产环境中部署虚拟机时，通常需要手动安装虚拟机操作系统，这是一个非常耗时的操作。当需要部署多个同类型的虚拟机时，可以先创建一台虚拟机，将其转换为模板，再通过模板创建其他虚拟机。这种通过模板创建虚拟机的方式称为克隆，Proxmox VE 平台中分为链接克隆和完整克隆两类。

链接克隆是生成一个可写副本，其初始内容与原数据一致。链接克隆产生的新镜像仍然链接到源镜像。其核心技术称为 Copy-on-Write，如果数据块被改写，将写到一个新位置，如果数据块未被修改过，将直接从源镜像读取。链接克隆的速度非常快，几乎可以瞬间完成，且刚创建时几乎不消耗存储空间。创建链接克隆时不能改变目标存储，因为该技术依赖于存储内部功能特性。还需要特别注意的是，不能删除创建了链接克隆的源模板。

完整克隆是创建一个完全独立的虚拟机，新虚拟机与原虚拟机之间不存在任何共享存储资源。完整克隆需要读取并复制虚拟机的全部镜像数据，因此耗时往往比链接克隆长得多。同时，完整克隆可以选择目标存储，从而将虚拟机复制到一个完全不同的存储设备。也可以根据存储支持的情况选择改用其他磁盘格式。下面介绍通过模板创建虚拟机的操作。

1）选中需要转换模板的虚拟机，右击，选择“转换为模板”命令，如图 5-89 所示。

2）确认将虚拟机转换为模板，如图 5-90 所示，单击“是”按钮。

3）完成虚拟机模板转换，如图 5-91 所示，注意图标的变化。

4）通过模板创建虚拟机，在虚拟机模板上右击，选择“克隆”命令，如图 5-92 所示。

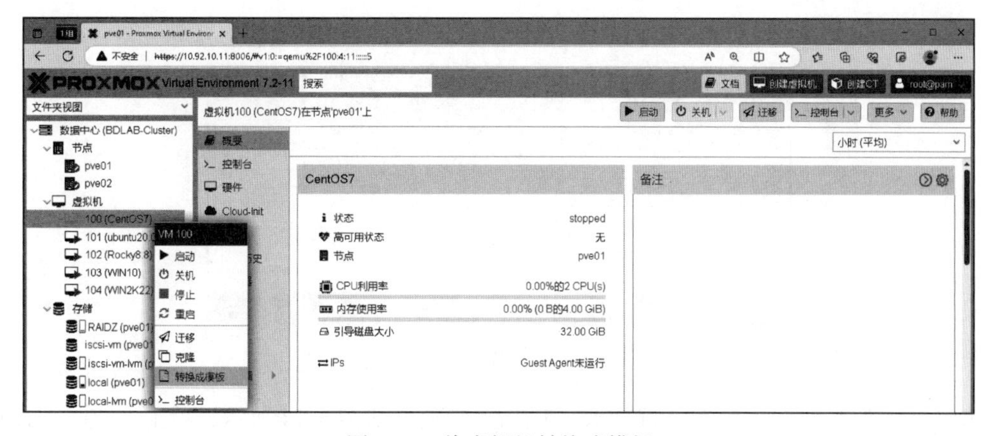

图 5-89　将虚拟机转换成模板

图 5-90　确认转换操作

图 5-91　完成虚拟机转换模板操作

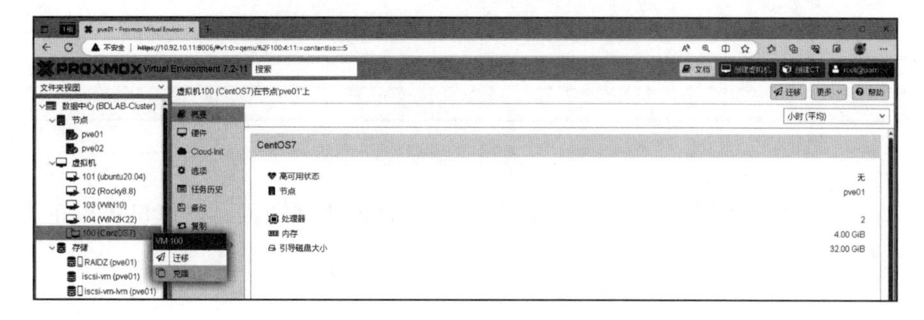

图 5-92　克隆虚拟机

5）Proxmox VE 平台中，克隆模式分为两类，图 5-93 所示为链接克隆。

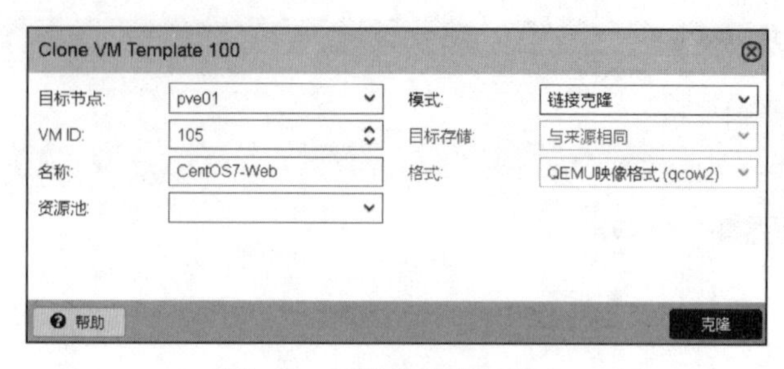

图 5-93 “链接克隆”模式

6）此处选择“完整克隆”，输入虚拟机相关参数，如图 5-94 所示，单击“克隆”按钮。

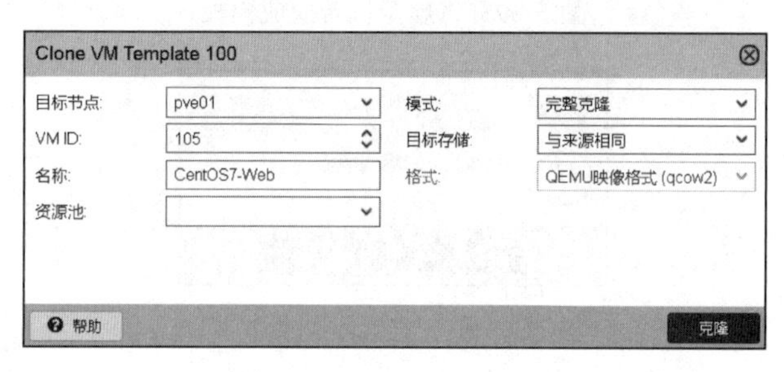

图 5-94 “完整克隆”模式

7）完成通过克隆创建虚拟机的操作，如图 5-95 所示。

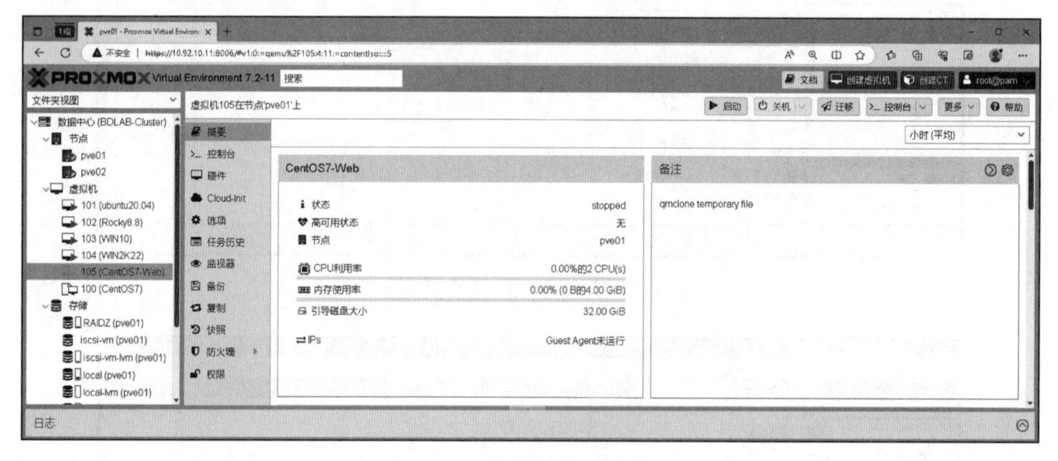

图 5-95 通过克隆创建虚拟机

8）登录虚拟机，使用命令查看 IP 地址以及验证网络连通性，虚拟机可以正常访问网络，如图 5-96 所示。

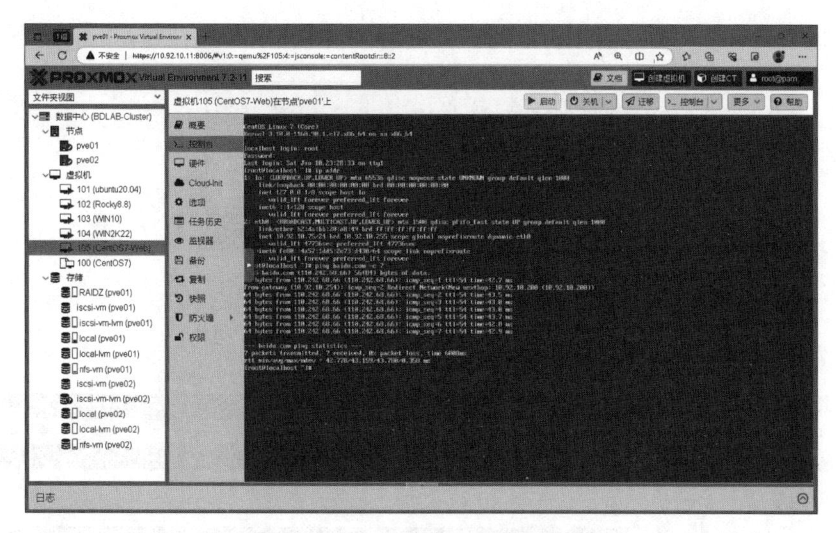

图 5-96　验证创建的虚拟机状态

5.4　配置虚拟机安全策略

Proxmox VE 平台内置了安全策略，能够在不使用第三方安全平台的情况下为节点、虚拟机或容器提供安全防护功能。

5.4.1　启用安全策略

Proxmox VE 平台的安全策略分为数据中心、节点、虚拟机以及容器等。默认情况下，防火墙处于禁用状态。本小节介绍启用防火墙安全策略的操作。

1）进入数据中心的“防火墙”选项下的“选项”，可以看到防火墙默认处于禁用状态，如图 5-97 所示，单击“编辑”按钮。

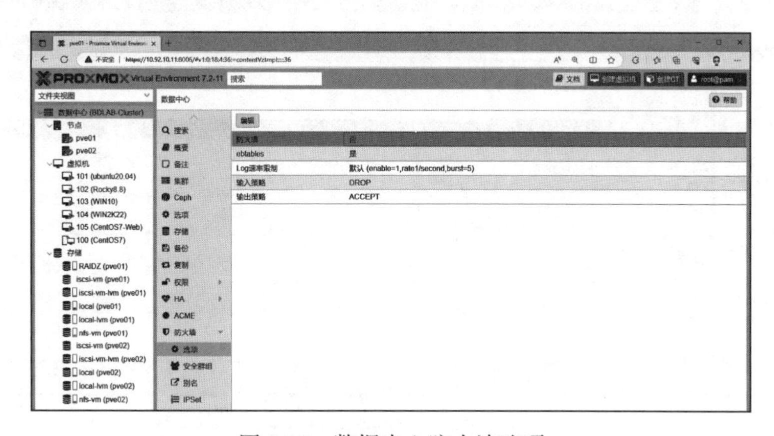

图 5-97　数据中心防火墙选项

2）勾选“防火墙”即可启用，如图 5-98 所示，单击“OK”按钮。

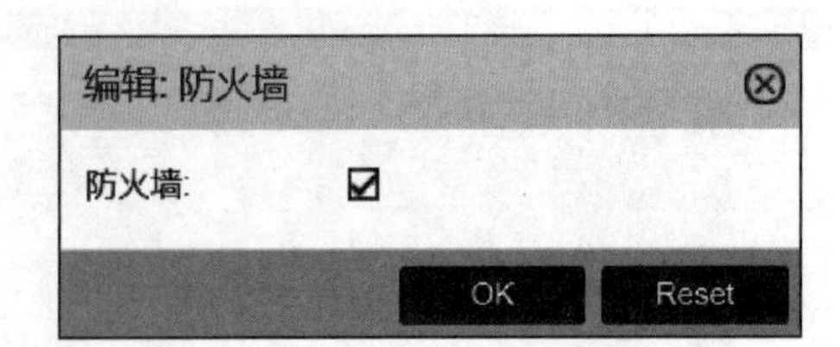

图 5-98 启用防火墙

3）防火墙启用成功，如图 5-99 所示。

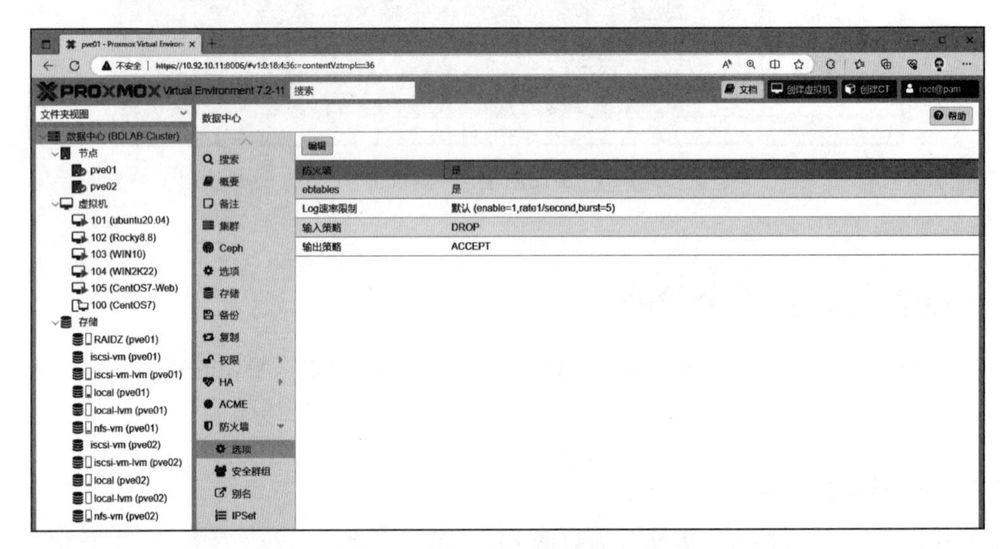

图 5-99 启用数据中心防火墙

4）按照相同的方式启用节点防火墙，如图 5-100 所示。

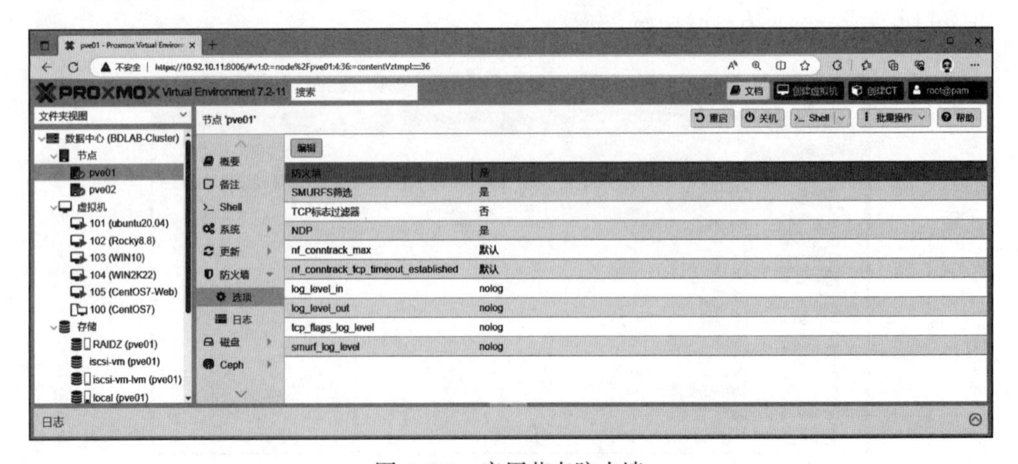

图 5-100 启用节点防火墙

5）按照相同的方式启用虚拟机防火墙，如图 5-101 所示。

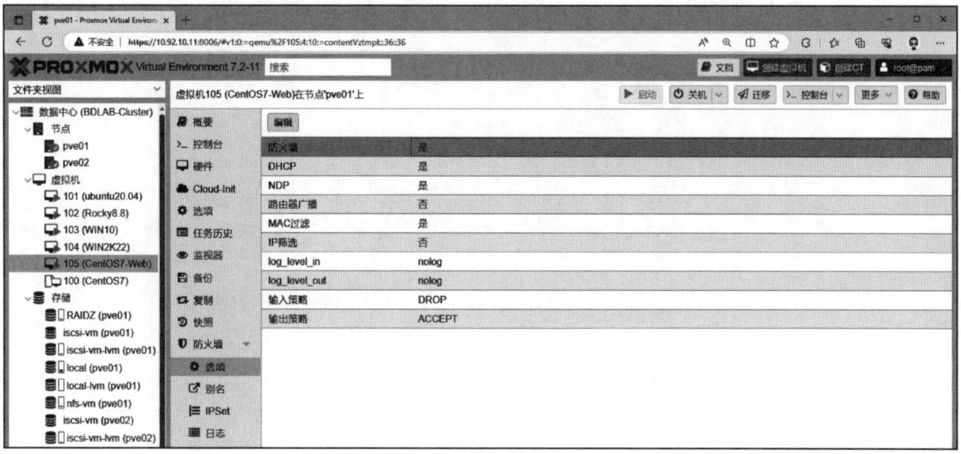

图 5-101　启用虚拟机防火墙

5.4.2　配置安全策略

启用数据中心、节点、虚拟机等防火墙后，就需要对安全策略进行配置，默认情况下输入策略均为 DROP。

1）在虚拟机上安装并启用 httpd 服务，如图 5-102 所示。

图 5-102　安装 httpd 服务

2）通过浏览器无法访问服务，如图 5-103 所示，这是因为默认情况下输入策略为 DROP。

图 5-103　无法访问 httpd 服务

3）通过 SSH 连接出现超时，如图 5-104 所示，这也是因为默认情况下输入策略为 DROP。

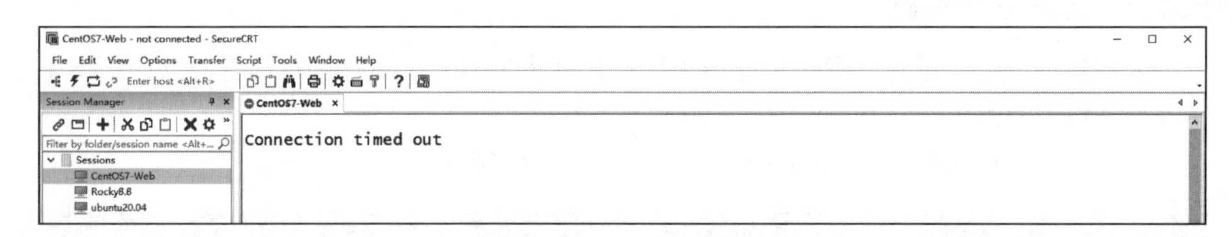

图 5-104　无法访问 SSH 连接

4）选择虚拟机配置防火墙安全策略，如图 5-105 所示，单击“添加”按钮。

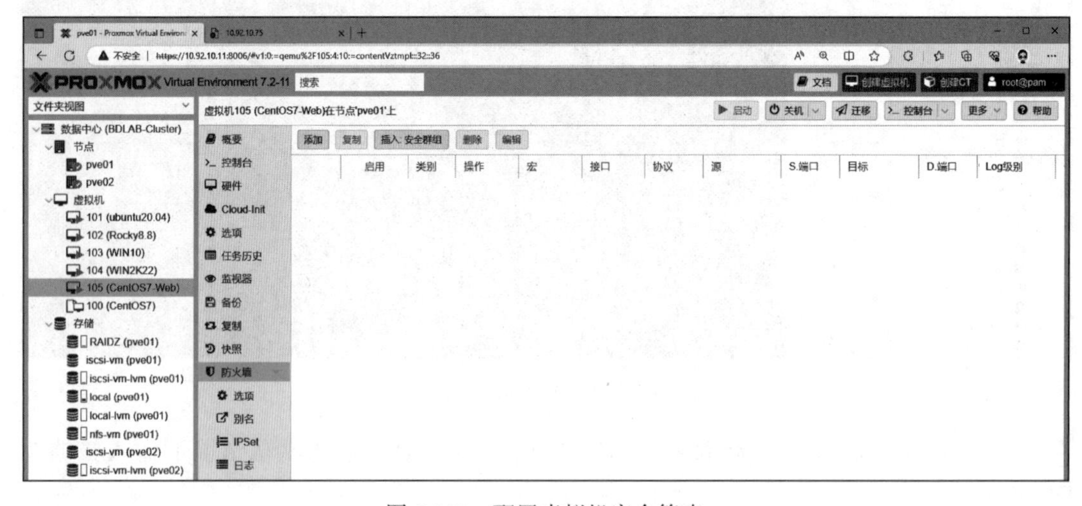

图 5-105　配置虚拟机安全策略

5）添加规则参数，方向为“in”，操作为“ACCEPT”，宏以及源根据实际情况进行添加即可，如图 5-106 所示，单击“添加”按钮。

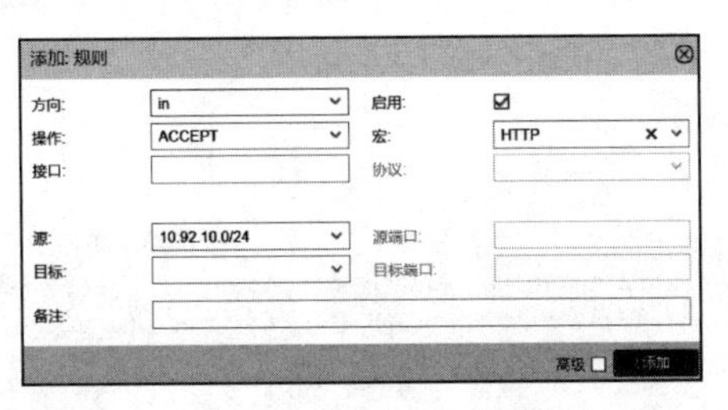

图 5-106　添加 HTTP 访问规则

6）完成 HTTP 规则的添加，如图 5-107 所示。

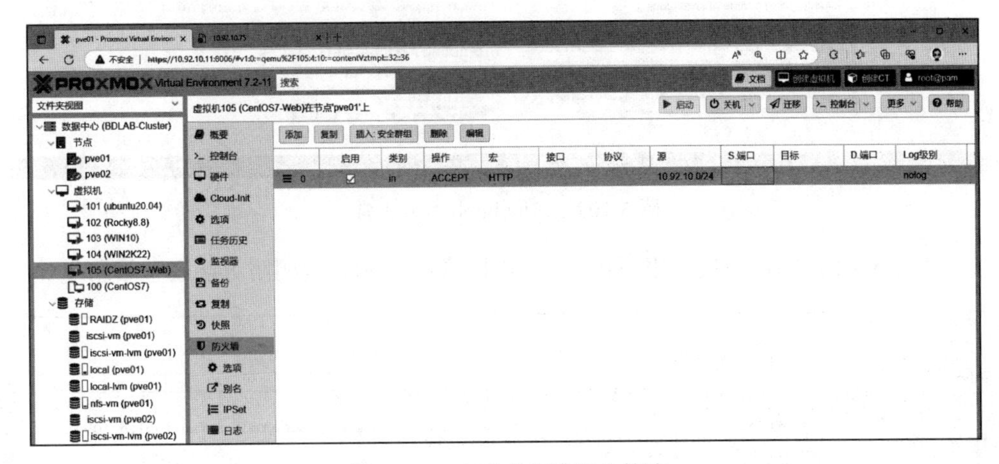

图 5-107　查看虚拟机安全策略

7）按照相同的方式添加 SSH 规则，如图 5-108 所示。

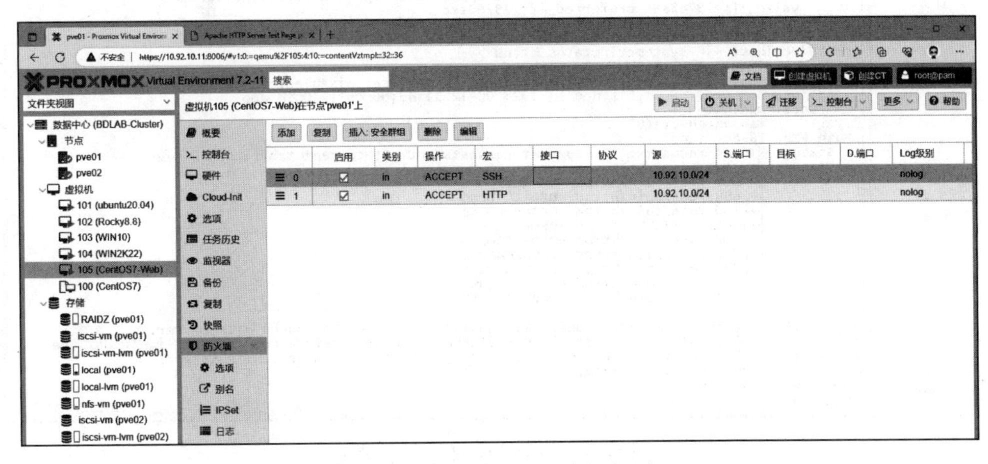

图 5-108　添加 SSH 访问规则

8）通过浏览器访问服务，服务正常，如图 5-109 所示，说明防火墙安全策略生效。

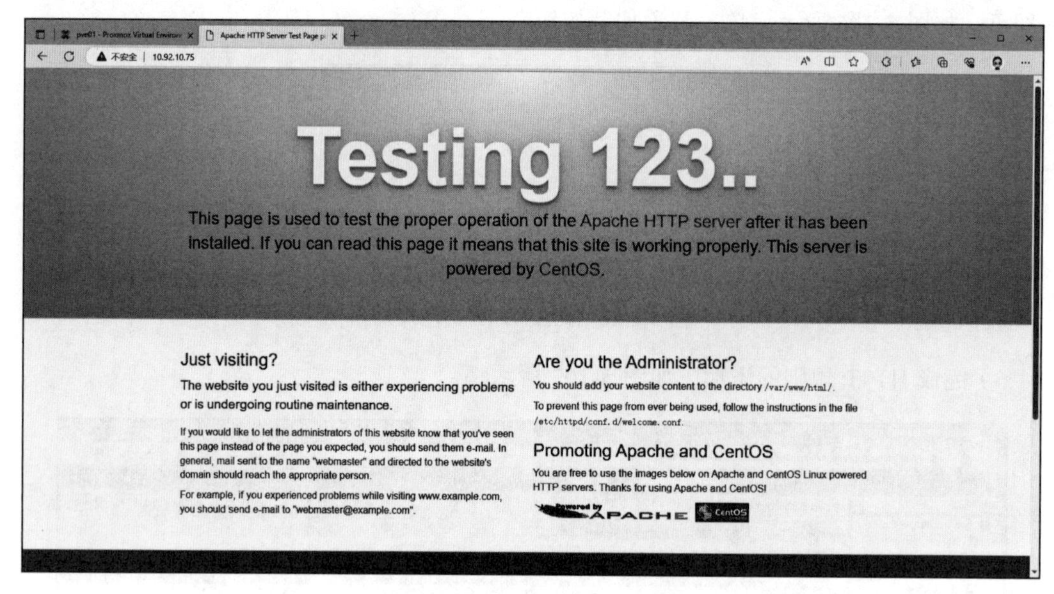

图 5-109　访问 httpd 服务正常

9）通过 SSH 访问虚拟机，服务正常，如图 5-110 所示，说明防火墙安全策略生效。

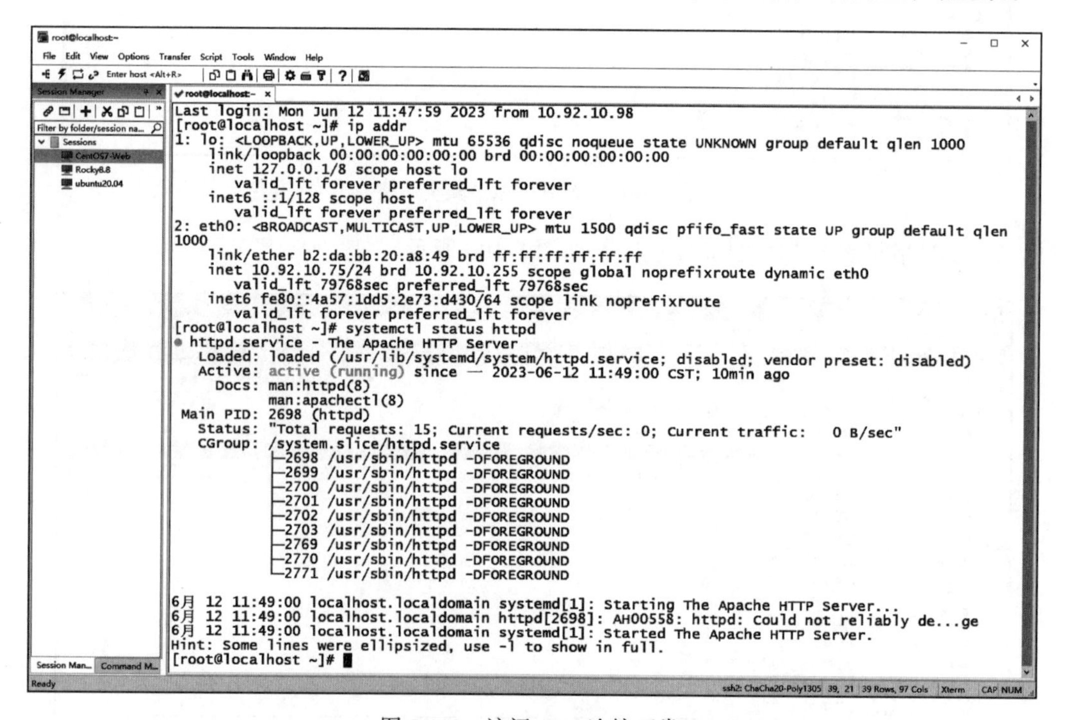

图 5-110　访问 SSH 连接正常

10）通过创建 IP 地址池来控制访问，这样能够简化防火墙安全策略配置。在数据中心的防火墙中选择“IPSet”，如图 5-111 所示，单击“创建”按钮。

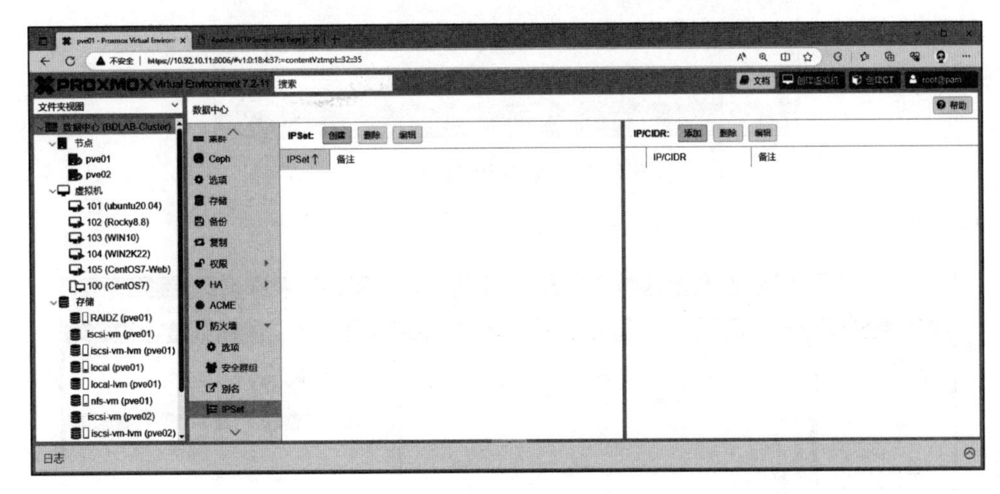

图 5-111　IPSet 配置

11）创建一个名称为 local 的 IPSet，如图 5-112 所示，单击“OK”按钮。

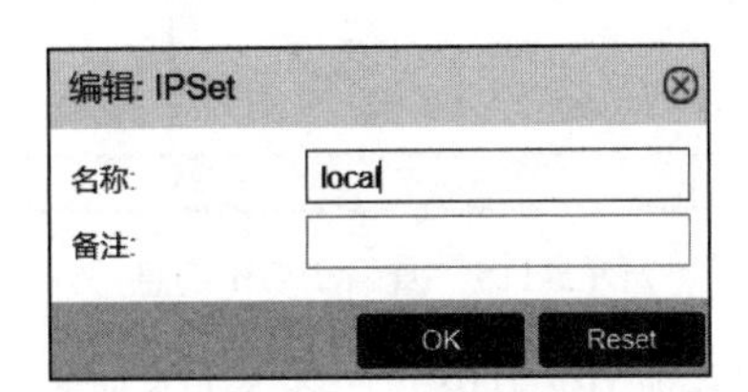

图 5-112　编辑 IPSet

12）为 local 添加 IP/CIDR，如图 5-113 所示，单击“添加”按钮。

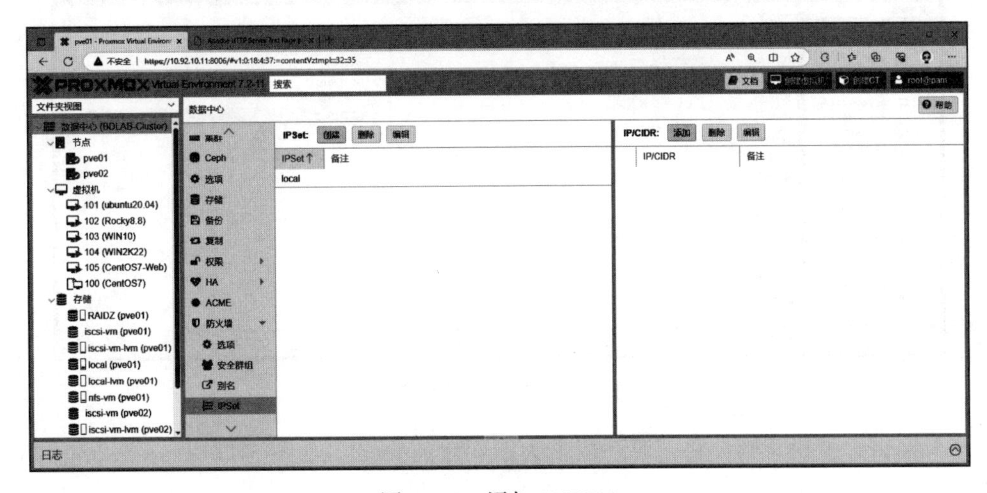

图 5-113　添加 IP/CIDR

13）输入 IP/CIDR 信息，如图 5-114 所示，单击“创建”按钮。

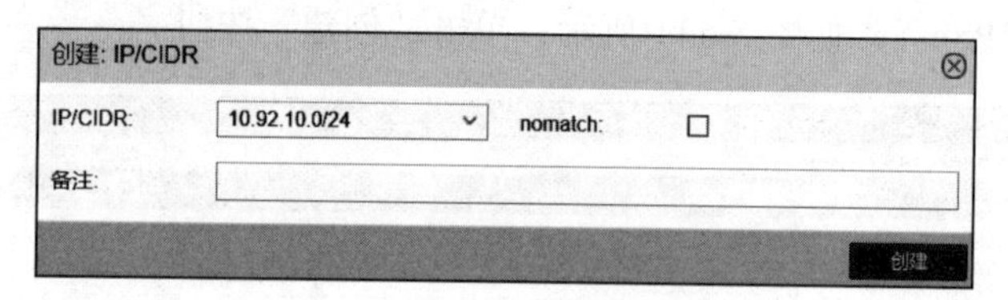

图 5-114　输入 IP/CIDR 信息

14）完成 IPSet 地址池的创建，如图 5-115 所示。

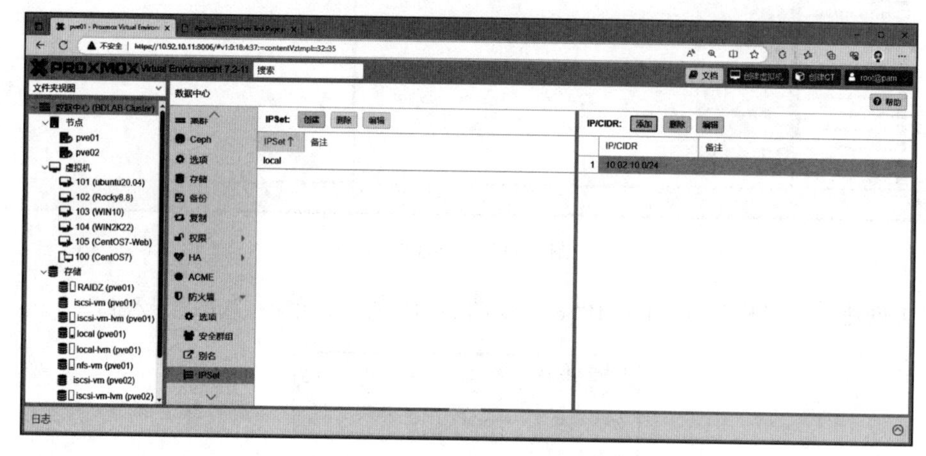

图 5-115　查看 IPSet 信息

15）按照相同的方式添加其他 IP/CIDR，如图 5-116 所示。

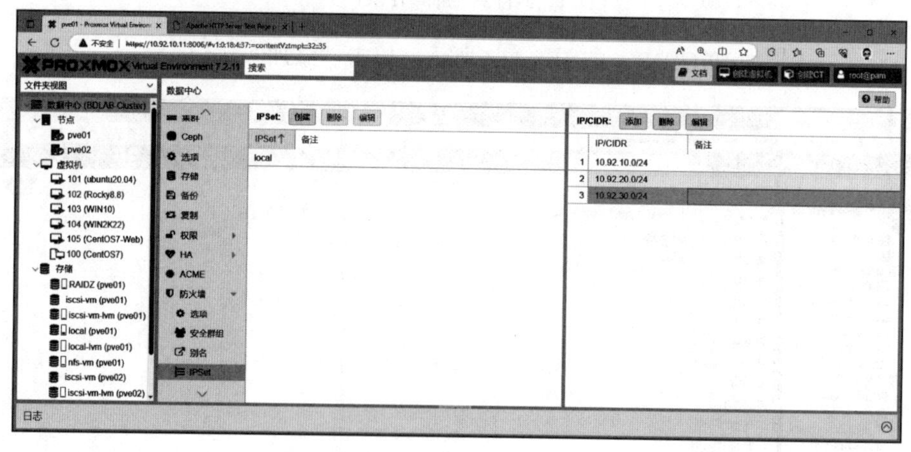

图 5-116　添加其他 IP/CIDR 信息

16）编辑虚拟机规则，将“源”调整为新创建的 local，如图 5-117 所示，单击“OK”按钮。

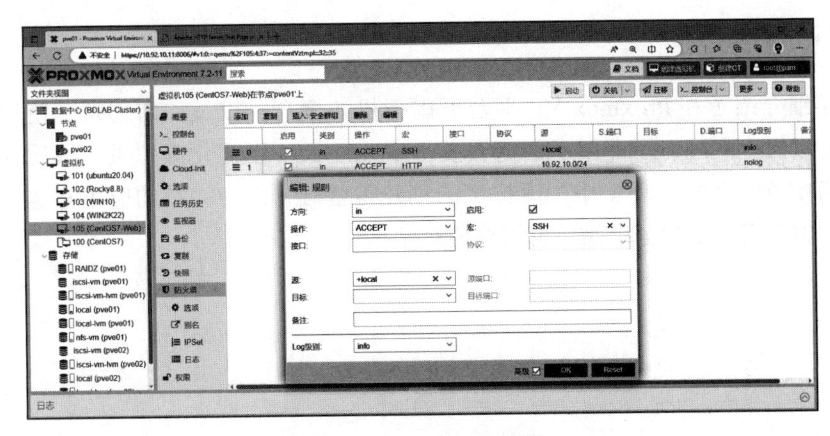

图 5-117　调整规则参数

17）完成虚拟机规则修改，如图 5-118 所示。

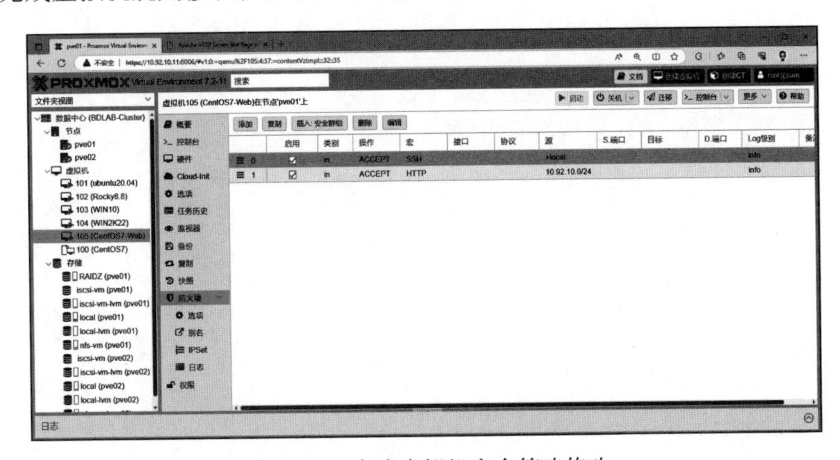

图 5-118　完成虚拟机安全策略修改

18）通过日志查看防火墙相关信息，如图 5-119 所示。

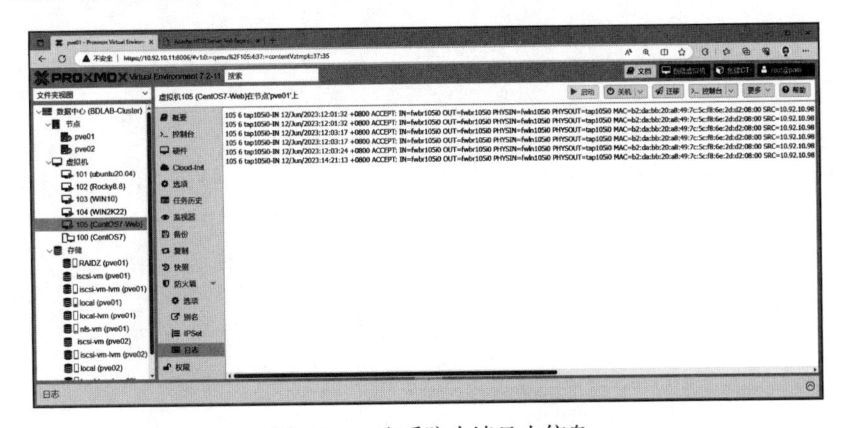

图 5-119　查看防火墙日志信息

5.5 本章小结

本章详细介绍了在 Proxmox VE 平台下虚拟机的概念，以及如何创建、使用 Windows 和 Linux 虚拟机。同时，还介绍了如何安装 QEMU Agent 以优化虚拟机，最后介绍了虚拟机安全策略配置。在生产环境中，虚拟机的创建是基础，因为大量的应用都运行在虚拟机上。同时，虚拟机日常的运维操作也需要熟练掌握。

第6章 Chapter 6

创建和使用容器

Proxmox VE 平台原生支持 LXC，不支持 Docker Container。LXC 是一种轻量级的虚拟化技术，它可以在单一的 Linux 主机上运行多个相互隔离的容器。LXC 提供了一种快速、高效、灵活的虚拟化方案，可以帮助用户更好地管理应用程序和系统资源。LXC 与传统的虚拟机不同，它们共享主机的内核和系统库，因此它们非常轻便，启动和关闭速度也非常快。此外，LXC 可以通过命名空间等机制实现容器之间的资源隔离和安全性，因此它们非常适合用于运行容器化应用程序和服务。本章介绍如何在 Proxmox VE 平台中创建和使用容器。

6.1 创建和使用 LXC

在创建 LXC 前，我们需要了解 Proxmox VE 平台原生支持的容器发行版本以及下载 LXC 镜像。Proxmox VE 平台原生支持许多主流的 Linux 发行版本容器，例如 Alpine Linux、Arch Linux、CentOS/CentOS Stream、Alma Linux、Rocky Linux、Debian、Fedora、Gentoo、OpenSUSE、Ubuntu 等。这些发行版本都可以直接在 Proxmox VE 平台中使用，方便快捷。

1. Alpine Linux

Alpine Linux 是一种基于 musl libc 和 BusyBox 的轻量级 Linux 发行版。它专注于安全、简单和高效，以最小化系统资源消耗和攻击面。Alpine Linux 采用 apk 包管理器，使软件安装和更新变得简单和快速。它可以作为容器镜像的基础操作系统，因为它的镜像非常小，所以适合于云原生应用和微服务架构。

2. Arch Linux

Arch Linux 是一款基于 x86 架构的 Linux 发行版。系统主要由自由和开源软件组成，支持社区参与。系统设计以保持简单为总体指导原则，注重代码正确、优雅和极简主义，期待用户能够愿意去理解系统的操作。Arch Linux 采用滚动发行模式来获取系统更新和软件的最新版本。系统安装映像只简单地包含系统主要组件。Arch Linux 以社区 Wiki 的形式提供文档，称为 Arch Wiki。该 Wiki 经常发布特定主题的最新信息，受到了 Linux 社区的广泛认可，内容也应用在 Arch Linux 以外的领域。

3. CentOS

CentOS（Community Enterprise Operating System，社区企业操作系统）是 Linux 发行版之一，是免费的、开源的、可以重新分发的开源操作系统。CentOS Linux 发行版由 RHEL（Red Hat Enterprise Linux）依照 GPL 开源协议规定释出的源码所编译而成。自 2004 年 3 月以来，CentOS Linux 一直是社区驱动的开源项目，旨在与 RHEL 在功能上兼容。2020 年 12 月 7 日，CentOS 8 正式版推出该系列的最终版本 CentOS 8.3.2011。

4. Alma Linux

Alma Linux 是一个开源、社区驱动的 Linux 操作系统，它填补了因 CentOS 稳定版本停止维护而留下的空白。Alma Linux 是由社区指导和构建的 RHEL 的 1∶1（100%）二进制兼容克隆。作为一个独立的、完全免费的操作系统，Alma Linux 每年获得来自 Cloud Linux Inc 的 100 万美元赞助和其他赞助商的支持。Alma Linux 操作系统基金会是一个非营利组织，旨在为 Alma Linux 操作系统社区的利益而创建。

5. Rocky Linux

Rocky Linux 一个开源、免费、社区拥有和管理的企业 Linux 发行版，提供强大的生产级平台。可作为 CentOS 停止维护后，RHEL 的下游 Linux 操作系统替代方案，并继承了原 CentOS 的开源免费特点。Rocky Linux 是一个开源、免费的企业级操作系统，旨在与 RHEL 100% 兼容。

6. Debian

Debian 是指一个致力于创建自由操作系统的合作组织及其作品，由于 Debian 项目众多内核分支中以 Linux 宏内核为主，而且 Debian 开发者所创建的操作系统中绝大部分基础工具来自于 GNU 工程，因此 Debian 常指 Debian GNU/Linux。非官方内核分支还有只支持 x86 的 Debian GNU/Hurd（Hurd 微内核）、只支持 AMD64 的 Dyson（OpenSolaris 混合内核）等。2022 年 10 月 13 日 Debian 发行团队宣布，2027 年的 Debian14 代号将被命名为 Forky。Debian13 将于 2025 年左右发布，代号为 Trixie。2023 年 6 月，经过近 20 个月的开发，Debian 12 发布，代号为 Bookworm。

7. Fedora

Fedora 是由 Fedora 项目社区开发、Red Hat 公司赞助，目标是创建一套新颖、多功能且自由开放源代码的操作系统。Fedora 是商业化的 Red Hat Enterprise Linux 发行版的上游源码。对于用户而言，Fedora 是一套功能完备、更新快速的免费操作系统；而对赞助者 Red Hat 公司而言，它是许多新技术的测试平台，被认为可用的技术最终会加入 Red Hat Enterprise Linux 中。Fedora 大约每六个月发布新版本。

8. Gentoo

Gentoo 是一套通用的、快捷的、完全免费的 Linux 发行版，它面向开发人员和网络职业人员。与其他发行版不同的是，Gentoo 拥有一套先进的包管理系统叫作 Portage。在 BSD ports 的传统中，Portage 是一套真正的自动导入系统，它是用 Python 编写的，并且具有很多先进的特性，包括文件依赖、精细的包管理、OpenBSD 风格的虚拟安装、安全卸载、系统框架文件 / 虚拟软件包 / 配置文件的管理等。

9. OpenSUSE

OpenSUSE 项目是由 Novell 发起的开源项目，旨在推进 Linux 的广泛使用，为 Linux 开发者和爱好者提供了开始使用 Linux 所需要的一切。该项目由 SUSE 等公司赞助，2011 年，Attachmate 集团收购了 Novell，并把 Novell 和 SUSE 做为两个独立的子公司运营。OpenSUSE 操作系统和相关的开源程序被 SUSE Linux Enterprise 使用。OpenSUSE 对个人是完全免费的，包括使用和在线更新。2023 年 06 月 08 日，OpenSUSE Leap 15.5 发布。

10. Ubuntu

Ubuntu 是由南非人马克・沙特尔沃思（Mark Shuttleworth）创办的基于 Debian 的操作系统，第一个版本 Ubuntu 4.10 “Warty Warthog” 于 2004 年 10 月公布。Ubuntu 适用于笔记本电脑、桌面电脑和服务器，特别是为桌面用户提供尽善尽美的使用体验。Ubuntu 几乎包含所有常用的应用软件，如文字处理、电子邮件、软件开发工具和 Web 服务等。用户下载、使用、分享未修改的原版 Ubuntu 系统，以及到社区获得技术支持，无须支付任何许可费用。从 11.04 版起，Ubuntu 发行版放弃了 GNOME 桌面环境，改为 Unity。自 Ubuntu 18.04 LTS 起，Ubuntu 发行版重新开始使用 GNOME3 桌面环境。Ubuntu 提供了一个健壮、功能丰富的计算环境，既适合家庭又适合商业环境使用。Ubuntu 社区承诺每 6 个月发布一个新版本，以提供最新、最强大的软件。

6.1.1　下载 LXC 镜像

Proxmox VE 平台提供了多种 LXC 镜像供用户选择下载。用户可以根据实际需求选择相应的镜像进行下载并使用。下载 LXC 镜像是在 Proxmox VE 平台上创建 LXC 的前提条件，因此需要特别注意。在创建 LXC 之前，务必了解 Proxmox VE 平台支持的容器发行版本并下载 LXC 镜像，以确保后续操作的顺利进行。

1）选择本地存储，点击“CT 模板”，可以看到目前本地存储没有容器模板，如图 6-1 所示，单击“模板”按钮。

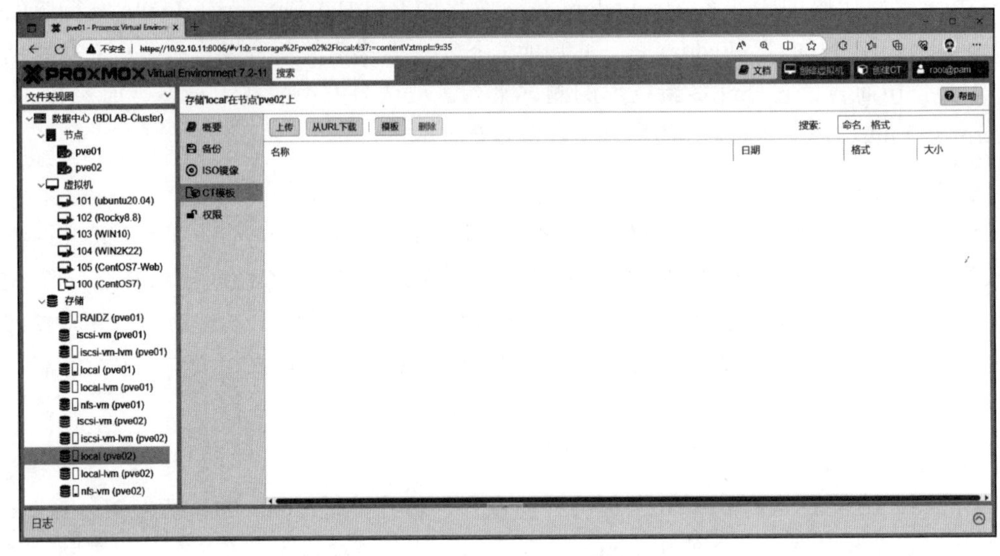

图 6-1　查看 CT 模板

2）图 6-2 显示的是 Proxmox VE 平台提供的原生 LXC 模板，可以根据需要进行下载，选择后单击“下载”按钮。

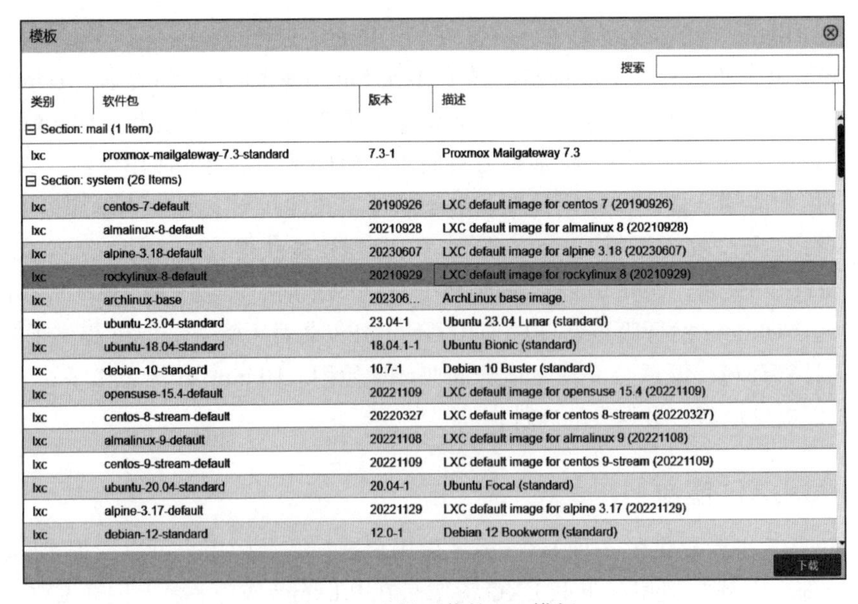

图 6-2　选择下载的 CT 模板

3）系统开始下载 CT 模板，如图 6-3 所示。

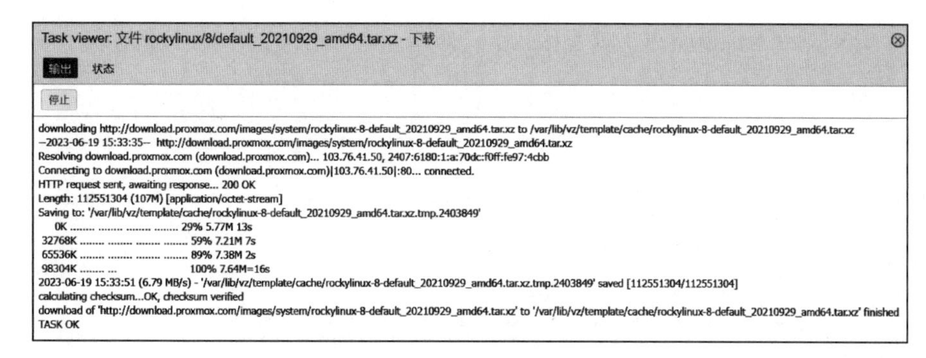

图 6-3　下载 CT 模板状态

4）完成 CT 模板的下载，如图 6-4 所示。如果 Proxmox VE 平台没有需要的容器模板，则可以单击“从 URL 下载”按钮进行下载。

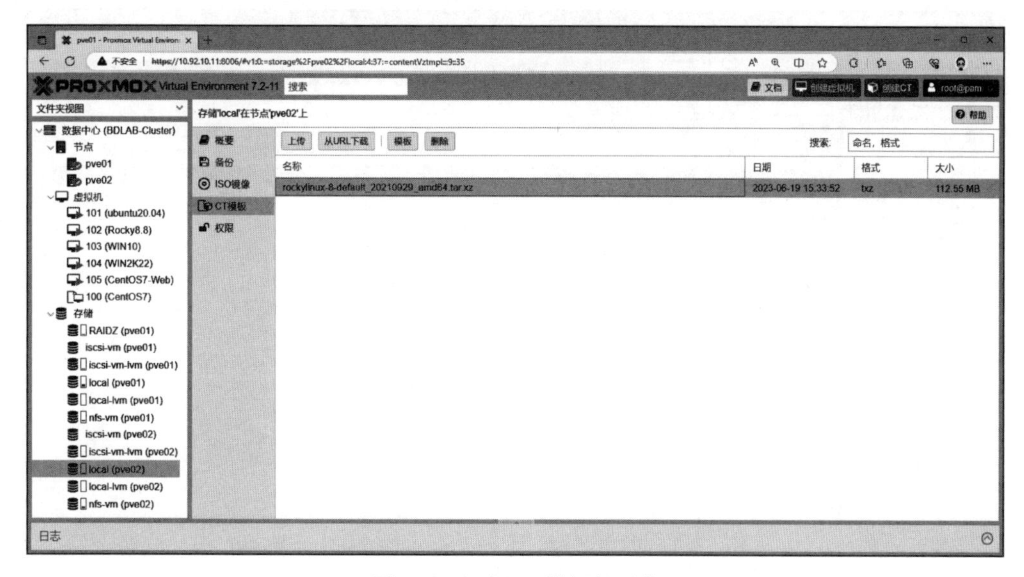

图 6-4　完成 CT 模板的下载

5）输入 URL 链接，此处选择从中科大镜像站点下载 Rocky-9-Container，如图 6-5 所示，单击“下载”按钮。

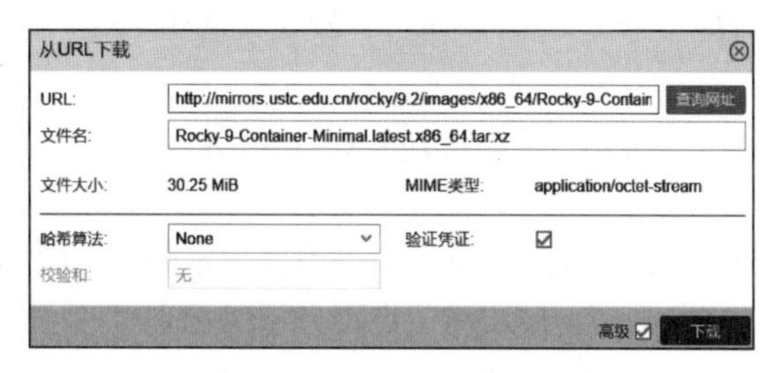

图 6-5　从 URL 下载 CT 模板

6）开始从中科大镜像站点下载 CT 模板，如图 6-6 所示。

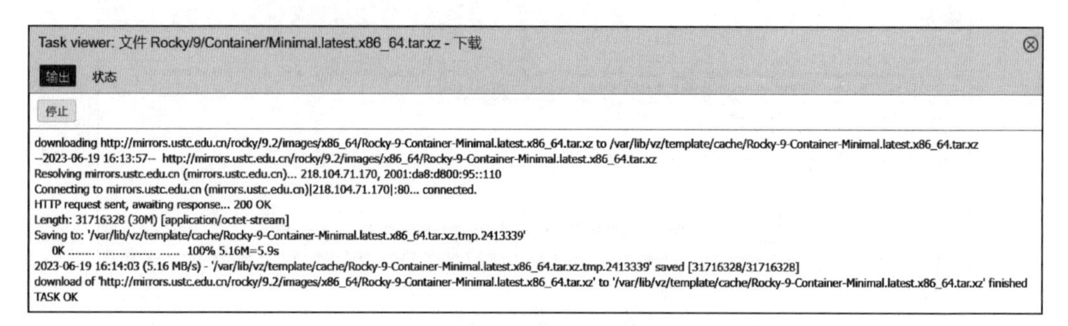

图 6-6　下载 CT 模板状态

7）完成从 URL 下载 CT 模板，如图 6-7 所示。

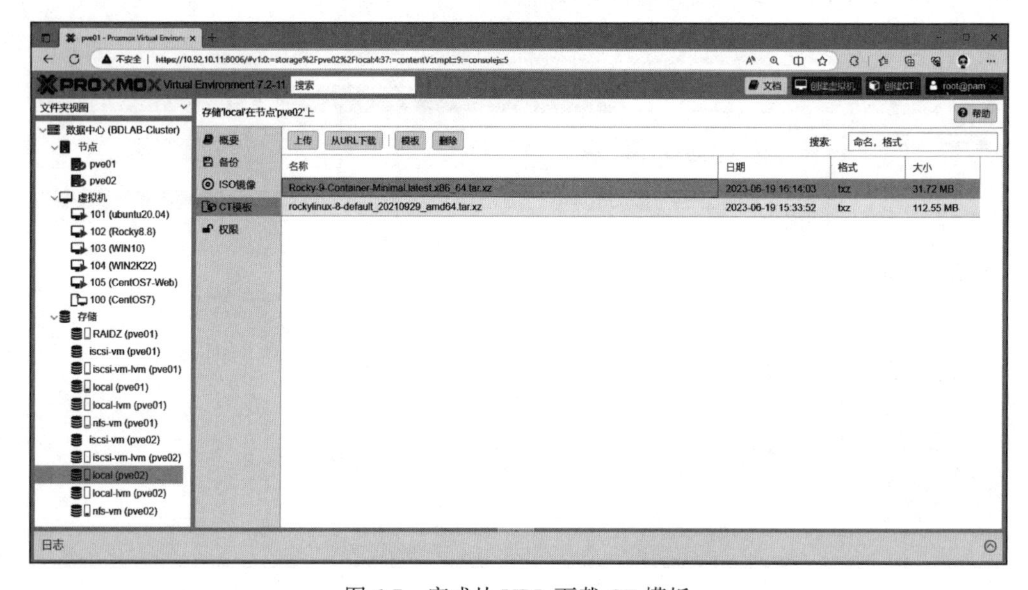

图 6-7　完成从 URL 下载 CT 模板

6.1.2　创建 LXC

完成容器模板的下载后，我们就可以通过容器模板创建 LXC。本小节介绍基本的 LXC 创建。

1）查看数据中心的概要信息，可以看到 LXC 运行数量为 0，如图 6-8 所示，单击“创建 CT”按钮。

2）创建 LXC 的过程与创建虚拟机类似，也需要指定磁盘、CPU、内存等资源。但需要注意的是，LXC 分配的资源是直接调用节点服务器的物理资源，而虚拟机是虚拟全套硬件资源。根据实际情况输入主机名、密码等信息，如图 6-9 所示，单击“下一步”按钮。

图 6-8　查看数据中心概要

图 6-9　创建 LXC

3）选择下载的 LXC 模板，如图 6-10 所示，单击“下一步”按钮。

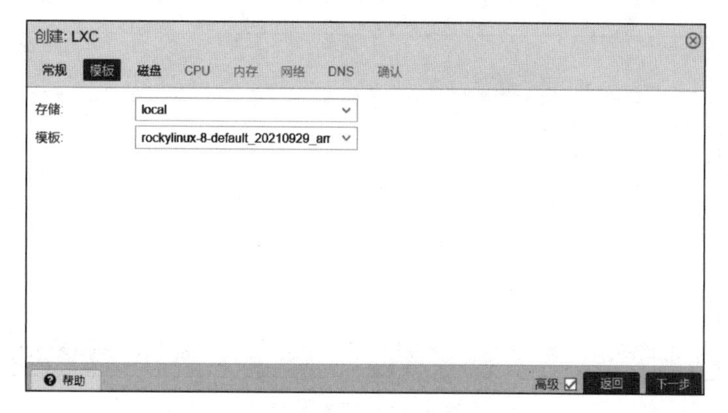

图 6-10　选择本地模板

4）配置容器使用的磁盘，如图 6-11 所示，单击“下一步”按钮。

图 6-11 配置磁盘

5）配置容器使用的 CPU，如图 6-12 所示，单击“下一步”按钮。

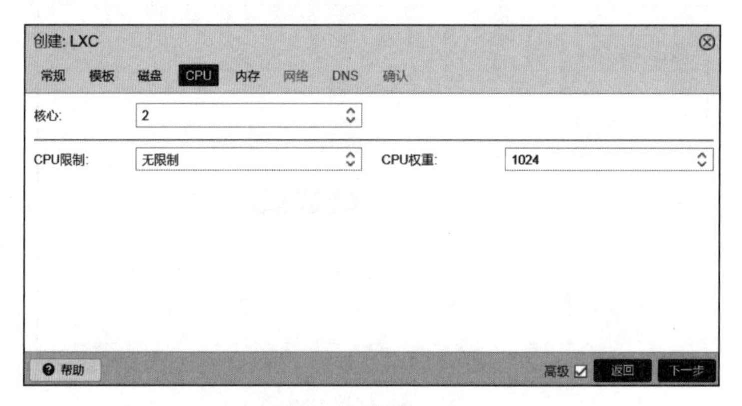

图 6-12 配置 CPU

6）配置容器使用的内存，如图 6-13 所示，单击“下一步”按钮。

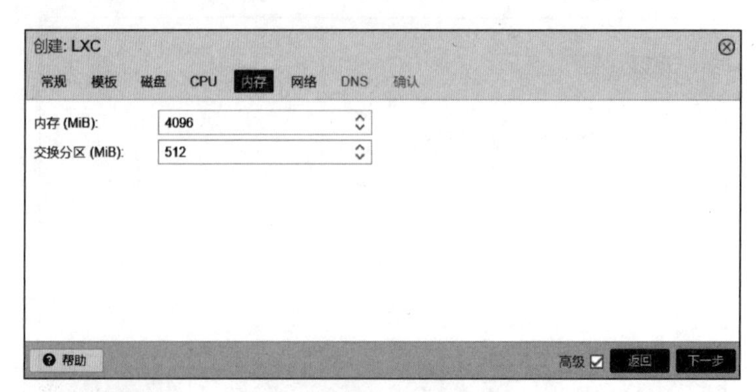

图 6-13 配置内存

7）配置容器使用的网络，如图 6-14 所示，单击“下一步”按钮。

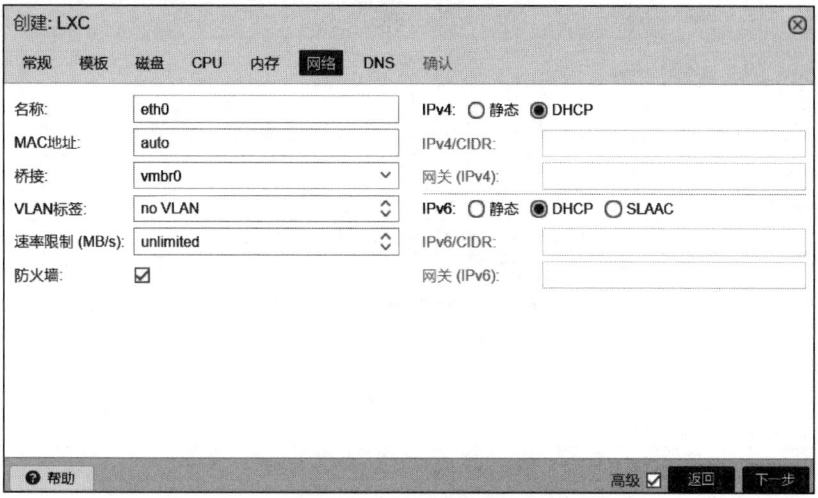

创建: LXC
常规　模板　磁盘　CPU　内存　网络　DNS　确认
名称: eth0
MAC地址: auto
桥接: vmbr0
VLAN标签: no VLAN
速率限制 (MB/s): unlimited
防火墙: ☑
IPv4: 静态 DHCP
IPv4/CIDR:
网关 (IPv4):
IPv6: 静态 DHCP SLAAC
IPv6/CIDR:
网关 (IPv6):
帮助　高级 ☑　返回　下一步

图 6-14　配置网络

8）配置容器使用的 DNS，如图 6-15 所示，单击“下一步”按钮。

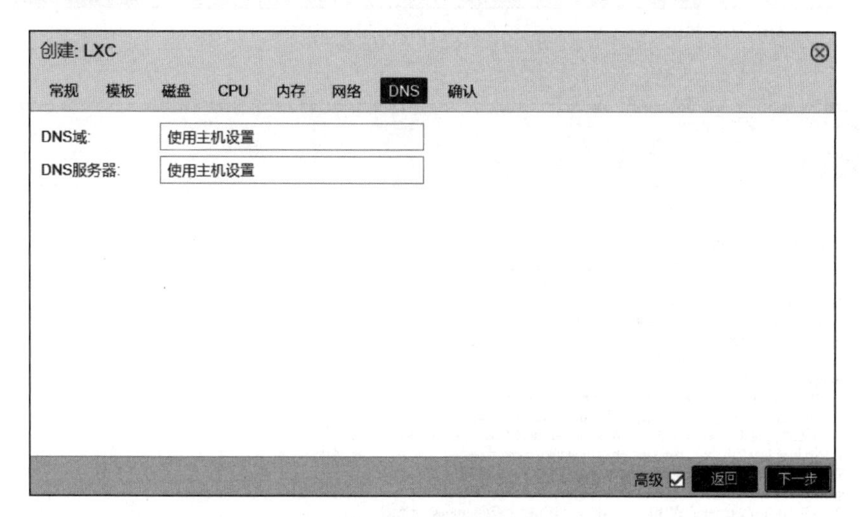

图 6-15　配置 DNS

9）确认创建的容器参数是否正确，勾选“创建后启动”复选框，如图 6-16 所示，单击“完成”按钮。

10）开始通过模板创建容器，如图 6-17 所示。

11）完成 LXC 的创建，在文件夹视图中会增加一个“LXC 容器”选项，如图 6-18 所示。

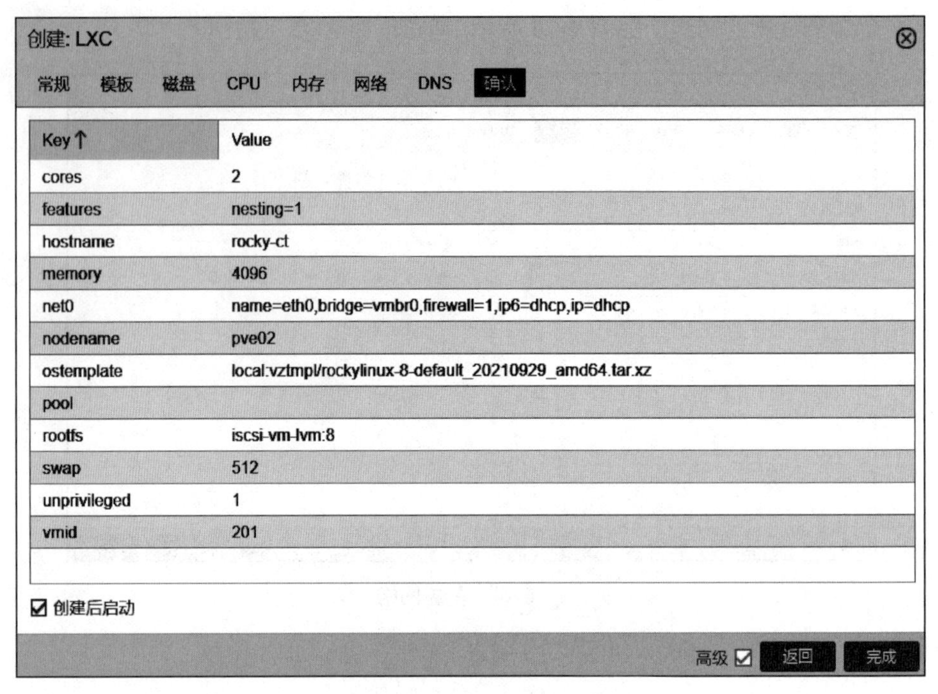

图 6-16 确认 LXC 参数

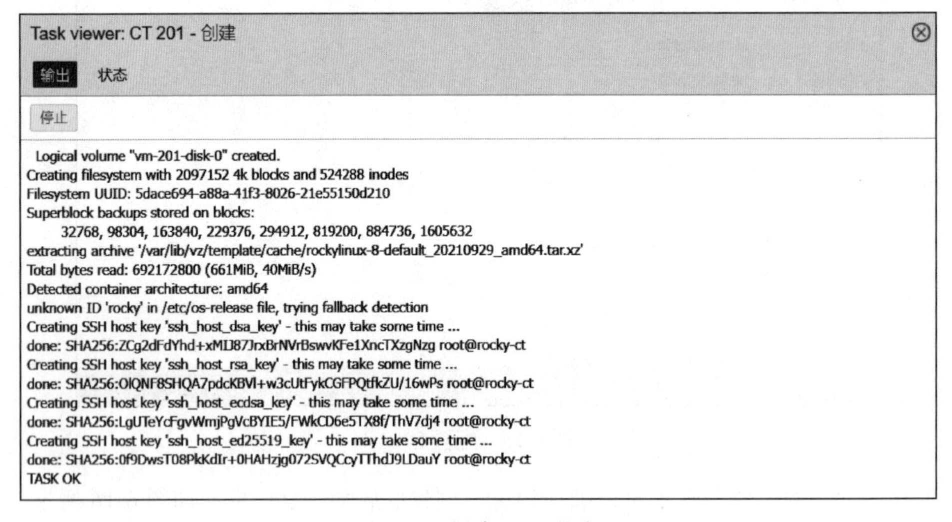

图 6-17 创建 LXC 状态

12）登录 LXC 控制台，使用密码登录，查看 IP 地址以及网络连通性，可以看到均没有问题，如图 6-19 所示。

13）查看 LXC 的资源信息，如图 6-20 所示。容器仅调用内存、CPU、磁盘等资源，虚拟机则虚拟全套的物理硬件资源，这也是容器与虚拟机最大的区别。

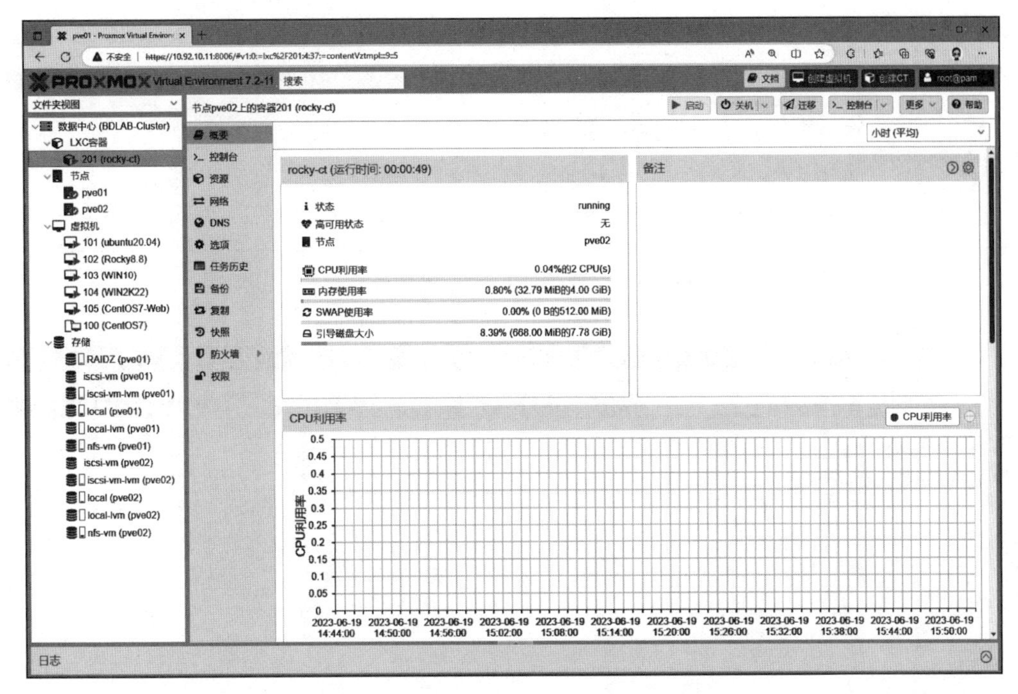

图 6-18　查看 LXC 概要

图 6-19　登录 LXC 控制台

14）查看 LXC 的选项信息，如图 6-21 所示。选项信息与虚拟机选项差异也很大，可以与第 5 章内容进行对比，这也是容器与虚拟机的区别。

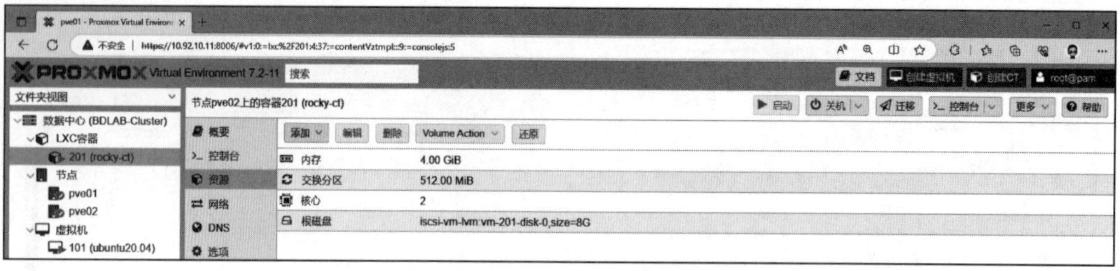

图 6-20　查看登录 LXC 容器资源信息

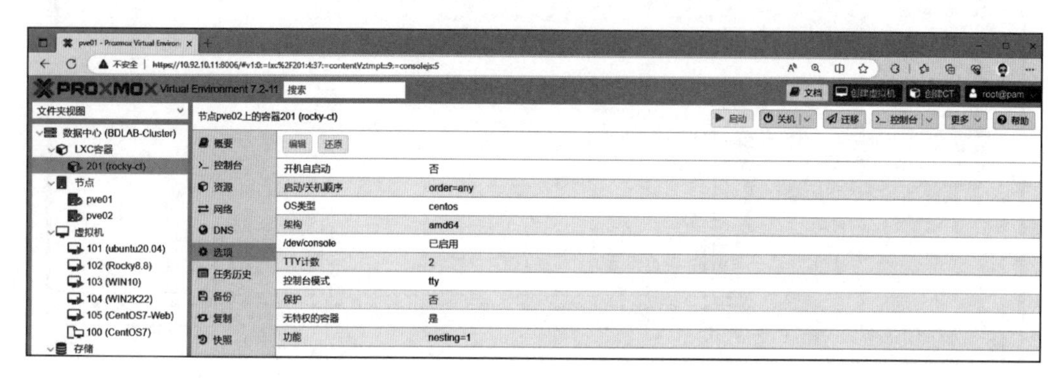

图 6-21　查看 LXC 选项信息

6.2　使用 LXC 创建应用

在前面的章节中，我们创建了基本的 LXC，用户已经可以直接使用。除了提供标准的原生 LXC 外，Proxmox VE 平台还与 TurnKey Linux 进行整合，将多种容器应用进行打包。只需直接下载并进行配置即可使用，可大大减少部署时间。本节将介绍如何使用 LXC 创建应用。

6.2.1　创建 WordPress 应用

WordPress 是一个广泛使用的内容管理系统，直接部署会涉及 Linux 系统、数据库、Web 服务器等。对于不少用户来说，部署过程还存在一定难度。本小节将介绍如何通过下载容器模板来部署 WordPress 应用。

1）下载 turnkey-wordpress 容器模板，如图 6-22 所示，单击“下载”按钮。

2）完成容器模板的下载，如图 6-23 所示，可以看到整合打包的模板文件大小为 335.86MB，明显大于其他容器模板。

3）通过模板创建 LXC，具体步骤参考前面章节，如图 6-24 所示，确认参数正确后单击“完成”按钮。

模板

搜索

类别	软件包	版本	描述
lxc	turnkey-lamp	17.1-1	TurnKey LAMP Stack
lxc	turnkey-mantis	17.1-1	TurnKey Mantis
lxc	turnkey-mumble	17.1-1	TurnKey Mumble
lxc	turnkey-tkldev	17.2-1	TurnKey TKLDev
lxc	turnkey-zoneminder	17.2-1	TurnKey Zoneminder
lxc	turnkey-collabtive	16.1-1	TurnKey Collabtive
lxc	turnkey-b2evolution	17.1-1	TurnKey b2evolution
lxc	turnkey-espocrm	17.2-1	TurnKey EspoCRM
lxc	turnkey-foswiki	17.1-1	TurnKey Foswiki
lxc	turnkey-observium	17.2-1	TurnKey Observium
lxc	turnkey-wordpress	17.1-1	TurnKey WordPress
lxc	turnkey-gameserver	17.1-1	TurnKey Gameserver
lxc	turnkey-bagisto	17.1-1	TurnKey Bagisto
lxc	turnkey-odoo	17.1-1	TurnKey Odoo
lxc	turnkey-lapp	17.1-1	TurnKey LAPP Stack
lxc	turnkey-asp-net-core	17.1-1	TurnKey ASP NET Core
lxc	turnkey-web2py	17.1-1	TurnKey Web2Py
lxc	turnkey-xoops	17.1-1	TurnKey Xoops

下载

图 6-22　下载 turnkey-wordpress 模板

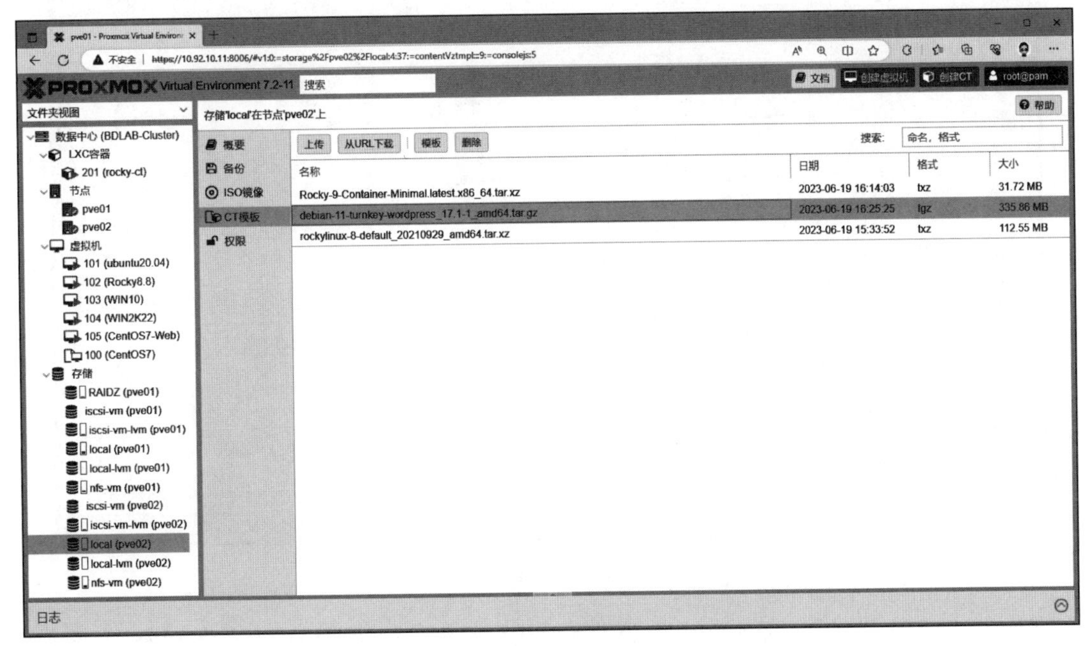

图 6-23　完成 turnkey-wordpress 模板下载

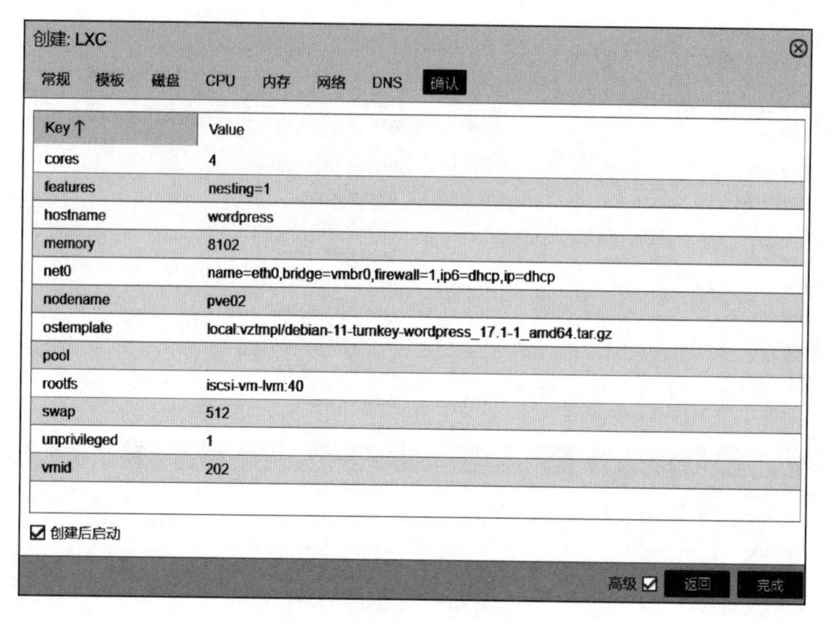

图 6-24　创建容器

4）完成 WordPress 容器的创建，如图 6-25 所示。

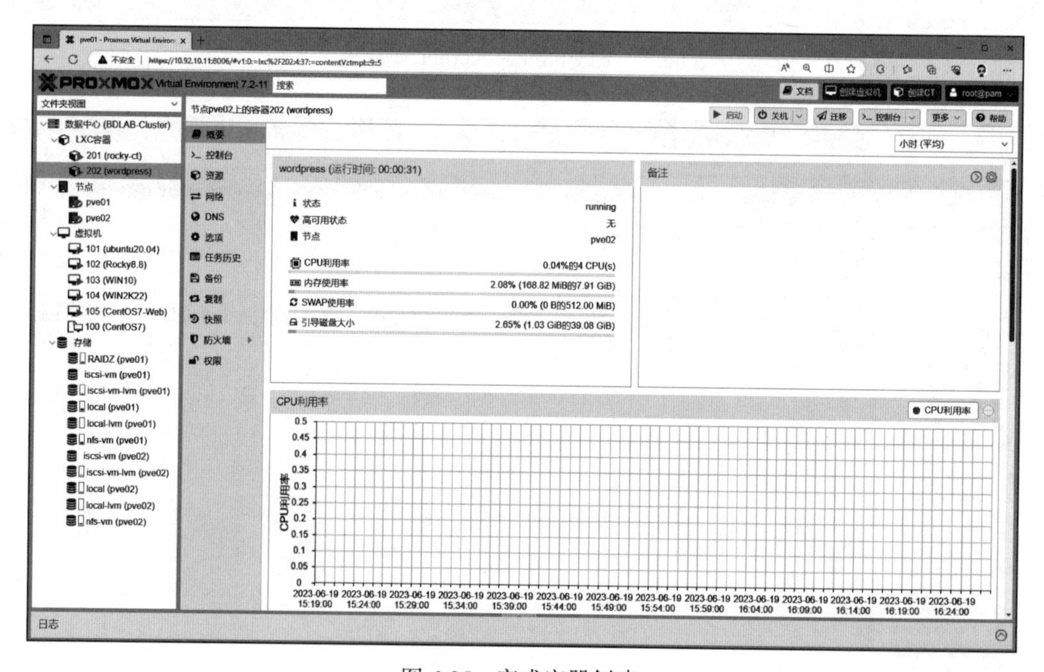

图 6-25　完成容器创建

5）打开容器控制台，第一次引导登录需要进行基本参数配置，首先配置 MySQL 密码，如图 6-26 所示。

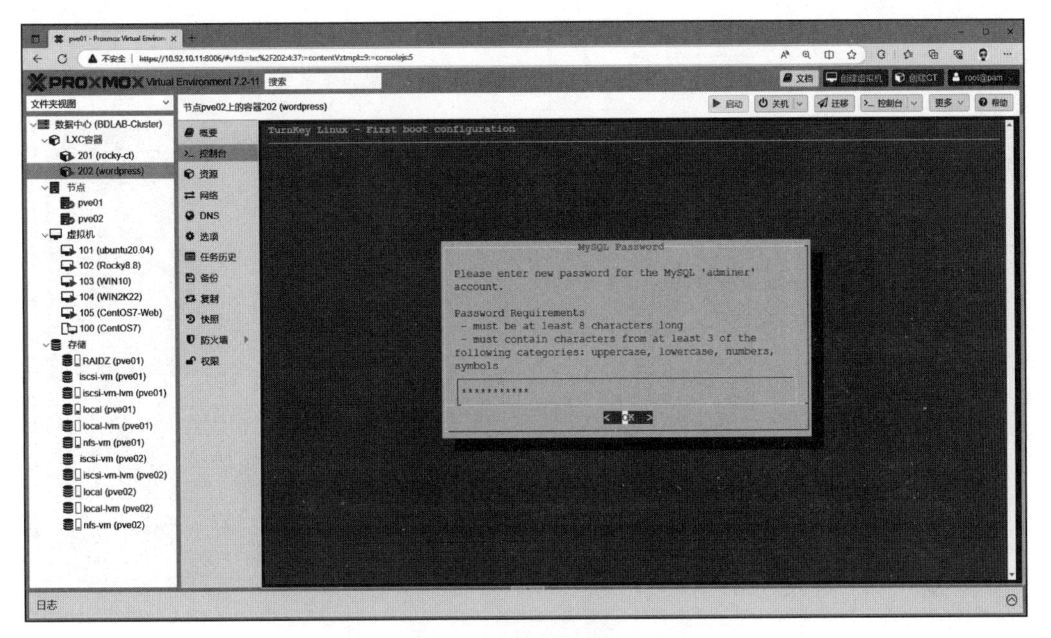

图 6-26　初始化配置容器

6）配置 WordPress 系统密码，如图 6-27 所示。

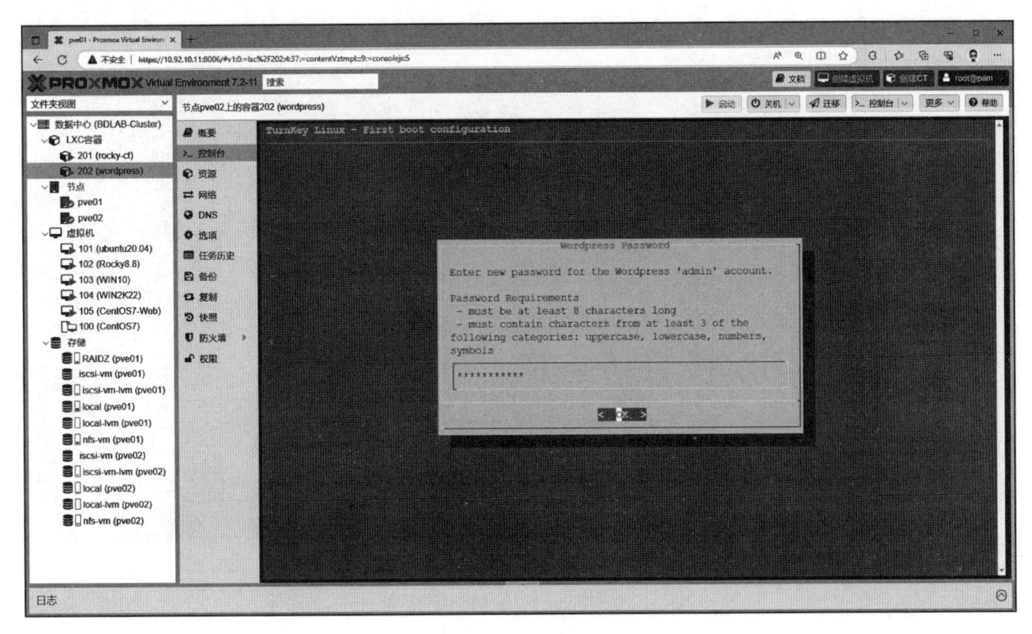

图 6-27　配置密码

7）配置 WordPress 系统邮箱以及管理账号，如图 6-28 所示。

8）提示是否安装安全更新，如图 6-29 所示，可以根据实际情况进行选择。

图 6-28　配置邮箱

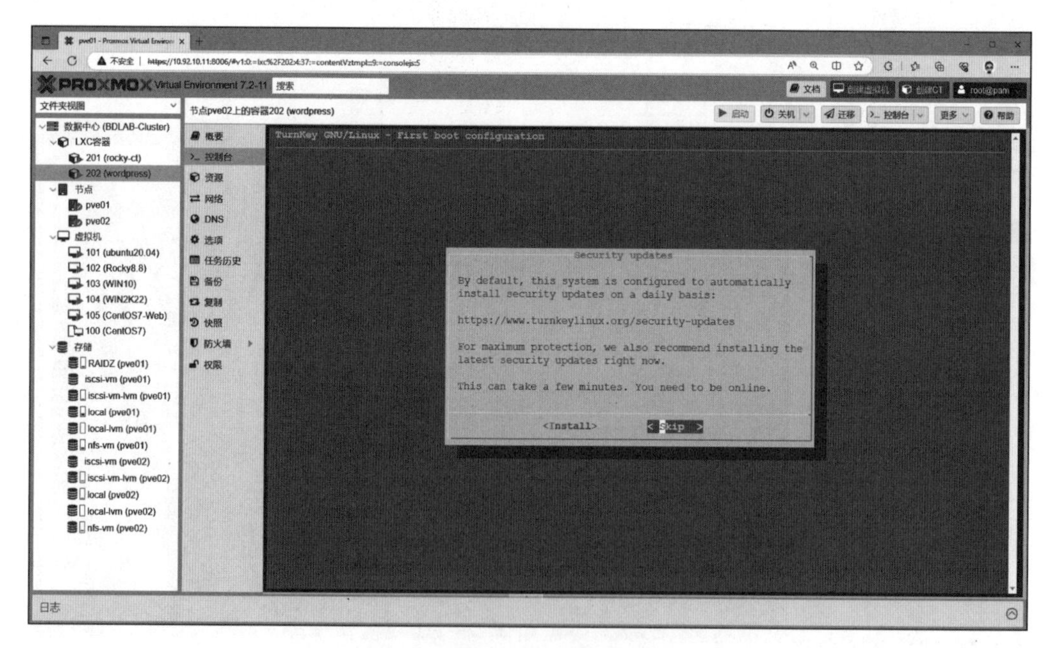

图 6-29　提示是否安装安全更新

9）完成 WordPress 容器的部署，系统相关登录地址如图 6-30 所示。与通过虚拟机部署相比，节省了大量的部署以及后期调试时间。

10）通过“高级”菜单可以调整系统相关参数信息，如图 6-31 所示。

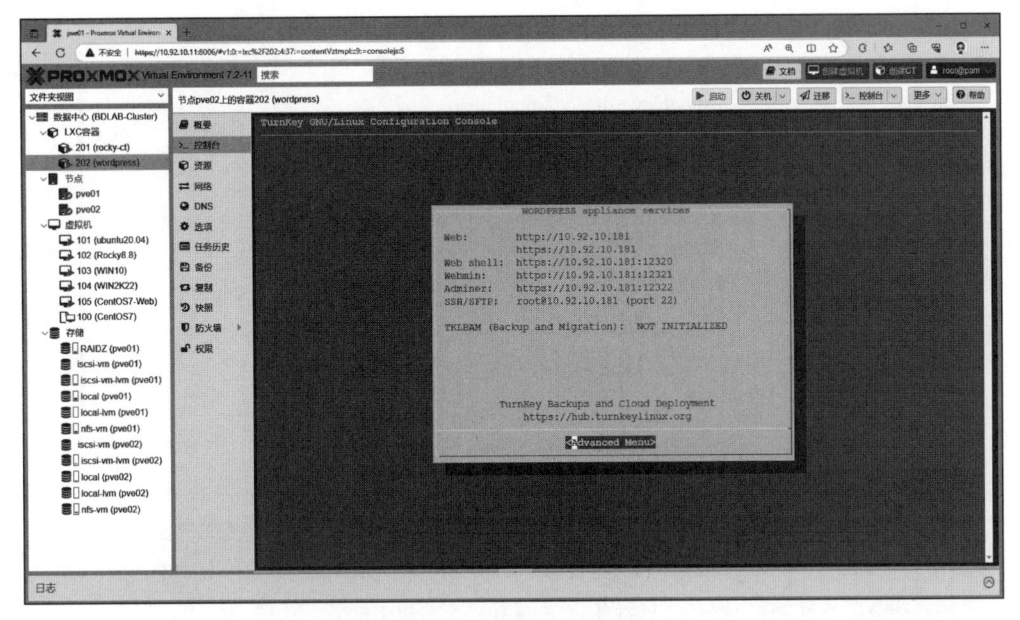

图 6-30　完成容器部署

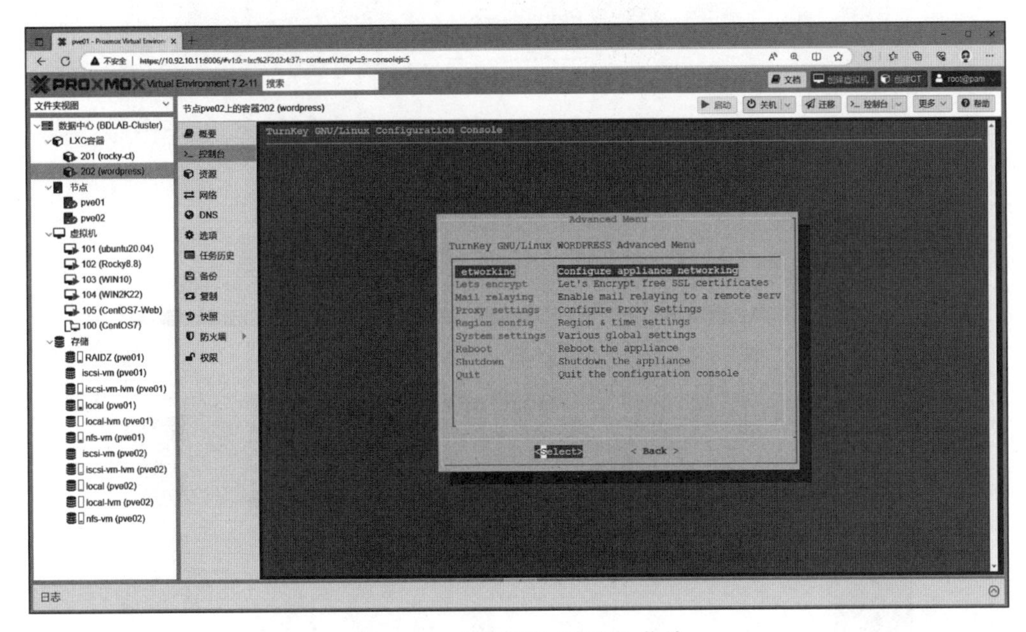

图 6-31　查看容器“高级”菜单

11）使用 IP 地址访问 WordPress 系统，系统已经正常工作，如图 6-32 所示。

12）使用用户名和密码登录 WordPress 系统，如图 6-33 所示。

13）登录 WordPress 系统后台，如图 6-34 所示，可以根据实际情况进行配置。

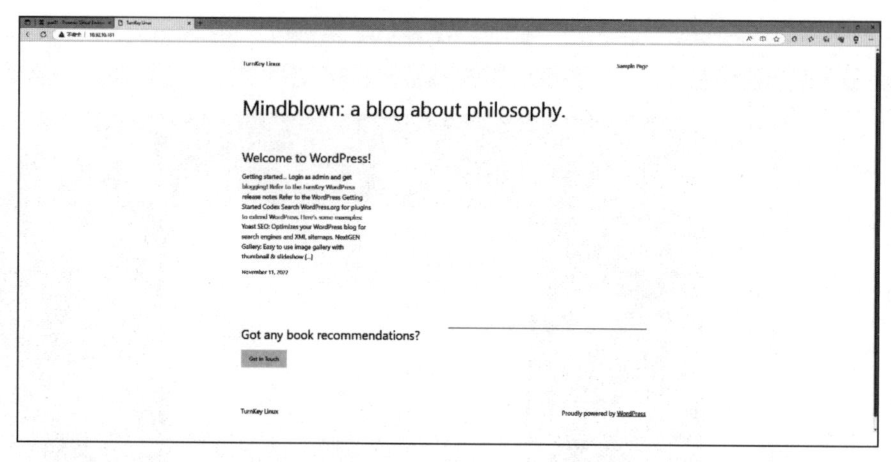

图 6-32　访问创建的容器

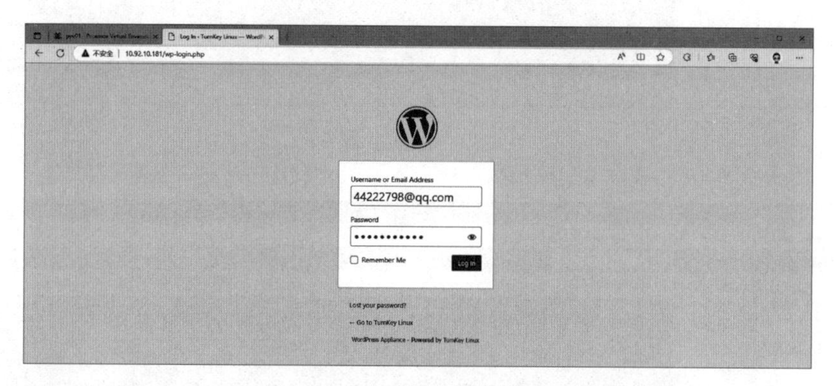

图 6-33　登录容器提供的服务

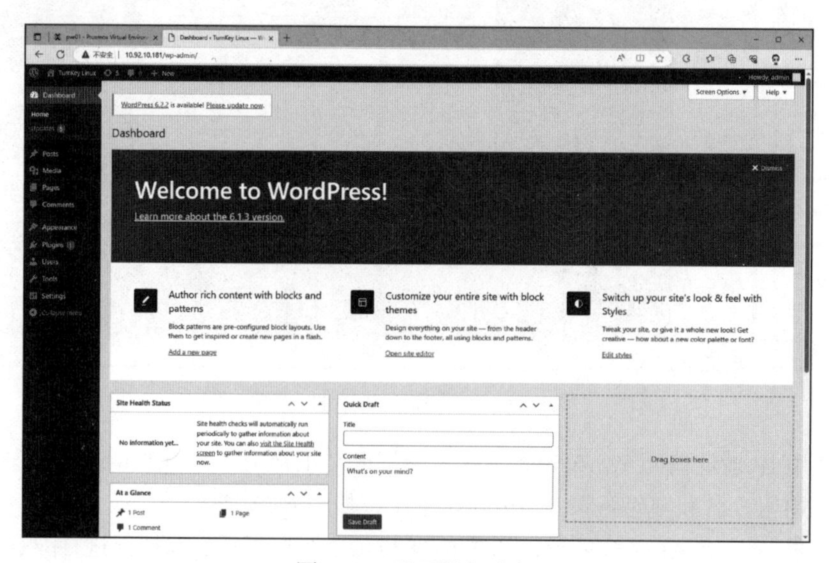

图 6-34　登录服务后台

6.2.2　创建 MySQL 应用

MySQL 是一个应用非常广泛的数据库，除通过 Linux 系统安装外，还可以通过容器部署。本小节介绍如何通过容器部署 MySQL 应用。

1）下载 turnkey-mysql 容器模板，如图 6-35 所示，单击“下载”按钮。

模板

搜索

类别	软件包	版本	描述
lxc	turnkey-roundup	17.1-1	TurnKey Roundup
lxc	turnkey-silverstripe	17.1-1	TurnKey SilverStripe
lxc	turnkey-jenkins	17.1-1	TurnKey Jenkins
lxc	turnkey-moinmoin	16.1-1	TurnKey MoinMoin
lxc	turnkey-openldap	17.1-1	TurnKey OpenLDAP
lxc	turnkey-mattermost	17.2-1	TurnKey Mattermost
lxc	turnkey-invoice-ninja	17.4-1	TurnKey Invoice Ninja
lxc	turnkey-gallery	17.1-1	TurnKey Gallery
lxc	turnkey-mysql	17.1-1	TurnKey MySQL
lxc	turnkey-tomcat	17.1-1	TurnKey Standalone Tomcat
lxc	turnkey-vanilla	17.1-1	TurnKey Vanilla
lxc	turnkey-laravel	17.1-1	TurnKey Laravel
lxc	turnkey-tracks	17.1-1	TurnKey Tracks
lxc	turnkey-zencart	17.1-1	TurnKey ZenCart
lxc	turnkey-symfony	17.1-1	TurnKey Symfony
lxc	turnkey-drupal7	17.1-1	TurnKey Drupal 7
lxc	turnkey-e107	17.1-1	TurnKey e107
lxc	turnkey-drupal9	17.1-1	TurnKey Drupal 9
lxc	turnkey-mahara	17.1-1	TurnKey Mahara

下载

图 6-35　下载 turnkey-mysql 容器模板

2）通过模板创建 LXC，具体步骤参考前面章节，如图 6-36 所示，确认参数正确后单击“完成”按钮。

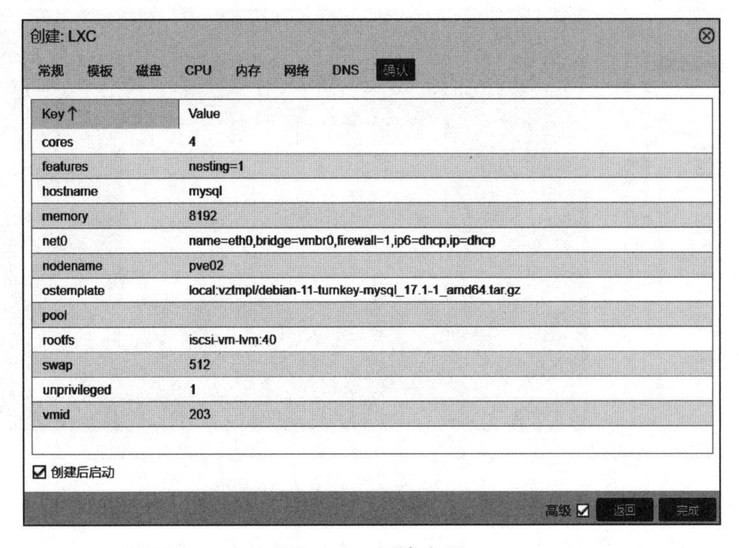

Key ↑	Value
cores	4
features	nesting=1
hostname	mysql
memory	8192
net0	name=eth0,bridge=vmbr0,firewall=1,ip6=dhcp,ip=dhcp
nodename	pve02
ostemplate	local:vztmpl/debian-11-turnkey-mysql_17.1-1_amd64.tar.gz
pool	
rootfs	iscsi-vm-lvm:40
swap	512
unprivileged	1
vmid	203

图 6-36　创建容器

3）完成 MySQL 容器的创建，如图 6-37 所示。

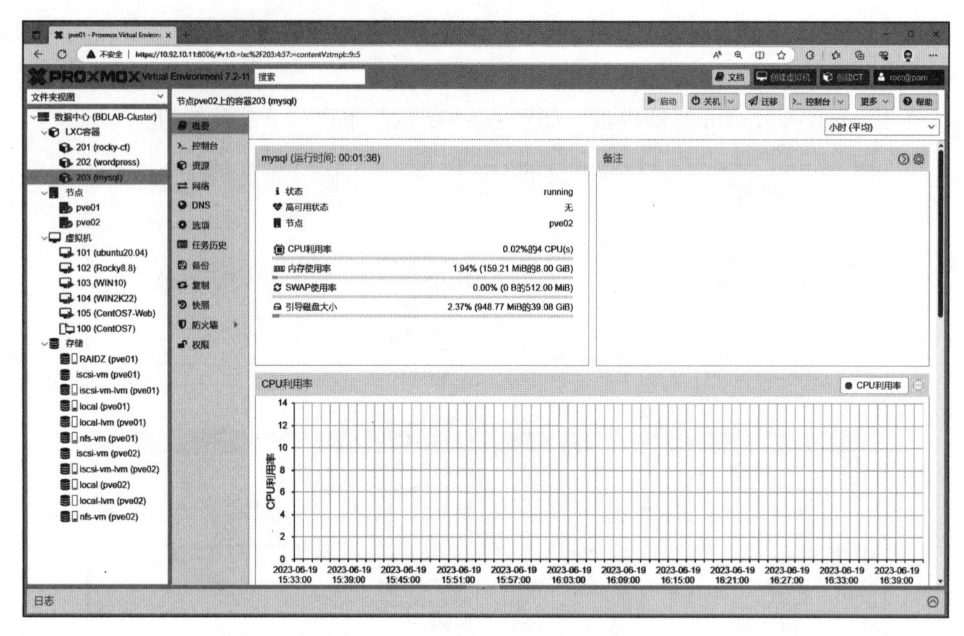

图 6-37　查看创建的容器概要

4）与 WordPress 容器一样，第一次引导登录需要进行基础配置，如图 6-38 所示，具体步骤不再演示。

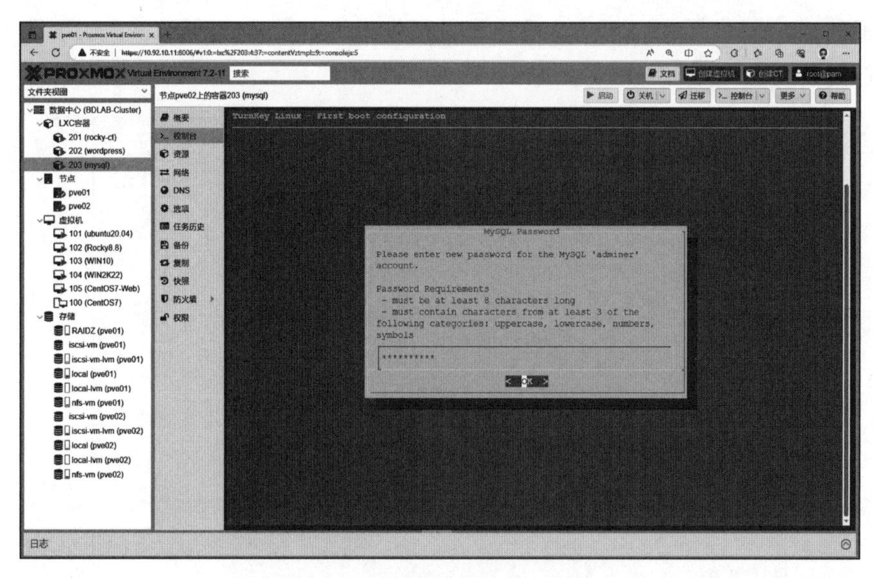

图 6-38　对容器进行初始化配置

5）完成 MySQL 容器的部署，系统相关登录地址如图 6-39 所示。

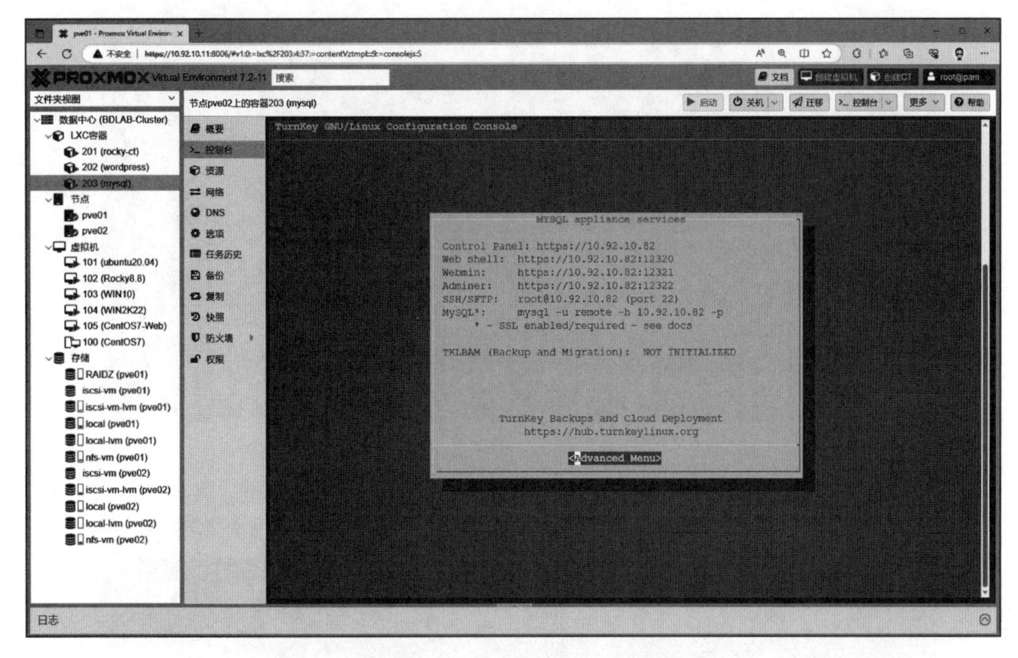

图 6-39　完成 MySQL 容器部署

6）使用浏览器登录，可以看到系统提供多种控制台操作，如图 6-40 所示。

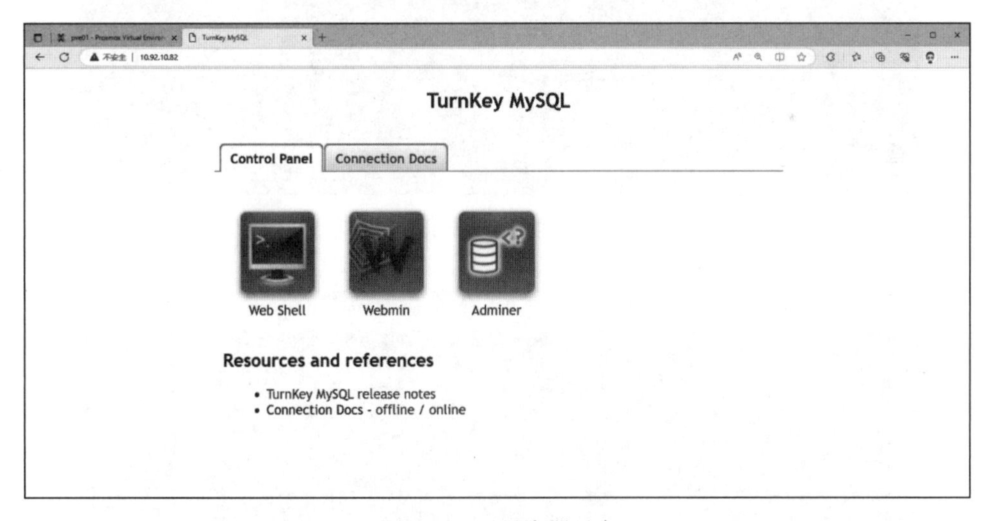

图 6-40　登录容器后台

7）输入用户名和密码登录 Web Shell，如图 6-41 所示。

8）输入命令“mysql -uroot -p”登录数据库，如图 6-42 所示。

9）使用命令“ show databases”查看数据库信息，如图 6-43 所示，可以看到数据库工作正常。

```
mysql login: root
Password:
Welcome to Mysql, TurnKey GNU/Linux 17.1 (Debian 11/Bullseye)

  System information for Mon Jun 19 08:45:36 2023 (UTC+0000)

    System load:  0.07              Memory usage:  1.3%
    Processes:    41                Swap usage:    0.0%
    Usage of /:   2.4% of 39.08GB   IP address for eth0: 10.92.10.82

  TKLBAM (Backup and Migration):  NOT INITIALIZED

    To initialize TKLBAM, run the "tklbam-init" command to link this
    system to your TurnKey Hub account. For details see the man page or
    go to:

        https://www.turnkeylinux.org/tklbam


    For Advanced commandline config run:    confconsole

  For more info see: https://www.turnkeylinux.org/docs/confconsole

Linux mysql 5.15.30-2-pve #1 SMP PVE 5.15.30-3 (Fri, 22 Apr 2022 18:08:27 +0200) x86_64
Last login: Mon Jun 19 08:43:11 UTC 2023 on tty1
root@mysql ~#
```

图 6-41　登录 Web Shell

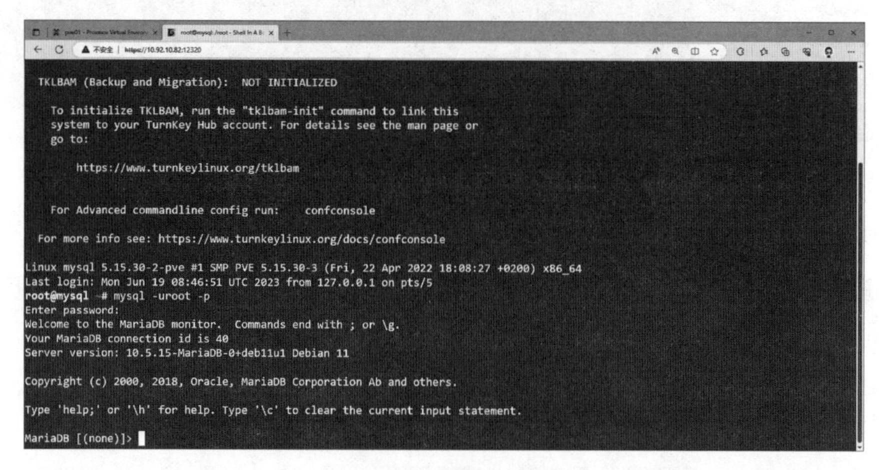

图 6-42　登录数据库

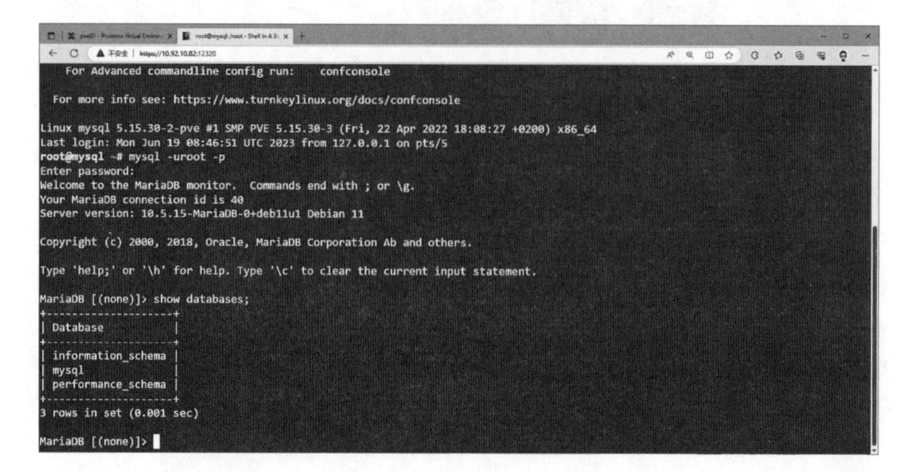

图 6-43　查看数据库信息

10）查看数据中心 LXC 运行情况，可以看到目前环境中运行了 3 台 LXC，如图 6-44 所示。

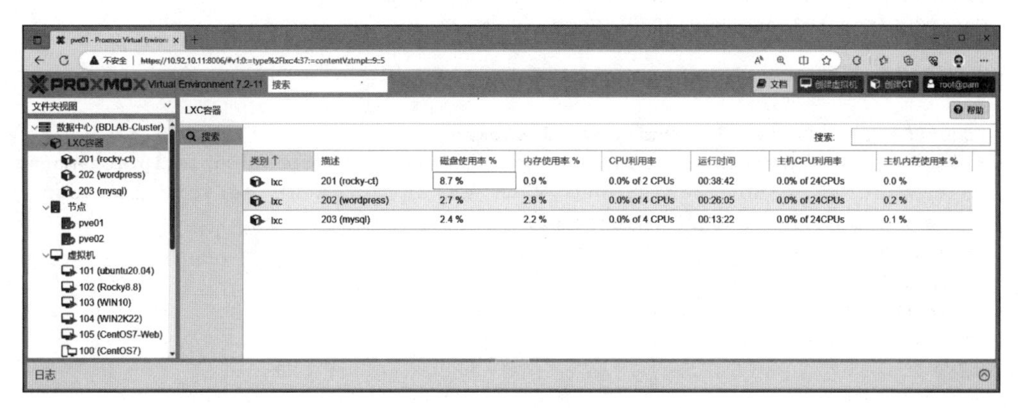

图 6-44　查看正常运行的容器状态

6.3　创建和使用 Docker 容器

Proxmox VE 平台原生不支持 Docker 容器，但 Docker 容器在生产环境的使用非常广泛，我们可以通过其他方式在 Proxmox VE 平台上创建和使用 Docker 容器。

6.3.1　安装 Docker 容器

由于 Proxmox VE 平台原生不支持 Docker 容器，因此我们只能通过虚拟机来安装并运行 Docker 容器。本小节将介绍如何安装 Docker 的最新版本。

1）创建一台新的虚拟机，安装 CentOS 7 操作系统，如图 6-45 所示。

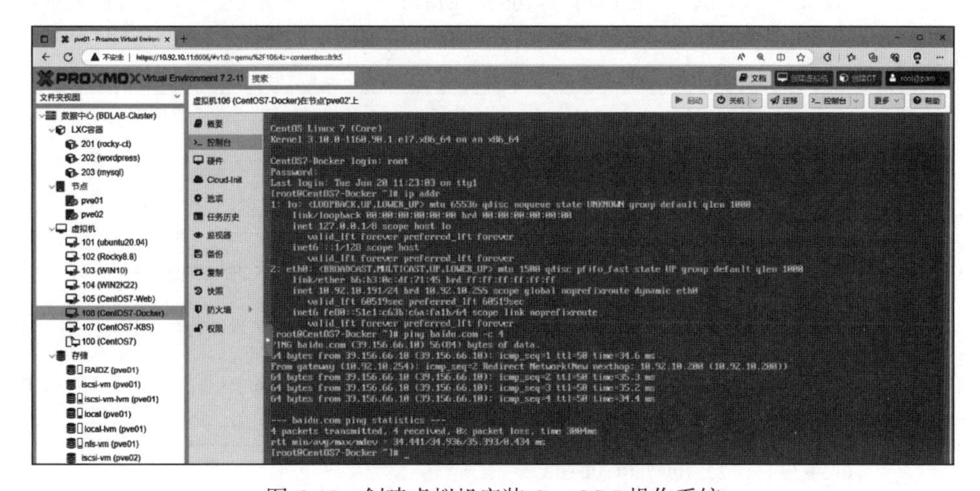

图 6-45　创建虚拟机安装 CentOS 7 操作系统

2）使用命令“cat /etc/redhat-release”查看当前 CentOS 操作系统的版本。

```
[root@CentOS7-Docker ~]# cat /etc/redhat-release
CentOS Linux release 7.9.2009 (Core)
```

3）使用命令“yum install docker”安装 Docker 容器。

```
[root@CentOS7-Docker ~]# yum install docker
已加载插件: fastestmirror, product-id, search-disabled-repos, subscription-manager
This system is not registered with an entitlement server. You can use
    subscription-manager to register.
Loading mirror speeds from cached hostfile
 * base: mirrors.bupt.edu.cn
 * extras: mirrors.bupt.edu.cn
 * updates: mirrors.bupt.edu.cn
正在解决依赖关系
--> 正在检查事务
---> 软件包 docker.x86_64.2.1.13.1-209.git7d71120.el7.centos 将被安装
--> 正在处理依赖关系 docker-common = 2:1.13.1-209.git7d71120.el7.centos，它被软件包
    2:docker-1.13.1-209.git7d71120.el7.centos.x86_64 需要
--> 正在处理依赖关系 docker-client = 2:1.13.1-209.git7d71120.el7.centos，它被软件包
    2:docker-1.13.1-209.git7d71120.el7.centos.x86_64 需要
--> 正在检查事务
---> 软件包 docker-client.x86_64.2.1.13.1-209.git7d71120.el7.centos 将被安装
---> 软件包 docker-common.x86_64.2.1.13.1-209.git7d71120.el7.centos 将被安装
--> 解决依赖关系完成
依赖关系解决
==========================================================================
 Package          架构                                版本      源          大小
==========================================================================
正在安装：
 docker           x86_64    2:1.13.1-209.git7d71120.el7.centos    extras  17 M
为依赖而安装：
 docker-client    x86_64    2:1.13.1-209.git7d71120.el7.centos    extras  3.9 M
 docker-common    x86_64    2:1.13.1-209.git7d71120.el7.centos    extras  101 k
事务概要
==========================================================================
安装  1 软件包 (+2 依赖软件包 )
总下载量: 21 M
安装大小: 76 M
Is this ok [y/d/N]: y
Downloading packages:
(1/3): docker-common-1.13.1-209.git7d71120.el7.centos.x86_64.rpm  | 101 kB
    00:00:00
(2/3): docker-client-1.13.1-209.git7d71120.el7.centos.x86_64.rpm  | 3.9 MB
    00:00:01
(3/3): docker-1.13.1-209.git7d71120.el7.centos.x86_64.rpm         | 17 MB
    00:00:02
----------------------------------------------------------------------------
总计    7.0 MB/s | 21 MB  00:00:03
Running transaction check
```

```
Running transaction test
Transaction test succeeded
Running transaction
    正在安装 : 2:docker-common-1.13.1-209.git7d71120.el7.centos.x86_64   1/3
    正在安装 : 2:docker-client-1.13.1-209.git7d71120.el7.centos.x86_64   2/3
    正在安装 : 2:docker-1.13.1-209.git7d71120.el7.centos.x86_64          3/3
    验证中   : 2:docker-common-1.13.1-209.git7d71120.el7.centos.x86_64   1/3
    验证中   : 2:docker-1.13.1-209.git7d71120.el7.centos.x86_64          2/3
    验证中   : 2:docker-client-1.13.1-209.git7d71120.el7.centos.x86_64   3/3
已安装：
    docker.x86_64 2:1.13.1-209.git7d71120.el7.centos
作为依赖被安装：
    docker-client.x86_64 2:1.13.1-209.git7d71120.el7.centos docker-common.x86_64
        2:1.13.1-209.git7d71120.el7.centos
完毕！
```

4）使用命令“systemctl start docker”启动Docker容器。

```
[root@CentOS7-Docker ~]# systemctl start docker
[root@CentOS7-Docker ~]# systemctl status docker        # 查看Docker容器状态
  docker.service - Docker Application Container Engine
  Loaded: loaded (/usr/lib/systemd/system/docker.service; disabled; vendor
      preset: disabled)
  Active: active (running) since 二 2023-06-27 10:27:03 CST; 6s ago
    Docs: http://docs.docker.com
Main PID: 3285 (dockerd-current)
    Tasks: 30
   Memory: 25.7M
   CGroup: /system.slice/docker.service
    ├ —3285 /usr/bin/dockerd-current --add-runtime docker-runc=/usr/libexec/
    docker/docker-runc-current --defau...
    └ —3297 /usr/bin/docker-containerd-current -l unix:///var/run/docker/
    libcontainerd/docker-containerd.sock ...
……（省略）
```

5）使用命令“docker version”查看Docker容器版本。如果通过CentOS操作系统自带的YUM源安装Docker，则版本为1.13.1，属于老版本。

```
[root@CentOS7-Docker ~]# docker version
Client:
 Version:         1.13.1
 API version:     1.26
 Package version: docker-1.13.1-209.git7d71120.el7.centos.x86_64
 Go version:      go1.10.3
 Git commit:      7d71120/1.13.1
 Built:           Wed Mar  2 15:25:43 2022
 OS/Arch:         linux/amd64
Server:
 Version:         1.13.1
 API version:     1.26 (minimum version 1.12)
```

```
 Package version: docker-1.13.1-209.git7d71120.el7.centos.x86_64
 Go version:      go1.10.3
 Git commit:      7d71120/1.13.1
 Built:           Wed Mar  2 15:25:43 2022
 OS/Arch:         linux/amd64
 Experimental:    false
```

6）查看 CentOS 自带的 YUM 源信息。

```
[root@CentOS7-Docker ~]# cd /etc/yum.repos.d/
[root@CentOS7-Docker yum.repos.d]# ll
总用量 40
-rw-r--r--. 1 root root   1664    11月 23 2020 CentOS-Base.repo
-rw-r--r--. 1 root root   1309    11月 23 2020 CentOS-CR.repo
-rw-r--r--. 1 root root   649     11月 23 2020 CentOS-Debuginfo.repo
-rw-r--r--. 1 root root   314     11月 23 2020 CentOS-fasttrack.repo
-rw-r--r--. 1 root root   630     11月 23 2020 CentOS-Media.repo
-rw-r--r--. 1 root root   1331    11月 23 2020 CentOS-Sources.repo
-rw-r--r--. 1 root root   8515    11月 23 2020 CentOS-Vault.repo
-rw-r--r--. 1 root root   616     11月 23 2020 CentOS-x86_64-kernel.repo
```

7）使用命令“wget”从阿里云 YUM 源下载 docker-ce.repo 文件。

```
[root@CentOS7-Docker yum.repos.d]# wget https://mirrors.aliyun.com/docker-ce/
    linux/centos/docker-ce.repo
--2023-06-27 10:27:49--  https://mirrors.aliyun.com/docker-ce/linux/centos/
    docker-ce.repo
正在解析主机 mirrors.aliyun.com (mirrors.aliyun.com)... 182.89.194.248,
    182.89.194.238, 116.171.170.232, ...
正在连接 mirrors.aliyun.com (mirrors.aliyun.com)|182.89.194.248|:443... 已连接。
已发出 HTTP 请求，正在等待回应 ... 200 OK
长度：2081 (2.0K) [application/octet-stream]
正在保存至 : "docker-ce.repo"
100%[===================================>] 2,081   --.-K/s 用时 0s
2023-06-27 10:27:49 (79.2 MB/s) - 已保存 "docker-ce.repo" [2081/2081])
```

8）使用命令“cat”查看 docker-ce.repo 文件内容。

```
[root@CentOS7-Docker yum.repos.d]# cat docker-ce.repo
[docker-ce-stable]
name=Docker CE Stable - $basearch
baseurl=https://mirrors.aliyun.com/docker-ce/linux/centos/$releasever/$basearch/
    stable
enabled=1
gpgcheck=1
gpgkey=https://mirrors.aliyun.com/docker-ce/linux/centos/gpg
[docker-ce-stable-debuginfo]
name=Docker CE Stable - Debuginfo $basearch
baseurl=https://mirrors.aliyun.com/docker-ce/linux/centos/$releasever/debug-
    $basearch/stable
enabled=0
```

```
gpgcheck=1
gpgkey=https://mirrors.aliyun.com/docker-ce/linux/centos/gpg
[docker-ce-stable-source]
name=Docker CE Stable - Sources
baseurl=https://mirrors.aliyun.com/docker-ce/linux/centos/$releasever/source/
    stable
enabled=0
gpgcheck=1
gpgkey=https://mirrors.aliyun.com/docker-ce/linux/centos/gpg
[docker-ce-test]
name=Docker CE Test - $basearch
baseurl=https://mirrors.aliyun.com/docker-ce/linux/centos/$releasever/$basearch/
    test
enabled=0
gpgcheck=1
gpgkey=https://mirrors.aliyun.com/docker-ce/linux/centos/gpg
[docker-ce-test-debuginfo]
name=Docker CE Test - Debuginfo $basearch
baseurl=https://mirrors.aliyun.com/docker-ce/linux/centos/$releasever/debug-
    $basearch/test
enabled=0
gpgcheck=1
gpgkey=https://mirrors.aliyun.com/docker-ce/linux/centos/gpg
[docker-ce-test-source]
name=Docker CE Test - Sources
baseurl=https://mirrors.aliyun.com/docker-ce/linux/centos/$releasever/source/
    test
enabled=0
gpgcheck=1
gpgkey=https://mirrors.aliyun.com/docker-ce/linux/centos/gpg
[docker-ce-nightly]
name=Docker CE Nightly - $basearch
baseurl=https://mirrors.aliyun.com/docker-ce/linux/centos/$releasever/$basearch/
    nightly
enabled=0
gpgcheck=1
gpgkey=https://mirrors.aliyun.com/docker-ce/linux/centos/gpg
[docker-ce-nightly-debuginfo]
name=Docker CE Nightly - Debuginfo $basearch
baseurl=https://mirrors.aliyun.com/docker-ce/linux/centos/$releasever/debug-
    $basearch/nightly
enabled=0
gpgcheck=1
gpgkey=https://mirrors.aliyun.com/docker-ce/linux/centos/gpg
[docker-ce-nightly-source]
name=Docker CE Nightly - Sources
baseurl=https://mirrors.aliyun.com/docker-ce/linux/centos/$releasever/source/
    nightly
enabled=0
gpgcheck=1
```

```
gpgkey=https://mirrors.aliyun.com/docker-ce/linux/centos/gpg
[root@CentOS7-Docker yum.repos.d]#
```

9）使用命令“yum makecache”更新 YUM 缓存。

```
[root@CentOS7-Docker yum.repos.d]# yum makecache
已加载插件: fastestmirror, product-id, search-disabled-repos, subscription-manager
This system is not registered with an entitlement server. You can use
    subscription-manager to register.
Loading mirror speeds from cached hostfile
 * base: mirrors.bupt.edu.cn
 * extras: mirrors.bupt.edu.cn
 * updates: mirrors.bupt.edu.cn
Base                                                 | 3.6 kB     00:00:00
docker-ce-stable                                     | 3.5 kB     00:00:00
extras                                               | 2.9 kB     00:00:00
updates                                              | 2.9 kB     00:00:00
(1/8): docker-ce-stable/7/x86_64/filelists_db        | 45 kB      00:00:06
(2/8): docker-ce-stable/7/x86_64/other_db            | 133 kB     00:00:06
(3/8): extras/7/x86_64/filelists_db                  | 276 kB     00:00:06
(4/8): extras/7/x86_64/other_db                      | 149 kB     00:00:00
(5/8): updates/7/x86_64/other_db                     | 1.4 MB     00:00:00
(6/8): base/7/x86_64/other_db                        | 2.6 MB     00:00:06
(7/8): base/7/x86_64/filelists_db                    | 7.2 MB     00:00:09
(8/8): updates/7/x86_64/filelists_db                 | 12 MB      00:00:03
元数据缓存已建立
```

10）使用命令“yum remove”移除原 Docker 容器安装。

```
[root@CentOS7-Docker /]# yum remove docker* -y
已加载插件: fastestmirror, product-id, search-disabled-repos, subscription-manager
This system is not registered with an entitlement server. You can use
    subscription-manager to register.
正在解决依赖关系
--> 正在检查事务
---> 软件包 docker.x86_64.2.1.13.1-209.git7d71120.el7.centos 将被删除
---> 软件包 docker-client.x86_64.2.1.13.1-209.git7d71120.el7.centos 将被删除
---> 软件包 docker-common.x86_64.2.1.13.1-209.git7d71120.el7.centos 将被删除
--> 解决依赖关系完成
……（省略）
删除 :
   docker.x86_64 2:1.13.1-209.git7d71120.el7.centos    docker-client.x86_64
     2:1.13.1-209.git7d71120.el7.centos
  docker-common.x86_64 2:1.13.1-209.git7d71120.el7.centos
完毕!
```

11）使用命令“yum install docker-ce-24.* docker-ce-cli_24.*”安装 Docker 容器 24.* 版本（注：写作本书的时候，Docker 最新版本为 24）。

```
[root@CentOS7-Docker /]# yum install docker-ce-24.* docker-ce-cli_24.*
已加载插件: fastestmirror, product-id, search-disabled-repos, subscription-manager
```

```
This system is not registered with an entitlement server. You can use
    subscription-manager to register.
Loading mirror speeds from cached hostfile
 * base: mirrors.bupt.edu.cn
 * extras: mirrors.bupt.edu.cn
 * updates: mirrors.bupt.edu.cn
没有可用软件包 docker-ce-cli_24.*。
正在解决依赖关系
--> 正在检查事务
---> 软件包 docker-ce.x86_64.3.24.0.2-1.el7 将被安装
--> 正在处理依赖关系 docker-ce-cli，它被软件包 3:docker-ce-24.0.2-1.el7.x86_64 需要
--> 正在处理依赖关系 docker-ce-rootless-extras，它被软件包 3:docker-ce-24.0.2-1.el7.
    x86_64 需要
--> 正在检查事务
---> 软件包 docker-ce-cli.x86_64.1.24.0.2-1.el7 将被安装
--> 正在处理依赖关系 docker-buildx-plugin，它被软件包 1:docker-ce-cli-24.0.2-1.el7.
    x86_64 需要
--> 正在处理依赖关系 docker-compose-plugin，它被软件包 1:docker-ce-cli-24.0.2-1.el7.
    x86_64 需要
---> 软件包 docker-ce-rootless-extras.x86_64.0.24.0.2-1.el7 将被安装
--> 正在检查事务
---> 软件包 docker-buildx-plugin.x86_64.0.0.10.5-1.el7 将被安装
---> 软件包 docker-compose-plugin.x86_64.0.2.18.1-1.el7 将被安装
--> 解决依赖关系完成
依赖关系解决
================================================================================
 Package                    架构        版本              源                 大小
================================================================================
正在安装：
 docker-ce                  x86_64     3:24.0.2-1.el7    docker-ce-stable   24 M
为依赖而安装：
 docker-buildx-plugin       x86_64     0.10.5-1.el7      docker-ce-stable   12 M
 docker-ce-cli              x86_64     1:24.0.2-1.el7    docker-ce-stable   13 M
 docker-ce-rootless-extras  x86_64     24.0.2-1.el7      docker-ce-stable   9.1 M
 docker-compose-plugin      x86_64     2.18.1-1.el7      docker-ce-stable   12 M
事务概要
================================================================================
安装  1 软件包 (+4 依赖软件包)
总下载量：71 M
安装大小：258 M
Is this ok [y/d/N]: y
Downloading packages:
(1/5): docker-buildx-plugin-0.10.5-1.el7.x86_64.rpm           | 12 MB  00:00:03
(2/5): docker-ce-cli-24.0.2-1.el7.x86_64.rpm                  | 13 MB  00:00:03
(3/5): docker-ce-24.0.2-1.el7.x86_64.rpm                      | 24 MB  00:00:07
(4/5): docker-ce-rootless-extras-24.0.2-1.el7.x86_64.rpm      | 9.1 MB 00:00:02
(5/5): docker-compose-plugin-2.18.1-1.el7.x86_64.rpm          | 12 MB  00:00:03
--------------------------------------------------------------------------------
总计      6.5 MB/s |  71 MB  00:00:10
Running transaction check
```

```
Running transaction test
Transaction test succeeded
Running transaction
  正在安装 : docker-compose-plugin-2.18.1-1.el7.x86_64                    1/5
  正在安装 : docker-buildx-plugin-0.10.5-1.el7.x86_64                     2/5
  正在安装 : 1:docker-ce-cli-24.0.2-1.el7.x86_64                          3/5
  正在安装 : docker-ce-rootless-extras-24.0.2-1.el7.x86_64                4/5
  正在安装 : 3:docker-ce-24.0.2-1.el7.x86_64                              5/5
  验证中   : 3:docker-ce-24.0.2-1.el7.x86_64                              1/5
  验证中   : 1:docker-ce-cli-24.0.2-1.el7.x86_64                          2/5
  验证中   : docker-ce-rootless-extras-24.0.2-1.el7.x86_64                3/5
  验证中   : docker-buildx-plugin-0.10.5-1.el7.x86_64                     4/5
  验证中   : docker-compose-plugin-2.18.1-1.el7.x86_64                    5/5
已安装 :
  docker-ce.x86_64 3:24.0.2-1.el7
作为依赖被安装 :
  docker-buildx-plugin.x86_64 0:0.10.5-1.el7    docker-ce-cli.x86_64 1:24.0.2-1.
    el7
  docker-ce-rootless-extras.x86_64 0:24.0.2-1.el7      docker-compose-plugin.
    x86_64 0:2.18.1-1.el7
完毕!
```

12）安装完成后重新查看 Docker 容器版本，目前版本为 24.0.2。

```
[root@CentOS7-Docker /]# systemctl start docker
[root@CentOS7-Docker /]# docker version
Client: Docker Engine - Community
 Version:           24.0.2
 API version:       1.43
 Go version:        go1.20.4
 Git commit:        cb74dfc
 Built:             Thu May 25 21:55:21 2023
 OS/Arch:           linux/amd64
 Context:           default
Server: Docker Engine - Community
 Engine:
  Version:          24.0.2
  API version:      1.43 (minimum version 1.12)
  Go version:       go1.20.4
  Git commit:       659604f
  Built:            Thu May 25 21:54:24 2023
  OS/Arch:          linux/amd64
  Experimental:     false
 containerd:
  Version:          1.6.21
  GitCommit:        3dce8eb055cbb6872793272b4f20ed16117344f8
 runc:
  Version:          1.1.7
  GitCommit:        v1.1.7-0-g860f061
 docker-init:
```

```
 Version:          0.19.0
 GitCommit:        de40ad0
```

13）使用命令“docker info”查看 Docker 容器信息。

```
[root@CentOS7-Docker /]# docker info
Client: Docker Engine - Community
 Version:          24.0.2
 Context:          default
 Debug Mode:       false
 Plugins:
  buildx: Docker Buildx (Docker Inc.)
Version:           v0.10.5
Path:              /usr/libexec/docker/cli-plugins/docker-buildx
  compose: Docker Compose (Docker Inc.)
Version:           v2.18.1
Path:              /usr/libexec/docker/cli-plugins/docker-compose
Server:
 Containers:       0
  Running:         0
  Paused:          0
  Stopped:         0
 Images:           0
 Server Version:          24.0.2
 Storage Driver:          overlay2
  Backing Filesystem:     xfs
  Supports d_type:        true
  Using metacopy:         false
  Native Overlay Diff:    true
  userxattr: false
 Logging Driver:          json-file
 Cgroup Driver:           cgroupfs
 Cgroup Version:          1
 Plugins:
  Volume: local
  Network: bridge host ipvlan macvlan null overlay
  Log: awslogs fluentd gcplogs gelf journald json-file local logentries splunk
    syslog
 Swarm: inactive
 Runtimes: io.containerd.runc.v2 runc
 Default Runtime: runc
 Init Binary: docker-init
 containerd version: 3dce8eb055cbb6872793272b4f20ed16117344f8
 runc version: v1.1.7-0-g860f061
 init version: de40ad0
 Security Options:
  seccomp
    Profile: builtin
 Kernel Version: 3.10.0-1160.90.1.el7.x86_64
 Operating System: CentOS Linux 7 (Core)
 OSType: linux
```

```
Architecture: x86_64
CPUs: 8
Total Memory: 7.637GiB
Name: CentOS7-Docker
ID: f2711860-8e45-4176-9a20-b774d1851b29
Docker Root Dir: /var/lib/docker
Debug Mode: false
Experimental: false
Insecure Registries:
 127.0.0.0/8
Live Restore Enabled: false
```

6.3.2 使用 Docker 容器创建应用

安装完 Docker 容器后，需要下载容器镜像文件，再创建应用。本节介绍如何下载 Docker 容器镜像以及通过镜像创建应用。

1）使用命令“docker images”查看镜像，目前镜像文件为空。

```
[root@CentOS7-Docker /]# docker images
REPOSITORY   TAG   IMAGE ID   CREATED   SIZE
[root@CentOS7-Docker /]#
```

2）使用命令“docker search”查找库中 MySQL 镜像文件。

```
[root@CentOS7-Docker /]# docker search mysql
NAME                 DESCRIPTION                          STARS     OFFICIAL AUTOMATED
mysql                MySQL is a widely used, open-source relation…   14259   [OK]
mariadb              MariaDB Server is a high performing open sou…   5450    [OK]
percona              Percona Server is a fork of the MySQL relati…   616     [OK]
phpMyAdmin           phpMyAdmin - A web interface for MySQL and M…   827     [OK]
bitnami/mysql        Bitnami MySQL Docker Image                      90      [OK]
……（省略）
drupalci/mysql-5.5   https://www.drupal.org/project/drupalci         3       [OK]
drupalci/mysql-5.7   https://www.drupal.org/project/drupalc          0
```

3）使用命令“docker pull mysql”下载 MySQL 镜像文件。

```
[root@CentOS7-Docker /]# docker pull mysql
Using default tag: latest
latest: Pulling from library/mysql
Digest: sha256:15f069202c46cf861ce429423ae3f8dfa6423306fbf399eaef36094ce30dd75c
Status: Downloaded newer image for mysql:latest
docker.io/library/mysql:latest
```

4）完成最新的 MySQL 镜像文件下载。

```
[root@CentOS7-Docker /]# docker images
REPOSITORY          TAG      IMAGE ID       CREATED           SIZE
mysql               latest   91b53e2624b4   11 days ago       565MB
```

```
[root@CentOS7-Docker /]#
```

5）使用命令“docker run”运行 MySQL 容器。

```
[root@CentOS7-Docker /]# docker run -p 3306:3306 —name mysql --restart=always
    --privileged=true \
> -v /usr/local/mysql/log:/var/log/mysql \      # 映射 MySQL 容器日志目录
> -v /usr/local/mysql/data:/var/lib/mysql \     # 映射 MySQL 容器数据目录
> -v /usr/local/mysql/conf:/var/mysql \         # 映射 MySQL 容器配置目录
> -v /etc/localtime:/etc/localtime:ro \         # 配置 MySQL 容器时钟同步
> -e MYSQL_ROOT_PASSWORD=123456 -d mysql:latest # 配置 MySQL 容器密码
```

6）查看 MySQL 容器运行情况。状态为 Up 代表容器运行正常。

```
[root@CentOS7-Docker /]# docker ps
CONTAINER ID       IMAGE   COMMAND CREATED STATUS  PORTS NAMES
b286caa1b09b    mysql:latest    “docker-entrypoint.s…”    8 seconds ago    Up 7
    seconds    0.0.0.0:3306->3306/tcp, :::3306->3306/tcp, 33060/tcp    mysql
```

7）使用命令“docker exec -it mysql /bin/bash”进入 MySQL 容器命令行。

```
[root@CentOS7-Docker /]# docker exec -it mysql /bin/bash
bash-4.4#
```

8）使用命令“mysql -u root -p”登录 MySQL 容器。

```
bash-4.4# mysql -u root -p
Enter password:
Welcome to the MySQL monitor.  Commands end with ; or \g.
Your MySQL connection id is 11
Server version: 8.0.33 MySQL Community Server - GPL
Copyright (c) 2000, 2023, Oracle and/or its affiliates.
Oracle is a registered trademark of Oracle Corporation and/or its
affiliates. Other names may be trademarks of their respective
owners.
Type 'help;' or '\h' for help. Type '\c' to clear the current input statement.
mysql>
```

9）使用命令“show databases”查看 mysql 数据库信息。

```
mysql> show databases;
```

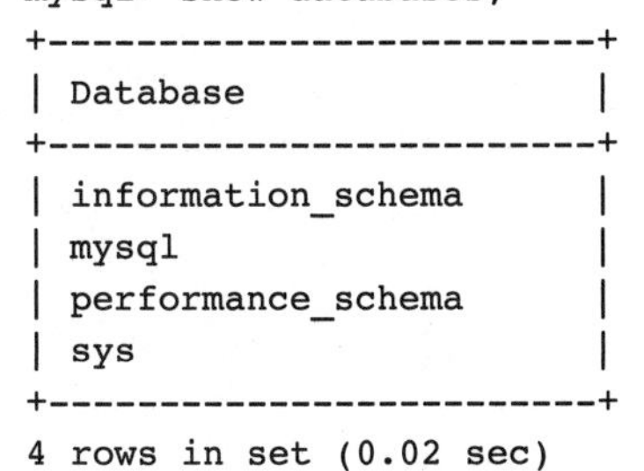

```
+-------------------------+
| Database                |
+-------------------------+
| information_schema      |
| mysql                   |
| performance_schema      |
| sys                     |
+-------------------------+
4 rows in set (0.02 sec)
```

以上结果说明 MySQL 容器运行正常。

6.4 本章小结

本章介绍了 Proxmox VE 平台原生容器以及 Docker 容器的创建和使用。它们之间的主要区别在于，原生 LXC 通过图形界面即可完成创建，而通过 Docker 容器需要通过虚拟机使用命令行模式来实现。

容器可以看作轻量化的虚拟机。与虚拟机相比，容器有几个明显的优势。首先，容器不需要模拟硬件，因此比虚拟机更加轻量级且启动更快。其次，容器共享宿主机的操作系统内核和系统库，因此可以大大减少内存和磁盘空间的使用量。此外，容器可以根据需要动态分配资源，更适合于动态环境下的应用部署。最后，容器镜像可以快速部署，更加易于管理和维护。

Proxmox VE 平台以及第三方平台提供多种 LXC 模板，可以直接下载使用。通过容器模板部署应用，可以大幅减少系统部署和调试的时间，提高工作效率。

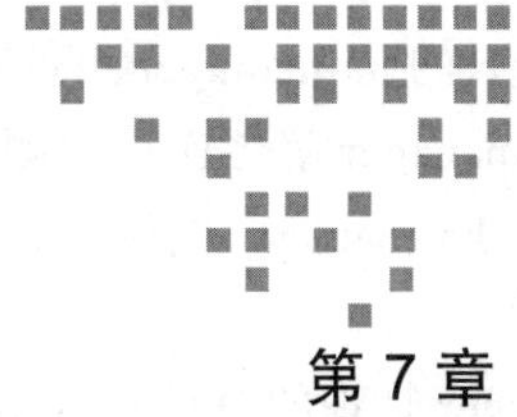

第 7 章 Chapter 7

配置和使用高级特性

通过前面章节的学习，我们已经掌握了 Proxmox VE 平台的基本部署和使用方法。然而，在生产环境中，为了保证虚拟机和容器的可用性，我们需要使用各种高级特性，包括迁移和高可用等。本章将介绍如何在 Proxmox VE 平台上配置和使用这些高级特性。

7.1 Proxmox VE 高可用介绍

生产环境中的虚拟机和容器是提供服务的重要设备。我们需要确保内部和外部可以随时访问这些服务。因此，如何始终保持这些服务在线变得非常重要。

7.1.1 高可用基础

生产环境中高可用的实现方式很多，可以使用硬件级高可用，也可以使用软件级高可用。前者需要承担相应的费用，后者需要软件本身具备错误检测和故障转移能力。如果不具备，可能需要重写软件。因此，在预算受限的情况下，这些实现方式都不具备可操作性。我们可以通过使用 Proxmox VE 提供的功能，在不增加预算的情况下，尽可能实现高可用。

Proxmox VE 基本消除了对硬件的依赖。因为使用虚拟化技术能够轻松地实现服务的高可用性。在配置了冗余存储和网络资源的情况下，如果节点服务器故障，可以很容易在集群中其他服务器节点恢复服务运行。

7.1.2 高可用原理

Proxmox VE 高可用使用 ha-manager 组件，该组件能够自动完成包括故障检测和故障迁移在内的一切高可用管理任务。

Proxmox VE 的 ha-manager 组件就像一个全自动管理员。只需将虚拟机、容器资源交给它管理，ha-manager 就会连续监测服务运行状态，并在发生故障时将服务转移到其他节点运行。当然，ha-manager 也可以处理日常的管理操作请求，例如开机、停止、重新部署和迁移虚拟机。

由 ha-manager 管理的对象称为资源。一个资源由一个唯一的服务 ID 标识（SID）。服务 ID 由资源类型和类型内的 ID 两部分组成。目前主要有两类资源：虚拟机和容器。一个资源对应一个虚拟机或容器，资源的所有相关软件需要安装到这个虚拟机或容器中，而不是把多个资源捆绑成一个大资源。通常来说，高可用管理的资源不应再依赖其他资源。

在 Proxmox VE 环境中使用高可用，首先需要在资源上激活高可用，也就是把资源添加到高可用的资源配置中。可以通过图形化界面进行配置，也可以使用命令行工具完成该操作。高可用组件以异步方式工作，并需要与集群中的其他成员进行通信，因此从发出指令到观察到操作完成需要一些时间。高可用管理器的内部工作原理包括所有服务进程及其协同工作过程。在每个节点上都有两个服务进程。

- pve-ha-lrm：该服务称为本地资源管理器（LRM），其主要任务是控制本地节点的资源运行状态。它首先从当前管理器状态文件中读取资源的指定工作状态，然后执行相应的操作命令。
- pve-ha-crm：该服务称为集群资源管理器（CRM），其主要任务是负责集群节点之间的协同决策工作。具体包括向 LRM 发送命令，处理命令执行结果，在出现故障时将资源转移到其他节点运行。此外，还负责故障节点的隔离。

需要注意的是，高可用服务利用了集群文件系统提供的锁机制，通过锁机制确保每次只有一个 LRM 被激活并处于工作状态。由于 LRM 只在获取锁之后才能执行高可用任务，我们可以在获取锁之后将故障节点标记为隔离，然后在其他节点安全地恢复原来在故障节点运行的高可用资源，而无须担心故障节点的干扰。整个过程都在拥有高可用管理器主锁的 CRM 监督下进行。

CRM 使用一个枚举变量来记录当前资源的状态。不仅图形化界面有显示当前资源状态，而且可以通过运行 ha-manager 命令行工具获取该状态。

```
root@pve01:~# ha-manager status
quorum OK
master pve02 (idle, Wed Jun 21 22:13:55 2023)
lrm pve01 (idle, Sun Jun 25 16:02:58 2023)
lrm pve02 (idle, Sun Jun 25 16:02:58 2023)
lrm pve03 (idle, Sun Jun 25 16:02:58 2023)
```

除了上述状态外，还存在以下几种状态。

（1）stopped

表示资源已停止（LRM 确认）。如果 LRM 检测到应处于停止状态的资源仍然在运行，它将再次停止该资源。

（2）request_stop

表示资源应被停止。该状态下，CRM 将等待 LRM 确认资源已停止。

（3）stopping

表示正在挂起的停止请求。表示 CRM 仍未接到该停止请求。

（4）started

表示资源处于运行状态，并且 LRM 应该在发现资源未运行时立刻启动该资源。如果资源因故停止运行，LRM 会在检测到后立刻重启它。

（5）starting

表示正在挂起的启动请求。表示 CRM 未得到 LRM 对该资源正在运行的确认。

（6）fence

表示等待节点完成隔离。一旦完成隔离，资源将在其他节点恢复。

（7）recovery

表示等待服务恢复。高可用管理器将搜寻可用的节点，此搜索不仅取决于在线的节点和仲裁节点，还要看此服务是否为组成员，以及这个组是否有限制。一旦新的可用节点被发现，服务将移动到此处，并开始置于停止状态。如果被配置为运行在新节点，则会执行这个操作。

（8）freeze

表示禁止访问资源。该状态用于节点重启过程或 LRM 重启过程。

（9）ignored

表示将虚拟机暂时脱离高可用管理。可用于临时人工管控虚拟机，同时保留高可用配置不变。

（10）migrate

表示将资源迁移（在线）到其他节点。

（11）error

表示因 LRM 错误，资源被禁用。该状态往往意味着需要人工干预。

（12）queued

表示资源刚被添加到 HA，而 CRM 尚未确认已看到该资源。

（13）disabled

表示资源被停止运行，并被标记为 disabled。LRM 以系统服务形式启动。启动后，该服务将等待集群进入多数票状态，以确保集群锁机制正常工作。该服务有 3 种状态。

（14）wait for agent lock

表示 LRM 在等待获取的独占锁。如果未配置任何高可用资源，该状态就相当于空闲状态。

（15）active

表示配置了高可用资源，并且 LRM 获得了独占锁。

（16）lost agent lock

表示 LRM 失去了独占锁，一般意味着有错误发生，并且节点失去了多数票。

LRM 进入 active 状态后，将读取配置文件 /etc/pve/ha/manager_status，并根据它所管理的资源判断应该执行的管理命令。每条命令都由一个独立工作进程执行，因此可以并发执行多条命令，但默认最多同时并发执行 4 条命令。通过修改数据中心配置项 max_worker 可调整默认并发数。当命令执行完后，工作进程将被回收，执行结果也会被 CRM 记录保存。

默认的并发数 4 不一定适用于所有环境。例如，同时执行 4 个在线迁移操作可能会导致对网络的竞争使用，特别在物理网络速度较慢或配置了大内存资源时。在任何情况下必须确保避免发生竞争的情况，必要时可以降低 max_worker 的值。相反，如果硬件配置非常好，也可以考虑增加 max_worker 的值。

CRM 发出的每条命令都由一个 UID 标识，当工作进程完成命令执行后，执行结果将被写入 LRM 状态文件 /etc/pve/nodes//lrm_status 中，而 CRM 可能会收集该结果并用它自己的状态机进一步处理该结果。

通常，CRM 和 LRM 对每一个资源的操作都是同步进行的。也就是说，CRM 发出一个唯一 UID 标识的命令，LRM 则执行一次该命令并将执行结果写回文件，而执行结果用同一个 UID 标识。这确保了 LRM 不会执行过期的命令。但 stoped 命令和 error 命令是两个例外，这两个命令不依赖于处理结果，并总是在 stopped 或 error 状态执行。

高可用组件会记录每个操作的日志。这有助于理解集群中发生的事以及发生的原因。这对于了解两个服务进程 LRM 和 CRM 干了什么尤为重要。可以使用命令 journalctl -u pve-ha-lrm 查看资源所在节点的 LRM 日志，并使用同样命令查看当前主节点的 CRM 日志。

CRM 在每个节点启动后，将进入等待状态直到获取管理器锁。管理器锁每次只能由一个节点获取，而成功获取该锁的节点将被提升为 CRM 主节点。该服务有 3 种状态。

（1）wait for agent lock

表示 CRM 在等待获取的独占锁。如果未配置任何高可用资源，该状态就相当于空闲状态。

（2）active

表示配置了高可用资源，并且 CRM 获得了独占锁。

（3）lost agent lock

表示 CRM 失去了独占锁，一般意味着有错误发生，并且节点失去了多数票。

CRM 的主要任务是管理那些纳入高可用管理的资源，并尽力确保资源处于指定的状态。例如，对于一个指定状态为 started 的资源，一旦被发现未运行就会立刻被启动，如果资源意外崩溃，也会被自动重启。而 CRM 将负责告诉 LRM 具体进行哪些操作。

当集群一个节点故障时，会进入 unknown 状态。此时，如果 CRM 能够安全释放故障节点的锁，相关资源将会被转移到其他节点重新启动。

当然，高可用性不是免费的午餐。生产环境实现高可用性需要投入更多的资源，预备空闲节点等也会增加成本，因此需要认真计算和评估高可用性的收益和所需成本。

需要注意的是，将高可用性从 99% 提高到 99.9% 还是比较容易的，但从 99.9999% 提高到 99.99999% 则难得多也贵得多。ha-manager 的故障检测和故障转移时间大概为 2min，因此能实现的可用性最多不超过 99.999%。

7.1.3　高可用状态

Proxmox VE 的高可用组件已经紧密集成到 Proxmox VE API 中。因此，可以通过 ha-manager 命令行或图形界面配置高可用，两种方式都很简便。此外，还可以使用自动化工具直接调用 API 来配置高可用。

高可用配置文件保存在 /etc/pve/ha/ 目录中，会自动复制到集群的所有节点，所有节点都共享相同的配置。资源配置文件 /etc/pve/ha/resources.cfg 保存了 ha-manager 管理的所有资源列表。

CRM 将根据以下状态值管理相关资源。请注意 enabled 是 started 的别名。

（1）started 状态

CRM 将尝试启动资源，并在成功启动后将状态设置为 started。如果遭遇节点故障或启动失败，CRM 将尝试恢复资源。如果所有尝试均失败，状态将被设为 error。

（2）stopped 状态

CRM 将努力确保资源处于停止状态，但在遭遇节点故障时，CRM 还是会尝试将资源重新部署到其他节点。

（3）disabled 状态

CRM 将努力确保资源处于停止状态，但在遭遇节点故障时，CRM 不会将资源重新部署到其他节点。设置该状态的主要目的是将资源从 error 状态中恢复出来，因为这是 error 状态的资源唯一可以被设置的状态。

（4）ignored 状态

该状态表示资源不再接受高可用管理，CRM 和 LRM 也不再管理相关资源。所有 Proxmox VE API 将绕过高可用组件，直接对相关资源进行操作。对该资源执行的 CRM 命令将直接返回，而不做任何操作。同时，在节点发生故障时，资源也不会被自动故障转移。

高可用的组配置文件 /etc/pve/ha/groups.cfg 用于定义集群节点服务器组。一个资源可以被指定只能在一个组内的节点上运行。节点组成员列表中的每个节点都可以被赋予一个优先级。绑定在一个组上的资源会优先选择在最高优先级的节点上运行。如果有多个节点都被赋予最高优先级，资源将会被平均分配到这些节点上运行。优先级的值只有相对大小意义。

CRM 会尝试在最高优先级的节点运行资源。当有更高优先级的节点上线后，CRM 将把资源迁移到更高优先级节点。设置 nofailback 后，CRM 将继续保持资源在原节点上运行。

绑定到 restricted 组的资源将只能够在该组的节点上运行。如果该组的节点全部关机，则相关资源将停止运行。而对于非 restricted 组而言，如果该组的节点全部关机，相关资源可以转移到集群内的任何节点运行，一旦该组节点重新上线，相关资源会立刻迁移回到该组节点上运行。可以通过设置只有一个成员的非 restricted 组实现更好表现。

指定资源在固定节点上运行是很常见的做法，但通常也会允许资源在其他节点上运行。为此，可以设置一个只有一个节点的非 restricted 组。对于节点较多的集群而言，可以考虑制定更加详尽的故障转移策略。例如，可以指定一组资源固定在某个节点上运行。一旦这个节点不可用，可以将相关资源平均分配到其他节点上运行。

nofailback 选项主要用于在管理操作中避免意外的资源迁移。例如，如果你需要将一个资源迁移到一个优先级较低的节点上运行，就需要设置 nofailback 选项来告诉高可用管理器不要立刻把资源迁移回原来的高优先级节点上。

另一种可能的场景是，在节点因故障被隔离后，相关资源会自动迁移到其他节点上运行，而管理员在把故障节点重新恢复加入集群后，可能会希望先查明故障原因并检测该节点是否能稳定运行。这时可以设置 nofailback 选项组织高可用管理器立刻把相关资源迁移回故障节点运行。

7.1.4 高可用机制

当 Proxmox VE 节点发生故障后，隔离能够确保故障节点彻底离线。这样做主要是为了避免在其他节点恢复资源运行时重复运行同一个资源。这是非常重要的，如果不能确保隔离故障节点，就不可能在其他节点安全恢复资源运行。

如果节点没有被隔离，该节点就可能处于一种不可知的状态，并仍然能够访问集群的共享资源。而这是非常危险的！想象一下这种情形，如果隔离切断了故障节点的所有网络连接，但没有切断对存储的访问，现在尽管故障节点不能再访问网络，但其上的虚拟机仍在运行，并能够向共享存储写入数据。

如果现在在其他节点再次启动该虚拟机，就可能引发危险的竞争条件，因为现在两个节点上的两个虚拟机在同时向同一个镜像写入数据。这样的情况下，很可能会损坏虚拟机的所有数据，并导致整个虚拟机不可用。当然，再启动同一个虚拟机的操作很可能会因为存储禁止多次挂载的保护措施而失败。

1. Proxmox VE 的隔离措施

Proxmox VE 隔离节点的方法有很多种，例如隔离设备可以切断节点电源或禁止与外部通信。但这些方法往往过于昂贵，并可能导致其他的问题，例如在隔离设备失效时就无法恢复任何服务。因此，Proxmox VE 采用了一种较简便的隔离方法，而没有采用任何外部隔离设备。具体方法是采用软件狗（Softdog）计时器来实现，可能的隔离措施如下。

- ❑ 外部电源开关。
- ❑ 通过在交换机禁止外部网络通信来隔离节点。

- 基于软件狗的自隔离。

自微控制器诞生以来，硬件狗就广泛应用于重要系统和具有高可靠性要求的系统中。硬件狗通常是一块独立的简单集成电路，用于检测计算机故障并帮助从故障中恢复。在正常情况下，ha-manager 会定期重置软件狗计时器，以防止超时。如果发生硬件故障或程序错误，计算机未能重置软件狗，计时器就会超时并触发主机重启。

最新的服务器主板一般集成了硬件狗，但需要配置后才能使用。如果服务器没有配置硬件狗，可以退而求其次使用 Linux 内核的软件狗。软件狗虽然可靠，但并不独立于服务器硬件，因此可靠性较硬件狗低一些。出于安全考虑，所有的硬件狗模块默认都是被禁止的。

当节点发生故障并被成功隔离后，CRM 将尝试把资源从故障节点转移到其他节点运行。资源迁移目标节点的选择，由组资源参数配置、当前可用节点列表、各节点当前的运行负载情况共同决定。CRM 首先在用户设定的节点列表和当前可用节点列表之间进行交叉比对选出可用节点列表，然后从中选择具有最高优先级的节点，最后再从中选出负载最低的节点作为目标节点。这可以将资源迁移导致节点超载的可能性降到最低。发生节点故障后，CRM 会将相关资源分配给其他节点继续运行，从而使得这些节点承担更多资源的运行，有可能导致负载过高，特别在小规模集群中有可能发生这种情况。因此，在生产环境中需要认真规划和设计集群，以确保能处理这种最坏的情况。

2. 启动失败策略

当一个服务在某节点上启动失败一次或若干次后，将按照启动失败策略进行处置。启动失败策略包括设置在同一节点的重启次数，以及转移到其他节点继续启动之前的重启次数。该策略的目标是避免共享资源临时不可用导致的启动失败。例如，由于网络问题，共享存储在某个节点上暂时不可用，但在其他节点仍然可以正常访问，转移到其他节点运行的策略将允许该资源继续运行。每一个服务都有两个服务启动恢复策略参数可供配置，当前节点上重启失败服务的最大尝试次数默认为 1。

当一个服务在某个节点上启动失败一次或若干次后，将按照启动失败策略进行处理。启动失败策略包括设置在同一节点的重启次数，以及在转移到其他节点之前的重启次数。该策略的目标是避免共享资源临时不可用导致的启动失败。例如，由于网络问题，共享存储在某个节点上暂时不可用，但在其他节点仍然可以正常访问，转移到其他节点运行的策略将允许该资源继续运行。

3. 错误恢复

如果经过各种尝试都无法恢复，服务将进入 error 状态。在此状态下，高可用组件将不再操作该服务。手动禁用服务或重新启用服务是更改错误状态的唯一方法。

4. 软件包升级

在生产环境升级节点主机时，应该采用逐个节点进行升级的操作。即使使用企业级更新库，依然不建议同时升级所有节点。逐个节点进行升级，并在升级后检查每个节点的运行情况，有助于在发生意外时恢复集群。同时升级所有节点可能导致集群崩溃，这并非最佳实践。

此外，Proxmox VE 的高可用组件在集群节点和本地资源管理器之间采用了请求确认协议来传递命令。在重启时，LRM 将向 CRM 发出请求，冻结其所有服务。这将防止 LRM 重启时避免相关资源被集群访问。这样 LRM 就可以在重启时安全地关闭软件狗。LRM 重启通常发生在软件升级时，当前的主 CRM 需要确认 LRM 的请求。如果不这样做，升级过程持续的时间可能过长，并可能触发软件狗重启服务器。

5. 节点维护

在生产环境进行节点维护时，例如更换硬件或安装新内核时，可以将节点关机或重启。使用高可用堆栈时也是如此。可以配置高可用在关闭期间的行为。

（1）迁移

一旦 LRM 收到关闭请求并且启用了此策略，它会将其自身标记为对当前高可用管理器不可用。这将触发当前位于此节点上的所有高可用服务的迁移。在所有正在运行的服务移走之前，LRM 将尝试延迟关闭过程。但是，这需要将正在运行的服务迁移到另一个节点。由于如果没有可用的组成员，则非组成员节点被视为可运行的目标，因此在仅选择了一些节点的情况下使用高可用组时，仍可以使用此策略。但是，将组标记为受限会告诉高可用管理器服务不能在所选节点集之外运行，如果所有这些节点都不可用，则关闭将挂起，直到手动干预。一旦关闭的节点重新联机，如果之前替换的服务没有在中间手动迁移，它们将被移回。需要注意的是，在关闭时的迁移过程中，监视程序仍处于活动状态。如果节点失去仲裁，它将被隔离，并且服务将恢复。如果在当前正在维护的节点上启动（先前停止的）服务，则需要隔离该节点，以确保可以在另一个可用节点上移动和启动该服务。

（2）故障切换

此模式可确保停止所有服务，但如果当前节点未立即联机，则也会恢复这些服务。在集群规模上执行维护时可能会很有用，因为如果一次关闭多个节点，则可能无法实时迁移虚拟机。

（3）冻结

此模式可确保停止并冻结所有服务，以便在当前节点再次联机之前不会恢复这些服务。

（4）有条件的

有条件关闭策略自动检测是否请求关闭或重新启动，并相应地更改行为。

（5）关机

关机通常在需要停止节点一段时间时使用。此时，LRM 将停止其管理的所有服务。也就是说，其他节点将接手继续运行这些服务。需要注意的是，最新的服务器往往配置了大容量内存。所以我们先停止所有资源运行，然后在其他节点启动，以避免大量内存数据的在线迁移。如果希望使用在线迁移，你需要在关闭节点前手工执行。

（6）重启

重启节点可使用 reboot 命令，这通常在安装新内核后执行。请注意重启和“关机”的区别，重启后节点会很快恢复运行。重启前，LRM 告诉 CRM 它希望重启，并等待 CRM 将所有资源置于 freeze 状态，这样相关资源就不会迁移到其他节点。重启后 CRM 将在当前节点重启相关资源。

（7）手工迁移资源

可以在关机或重启前手工把资源迁移到其他节点运行。该方式的好处是可全程掌控资源运行状态，并且可以决定使用在线迁移或离线迁移。需要注意的是，请不要使用命令关闭 pve-ha-crm、pve-ha-lrm 或 watchdog-mux 等服务。由于它们是基于软件狗的管理服务，这样做可能会导致服务器重启。

7.2　配置和使用迁移

迁移功能是虚拟化平台实现高可用特性的基础。Proxmox VE 平台支持多种迁移方式。本节将介绍如何迁移虚拟机和容器。

7.2.1　迁移介绍

Proxmox VE 使用集群化部署后，我们可以将虚拟机从一台节点主机迁移到另一台节点主机。Proxmox VE 支持在线迁移和离线迁移两种模式。

1. 在线迁移

如果虚拟机没有使用 Proxmox VE 服务器的本地资源，可以直接发起在线迁移命令，也就是在虚拟机开机运行状态下进行迁移操作。

2. 离线迁移

如果虚拟机使用了 Proxmox VE 服务器的本地资源，但只要虚拟硬盘所处的存储服务在源服务器和目的服务器都有配置，仍然可以离线迁移虚拟机。在迁移操作中，Proxmox VE 会通过网络将虚拟机硬盘镜像复制到目标服务器。

在线迁移时，目标服务器将启动一个 QEMU 进程，该进程设置有 incoming 标识，启动后将等待接收来自源虚拟机的内存数据和设备状态信息（由于其他资源如磁盘数据等都在共享存储上，因此只需要传输内存数据和设备状态即可）。

一旦建立连接，源虚拟机会以异步方式将内存数据传输给目标 QEMU 进程。如果在传输过程中内存数据发生了改变，相应的内存段会被标记成脏数据，并被再次传输。该过程将反复进行，直到剩余待传输数据量变得非常小，此时在线迁移将暂时冻结源虚拟机运行，并将剩余数据传输给目标，然后在目标节点恢复虚拟机继续运行，一般虚拟机中断运行时间不超过 1s。

7.2.2 迁移的前提条件

离线迁移基本上不受限制，使用在线迁移需要满足以下条件。

- 虚拟机未使用本地资源（如直通设备、本地磁盘等）。
- 源主机和目标主机在同一个 Proxmox VE 集群中。
- 源主机和目标主机有（可靠的）网络连接。
- 目标主机 Proxmox VE 的版本不低于源主机（从高版本主机向低版本迁移有可能也可以，但不保证一定成功）。

7.2.3 迁移虚拟机

Proxmox VE 平台可以在不关机的情况下将一台虚拟机从当前节点主机迁移到其他主机。本小节介绍如何迁移虚拟机。

1）选择需要迁移的虚拟机，虚拟机 CentOS7-Web 位于 pve01 节点主机，使用本地硬盘存储，如图 7-1 所示，单击“迁移”按钮。

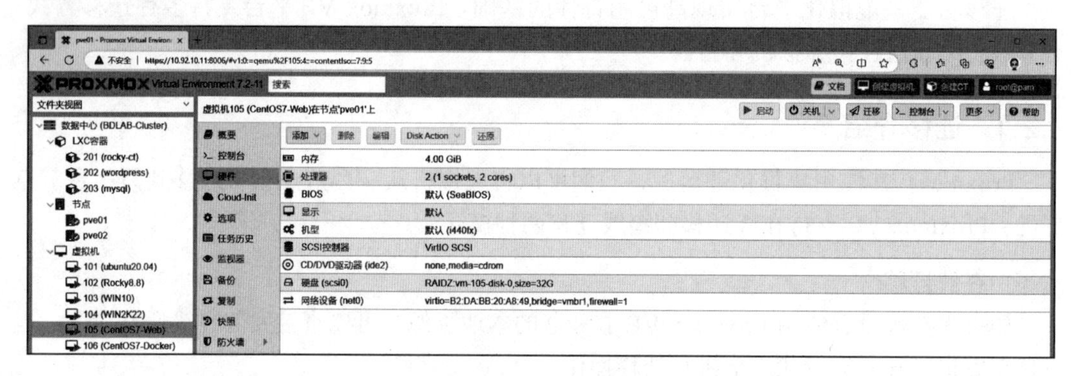

图 7-1 选择迁移的虚拟机

2）选择目标节点及目标存储，如图 7-2 所示，单击“迁移”按钮。

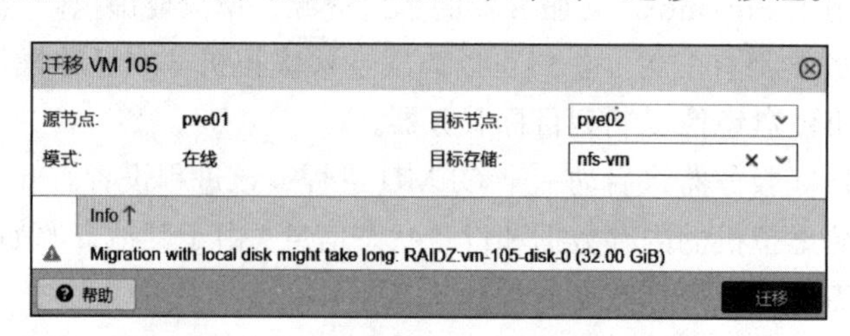

图 7-2 选择迁移目标节点及目标存储

3）虚拟机开始节点及存储的迁移，如图 7-3 所示。需要注意的是，迁移时间与存储、网络等相关。

4）虚拟机迁移完成，虚拟机 CentOS7-Web 位于 pve02 节点主机，使用 nfs-vm 存储，如图 7-4 所示。

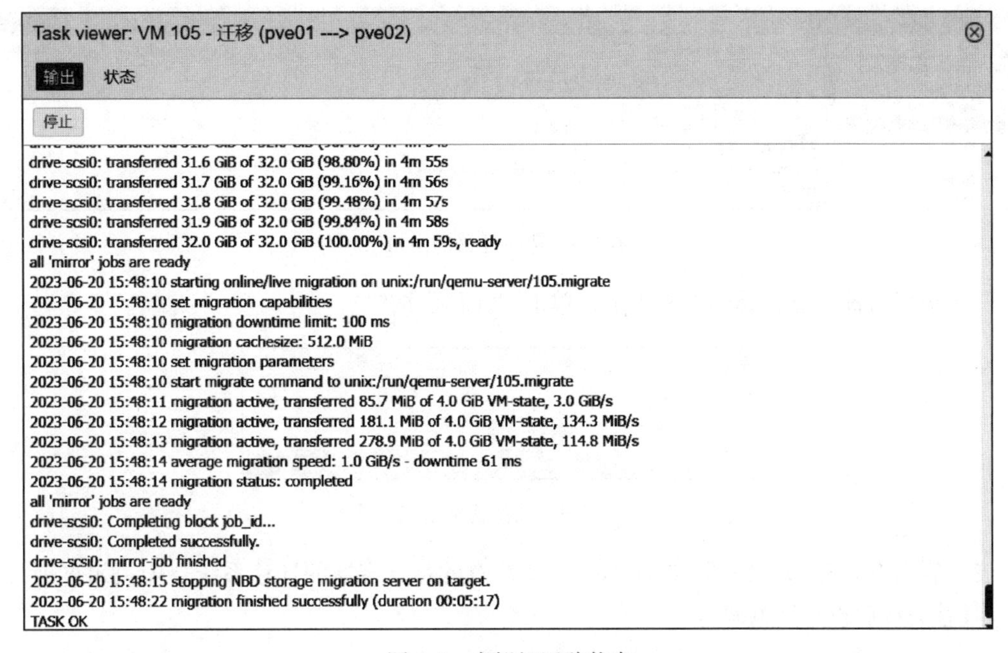

图 7-3　虚拟机迁移状态

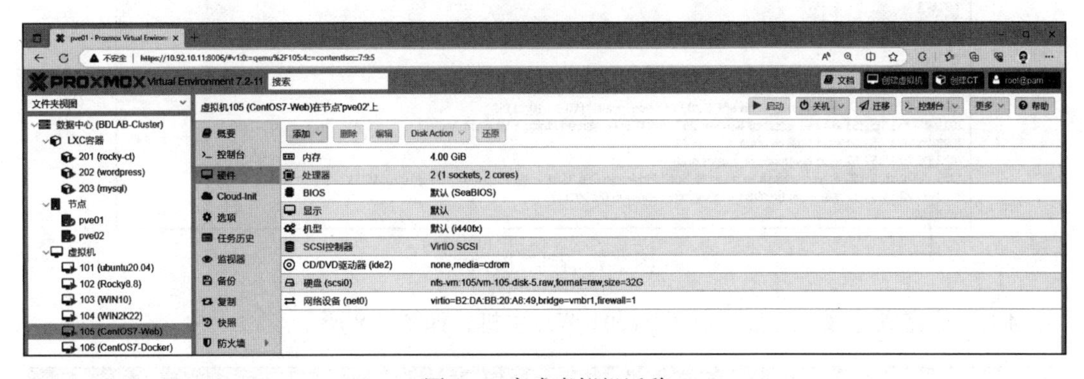

图 7-4　完成虚拟机迁移

7.2.4　迁移容器

Proxmox VE 平台也支持容器的迁移，但容器的迁移使用的是重启模式，也就是说在迁移过程中，容器会停止服务。在生产环境中需要结合实际情况使用。本小节介绍如何迁移容器。

1）选择需要迁移的容器，容器 wordpress 位于 pve02 节点主机，如图 7-5 所示，单击“迁移”按钮。

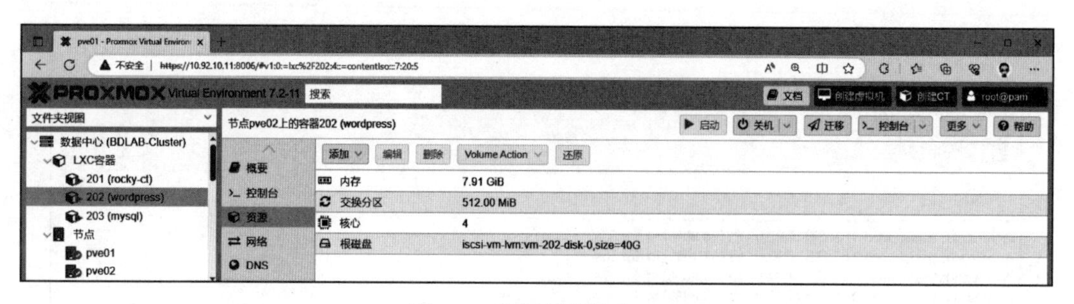

图 7-5　选择迁移的窗口

2）选择目标节点，如图 7-6 所示，单击“迁移”按钮。

图 7-6　选择目标节点

3）容器开始迁移，如图 7-7 所示。需要注意的是，容器的迁移系统会先关闭再进行迁移，迁移完成后再打开电源。

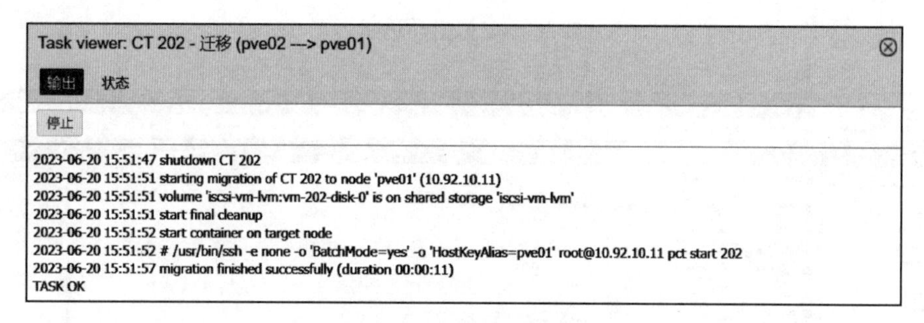

图 7-7　容器迁移状态

4）容器完成迁移，迁移后位于 pve01 节点主机，如图 7-8 所示。

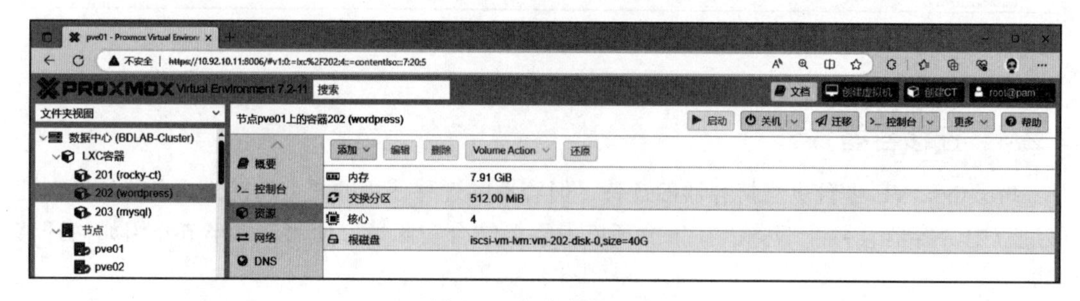

图 7-8　完成容器迁移

7.3　配置和使用高可用

高可用（High Availability，HA）是 Proxmox VE 平台支持的高级特性之一，其作用是在节点主机故障时，虚拟机和容器可以在其他节点重新启动，以便快速恢复提供的服务。本节介绍如何配置虚拟机和容器的高可用。

7.3.1　使用高可用的前提条件

在开始部署高可用前，因此我们需要了解实现高可用的前提条件。

- 集群最少有 3 个节点。
- 虚拟机和容器使用共享存储。
- 硬件冗余（各个层面）。
- 使用可靠的“服务器”硬件。
- 可选的硬件隔离设备。

7.3.2　配置高可用

了解高可用的使用条件后，就可以在 Proxmox VE 上配置。本小节介绍如何配置高可用。

1）选择数据中心的 HA 中的“群组”选项，如图 7-9 所示，单击“创建”按钮。

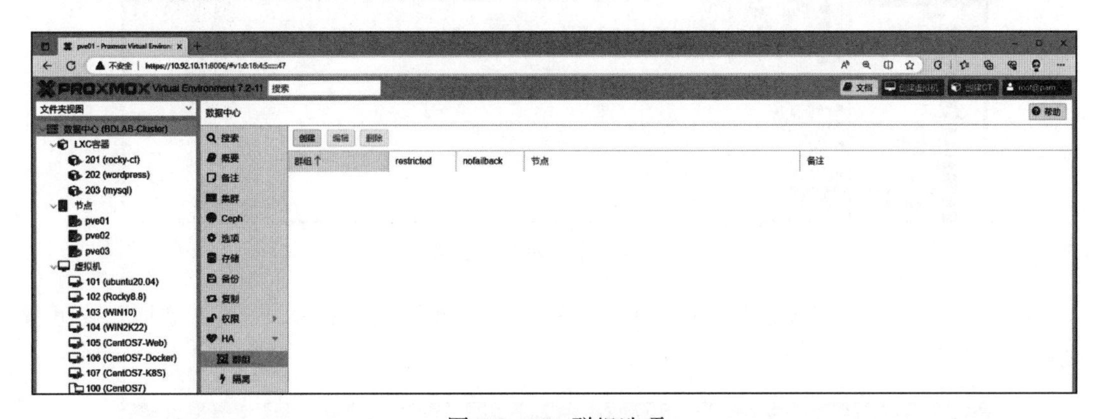

图 7-9　HA 群组选项

2）创建 HA 组，输入 ID 信息，勾选需要参与的节点主机及设置优先级，如图 7-10 所示，单击“创建”按钮。

参数解释如下。

- restricted：勾选该选项时，当勾选的节点故障后，未勾选的节点可以正常运行，这种情况下，虚拟机不会在正常运行的节点上重新启动。
- nofailback：勾选该选项时，当虚拟机所在的节点故障，虚拟机在其他节点重新启动正常运行后，如果原节点恢复，虚拟机不会重新迁移到原节点运行。

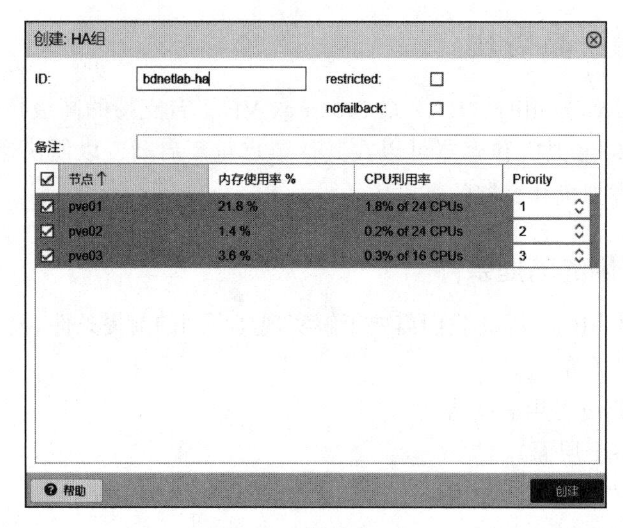

图 7-10 创建 HA 组

3）HA 组创建完成，如图 7-11 所示。

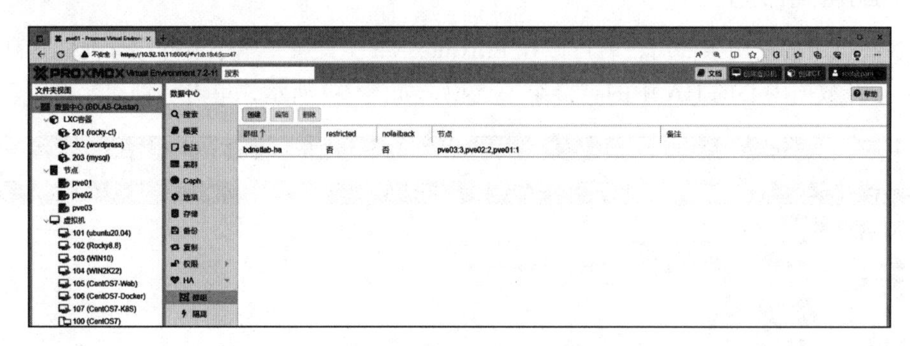

图 7-11 HA 组创建完成

4）查看数据中心 HA 信息，目前处于 OK 状态，如图 7-12 所示，单击“添加”按钮添加虚拟机资源。

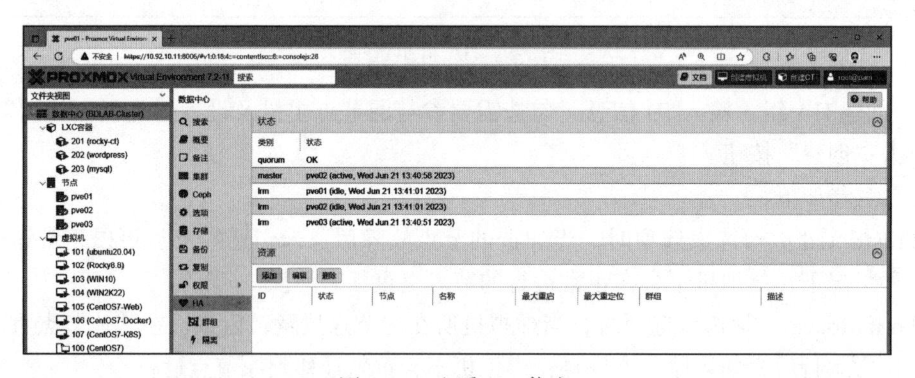

图 7-12 查看 HA 信息

5）选择需要提供 HA 保护的虚拟机，如图 7-13 所示。

添加: 资源: 容器/虚拟机

VM:　群组:

最大重启:

最大重定位:

备注:

帮助

ID ↑	名称	节点	状态	类别
100	CentOS7	pve01	stopped	虚拟机
101	ubuntu20.04	pve01	running	虚拟机
102	Rocky8.8	pve01	running	虚拟机
103	WIN10	pve01	running	虚拟机
104	WIN2K22	pve01	running	虚拟机
105	CentOS7-Web	pve03	running	虚拟机
106	CentOS7-Docker	pve03	running	虚拟机
107	CentOS7-K8S	pve03	running	虚拟机
201	rocky-ct	pve03	running	LXC容器
202	wordpress	pve03	running	LXC容器
203	mysql	pve03	running	LXC容器

图 7-13　选择需要 HA 虚拟机

6）选择请求状态，如图 7-14 所示。

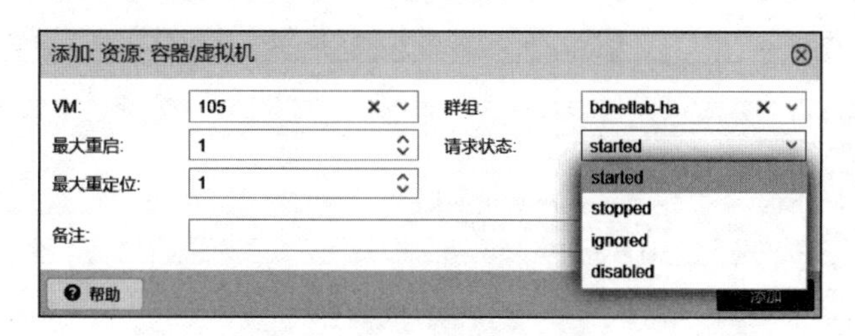

图 7-14　HA 各种请求状态

参数解释如下。

- ❑ started：执行 HA 操作后，虚拟机或容器在其他节点重新启动。
- ❑ stopped：执行 HA 操作后，虚拟机或容器在其他节点关机。
- ❑ ignored：执行 HA 操作后，不对虚拟机或容器做任何操作。
- ❑ disabled：执行 HA 操作后，对虚拟机或容器关机。

7）配置资源其他参数信息，如图 7-15 所示，单击“添加”按钮。

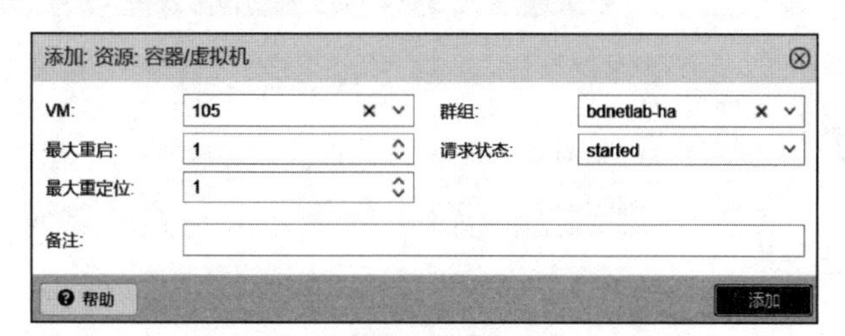

图 7-15　为虚拟机配置 HA 状态

8）虚拟机配置 HA 保护需要经历三个状态，目前处于 queued 状态，如图 7-16 所示。

9）虚拟机进入 starting 状态，如图 7-17 所示。

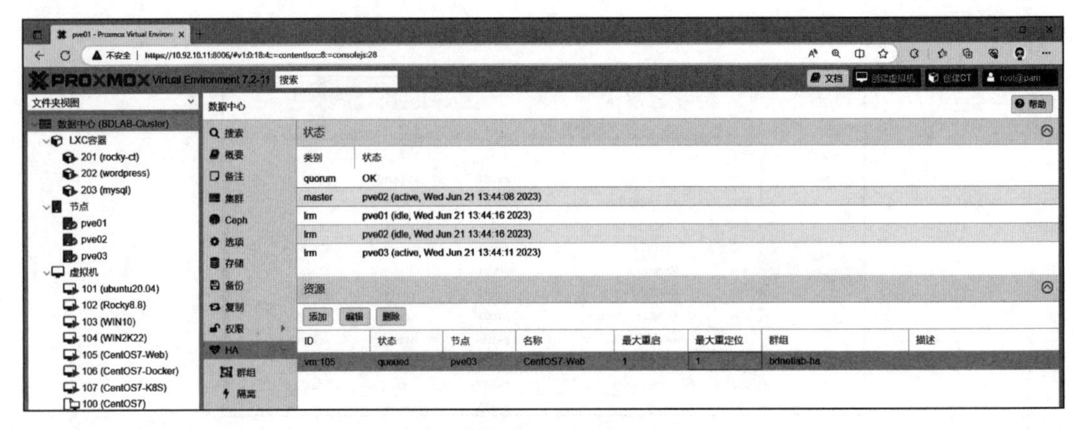

图 7-16　虚拟机处于 queued 状态

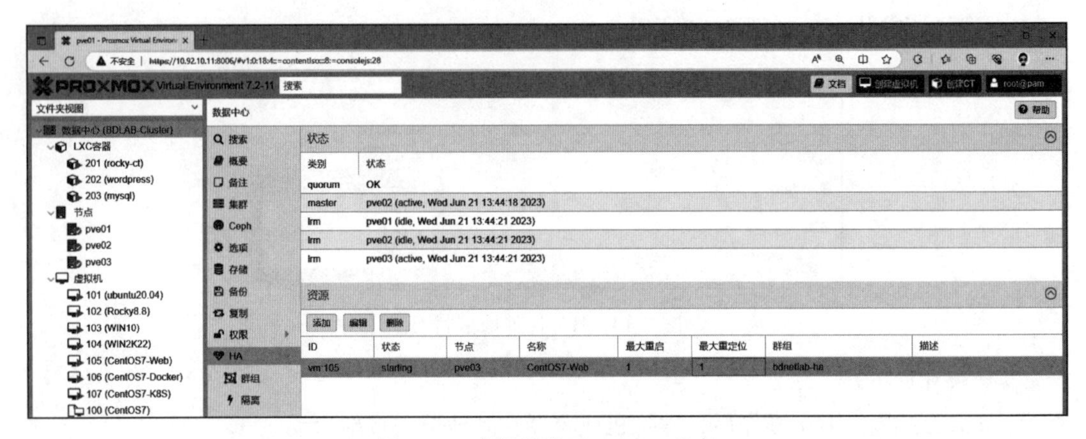

图 7-17　虚拟机处于 starting 状态

10）虚拟机进入 started 状态，如图 7-18 所示。此状态代表 HA 配置完成。

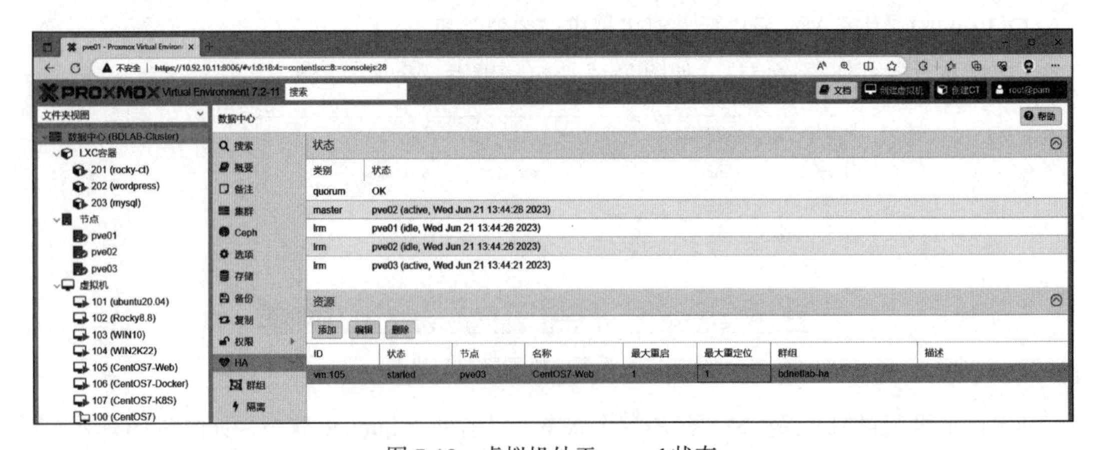

图 7-18　虚拟机处于 started 状态

11）按照相同的步骤添加其他虚拟机，如图 7-19 所示。

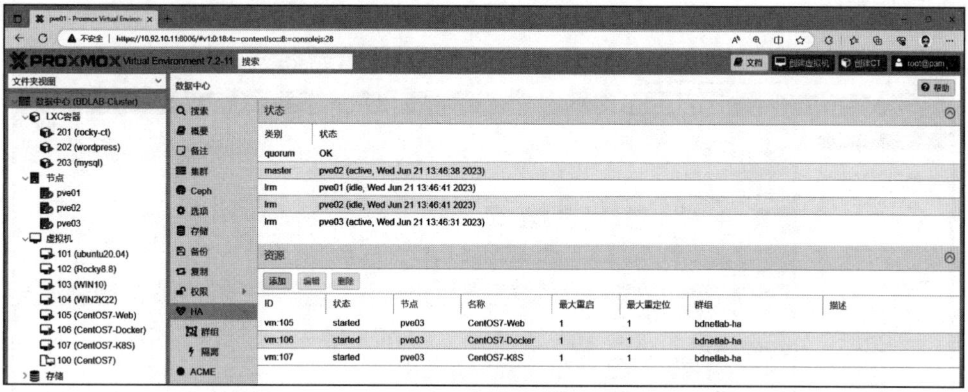

图 7-19　添加其他虚拟机进入 HA

12）模拟 pve03 节点故障，目前已处于离线状态，如图 7-20 所示。

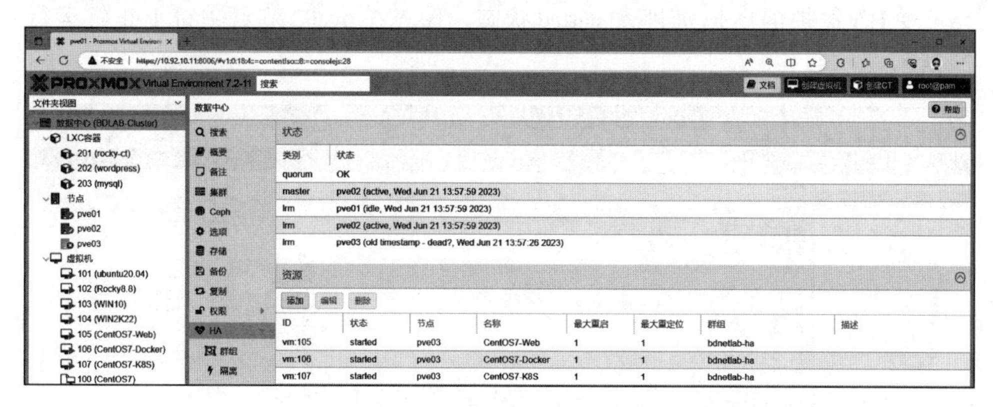

图 7-20　模拟节点主机故障

13）系统检测到节点主机故障，受 HA 保护的虚拟机进入 fence 状态，如图 7-21 所示。

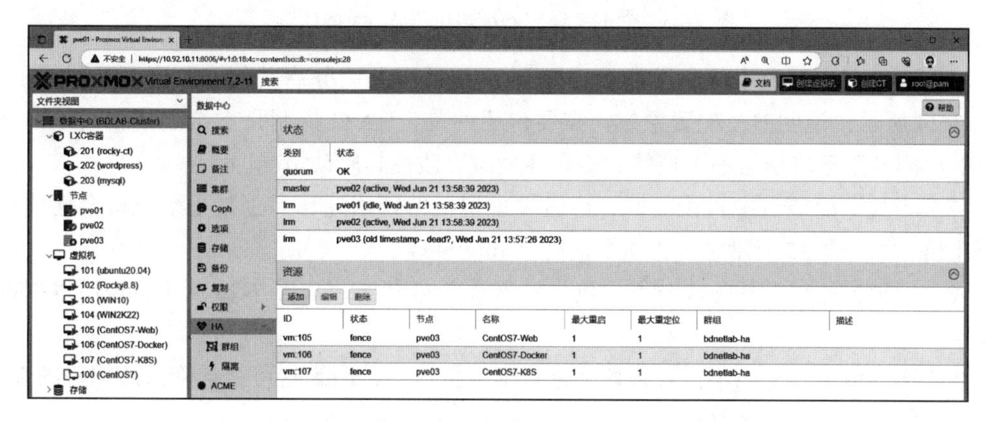

图 7-21　受 HA 保护的虚拟机进入 fence 状态

14）受 HA 保护的虚拟机进入 starting 状态，开始在 pve02 节点主机上进行重新启动，如图 7-22 所示。

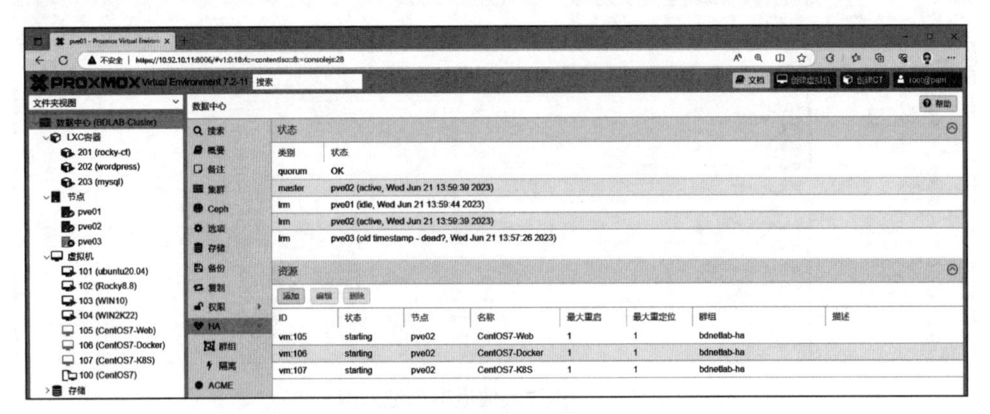

图 7-22　受 HA 保护的虚拟机进入 starting 状态

15）受 HA 保护的虚拟机进入 started 状态，代表在 pve02 节点主机上正常运行，如图 7-23 所示。

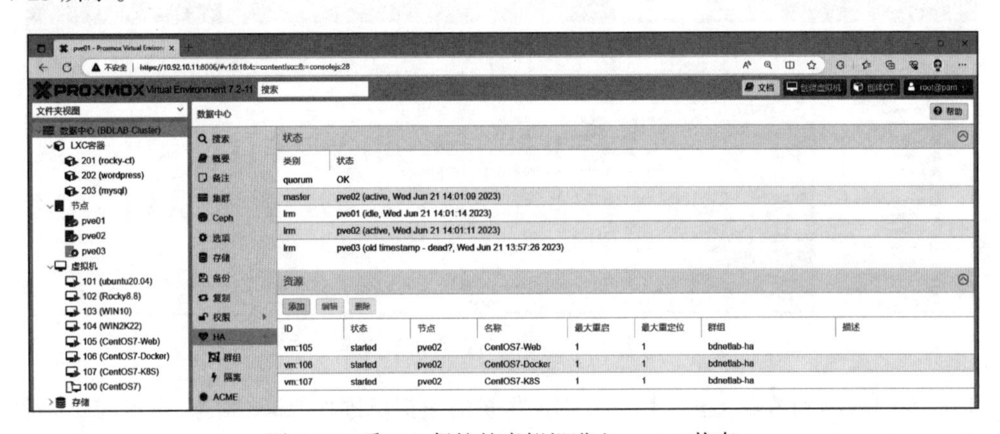

图 7-23　受 HA 保护的虚拟机进入 started 状态

16）登录其中一台虚拟机控制台，查看 IP 地址以及服务启动信息，可以看到均正常，如图 7-24 所示，说明 HA 配置生效。需要说明的是，HA 的机制是虚拟机重新启动，重新启动的时间及服务启动是不可控的，生产环境需要监控其启动情况。

17）当故障的节点主机恢复时，会触发虚拟机的往回迁移，也就是虚拟机会迁移回源节点主机，如图 7-25 所示，虚拟机目前处于 migrate 状态。

18）虚拟机迁移至 pve03 节点主机，进入 started 状态，如图 7-26 所示，说明虚拟机运行正常。

在生产环境中，可能不需要频繁地进行虚拟机迁移，因为这可能会降低虚拟机的性能。相反，我们可以通过调整 HA 组来实现。

图 7-24　查看虚拟机是否受影响

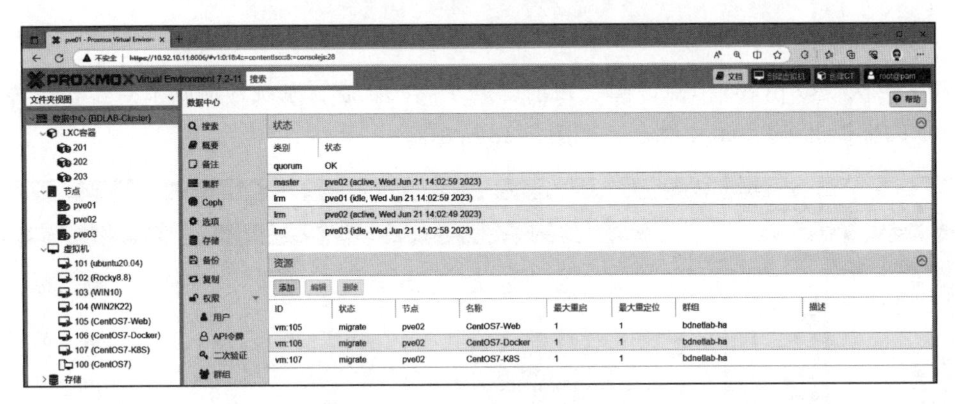

图 7-25　虚拟机往回迁移

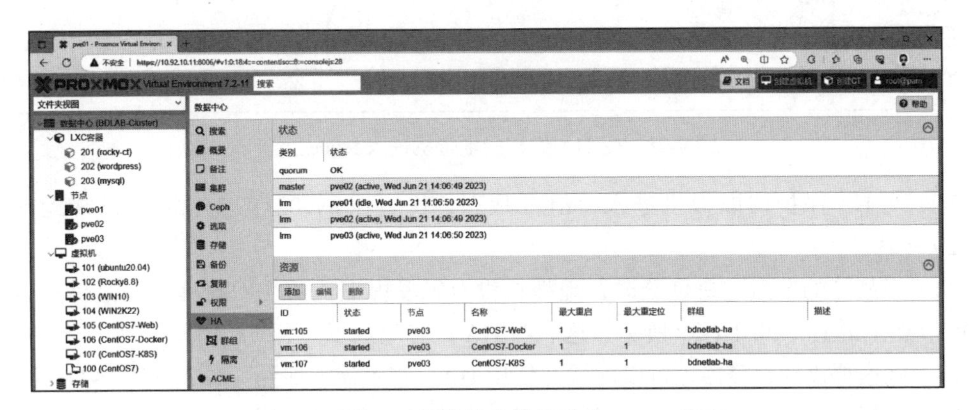

图 7-26　受 HA 保护的虚拟机进入 started 状态

19）编辑 HA 组参数，勾选“nofailback”，如图 7-27 所示，单击“OK”按钮。

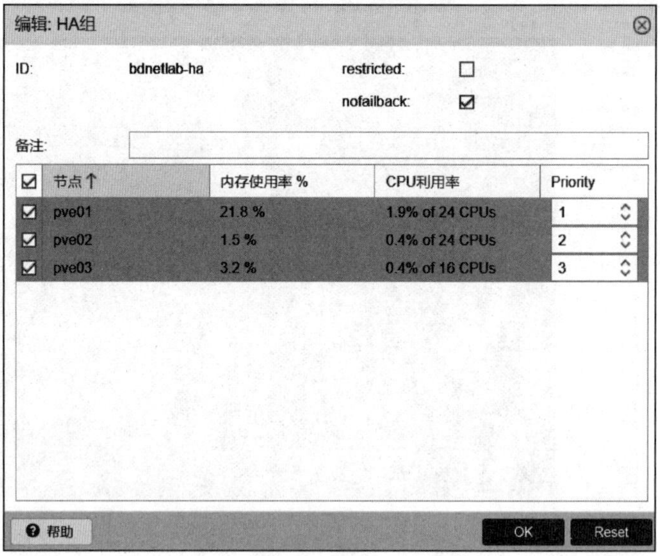

图 7-27　调整 HA 组选项

20）再次模拟 pve03 节点故障，目前已处于离线状态，系统检测到节点主机故障，受 HA 保护的虚拟机进入 fence 状态，如图 7-28 所示。

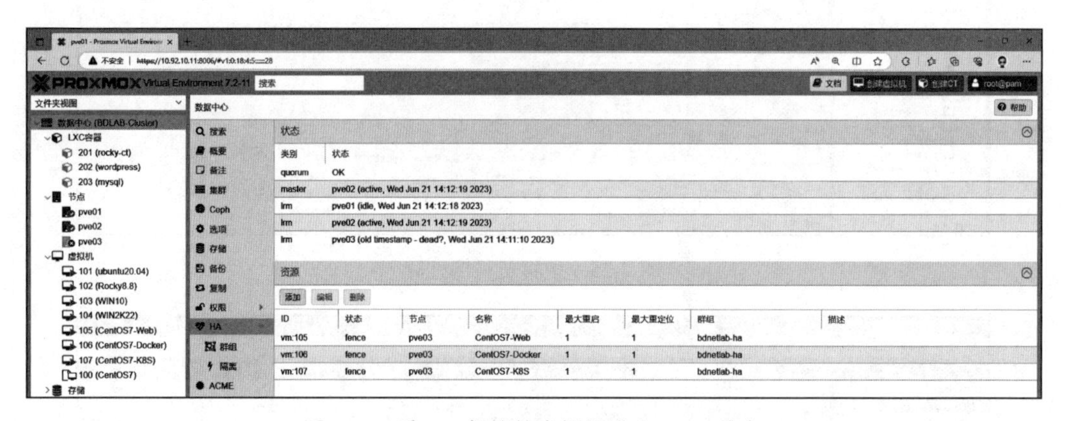

图 7-28　受 HA 保护的虚拟机进入 fence 状态

21）受 HA 保护的虚拟机进入 started 状态，代表在 pve02 节点主机上正常运行，如图 7-29 所示。

22）当故障的节点主机恢复时，虚拟机没有触发虚拟机的往回迁移，而是仍然运行在 pve02 节点主机上，如图 7-30 所示，这表明 HA 配置生效了。

23）除虚拟机外，容器也可以配置并使用 HA，将容器添加到资源，如图 7-31 所示。

24）模拟 pve03 节点故障，目前已处于离线状态，如图 7-32 所示。

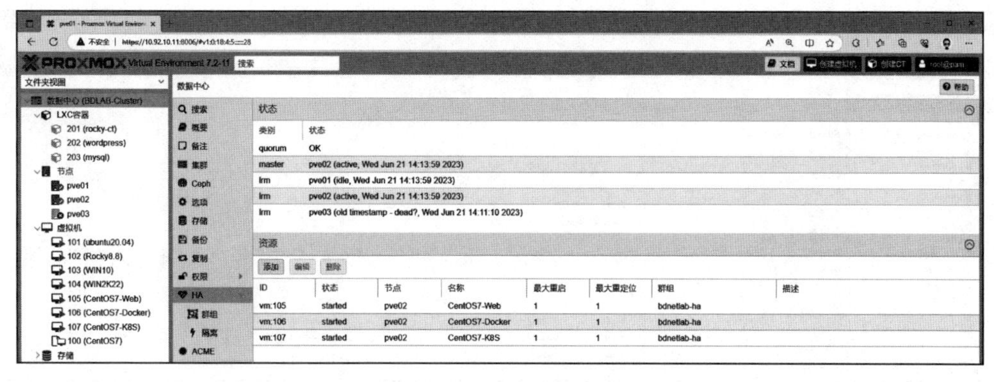

图 7-29　受 HA 保护的虚拟机进入 started 状态

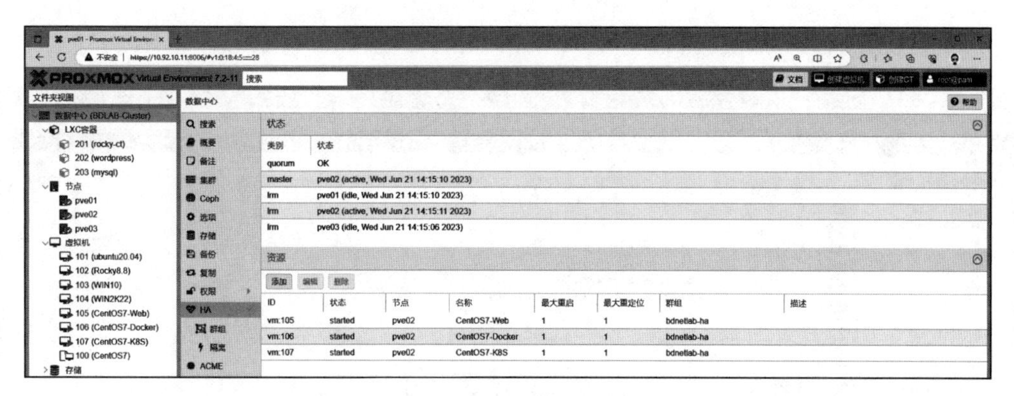

图 7-30　受 HA 保护的虚拟机未往回迁移

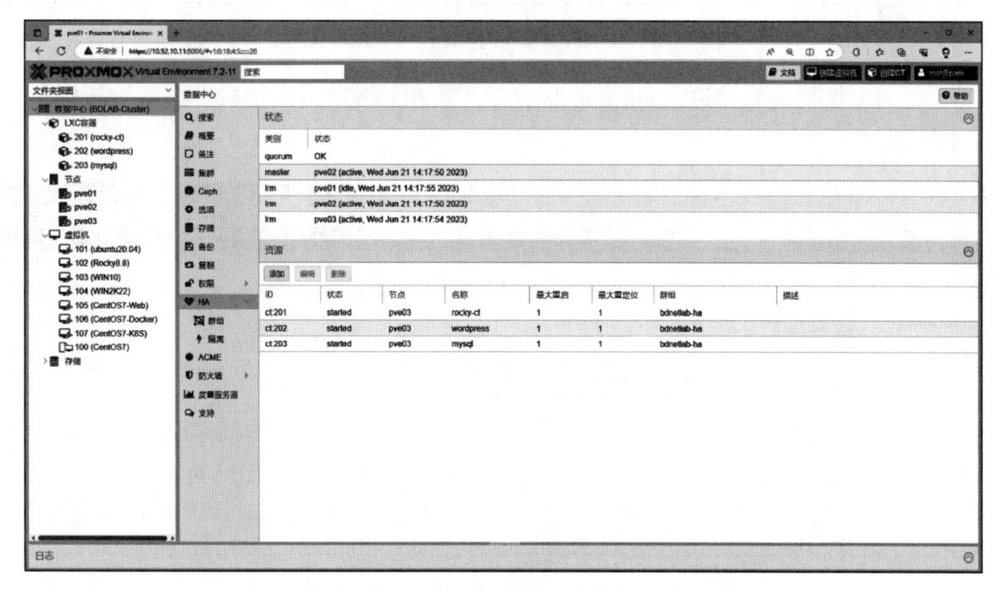

图 7-31　配置容器使用 HA

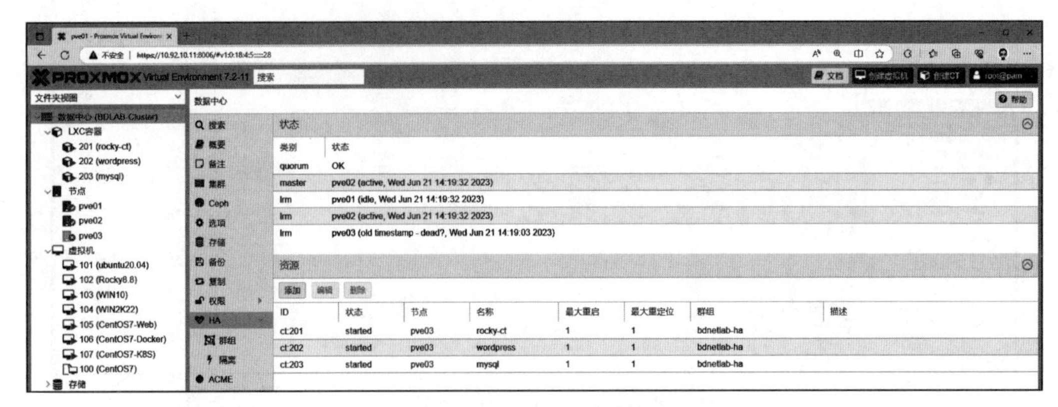

图 7-32　模拟节点主机故障

25）系统检测到节点主机故障，受 HA 保护的容器进入 fence 状态，如图 7-33 所示。

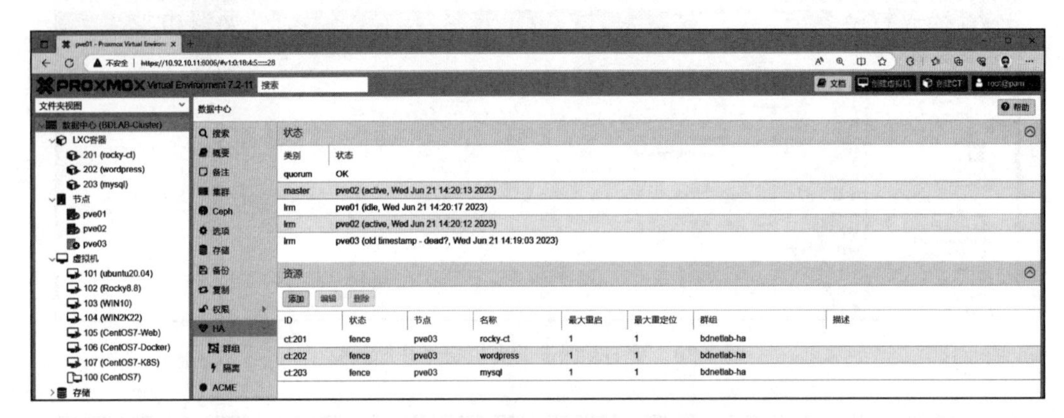

图 7-33　受 HA 保护的容器进入 fence 状态

26）受 HA 保护的容器进入 starting 状态，开始在 pve02 节点主机上进行重新启动，如图 7-34 所示。

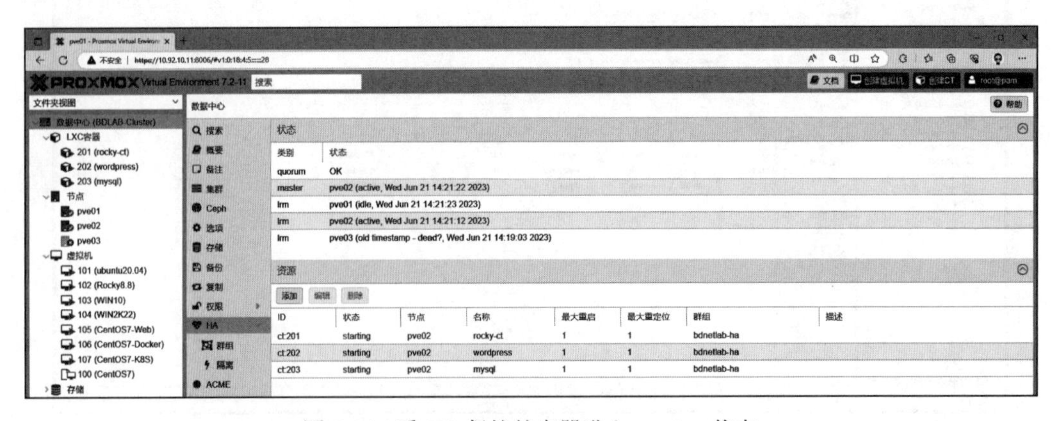

图 7-34　受 HA 保护的容器进入 starting 状态

27）受 HA 保护的容器进入 started 状态，代表在 pve02 节点主机上正常运行，如图 7-35 所示。

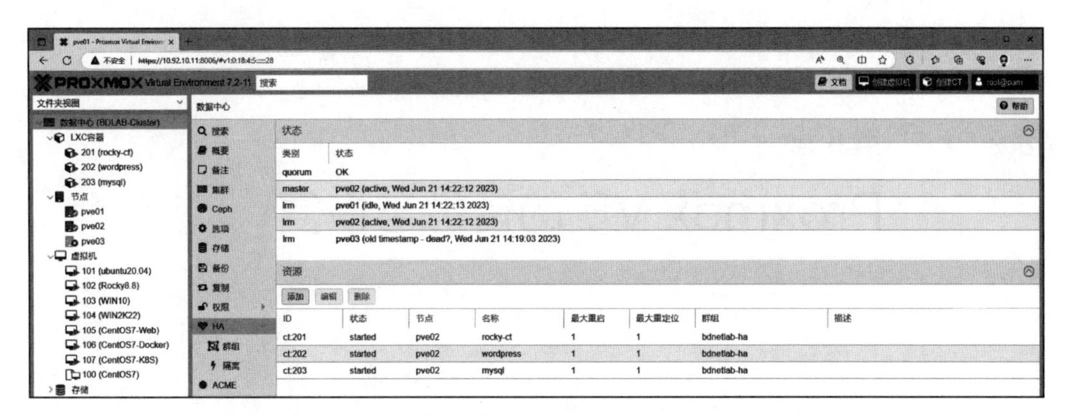

图 7-35　受 HA 保护的容器进入 started 状态

7.4　本章小结

本章介绍了如何在 Proxmox VE 平台上迁移虚拟机和容器，以及如何配置和使用高可用性。在生产环境中，服务器、虚拟机和容器等需要持续地对外提供服务，因此确保服务始终在线变得非常重要。提高可用性的方法有很多，最好的方式是重写软件，以便软件能够同时在多个主机上并发运行。这要求软件本身具备错误检测和故障转移能力。但是，在更多情况下，这种方式非常复杂，经常因为无法修改软件而完全没有可行性。Proxmox VE 虚拟化技术能够轻松实现服务的高可用性。在配置了冗余存储和网络资源的情况下，当遭遇个别服务器节点故障时，可以很容易在集群中其他服务器节点上恢复服务运行。

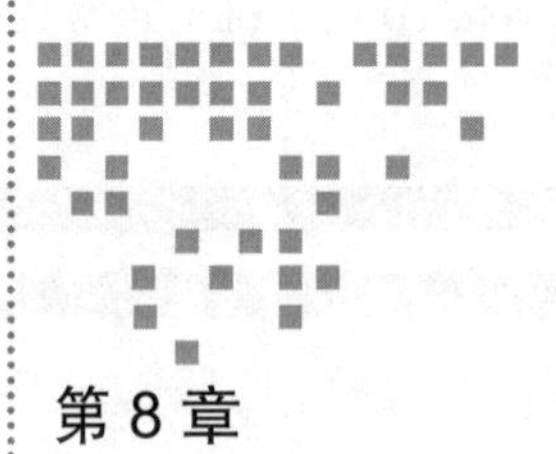

Chapter 8 第 8 章

Proxmox VE 的备份与恢复

虚拟机和容器的日常备份非常重要。当虚拟机或容器发生故障时，如果使用高级特性也无法解决，则可以通过还原的方式将其恢复到故障前的状态。在 Proxmox VE 平台上备份虚拟机或容器有多种方式，比较常用的方式是使用内置备份以及专业备份工具。本章介绍如何使用内置备份以及专业的 Proxmox Backup Server 工具进行备份和还原。

8.1 配置和使用内置备份

Proxmox VE 内置了一套完整的备份解决方案，能够对任意存储服务上的任何类型的虚拟机进行备份。需要注意的是，Proxmox VE 内置的备份目前只支持全备份，不支持增量备份，即备份包括虚拟机和容器的配置及全部数据。

8.1.1 使用内置工具备份虚拟机

Proxmox VE 内置备份工具已集成在平台中，可直接使用。本小节将介绍如何使用内置备份工具备份虚拟机。

1）在“数据中心”选项中选择“备份”，如图 8-1 所示，单击“添加”按钮添加备份作业。

2）创建备份作业，需要选择备份所使用的存储，如图 8-2 所示，可以根据生产环境的实际情况进行选择。

3）选择备份的计划，如图 8-3 所示。内置备份工具提供多种备份计划，可以根据生产环境的实际情况进行选择。

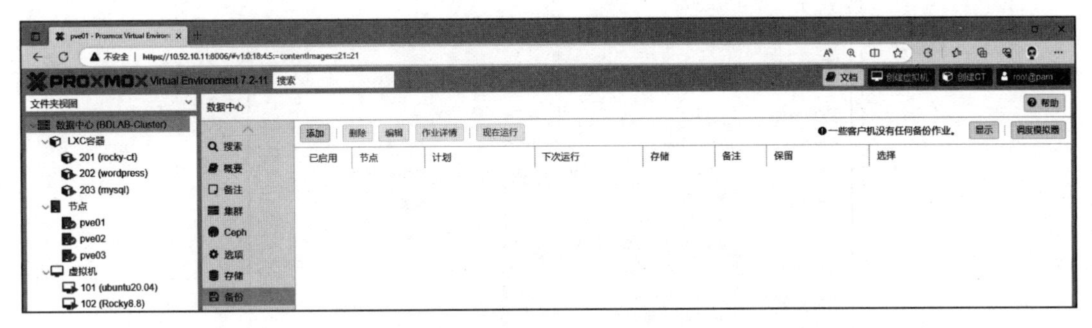

图 8-1　添加备份作业

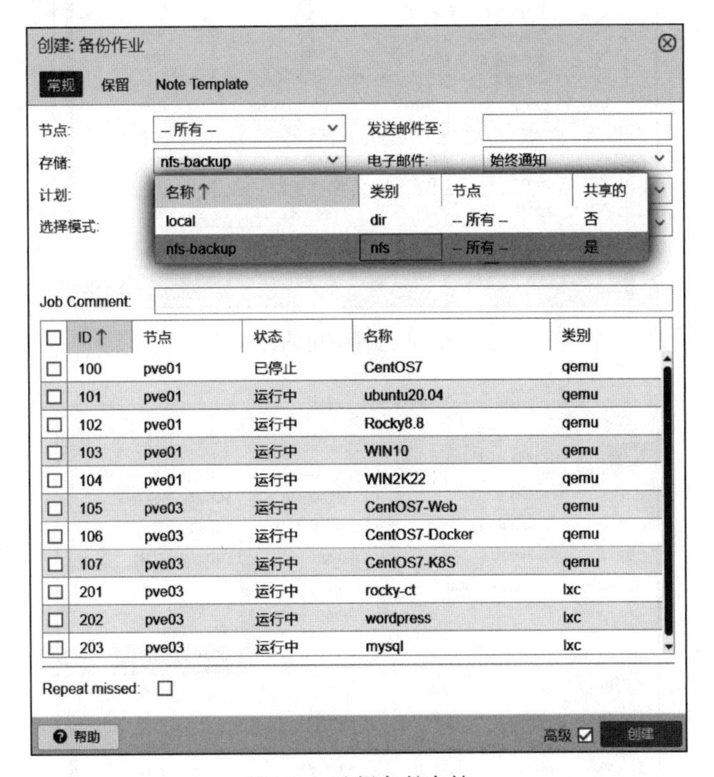

图 8-2　选择备份存储

4）选择备份压缩的方式，如图 8-4 所示。根据生产环境的实际情况进行选择即可。

5）选择备份的模式，如图 8-5 所示。快照模式是指对虚拟机磁盘进行快照后，由快照进行备份作业。挂起模式是将虚拟机暂停，将备份完成后再运行，此模式下虚拟机暂停服务。停止模式是将虚拟机关机后进行备份，备份完成后虚拟机再打开电源。在生产环境中可根据实际情况进行选择。

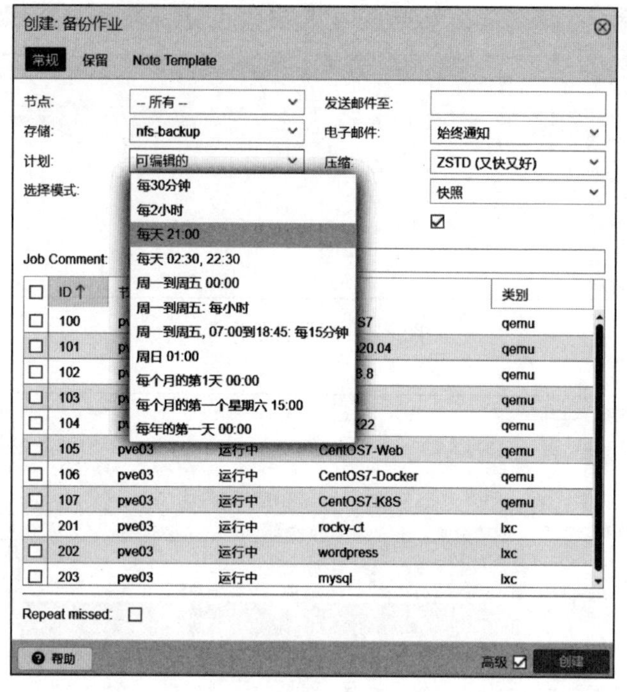
创建: 备份作业
常规
保留
Note Template
节点:
-- 所有 --
发送邮件至:
存储:
nfs-backup
电子邮件:
始终通知
计划:
可编辑的
压缩:
ZSTD (又快又好)
选择模式:
快照
每30分钟
每2小时
每天 21:00
每天 02:30, 22:30
周一到周五 00:00
周一到周五: 每小时
周一到周五, 07:00到18:45: 每15分钟
周日 01:00
每个月的第1天 00:00
每个月的第一个星期六 15:00
每年的第一天 00:00
Job Comment:
ID
类别
100 qemu
101 qemu
102 qemu
103 qemu
104 qemu
105 pve03 运行中 CentOS7-Web qemu
106 pve03 运行中 CentOS7-Docker qemu
107 pve03 运行中 CentOS7-K8S qemu
201 pve03 运行中 rocky-ct lxc
202 pve03 运行中 wordpress lxc
203 pve03 运行中 mysql lxc
Repeat missed:
帮助
高级
创建

图 8-3 选择备份的计划

创建: 备份作业
常规
保留
Note Template
节点:
-- 所有 --
发送邮件至:
44222798@qq.com
存储:
nfs-backup
电子邮件:
仅在失败时
计划:
21:00
压缩:
ZSTD (又快又好)
选择模式:
包括选中的VMs
模式:
启用:
无
LZO (快速)
GZIP (很好)
ZSTD (又快又好)
Job Comment:
ID 节点 状态 名称 类别
100 pve01 已停止 CentOS7 qemu
101 pve01 运行中 ubuntu20.04 qemu
102 pve01 运行中 Rocky8.8 qemu
103 pve01 运行中 WIN10 qemu
104 pve01 运行中 WIN2K22 qemu
105 pve03 运行中 CentOS7-Web qemu
106 pve03 运行中 CentOS7-Docker qemu
107 pve03 运行中 CentOS7-K8S qemu
201 pve03 运行中 rocky-ct lxc
202 pve03 运行中 wordpress lxc
203 pve03 运行中 mysql lxc
Repeat missed:
帮助
高级
创建

图 8-4 选择备份压缩的方式

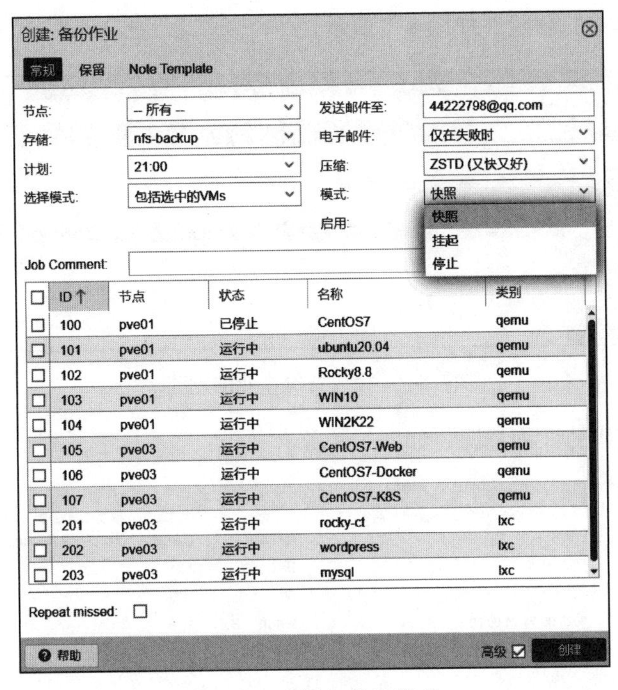

图 8-5　选择备份的模式

6）勾选需要备份的虚拟机，如图 8-6 所示，单击“创建”按钮。

图 8-6　选择备份的虚拟机

7）完成备份作业的创建，如图 8-7 所示。

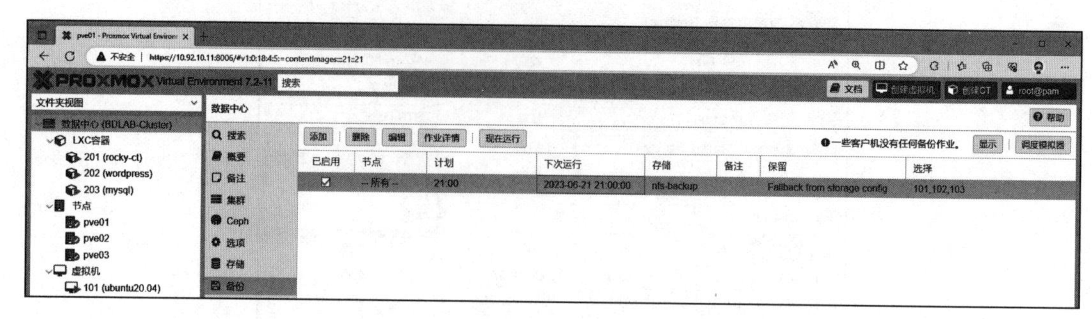

图 8-7　完成备份作业的创建

8）查看备份作业的详细情况，如图 8-8 所示。

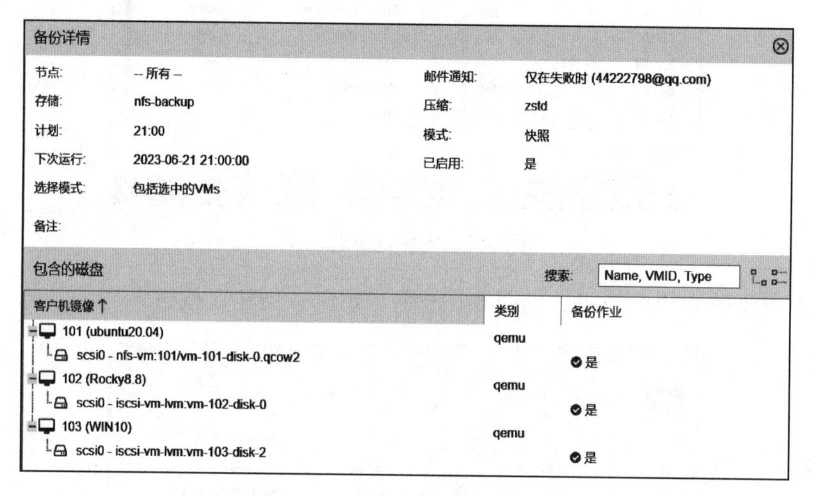

图 8-8　备份作业详细信息

9）可以通过单击“现在运行”按钮触发立即备份，如图 8-9 所示，单击“是”按钮。

图 8-9　启动备份作业

10）开始对虚拟机进行备份操作，如图 8-10 所示。

11）完成备份后查看虚拟机备份文件，如图 8-11 所示，虚拟机生成了一个备份文件。

12）因为 Proxmox VE 内置备份目前只支持全备份，如果虚拟机比较多，则对存储的容量要求会变高，我们可以调整备份作业的“保留”选项来确定保留备份的数量。如图 8-12 所示，此设置是保留虚拟机 10 天备份。

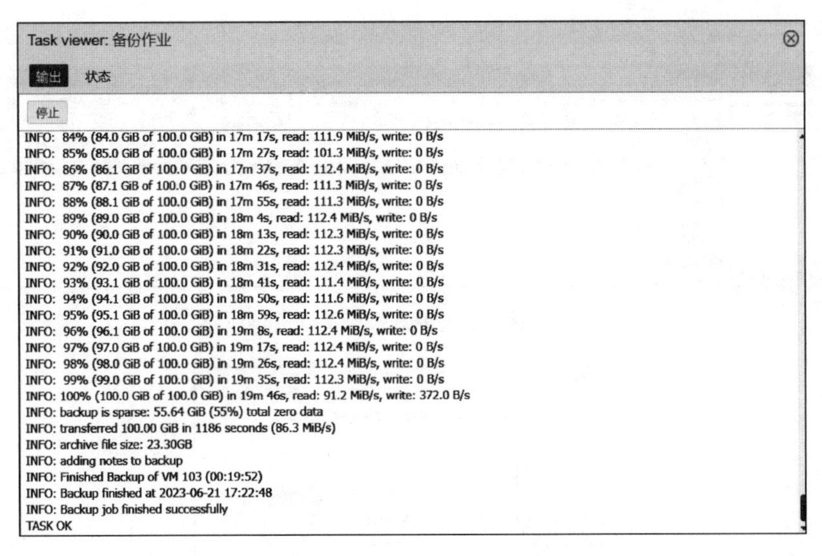

图 8-10 对虚拟机进行备份

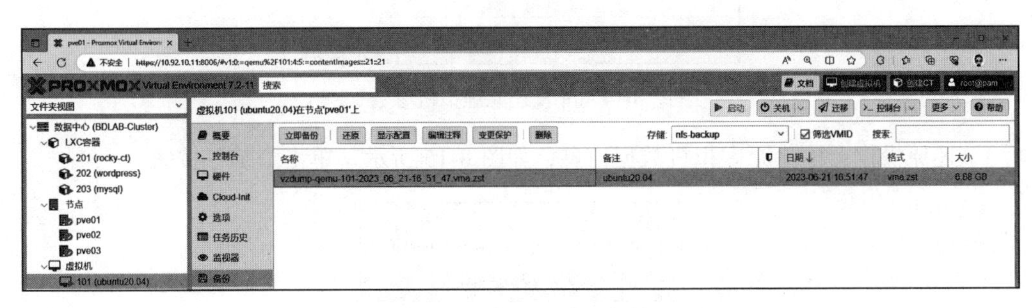

图 8-11 完成虚拟机备份

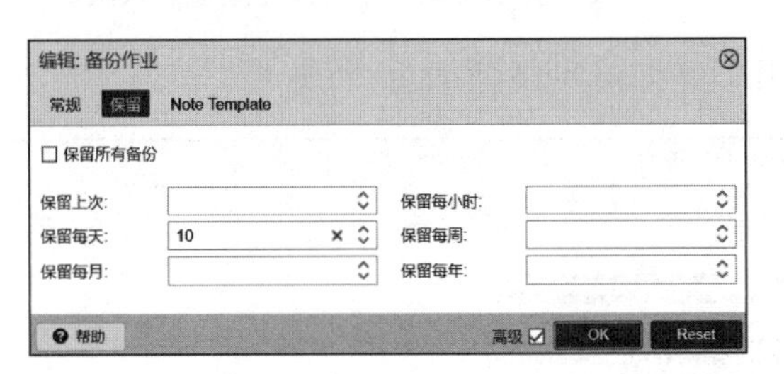

图 8-12 编辑备份作业

8.1.2 使用内置工具还原虚拟机

在备份好虚拟机之后，如果虚拟机出现问题，就可以使用备份文件进行恢复。本小节将介绍如何使用内置工具还原虚拟机。

1）选择需要还原的虚拟机备份文件，如图 8-13 所示，单击“还原”按钮。

2）配置还原虚拟机相关参数，如图 8-14 所示，单击“还原”按钮。

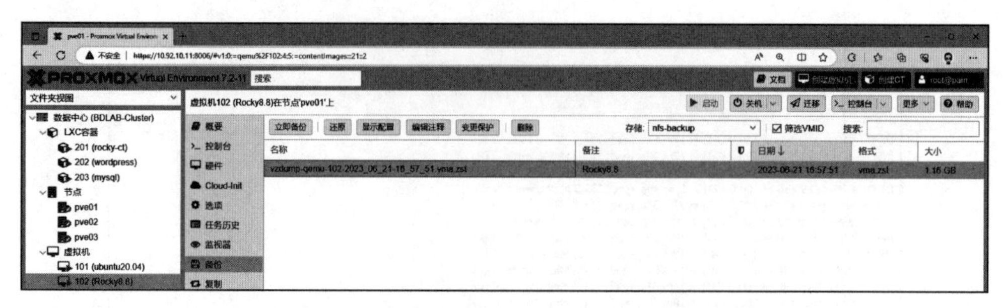

图 8-13　选择备份的虚拟机文件进行还原

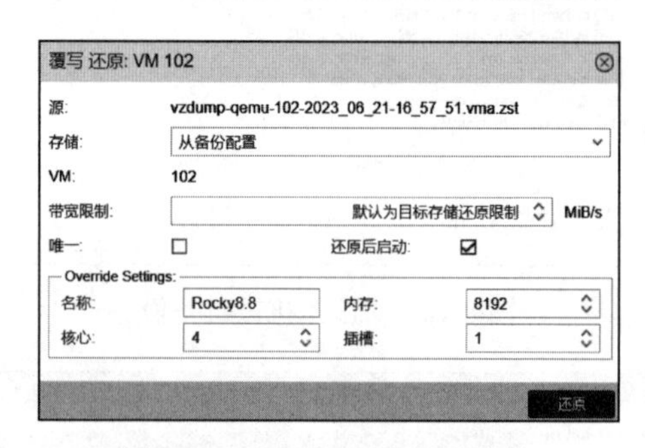

图 8-14　配置还原虚拟机参数

3）还原操作会擦除原虚拟机数据信息，如图 8-15 所示，单击“是”按钮。

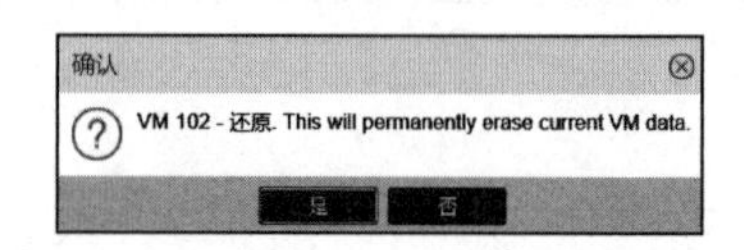

图 8-15　提示还原操作会擦除虚拟机数据

4）完成虚拟机的还原，如图 8-16 所示。

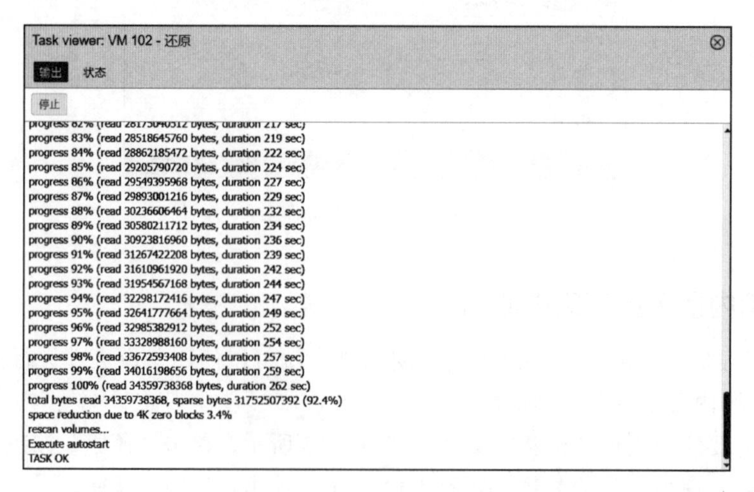

图 8-16　对虚拟机进行还原

8.2　配置和使用 Proxmox Backup Server

Proxmox Backup Server（简称 Proxmox BS 或 PBS）是 Proxmox VE 平台的备份解决方案，它使用开放的标准和技术来提供数据备份和恢复的功能。它基于 ZFS 和 LXC，提供了快速、可靠和安全的备份。Proxmox Backup Server 可以备份 Proxmox VE 虚拟机、容器及物理机。备份数据可以存储在本地存储或远程存储中，如 NFS、CIFS、SFTP、FTP、OpenStack Swift 等。Proxmox Backup Server 还提供了 Web 界面和 REST API，方便管理备份任务和数据恢复。

Proxmox Backup Server 支持完整备份和增量备份，并提供即时还原功能，可以在备份过程中启动虚拟机，加快了让服务立即上线接手运作的时间。

8.2.1　部署 Proxmox Backup Server

Proxmox Backup Server 需要部署后才能使用。Proxmox Backup Server 支持物理服务器或虚拟机部署。本小节采用虚拟机部署 Proxmox Backup Server。

1）创建一台虚拟机用于部署 Proxmox Backup Server，如图 8-17 所示。

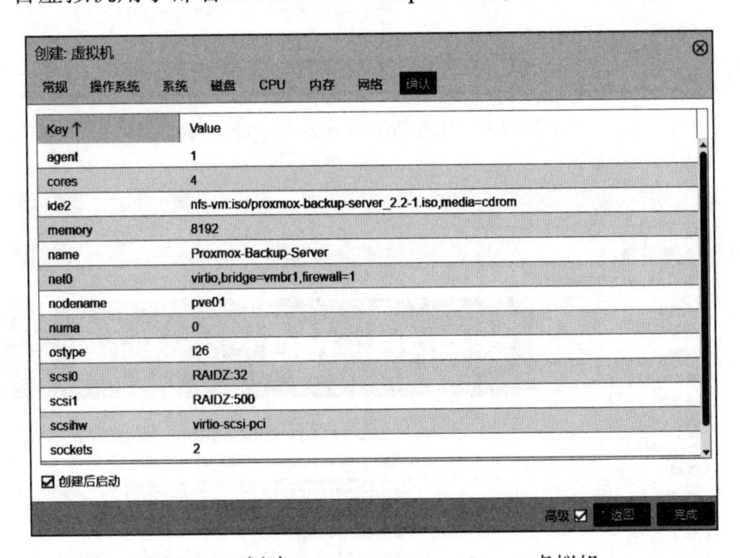

图 8-17　创建 Proxmox Backup Server 虚拟机

2）Proxmox Backup Server 镜像引导启动虚拟机，引导成功后选择“Install Proxmox Backup Server”选项，如图 8-18 所示。

3）阅读最终用户许可协议，单击“I agree”按钮接受协议，如图 8-19 所示。

4）选择部署使用的硬盘，如图 8-20 所示，单击“Next”按钮。

5）配置时区以及键盘类型，在 Country 文本框中输入 China 会自动带出 Time zone 信息，如图 8-21 所示，单击“Next”按钮。

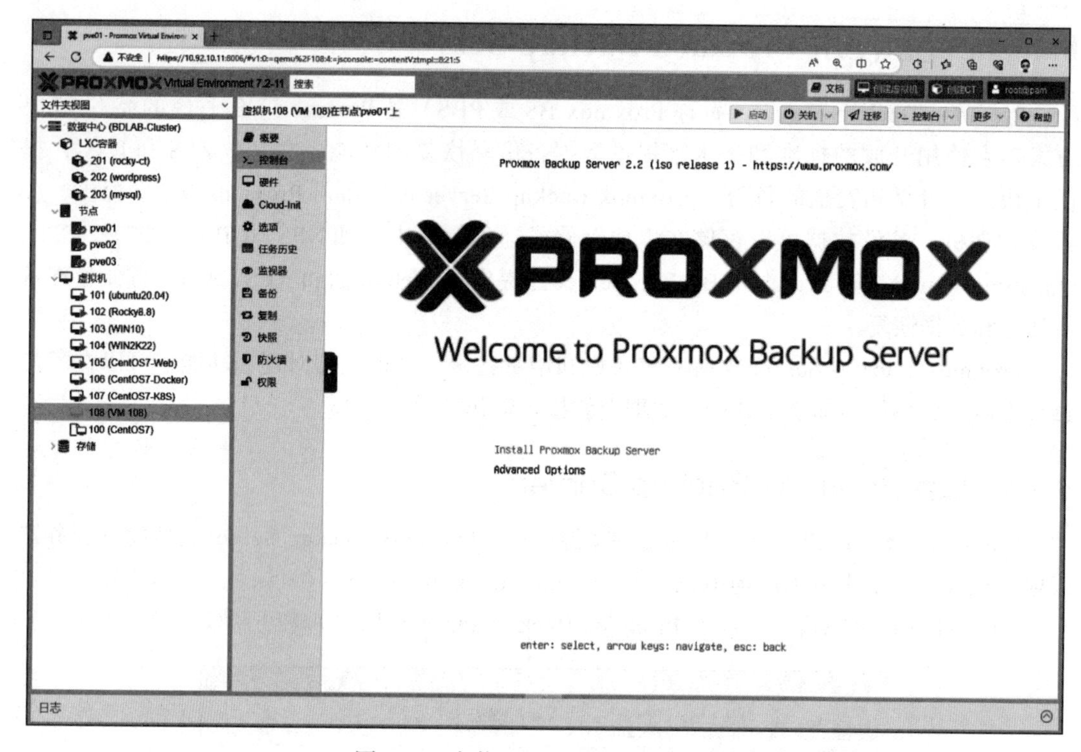

图 8-18　安装 Proxmox Backup Server

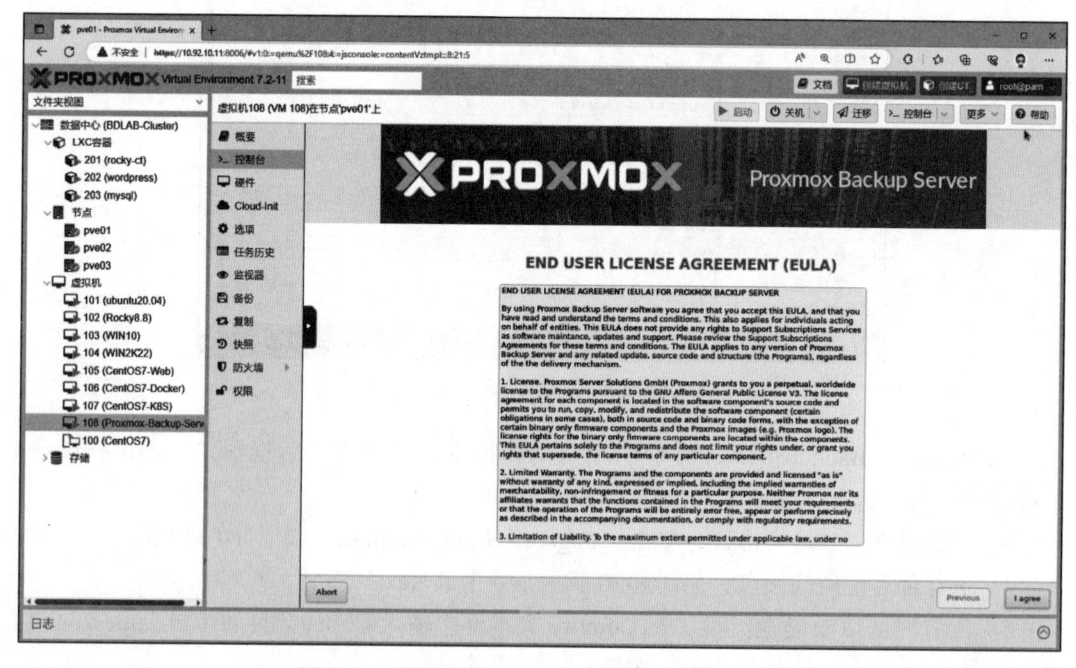

图 8-19　接受安装 Proxmox Backup Server 协议

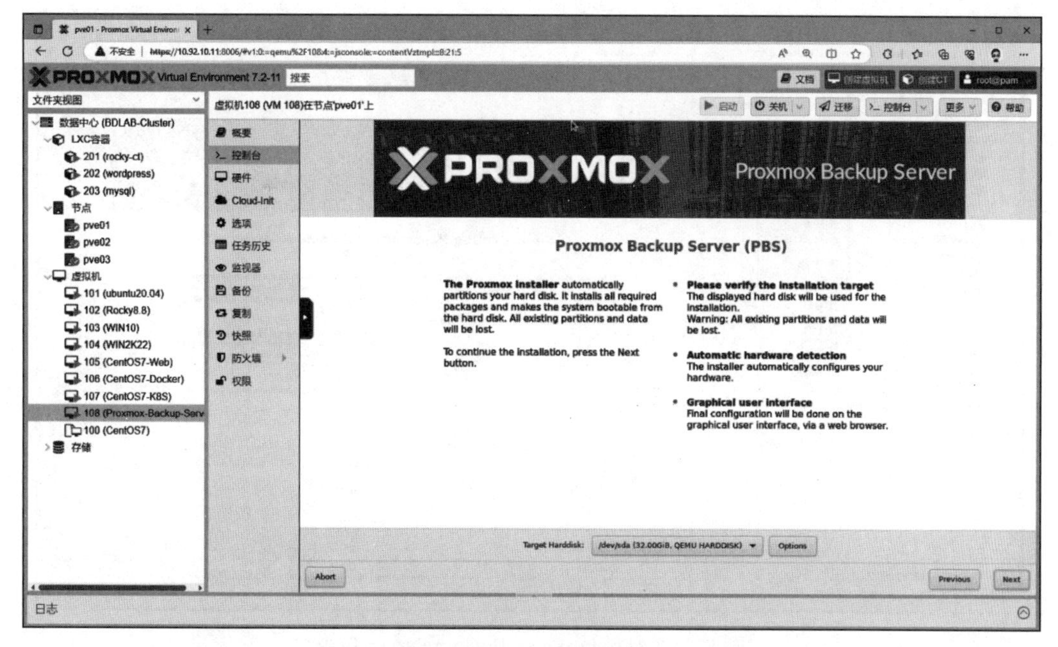

图 8-20　选择安装 Proxmox Backup Server 硬盘

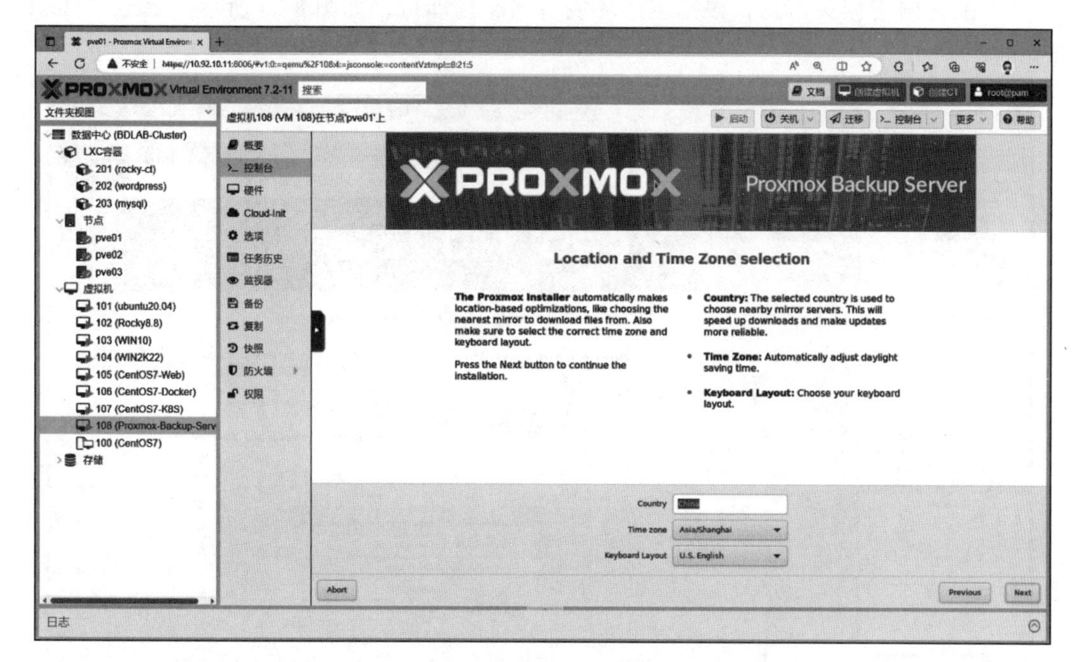

图 8-21　配置 Proxmox Backup Server 时区

6）配置口令及 Email 地址，如图 8-22 所示，单击“Next”按钮。

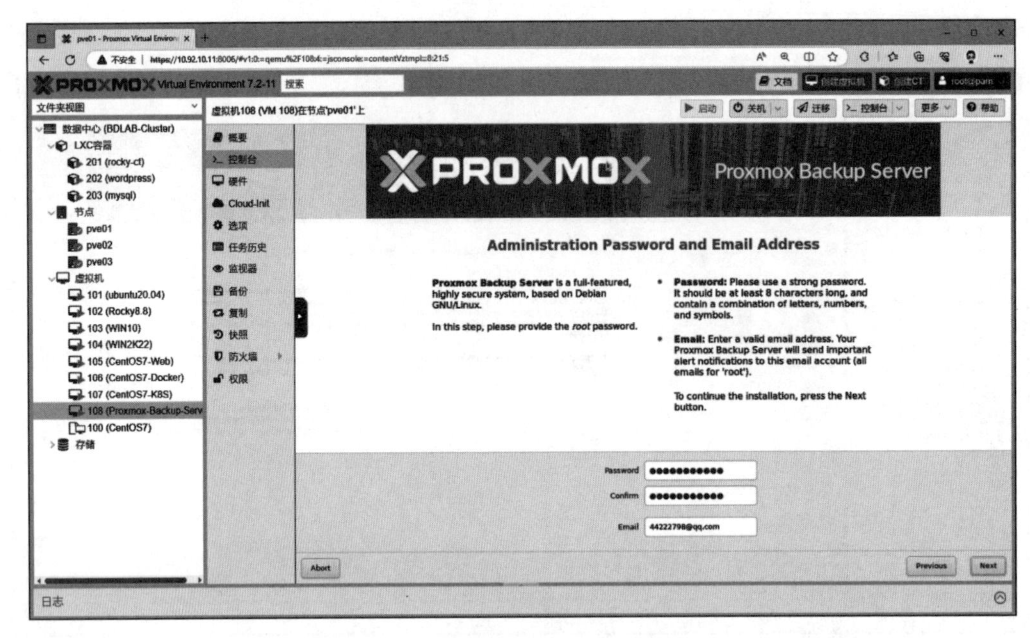

图 8-22 配置 Proxmox Backup Server 口令

7）配置网络相关信息，根据生产环境情况配置即可，如图 8-23 所示，单击“Next”按钮。

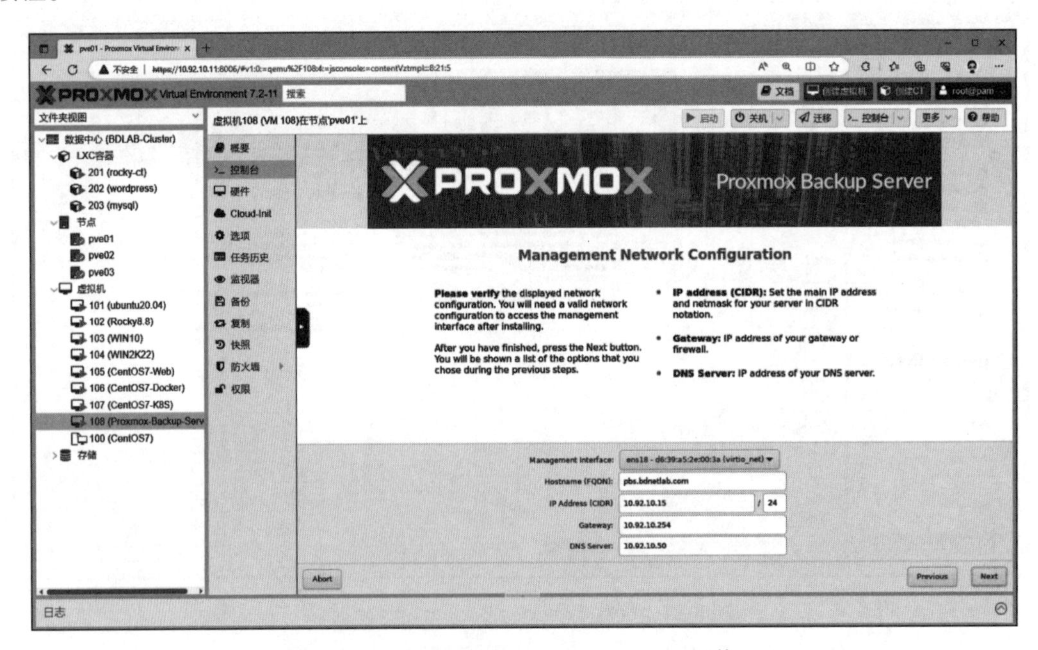

图 8-23 配置 Proxmox Backup Server 网络

8）确认配置参数是否正确，如图 8-24 所示，单击“Install”按钮开始部署。

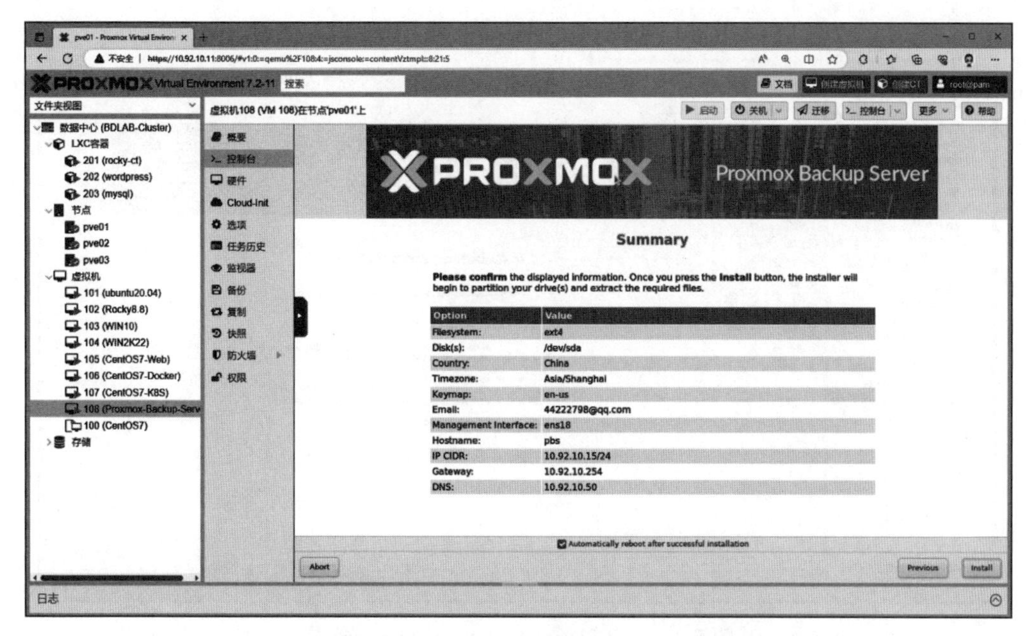

图 8-24　确认 Proxmox Backup Server 安装参数

9）开始在虚拟机上部署 Proxmox Backup Server，如图 8-25 所示。

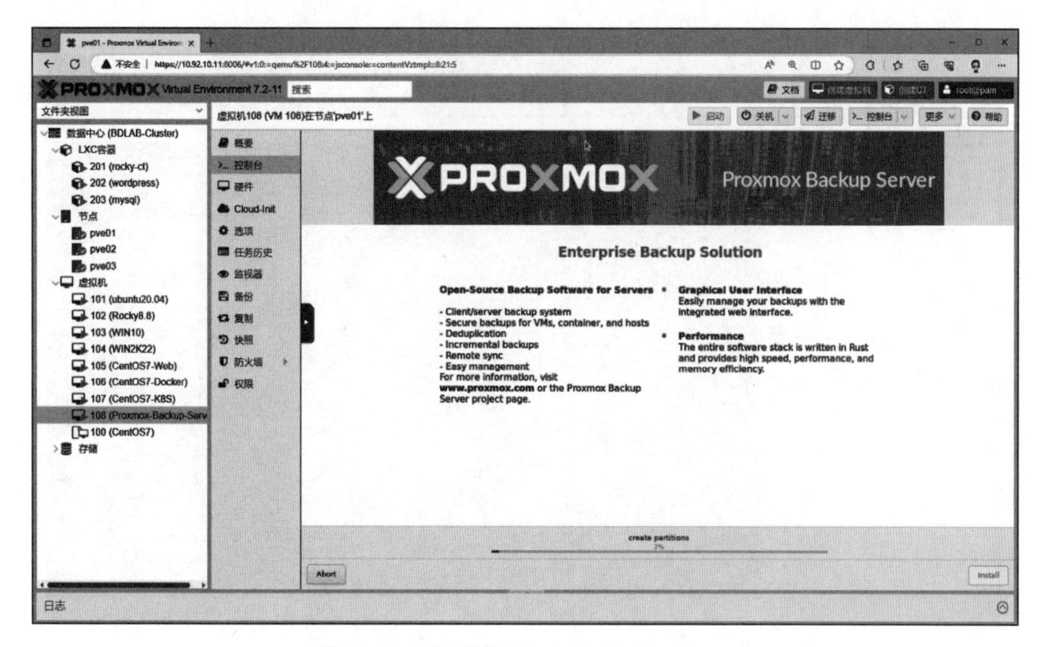

图 8-25　开始安装 Proxmox Backup Server

10）完成 Proxmox Backup Server 的部署，如图 8-26 所示，单击“Reboot”按钮重启服务器。

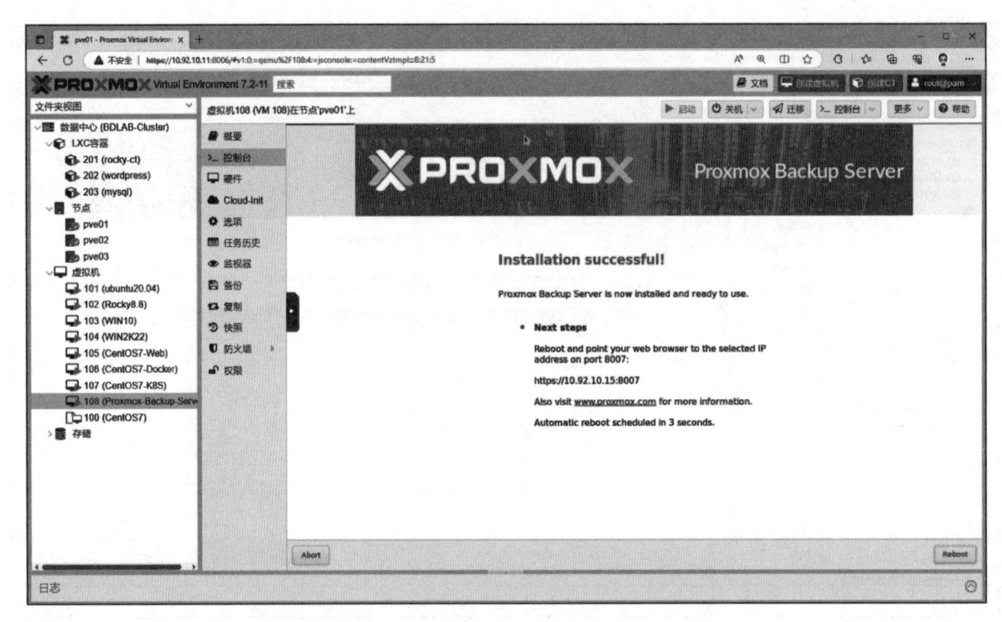

图 8-26　完成 Proxmox Backup Server 安装

11）重启完成后登录 Proxmox Backup Server 控制台，查看 IP 地址及网络连通性，如图 8-27 所示。

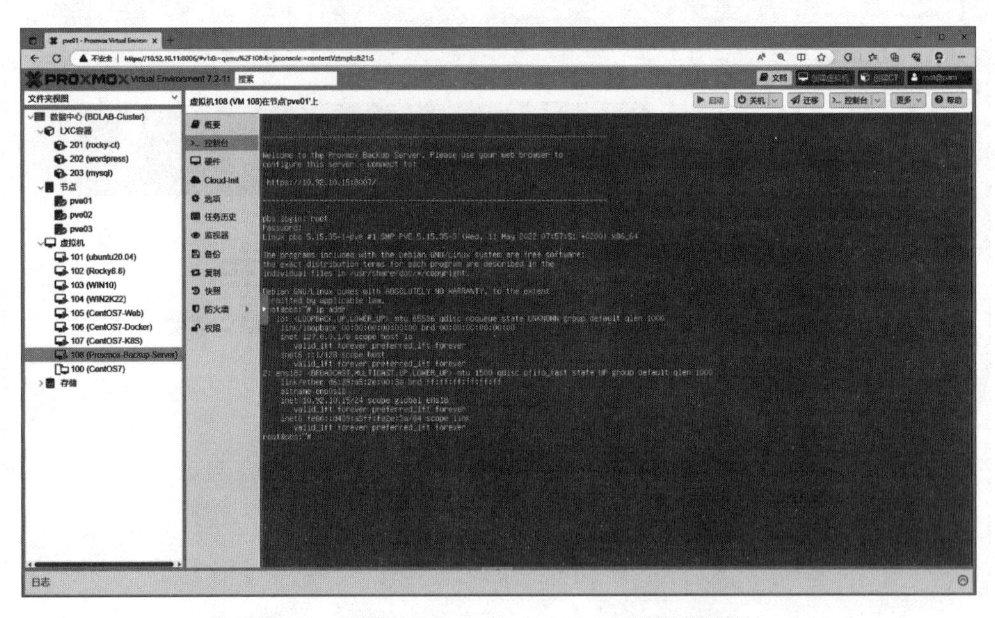

图 8-27　查看 Proxmox Backup Server 网络连通性

12）使用浏览器登录 Proxmox Backup Server，查看仪表板信息，如图 8-28 所示，说明部署成功。

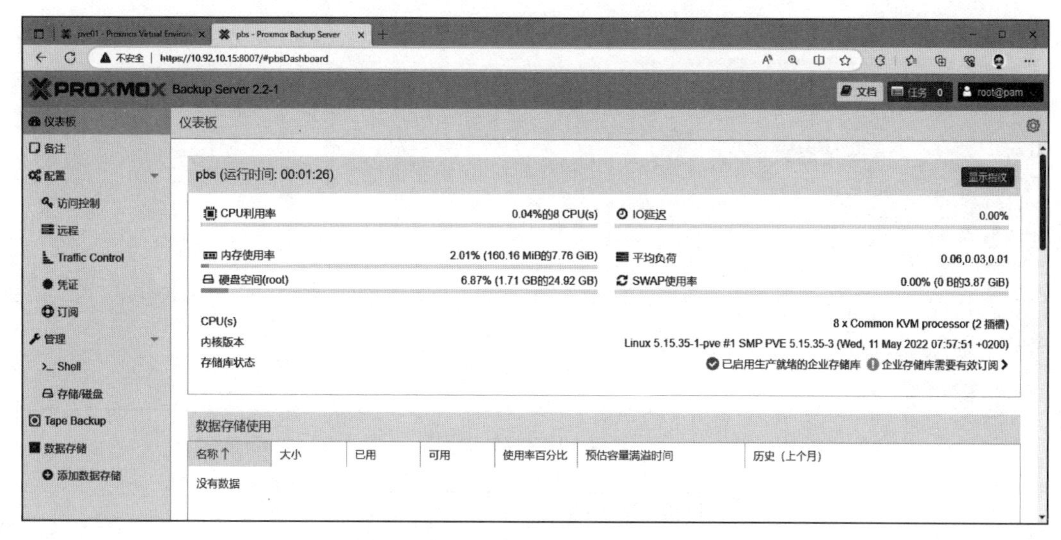

图 8-28　查看 Proxmox Backup Server 信息

8.2.2　配置 Proxmox Backup Server

完成 Proxmox Backup Server 的部署后，还需要进行配置才能使用。本小节将介绍如何配置 Proxmox Backup Server。

1）选择 Proxmox Backup Server 使用的存储磁盘，如图 8-29 所示。

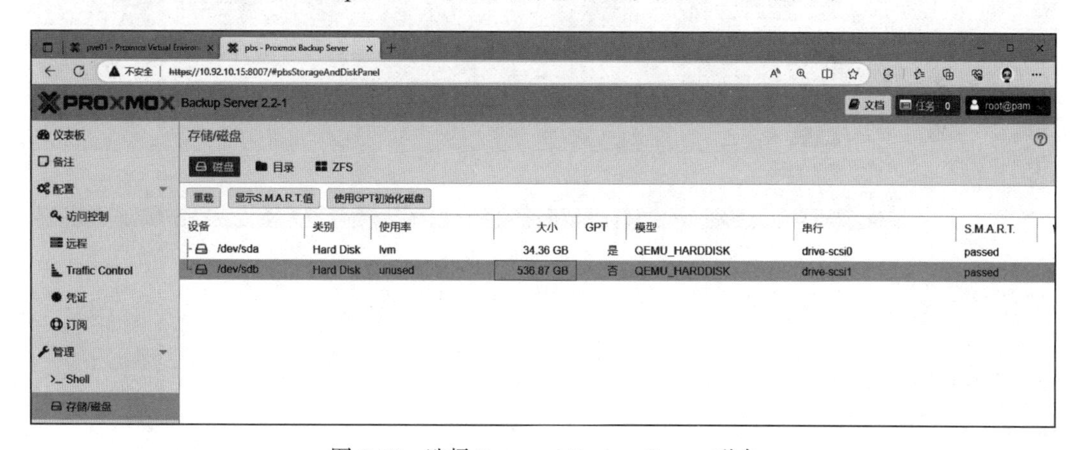

图 8-29　选择 Proxmox Backup Server 磁盘

2）选择目录，如图 8-30 所示，单击“创建 :Directory”按钮。

3）使用未使用磁盘创建目录，如图 8-31 所示，单击“创建”按钮。

4）完成存储磁盘的创建，如图 8-32 所示，可以看到数据存储处增加了名为 pbs_backup 的存储。

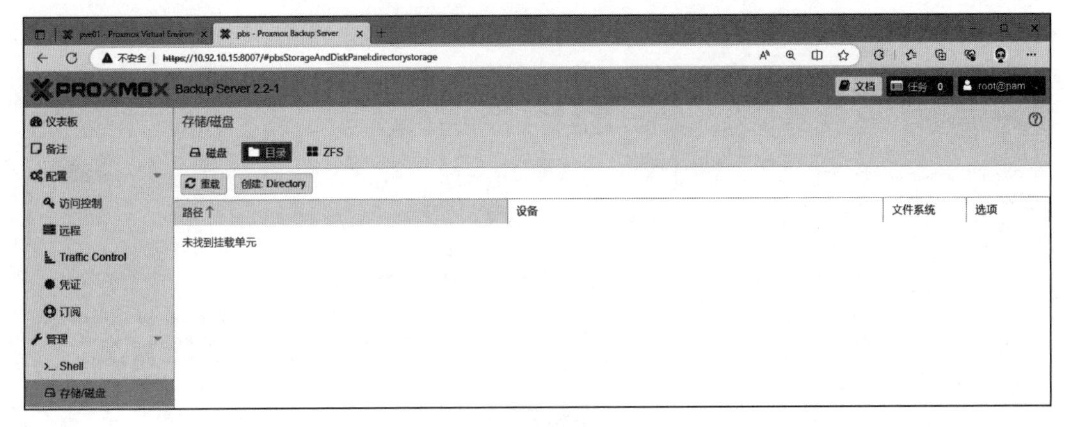

图 8-30 创建目录

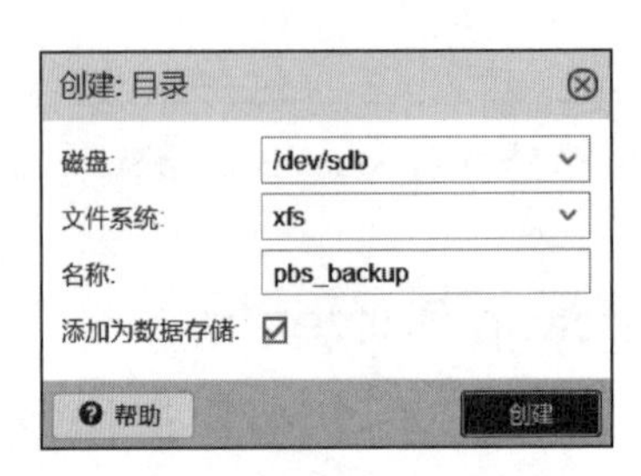

图 8-31 配置目录参数

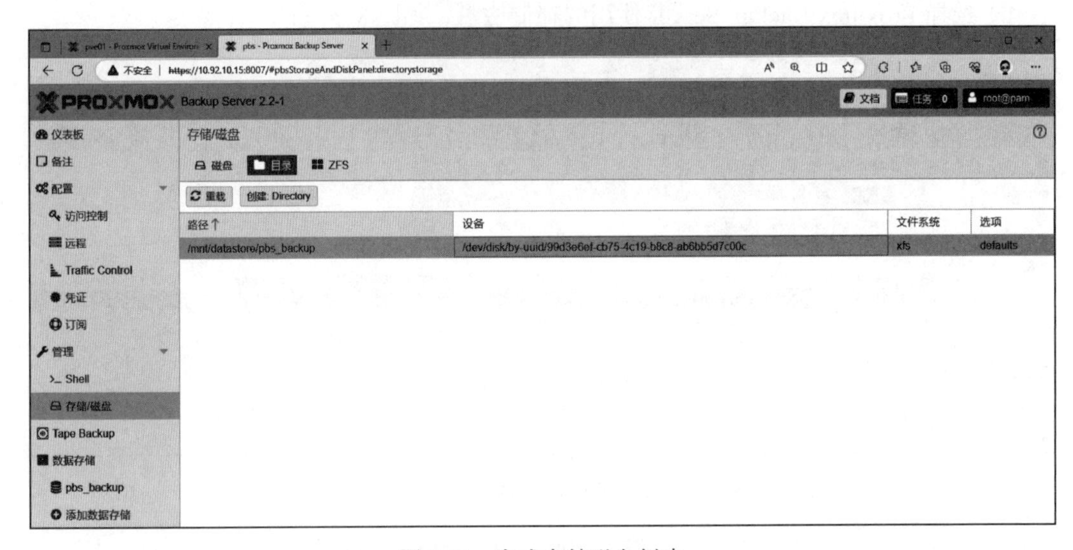

图 8-32 完成存储磁盘创建

5）创建用户账号，用于与 Proxmox VE 连接。选择配置中的访问控制，如图 8-33 所示，单击“用户管理”。

6）输入新用户相关参数信息，如图 8-34 所示，单击“添加”按钮。

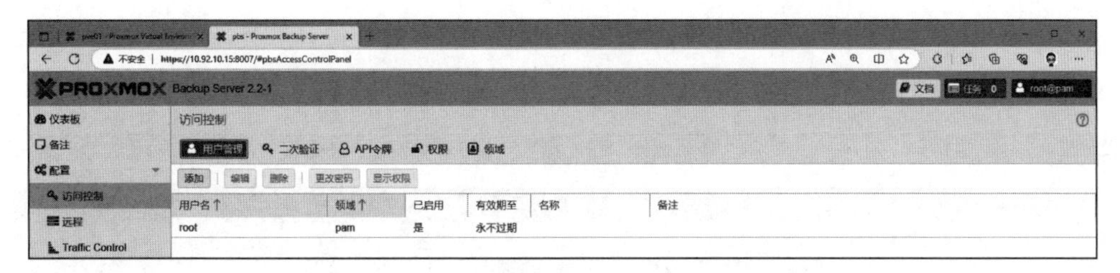

图 8-33　创建用于连接 Proxmox VE 的账号

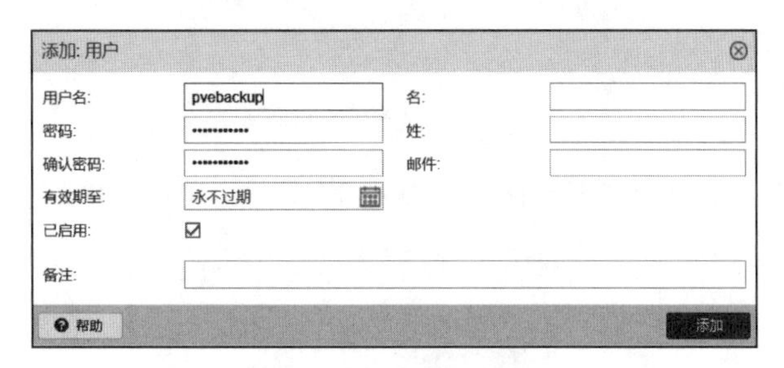

图 8-34　配置账号信息

7）完成新用户的创建，如图 8-35 所示。

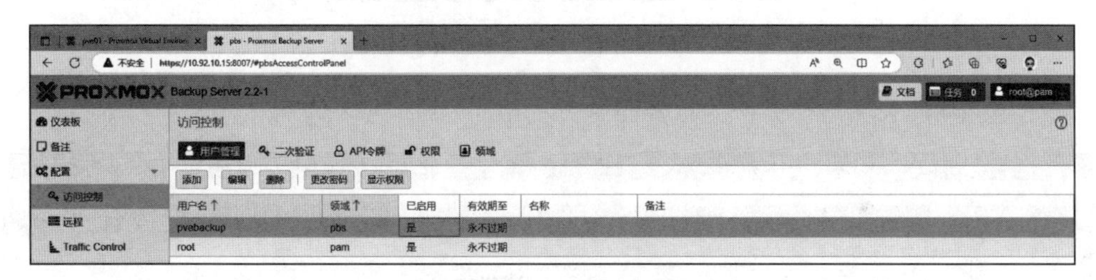

图 8-35　完成账号创建

8）为数据存储添加权限，如图 8-36 所示，单击“添加”按钮。

图 8-36　为数据存储添加权限

9）Proxmox Backup Server 数据存储支持多种权限，此处选择“用户权限”，如图 8-37 所示。

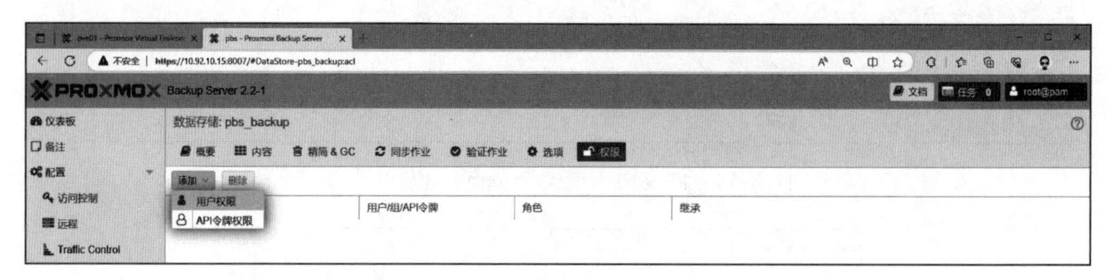

图 8-37 选择用户权限

10）添加新创建的用户到数据存储，如图 8-38 所示，单击“添加”按钮。

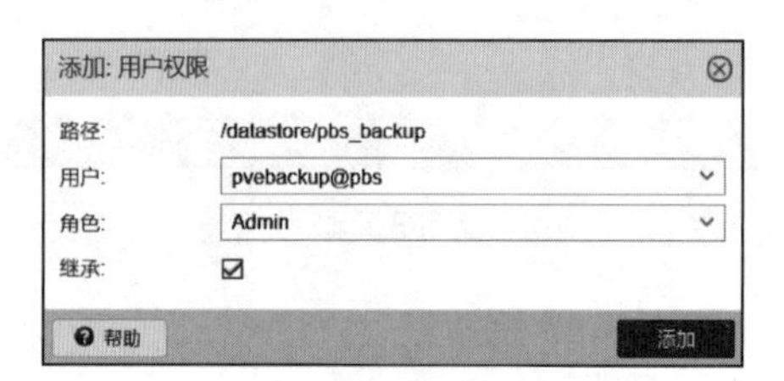

图 8-38 关联账号到数据存储

11）完成数据存储权限的添加，如图 8-39 所示。

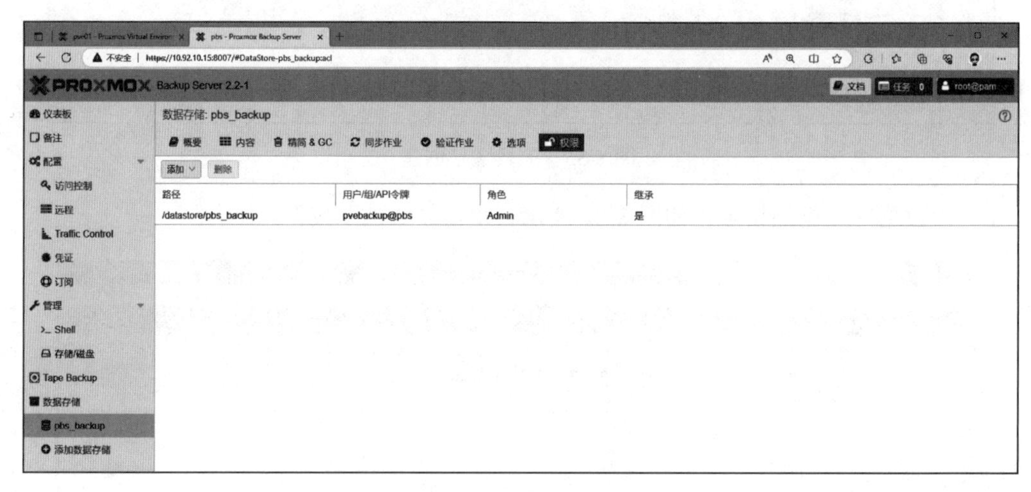

图 8-39 完成数据存储权限的添加

12）查看 Proxmox Backup Server 仪表板，如图 8-40 所示，单击“显示指纹”按钮。

13）复制指纹信息，如图 8-41 所示，单击“复制”按钮。

14）打开 Proxmox VE 控制台，选择数据中心的“存储”选项，添加 Proxmox Backup Server，如图 8-42 所示。

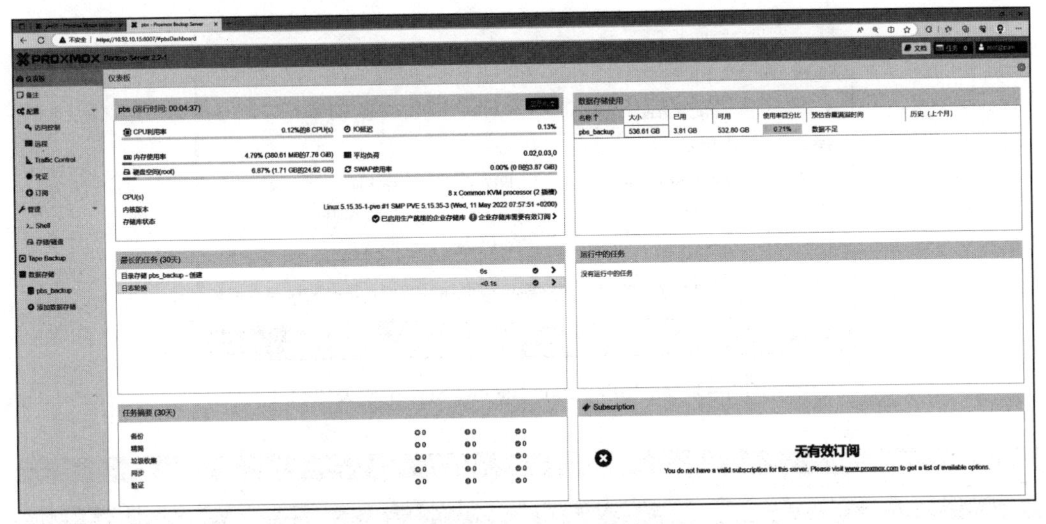

图 8-40　查看 Proxmox Backup Server 指纹信息

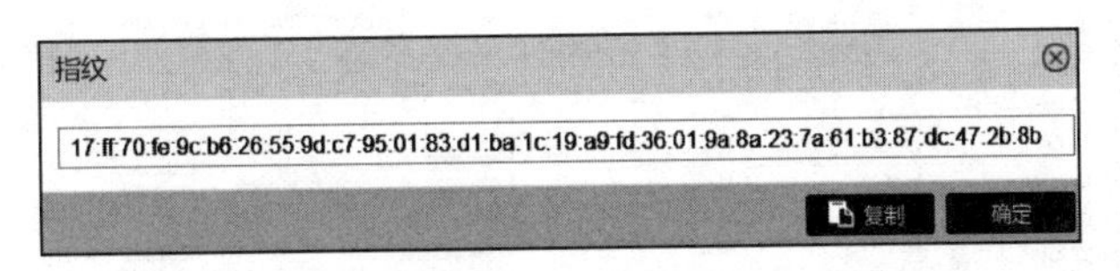

图 8-41　复制 Proxmox Backup Server 指纹

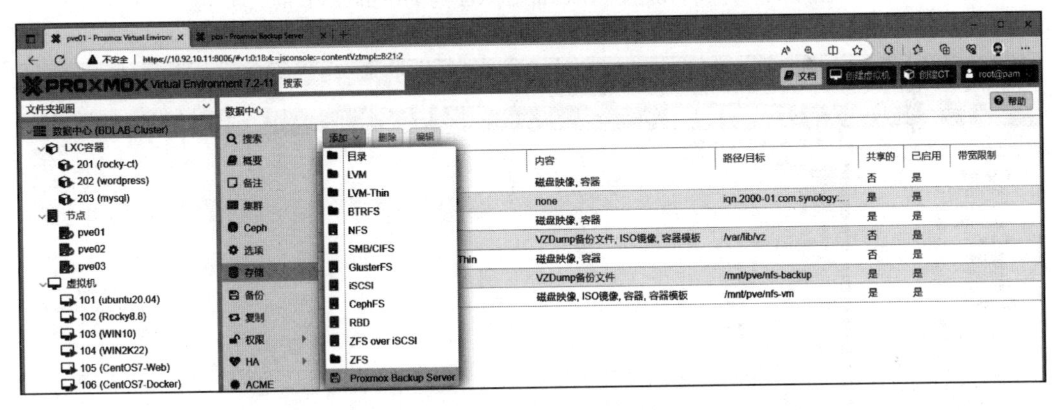

图 8-42　在 Proxmox VE 中添加 Proxmox Backup Server

15）输入 Proxmox Backup Server 相关信息，如图 8-43 所示，单击“添加”按钮。

16）完成 Proxmox Backup Server 与 Proxmox VE 的关联操作，如图 8-44 所示。

17）查看 Proxmox Backup Server 存储相关信息，如图 8-45 所示，该存储仅具有备份功能。

添加: Proxmox Backup Server

常规 备份保留 加密

ID: PBS-Backup
服务器: 10.92.10.15
用户名: pvebackup@pbs
密码: •••••••••••
节点: 所有 (无限制)
启用: ☑
内容: backup
Datastore: pbs_backup
命名空间: Root
指纹: 17:ff:70:fe:9c:b6:26:55:9d:c7:95:01:83:d1:ba:1c:19:a9:fd:36:01:9a:8a:23:7a:61:b

帮助 添加

图 8-43 输入 Proxmox Backup Server 相关信息

图 8-44 完成 Proxmox Backup Server 与 Proxmox VE 的关联

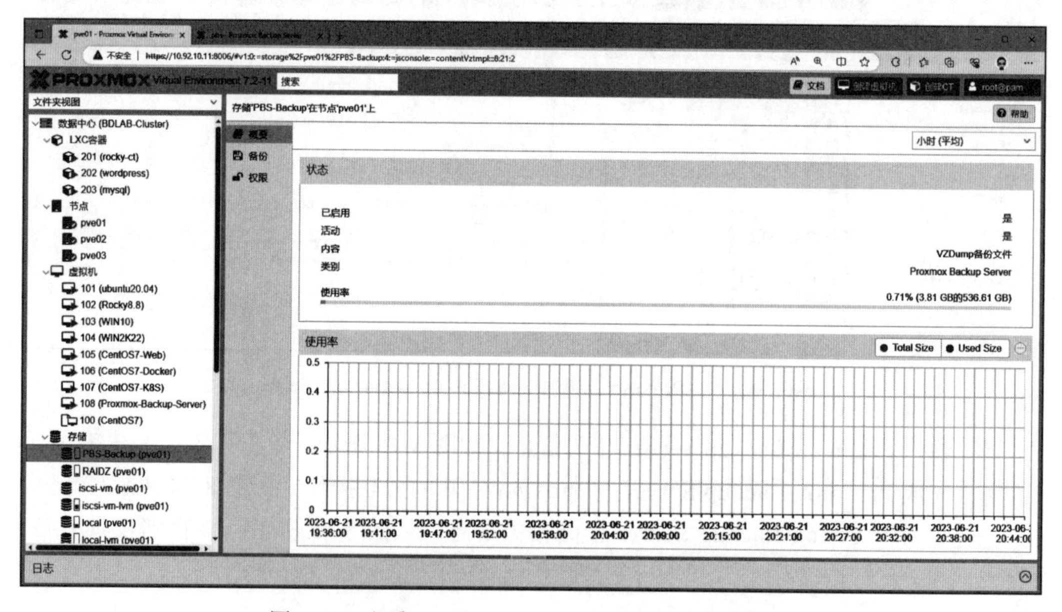

图 8-45 查看 Proxmox Backup Server 存储相关信息

8.2.3　使用 Proxmox Backup Server

完成 Proxmox Backup Server 的配置后，就可以使用它来备份和恢复虚拟机了。本小节将介绍如何使用 Proxmox Backup Server。

1）创建备份作业新创建的 Proxmox Backup Server 存储，如图 8-46 所示，单击“创建”按钮。

图 8-46　创建 Proxmox Backup Server 备份作业

2）完成备份作业的创建，如图 8-47 所示，单击“现在运行”按钮。

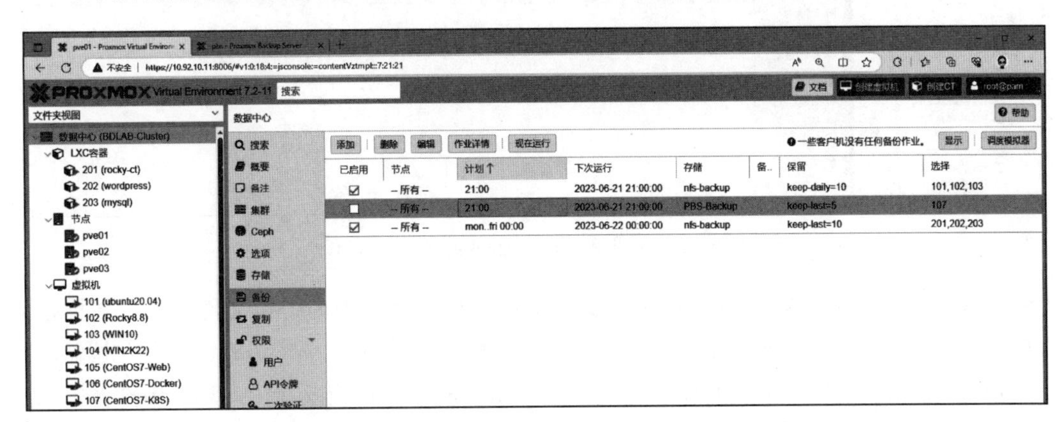

图 8-47　完成 Proxmox Backup Server 备份作业的创建

3）开始备份作业，如图 8-48 所示。

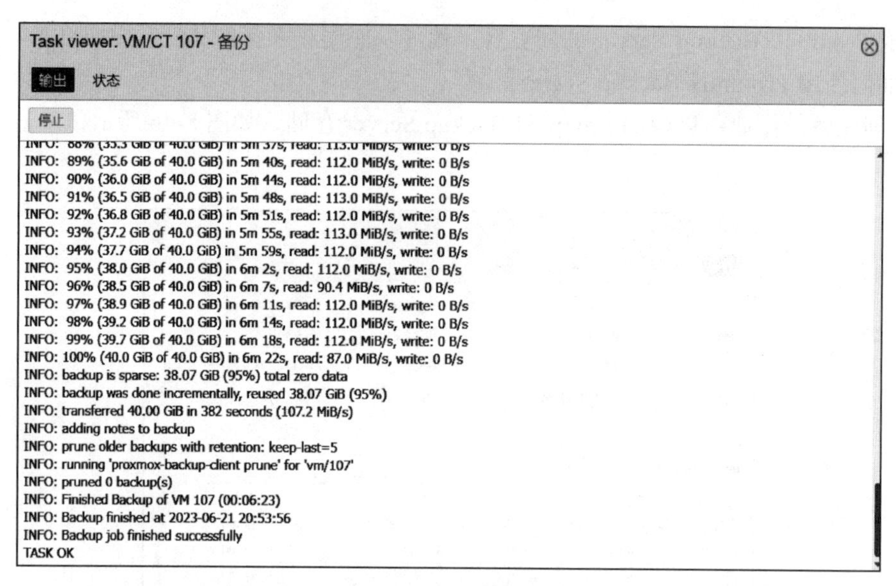

图 8-48　开始 Proxmox Backup Server 备份

4）完成虚拟机备份后，备份文件会存储在 Proxmox Backup Server 中，验证状态显示为“无”，如图 8-49 所示。需要说明的是，Proxmox Backup Server 仅在第一次备份时使用完整备份，后续的备份使用增量备份，这种备份方法可以极大地减少存储空间的使用，同时提高备份效率。

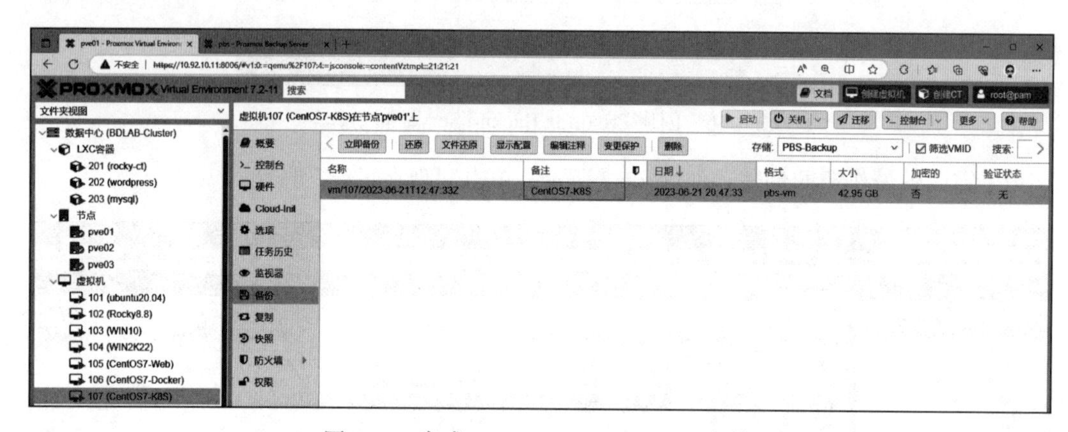

图 8-49　完成 Proxmox Backup Server 备份

5）打开 Proxmox Backup Server 控制台，查看数据存储中的备份文件信息，数据存储已有虚拟机的备份文件，验证状态处于“无”，如图 8-50 所示，单击“验证作业”按钮。

6）配置验证相关参数，如图 8-51 所示，单击“验证”按钮。在生产环境中推荐验证文件以确保备份数据的一致性。

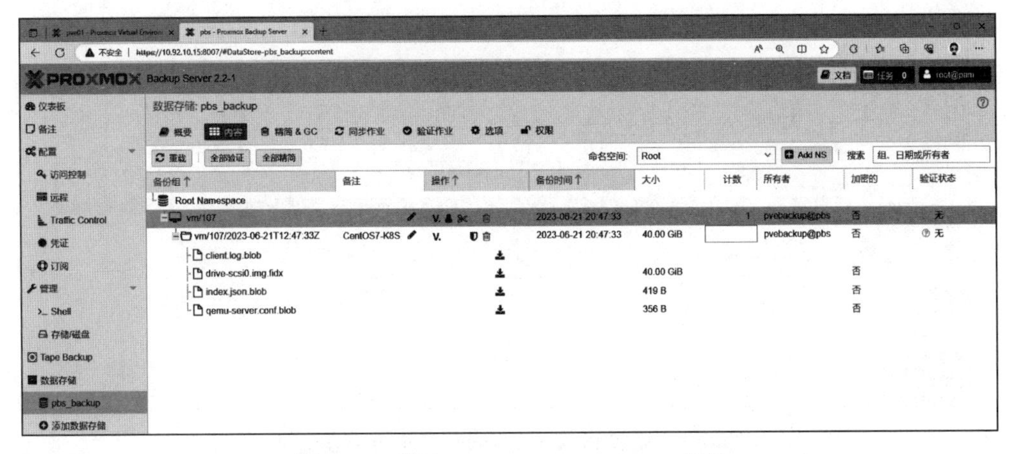

图 8-50　验证 Proxmox Backup Server 备份

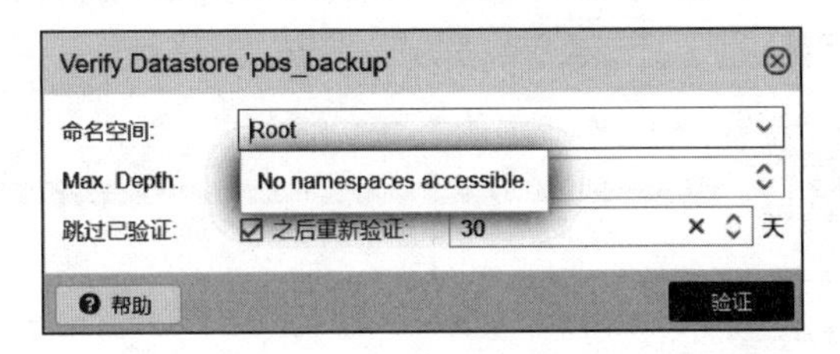

图 8-51　配置 Proxmox Backup Server 验证参数

7）开始对备份文件进行验证，如图 8-52 所示。

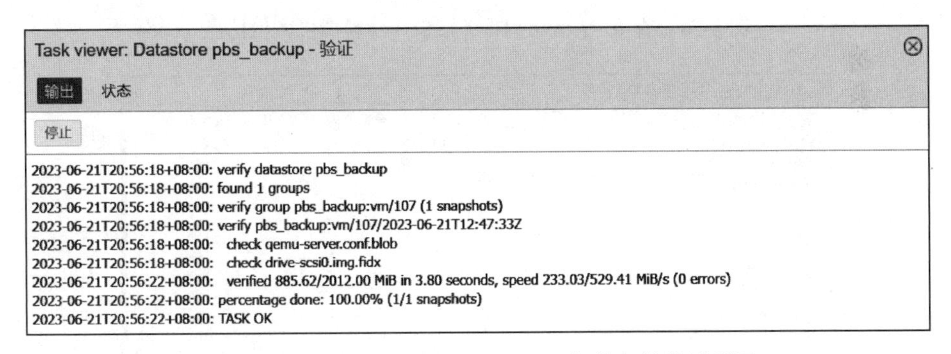

图 8-52　对 Proxmox Backup Server 备份文件进行验证

8）备份文件验证完成，验证状态为“全部 OK”，如图 8-53 所示，代表备份文件与虚拟机数据保持一致。

9）打开 Proxmox VE 平台，查看虚拟机备份信息，验证状态为 OK，如图 8-54 所示，代表备份数据正确。Proxmox Backup Server 还提供直接下载备份文件功能，单击“文件还原”按钮。

10）根据实际情况可以在不还原虚拟机的情况下直接下载文件，如图 8-55 所示。

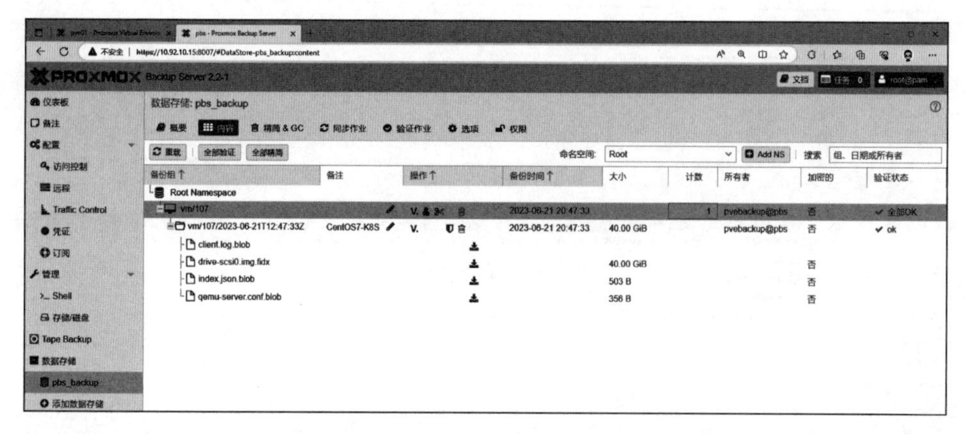

图 8-53　完成 Proxmox Backup Server 备份验证

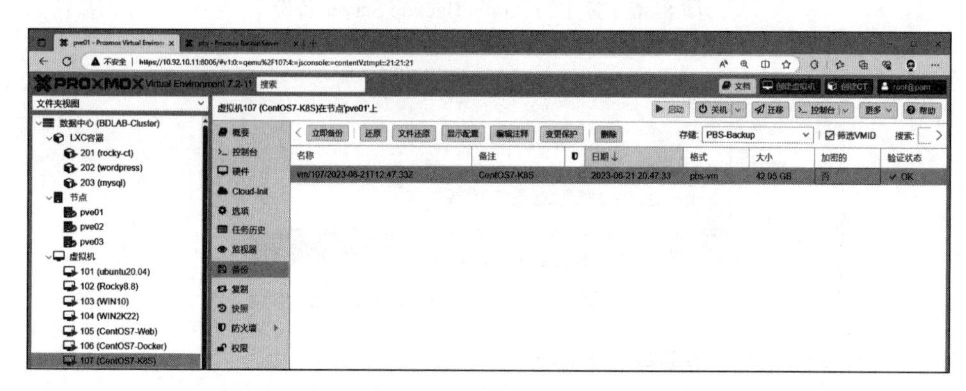

图 8-54　查看 Proxmox Backup Server 虚拟机备份信息

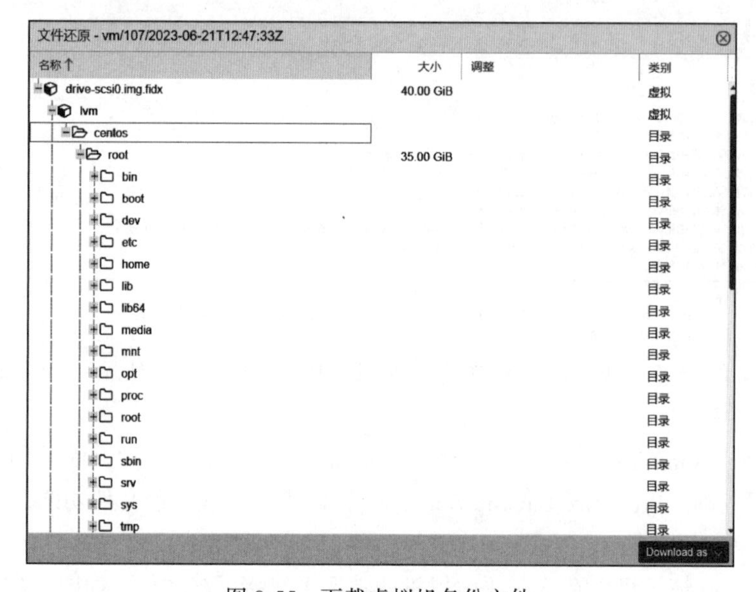

图 8-55　下载虚拟机备份文件

8.3 本章小结

本章详细介绍了 Proxmox VE 平台中的备份解决方案。首先，我们介绍了内置备份工具，它可以帮助完成虚拟机和容器的备份还原操作。然后，我们还提供了另一种备份方案，即 Proxmox Backup Server，它提供了更多的高级功能和企业级的备份还原功能。其中包括全量备份、增量备份和即时还原功能，这些功能可以帮助在备份过程中更好地保护数据。

在生产环境中，备份是至关重要的，因为它可以保护数据的完整性和可用性。因此，选择合适的备份方案非常重要。虽然内置备份工具是一个简单、易用且有效的备份方案，但它可能不适用于所有的生产环境。相反，Proxmox Backup Server 提供了更多的高级功能和更全面的备份解决方案，可以满足更多不同类型的生产环境的需求。

总之，我们需要考虑到实际情况并根据需要选择合适的备份方案。无论选择哪种备份方案，备份都是保护企业数据的重要手段。

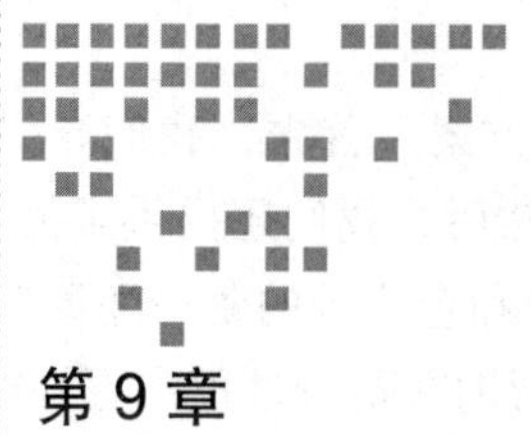

Chapter 9 第 9 章

Proxmox VE 系统管理

通过前面章节的部署等操作，我们已经完成 Proxmox VE 平台的基础构建。除了构建操作外，还需要掌握 Proxmox VE 系统的基本管理，如用户账号的创建、用户权限的分配以及常用命令等。

9.1 配置系统选项

Proxmox VE 平台提供了许多系统选项配置。在生产环境中，可以根据实际情况选择使用，以提升日常管理效率。本节介绍如何创建用户账号、分配用户权限以及升级 Proxmox VE 版本。

9.1.1 创建用户账号

在 Proxmox VE 平台中，可以为每个用户创建独立的账号，并根据需要分配权限。这样，不同的用户可以使用系统中的不同功能，从而提高系统的安全性和管理效率。本小节介绍如何创建用户账号。

1）查看数据中心的“权限”选项下的用户信息，目前仅有 root 账号，如图 9-1 所示，单击“添加”按钮。

2）添加新用户，输入用户相关信息，如图 9-2 所示，单击“添加”按钮。

3）完成新用户的添加，如图 9-3 所示。

4）在登录系统中输入新创建用户的登录信息，如图 9-4 所示，单击“登录”按钮。

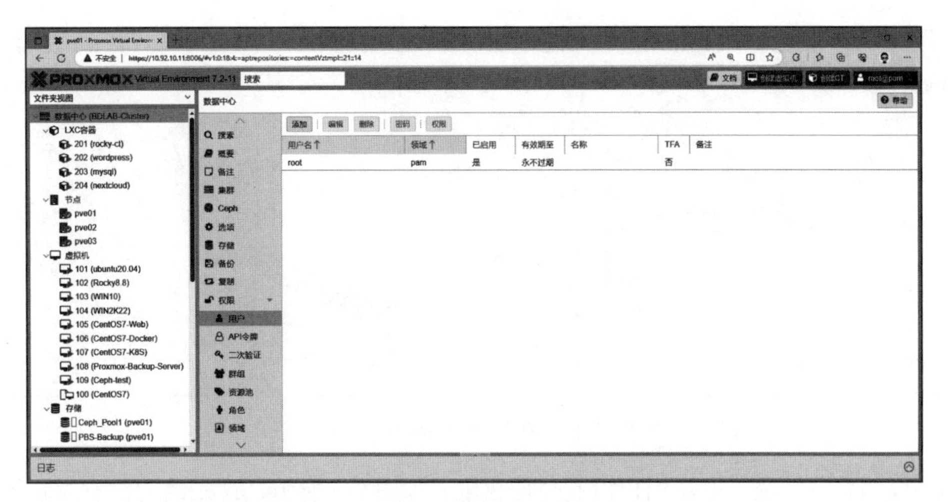

图 9-1　查看数据中心中的用户信息

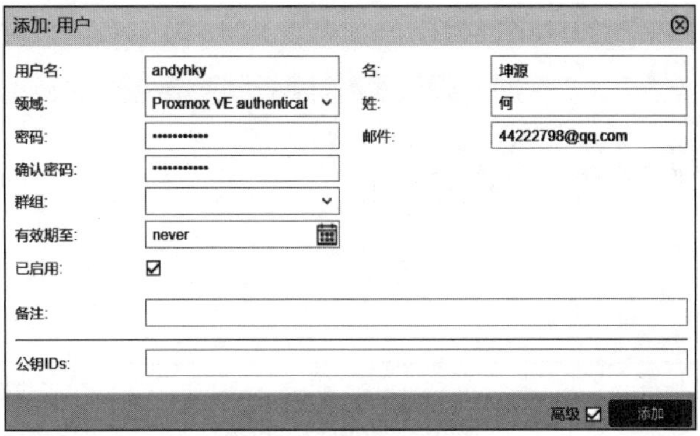

添加: 用户

用户名: andyhky
名: 坤源
领域: Proxmox VE authenticat
姓: 何
密码: ••••••••••••
邮件: 44222798@qq.com
确认密码: ••••••••••••
群组:
有效期至: never
已启用: ☑
备注:
公钥IDs:
高级 ☑　添加

图 9-2　添加新用户

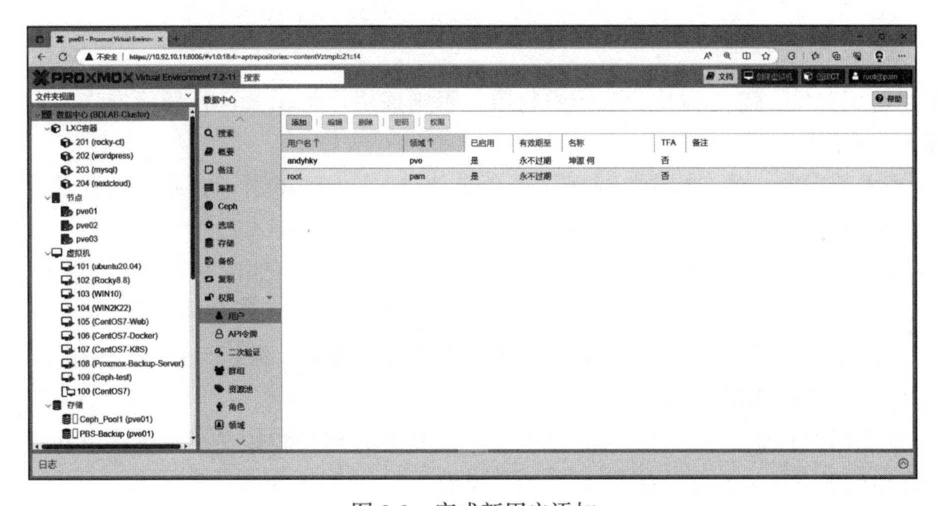

图 9-3　完成新用户添加

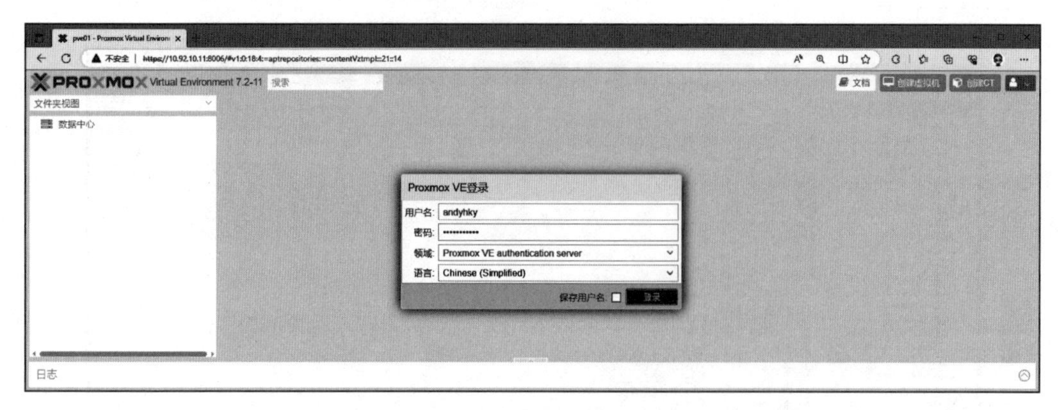

图 9-4　使用新创建的用户登录

5）成功登录系统，但新用户没有任何权限，如图 9-5 所示，这是因为没有对新用户进行权限分配。

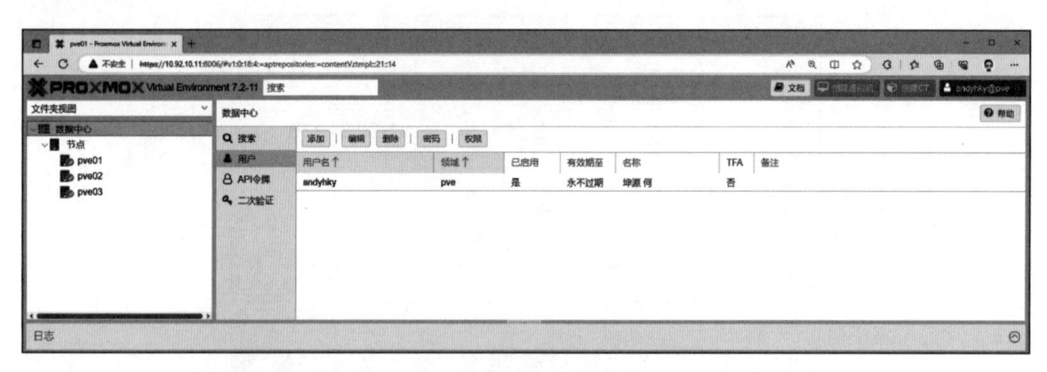

图 9-5　新用户无权限

9.1.2　配置用户权限

创建新用户后，需要为其分配用户权限，否则该用户将无法进行任何操作。本小节将介绍如何分配用户权限。

1）查看数据中心的“权限”选项下的角色信息，如图 9-6 所示，系统内置了很多用户角色，能够满足多数生产环境下的角色分配需求。

2）查看数据中心中的权限信息，目前权限分配情况为空，如图 9-7 所示，单击“添加”按钮。

3）Proxmox VE 平台支持多种权限分配，如图 9-8 所示，根据生产环境的需求选择即可。此处选择添加“用户权限”。

4）配置用户权限路径。Proxmox VE 平台支持多种路径权限分配，如图 9-9 所示，根据生产环境的需求选择即可。此处选择“/”路径。

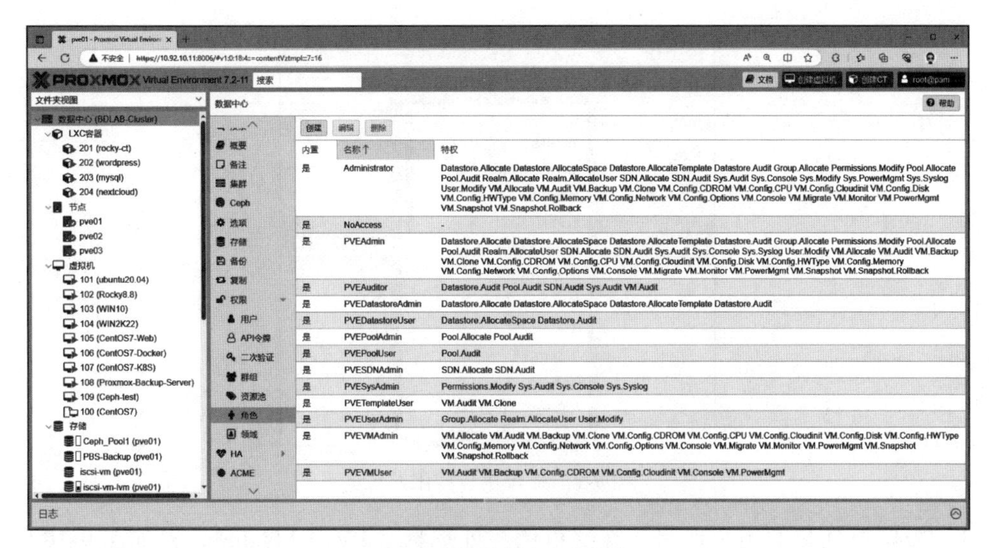

图 9-6　查看默认用户角色

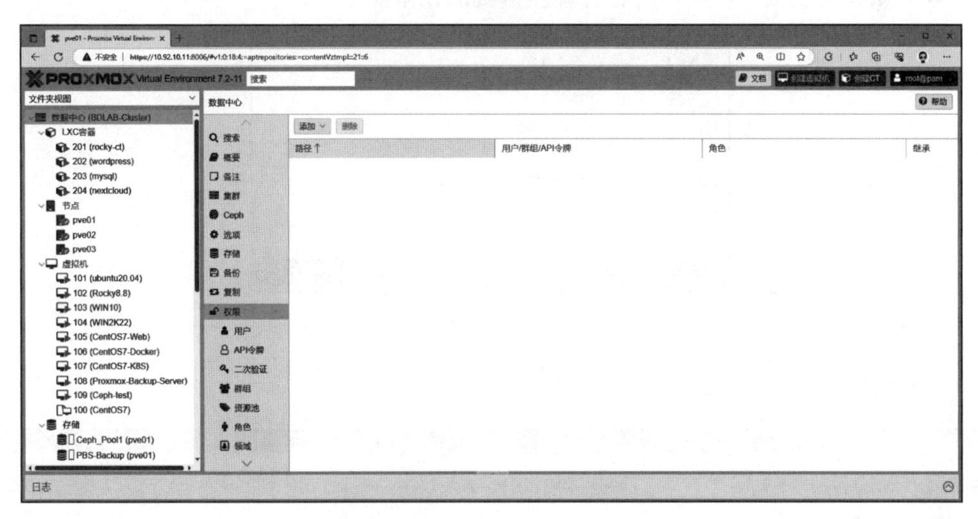

图 9-7　数据中心未进行权限分配

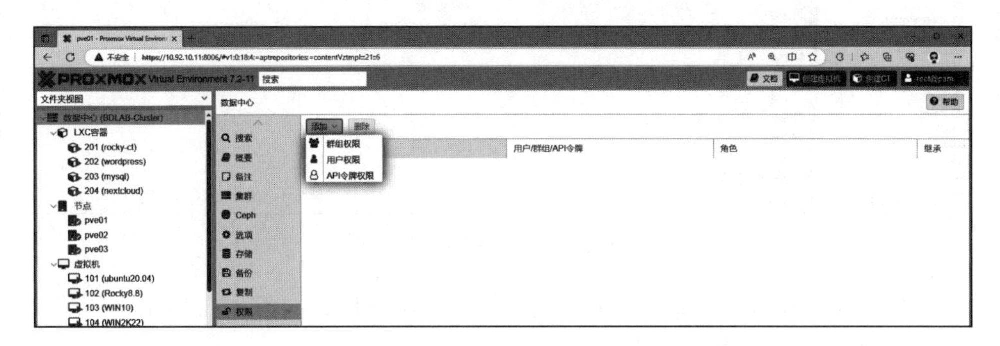

图 9-8　添加数据中心权限

图 9-9　配置用户权限路径

5）选择新创建的用户账号，在“角色”处选择“PVEVMAdmin”，如图 9-10 所示。PVEVMAdmin 代表该用户账号具有管理虚拟机的权限。

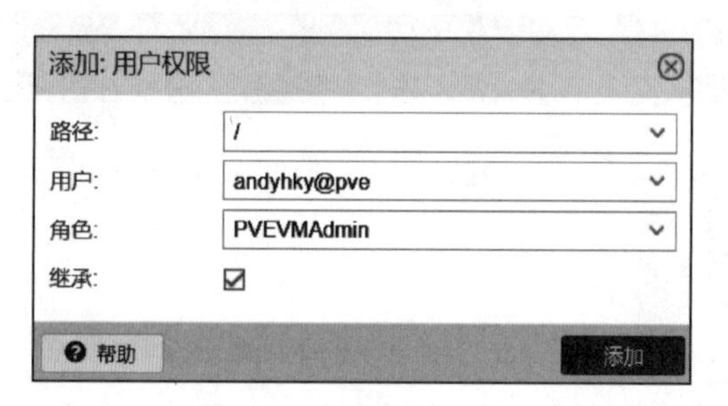

图 9-10　添加用户权限

6）完成用户权限添加，如图 9-11 所示。

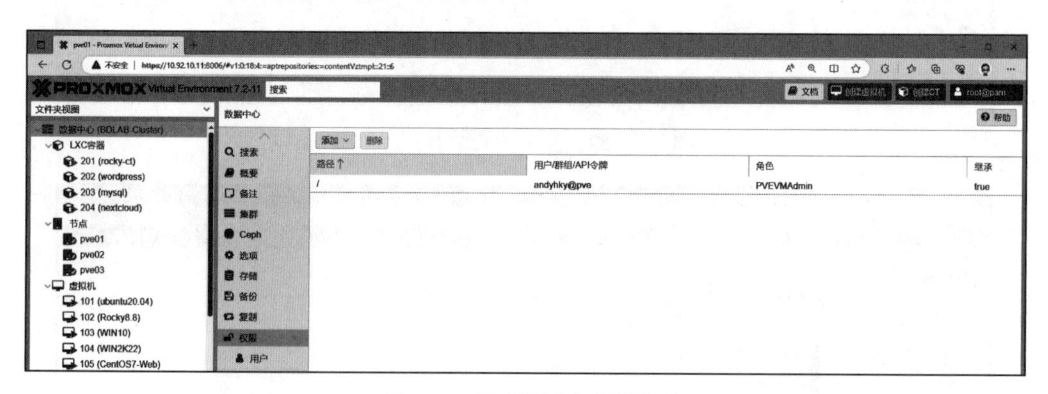

图 9-11　完成用户权限添加

7）使用新用户账号登录系统查看其对数据中心的权限，如图 9-12 所示。新用户对数据中心仅有查看权限，不能进行配置。

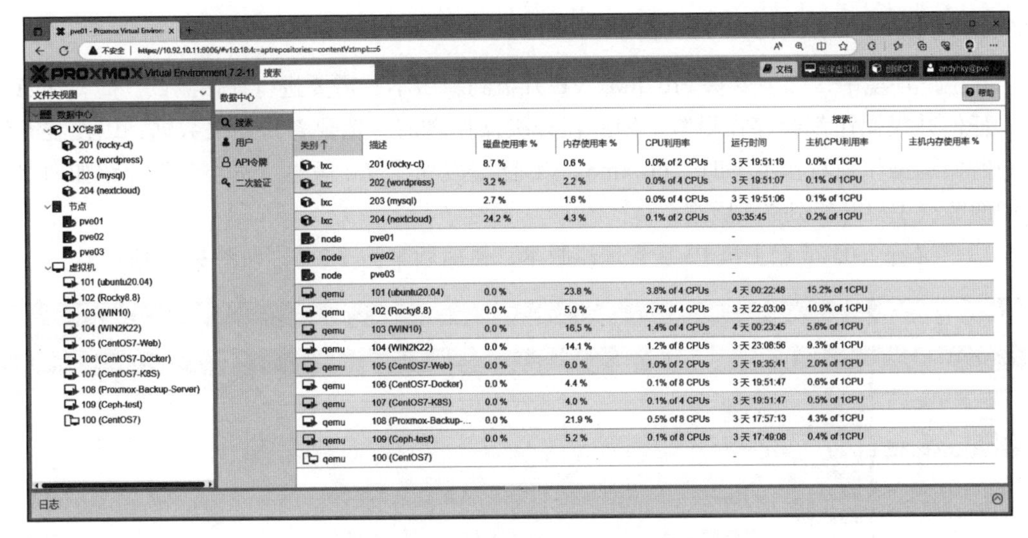

图 9-12 新用户对数据中心仅有查看权限

8）查看新用户对节点主机的权限，如图 9-13 所示。新用户对节点主机仅有查看权限，不能进行配置操作。

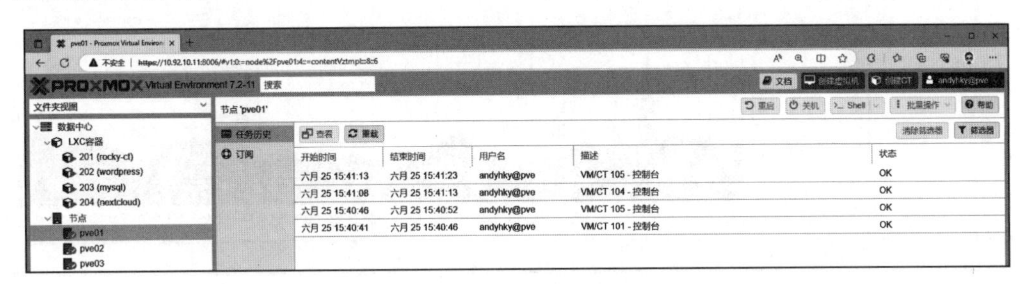

图 9-13 新用户对节点主机仅有查看权限

9）查看新用户对虚拟机的权限，如图 9-14 所示。新用户对虚拟机具有完全权限，说明权限配置生效。

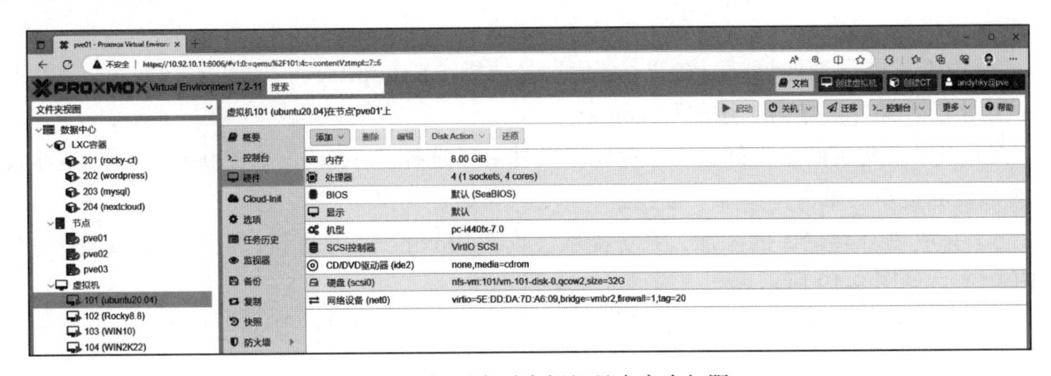

图 9-14 新用户对虚拟机具有完全权限

9.1.3 升级 Proxmox VE 版本

在生产环境中，如果要将 Proxmox VE 升级到新版本，需要进行评估测试。需要注意的是，任何升级操作都会存在风险，因此在升级操作之前一定要备份相关数据，以便在升级失败时回退操作。写作本书时，Proxmox VE 已经发布了 7.4 版本。本小节将介绍如何将集群中的节点主机升级到 7.4 版本。

1）查看 pve03 节点主机 PVE 管理器版本，目前版本为 7.2-3，如图 9-15 所示。

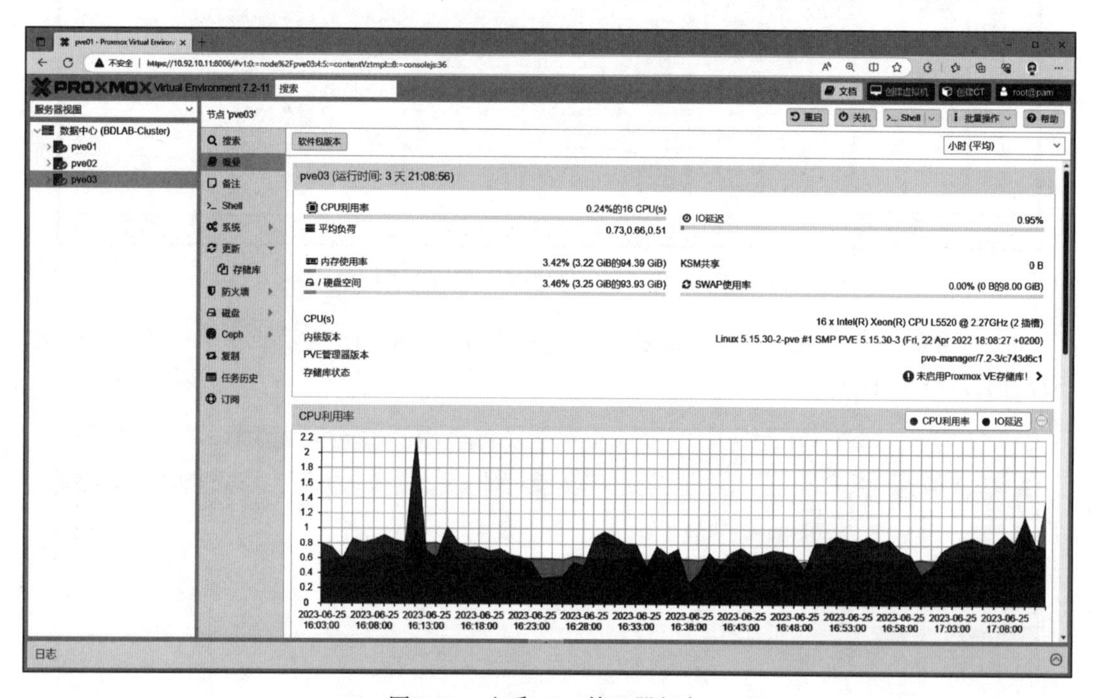

图 9-15 查看 PVE 管理器版本

2）进行升级操作前需要调整 Proxmox VE 存储库。如果不进行调整，会出现“没有启用 Proxmox VE 存储库，你没有得到任何更新！”的错误提示，如图 9-16 所示。单击“添加”按钮。

3）如果购买了商业订阅，在“存储库”处选择“Enterprise”，如图 9-17 所示，这也是默认稳定的存储库。单击“添加”按钮。

4）如果未购买商业订阅，在“存储库”处可以选择“ Test”，如图 9-18 所示，这个库包含最新的更新。单击“添加”按钮。

5）完成 Test 存储库的添加，系统提示会收到 Proxmox VE 更新，但不建议将该存储库用于生产，如图 9-19 所示。

6）查看更新软件包信息，目前为空，如图 9-20 所示。单击“刷新”按钮。

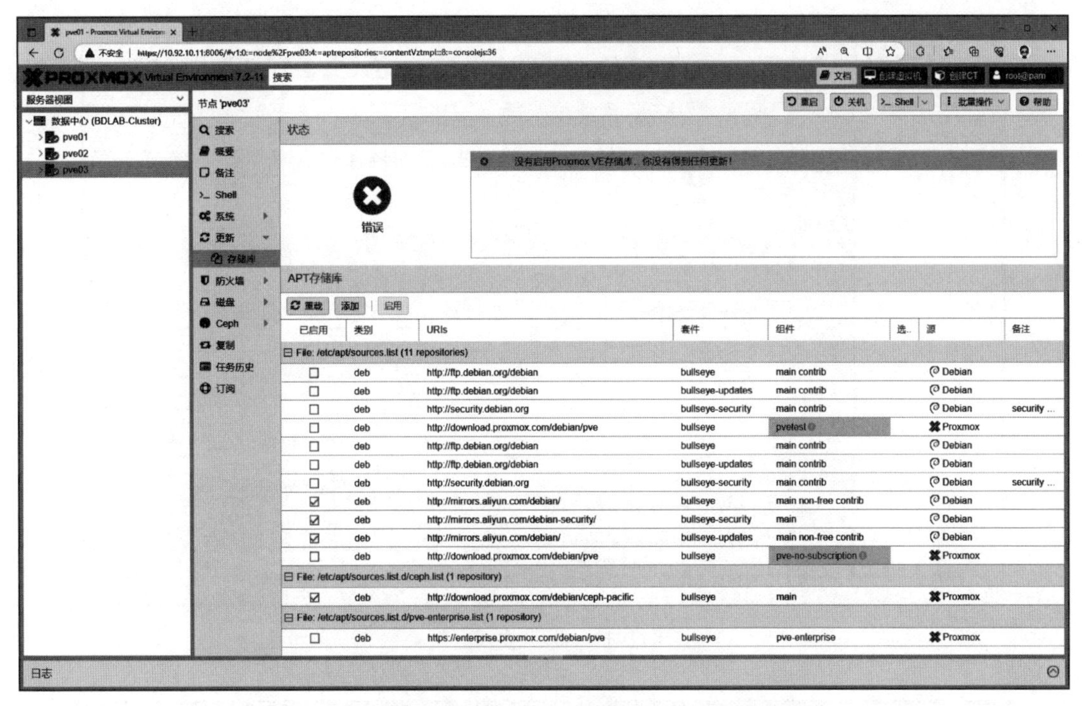

图 9-16　不调整 Proxmox VE 存储库会出现的错误提示

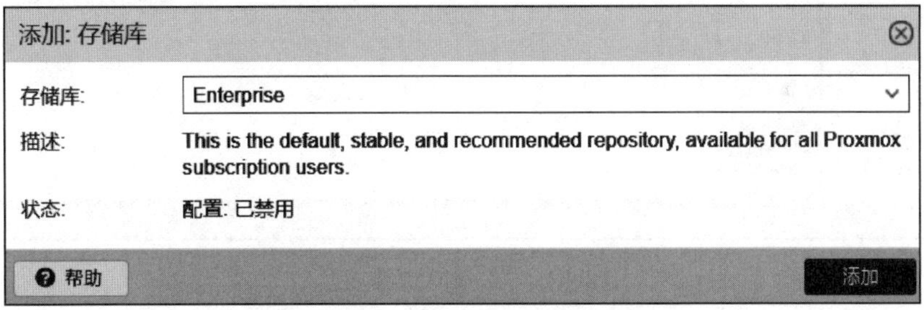

添加: 存储库

存储库: Enterprise

描述: This is the default, stable, and recommended repository, available for all Proxmox subscription users.

状态: 配置: 已禁用

帮助　添加

图 9-17　选择 Enterprise 存储库

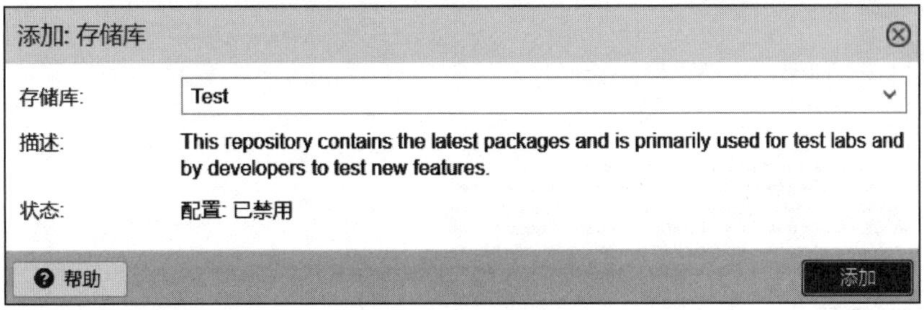

添加: 存储库

存储库: Test

描述: This repository contains the latest packages and is primarily used for test labs and by developers to test new features.

状态: 配置: 已禁用

帮助　添加

图 9-18　选择 Test 存储库

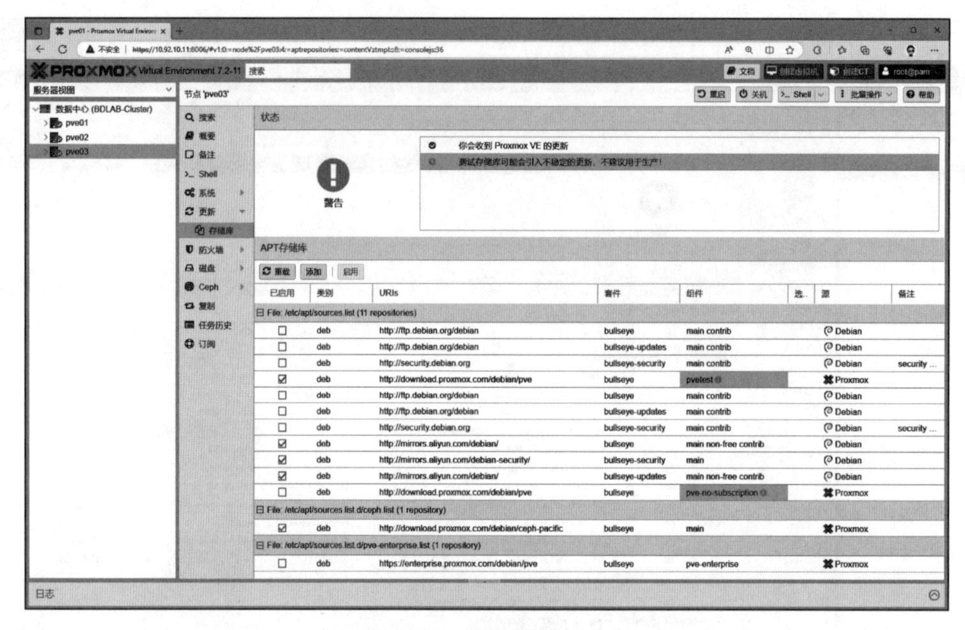

图 9-19 提示收到更新

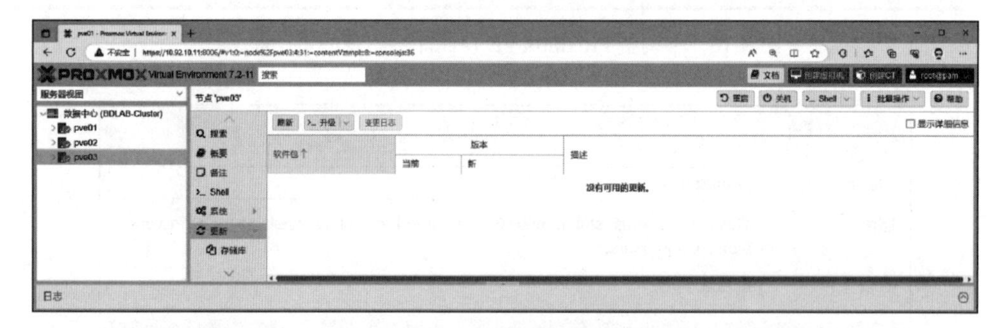

图 9-20 更新软件包信息

7）开始更新软件包数据库，如图 9-21 所示。

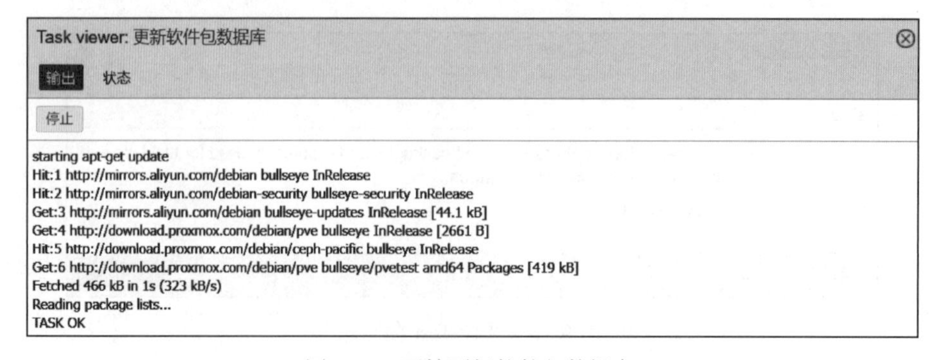

图 9-21 开始更新软件包数据库

8）系统收到 Proxmox VE 更新信息，Proxmox VE 当前版本为 7.2-1，新的版本为 7.4-1，当前管理器版本为 7.2-3，新的版本为 7.4-15，如图 9-22 所示，单击“升级”按钮。

软件包 ↑	版本		描述
	当前	新	
proxmox-archive-keyring	2.0	2.2	Proxmox APT archive keyring
proxmox-backup-client	2.1.8-1	2.4.2-1	Proxmox Backup Client tools
proxmox-backup-file-restore	2.1.8-1	2.4.2-1	Proxmox Backup single file restore tools for pxar and block device backups
proxmox-kernel-helper		7.4-1	Function for various kernel maintenance tasks.
proxmox-mail-forward		0.1.1-1	Proxmox mail forward helper
proxmox-ve	7.2-1	7.4-1	Proxmox Virtual Environment
proxmox-widget-toolkit	3.4-10	3.7.3	Core Widgets and ExtJS Helper Classes for Proxmox Web UIs
pve-cluster	7.2-1	7.3-3	"pmxcfs" distributed cluster filesystem for Proxmox Virtual Environment.
pve-container	4.2-1	4.4-6	Proxmox VE Container management tool
pve-docs	7.2-2	7.4-2	Proxmox VE Documentation
pve-edk2-firmware	3.20210831-2	3.20230228-4~bpo11...	edk2 based UEFI firmware modules for virtual machines
pve-firewall	4.2-5	4.3-4	Proxmox VE Firewall
pve-firmware	3.4-1	3.6-5	Binary firmware code for the pve-kernel
pve-ha-manager	3.3-4	3.6.1	Proxmox VE HA Manager
pve-i18n	2.7-1	2.12-1	Internationalization support for Proxmox VE
pve-kernel-5.15	7.2-1	7.4-4	Latest Proxmox VE Kernel Image
pve-kernel-5.15.108-1-pve		5.15.108-1	Proxmox Kernel Image
pve-kernel-helper	7.2-2	7.3-8	Function for various kernel maintenance tasks.
pve-lxc-syscalld	1.1.0-1	1.2.2-1	PVE LXC syscall daemon
pve-manager	7.2-3	7.4-15	Proxmox Virtual Environment Management Tools
pve-qemu-kvm	6.2.0-5	7.2.0-8	Full virtualization on x86 hardware
pve-xtermjs	4.16.0-1	4.16.0-2	HTML/JS Shell client for Proxmox projects
qemu-server	7.2-2	7.4-4	Qemu Server Tools
spl	2.1.4-pve1	2.1.11-pve1	Solaris Porting Layer user-space utilities for Linux (dummy)
swtpm	0.7.1~bpo11+1	0.8.0~bpo11+3	Libtpms-based TPM emulator
swtpm-libs	0.7.1~bpo11+1	0.8.0~bpo11+3	Common libraries for TPM emulators

图 9-22 接收到更新信息

9）输入“y”确认安装更新，如图 9-23 所示。

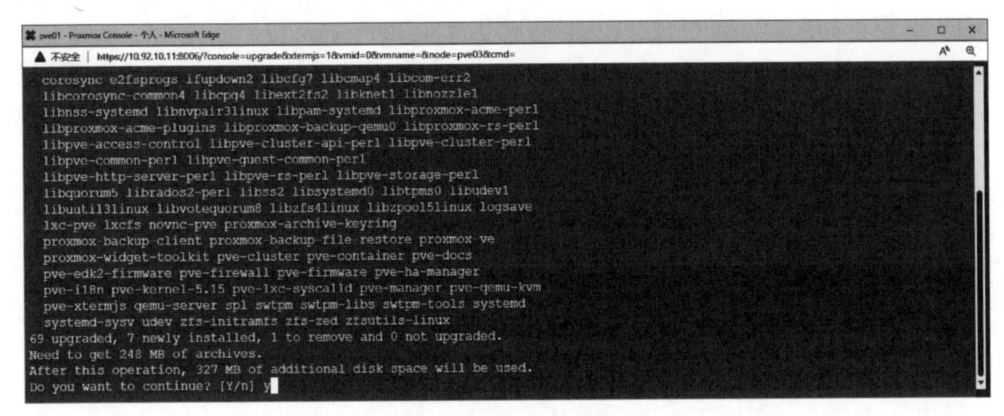

图 9-23 确认安装更新

10）开始从 Proxmox VE 官网下载并安装更新，如图 9-24 所示。需要注意的是，由于网络传输问题，下载可能会失败，如果失败再次运行升级即可。

11）完成 Proxmox VE 版本的升级，因为安装了内核的更新，所以系统需要重新启动，如图 9-25 所示。

```
pve01 - Proxmox Console - 个人 - Microsoft Edge
不安全 | https://10.92.10.11:8006/?console=upgrade&xtermjs=1&vmid=0&vmname=&node=pve03&cmd=
Get:19 http://download.proxmox.com/debian/pve bullseye/pvetest amd64 libknet1 amd64 1.24-pve2 [72.6 kB]
Get:20 http://download.proxmox.com/debian/pve bullseye/pvetest amd64 libnozzle1 amd64 1.24-pve2 [13.5 kB]
Get:21 http://download.proxmox.com/debian/pve bullseye/pvetest amd64 libquorum5 amd64 3.1.7-pve1 [9340 B]
Get:22 http://download.proxmox.com/debian/pve bullseye/pvetest amd64 libvotequorum8 amd64 3.1.7-pve1 [10.1 kB]
Get:23 http://download.proxmox.com/debian/pve bullseye/pvetest amd64 corosync amd64 3.1.7-pve1 [247 kB]
Get:24 http://download.proxmox.com/debian/pve bullseye/pvetest amd64 libpve-rs-perl amd64 0.7.7 [1915 kB]
Get:25 http://download.proxmox.com/debian/pve bullseye/pvetest amd64 libpve-cluster-api-perl all 7.3-3 [46.2 kB]
Get:26 http://download.proxmox.com/debian/pve bullseye/pvetest amd64 libpve-cluster-perl all 7.3-3 [28.1 kB]
Get:27 http://download.proxmox.com/debian/pve bullseye/pvetest amd64 pve-cluster amd64 7.3-3 [117 kB]
Get:28 http://download.proxmox.com/debian/pve bullseye/pvetest amd64 libpve-access-control all 7.4.1 [69.6 kB]
Get:29 http://download.proxmox.com/debian/pve bullseye/pvetest amd64 lxcfs amd64 5.0.3-pve1 [75.8 kB]
Get:30 http://download.proxmox.com/debian/pve bullseye/pvetest amd64 lxc-pve amd64 5.0.2-2 [3526 kB]
Get:31 http://download.proxmox.com/debian/pve bullseye/pvetest amd64 libpve-storage-perl all 7.4-3 [136 kB]
Get:32 http://download.proxmox.com/debian/pve bullseye/pvetest amd64 libpve-http-server-perl all 4.2-3 [26.1 kB]
Get:33 http://download.proxmox.com/debian/pve bullseye/pvetest amd64 librados2-perl amd64 1.3-1 [9252 B]
Get:34 http://download.proxmox.com/debian/pve bullseye/pvetest amd64 proxmox-backup-client amd64 2.4.2-1 [2772 kB]
Get:35 http://download.proxmox.com/debian/pve bullseye/pvetest amd64 proxmox-backup-file-restore amd64 2.4.2-1 [2830 kB]
Get:36 http://download.proxmox.com/debian/pve bullseye/pvetest amd64 libpve-guest-common-perl all 4.2-4 [33.3 kB]
Get:37 http://download.proxmox.com/debian/pve bullseye/pvetest amd64 pve-edk2-firmware all 3.20230228-4~bpo11+1 [10.2 MB]
17% [37 pve-edk2-firmware 2539 kB/10.2 MB 25%]
```

图 9-24　下载系统更新文件

```
pve01 - Proxmox Console - 个人 - Microsoft Edge
不安全 | https://10.92.10.11:8006/?console=upgrade&xtermjs=1&vmid=0&vmname=&node=pve03&cmd=
Setting up proxmox-ve (7.4-1) ...
Processing triggers for dbus (1.12.24-0+deb11u1) ...
Processing triggers for mailcap (3.69) ...
Processing triggers for initramfs-tools (0.140) ...
update-initramfs: Generating /boot/initrd.img-5.15.108-1-pve
Running hook script 'zz-proxmox-boot'..
Re-executing '/etc/kernel/postinst.d/zz-proxmox-boot' in new private mount namespace..
No /etc/kernel/proxmox-boot-uuids found, skipping ESP sync.
Processing triggers for libc-bin (2.31-13+deb11u6) ...
Processing triggers for man-db (2.9.4-2) ...
Processing triggers for pve-ha-manager (3.6.1) ...

Your System is up-to-date


Seems you installed a kernel update - Please consider rebooting
this node to activate the new kernel.

starting shell
root@pve03:~#
```

图 9-25　完成更新

12）查看 pve03 节点主机信息，PVE 管理器版本升级到 7.4-15，如图 9-26 所示。

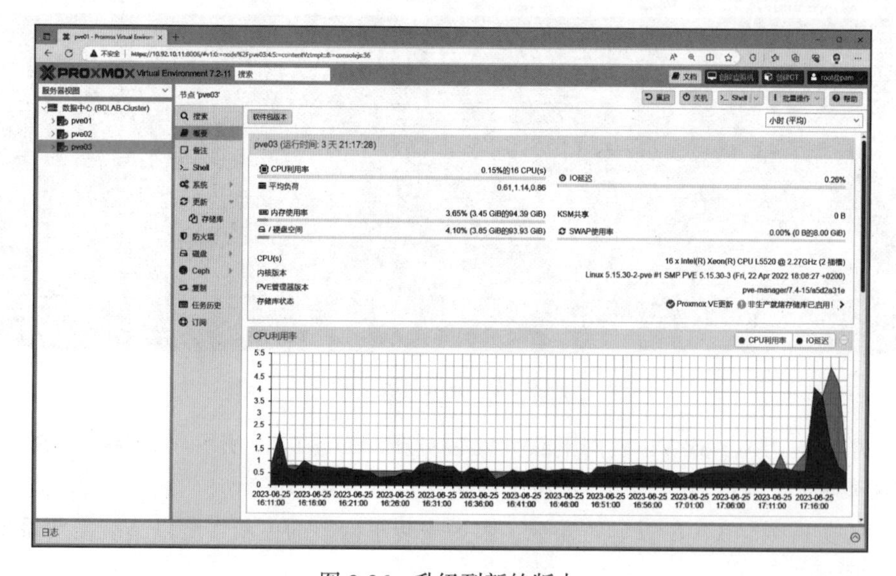

图 9-26　升级到新的版本

13）按照相同的方式升级 pve02 节点主机，PVE 管理器版本升级到 7.4-15，如图 9-27 所示。

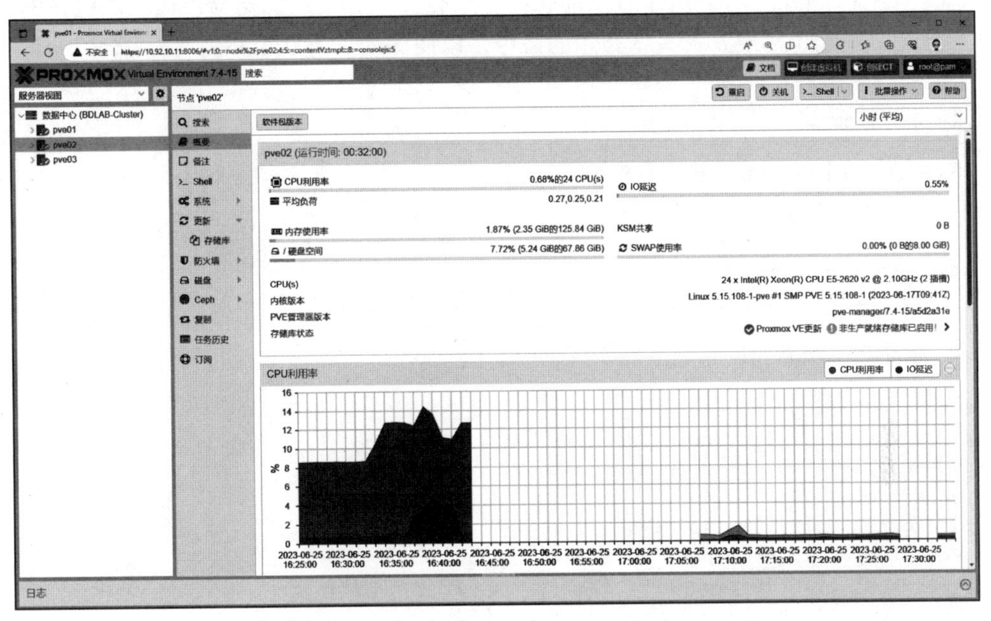

图 9-27　将 pve02 节点主机升级到新的版本

14）按照相同的方式升级 pve01 节点主机，如图 9-28 所示。至此，集群内 3 台节点主机的 PVE 管理器版本全部升级到了 7.4-15 版本。

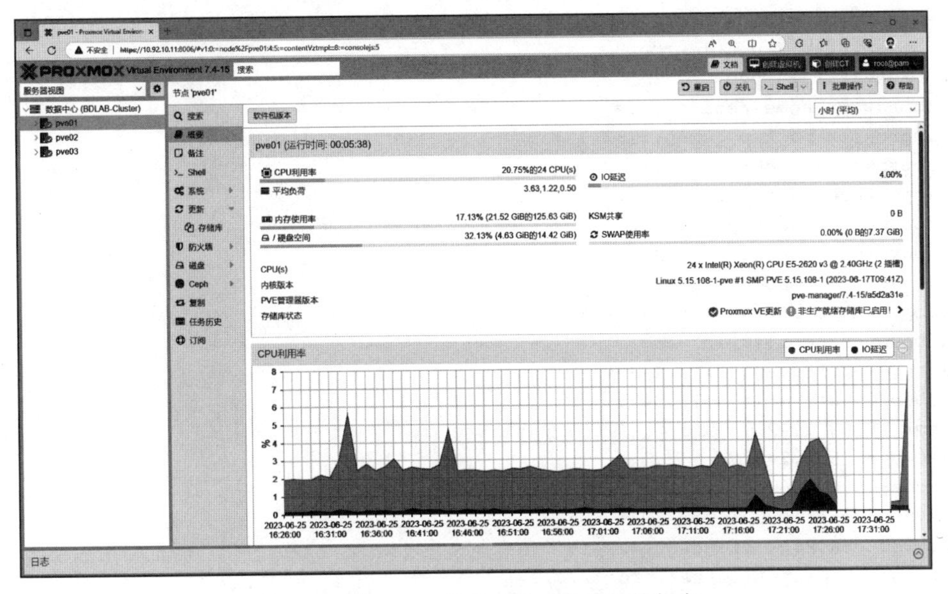

图 9-28　将 pve01 节点主机升级到新的版本

9.2 Proxmox VE 命令行

Proxmox VE 平台从 7.0 版本开始简化了命令行操作，使用浏览器可以完成整体的构建操作。但是，我们也需要掌握一些常用的命令，以便深入了解 Proxmox VE 平台。

9.2.1 常用命令

本小节介绍 Proxmox VE 平台的常用命令。

1）查看 Proxmox VE 节点主机版本信息。

```
root@pve01:~# pveversion
pve-manager/7.4-15/a5d2a31e (running kernel: 5.15.108-1-pve)
```

2）查看 Proxmox VE 节点主机软件包版本信息。

```
root@pve01:~# pveversion -v
proxmox-ve: 7.4-1 (running kernel: 5.15.108-1-pve)
pve-manager: 7.4-15 (running version: 7.4-15/a5d2a31e)
pve-kernel-5.15: 7.4-4
pve-kernel-5.15.108-1-pve: 5.15.108-1
pve-kernel-5.15.60-1-pve: 5.15.60-1
pve-kernel-5.15.30-2-pve: 5.15.30-3
ceph: 16.2.13-pve1
ceph-fuse: 16.2.13-pve1
corosync: 3.1.7-pve1
criu: 3.15-1+pve-1
glusterfs-client: 9.2-1
ifupdown2: 3.1.0-1+pmx4
ksm-control-daemon: 1.4-1
libjs-extjs: 7.0.0-1
libknet1: 1.24-pve2
libproxmox-acme-perl: 1.4.4
libproxmox-backup-qemu0: 1.3.1-1
libproxmox-rs-perl: 0.2.1
libpve-access-control: 7.4.1
libpve-apiclient-perl: 3.2-1
libpve-common-perl: 7.4-2
libpve-guest-common-perl: 4.2-4
libpve-http-server-perl: 4.2-3
libpve-rs-perl: 0.7.7
libpve-storage-perl: 7.4-3
libspice-server1: 0.14.3-2.1
lvm2: 2.03.11-2.1
lxc-pve: 5.0.2-2
lxcfs: 5.0.3-pve1
novnc-pve: 1.4.0-1
proxmox-backup-client: 2.4.2-1
proxmox-backup-file-restore: 2.4.2-1
proxmox-kernel-helper: 7.4-1
```

```
proxmox-mail-forward: 0.1.1-1
proxmox-mini-journalreader: 1.3-1
proxmox-offline-mirror-helper: 0.5.2
proxmox-widget-toolkit: 3.7.3
pve-cluster: 7.3-3
pve-container: 4.4-6
pve-docs: 7.4-2
pve-edk2-firmware: 3.20230228-4~bpo11+1
pve-firewall: 4.3-4
pve-firmware: 3.6-5
pve-ha-manager: 3.6.1
pve-i18n: 2.12-1
pve-qemu-kvm: 7.2.0-8
pve-xtermjs: 4.16.0-2
qemu-server: 7.4-4
smartmontools: 7.2-pve3
spiceterm: 3.2-2
swtpm: 0.8.0~bpo11+3
vncterm: 1.7-1
zfsutils-linux: 2.1.11-pve1
```

3）查看 Proxmox VE 集群状态。

```
root@pve01:~# pvecm status
Cluster information
-------------------
Name:             BDLAB-Cluster
Config Version:   5
Transport:        knet
Secure auth:      on
Quorum information
------------------
Date:             Sun Jun 25 16:00:22 2023
Quorum provider:  corosync_votequorum
Nodes:            3
Node ID:          0x00000001
Ring ID:          1.18b
Quorate:          Yes
Votequorum information
----------------------
Expected votes:   3
Highest expected: 3
Total votes:      3
Quorum:           2
Flags:            Quorate
Membership information
----------------------
    Nodeid      Votes Name
0x00000001          1 10.92.10.11 (local)
0x00000002          1 10.92.10.12
0x00000003          1 10.92.10.13
```

4）查看 Proxmox VE 集群节点信息。

```
root@pve01:~# pvecm nodes
Membership information
----------------------
    Nodeid        Votes Name
         1            1 pve01 (local)
         2            1 pve02
         3            1 pve03
```

5）查看 Proxmox VE 集群 HA 状态。

```
root@pve01:~# ha-manager status
quorum OK
master pve02 (idle, Wed Jun 21 22:13:55 2023)
lrm pve01 (idle, Sun Jun 25 16:02:58 2023)
lrm pve02 (idle, Sun Jun 25 16:02:58 2023)
lrm pve03 (idle, Sun Jun 25 16:02:58 2023)
```

6）查看 Proxmox VE 节点主机防火墙状态。

```
root@pve01:~# pve-firewall status
trying to acquire lock...
  OK
Status: enabled/running
```

7）查看 Proxmox VE 节点主机防火墙策略。

```
    root@pve01:~# pve-firewall compile
trying to acquire lock...
  OK
ipset cmdlist:
exists PVEFW-0-management-v4 (0Wabv+dc3s2A8lQ2r1qWq5K2f2k)
        create PVEFW-0-management-v4 hash:net family inet hashsize 64 maxelem 64
            bucketsize 12
        add PVEFW-0-management-v4 10.92.10.0/24
exists PVEFW-0-management-v6 (6g+lzHFoCegXcweHRfBY4vRsbOc)
        create PVEFW-0-management-v6 hash:net family inet6 hashsize 64 maxelem
            64 bucketsize 12
iptables cmdlist:
exists PVEFW-Drop (83WlR/a4wLbmURFqMQT3uJSgIG8)
        -A PVEFW-Drop  -j PVEFW-DropBroadcast
        -A PVEFW-Drop -p icmp -m icmp --icmp-type fragmentation-needed -j ACCEPT
        -A PVEFW-Drop -p icmp -m icmp --icmp-type time-exceeded -j ACCEPT
        -A PVEFW-Drop -m conntrack --ctstate INVALID -j DROP
        -A PVEFW-Drop -p udp --match multiport --dports 135,445 -j DROP
        -A PVEFW-Drop -p udp --dport 137:139 -j DROP
        -A PVEFW-Drop -p udp --sport 137 --dport 1024:65535 -j DROP
        -A PVEFW-Drop -p tcp --match multiport --dports 135,139,445 -j DROP
        -A PVEFW-Drop -p udp --dport 1900 -j DROP
        -A PVEFW-Drop -p tcp -m tcp ! --tcp-flags FIN,SYN,RST,ACK SYN -j DROP
```

```
        -A PVEFW-Drop -p udp --sport 53 -j DROP
exists PVEFW-DropBroadcast (NyjHNAtFbkH7WGLamPpdVnxHy4w)
        -A PVEFW-DropBroadcast -m addrtype --dst-type BROADCAST -j DROP
        -A PVEFW-DropBroadcast -m addrtype --dst-type MULTICAST -j DROP
        -A PVEFW-DropBroadcast -m addrtype --dst-type ANYCAST -j DROP
        -A PVEFW-DropBroadcast -d 224.0.0.0/4 -j DROP
exists PVEFW-FORWARD (qnNexOcGa+y+jebd4dAUqFSp5nw)
        -A PVEFW-FORWARD -m conntrack --ctstate INVALID -j DROP
        -A PVEFW-FORWARD -m conntrack --ctstate RELATED,ESTABLISHED -j ACCEPT
        -A PVEFW-FORWARD -m physdev --physdev-is-bridged --physdev-in fwln+ -j
            PVEFW-FWBR-IN
        -A PVEFW-FORWARD -m physdev --physdev-is-bridged --physdev-out fwln+ -j
            PVEFW-FWBR-OUT
exists PVEFW-FWBR-IN (Ijl7/xz0DD7LF91MlLCz0ybZBE0)
        -A PVEFW-FWBR-IN -m conntrack --ctstate INVALID,NEW -j PVEFW-smurfs
exists PVEFW-FWBR-OUT (2jmj7l5rSw0yVb/vlWAYkK/YBwk)
exists PVEFW-HOST-IN (+9mU+Hnctfjz6LPPZ0d2JsNckZE)
        -A PVEFW-HOST-IN -i lo -j ACCEPT
        -A PVEFW-HOST-IN -m conntrack --ctstate INVALID -j DROP
        -A PVEFW-HOST-IN -m conntrack --ctstate RELATED,ESTABLISHED -j ACCEPT
        -A PVEFW-HOST-IN -m conntrack --ctstate INVALID,NEW -j PVEFW-smurfs
        -A PVEFW-HOST-IN -p igmp -j RETURN
        -A PVEFW-HOST-IN -m set --match-set PVEFW-0-management-v4 src -p tcp
            --dport 8006 -j RETURN
        -A PVEFW-HOST-IN -m set --match-set PVEFW-0-management-v4 src -p tcp
            --dport 5900:5999 -j RETURN
        -A PVEFW-HOST-IN -m set --match-set PVEFW-0-management-v4 src -p tcp
            --dport 3128 -j RETURN
        -A PVEFW-HOST-IN -m set --match-set PVEFW-0-management-v4 src -p tcp
            --dport 22 -j RETURN
        -A PVEFW-HOST-IN -m set --match-set PVEFW-0-management-v4 src -p tcp
            --dport 60000:60050 -j RETURN
        -A PVEFW-HOST-IN -d 10.92.10.11 -s 10.92.10.12 -p udp --dport 5404:5405
            -j RETURN
        -A PVEFW-HOST-IN -d 10.92.10.11 -s 10.92.10.13 -p udp --dport 5404:5405
            -j RETURN
        -A PVEFW-HOST-IN -j PVEFW-Drop
        -A PVEFW-HOST-IN -j DROP
……(部分省略)
```

9.2.2 其他命令

本小节介绍一些其他命令。

1）查看节点主机运行虚拟机相关信息。

```
root@pve01:~# qm list
VM      ID NAME                  STATUS     MEM(MB)    BOOTDISK(GB)    PID
100     CentOS7                  stopped     4096        32.00          0
101     ubuntu20.04              stopped     8192        32.00          0
```

```
102     Rocky8.8                  running     8192       32.00      3765764
103     WIN10                     running     8192      100.00      2602593
104     WIN2K22                   running     8192      100.00      3752795
106     CentOS7-Docker            running     8192      100.00      3790320
107     CentOS7-K8S               running     8192       40.00      3790325
108     Proxmox-Backup-Server     running     8192       32.00      4074497
```

2）启动虚拟机。

```
root@pve01:~# qm start 101
```

3）关闭虚拟机。

```
root@pve01:~# qm shutdown 101
```

4）解除锁定虚拟机。

```
root@pve01:~# qm unlock 101
```

5）查看虚拟机快照。

```
root@pve01:~# qm listsnapshot 106
`-> init                        2023-06-25 16:15:04   no-description
 `-> current                                          You are here!
```

6）查看容器模板信息。

```
root@pve02:~# pveam list local
NAME                                                          SIZE
local:vztmpl/debian-11-turnkey-mysql_17.1-1_amd64.tar.gz     255.03MB
local:vztmpl/debian-11-turnkey-nextcloud_17.2-1_amd64.tar.gz 593.52MB
local:vztmpl/debian-11-turnkey-wordpress_17.1-1_amd64.tar.gz 320.30MB
local:vztmpl/Rocky-9-Container-Minimal.latest.x86_64.tar.xz   30.25MB
local:vztmpl/rockylinux-8-default_20210929_amd64.tar.xz      107.34MB
```

7）查看节点主机运行容器相关信息。

```
root@pve01:~# pct list
VMID        Status      Lock        Name
201         running                 rocky-ct
202         running                 wordpress
203         running                 mysql
```

9.3 配置 Proxmox VE 监控

Proxmox VE 平台自带的监控功能比较弱，因此在生产环境中，需要使用第三方监控工具对 Proxmox VE 平台进行完整的监控。开源或商业的监控工具很多，可以根据实际情况进行选择。本节介绍如何通过指标服务器对 Proxmox VE 平台进行监控。

9.3.1　部署指标服务器

Proxmox VE 平台内置了指标服务器，可以通过配置 InfluxDB 对其进行数据收集，再通过 Grafana 仪表盘实现对 Proxmox VE 平台的监控。

1）创建一台虚拟机用于安装 InfluxDB 和 Grafana 程序，如图 9-29 所示。

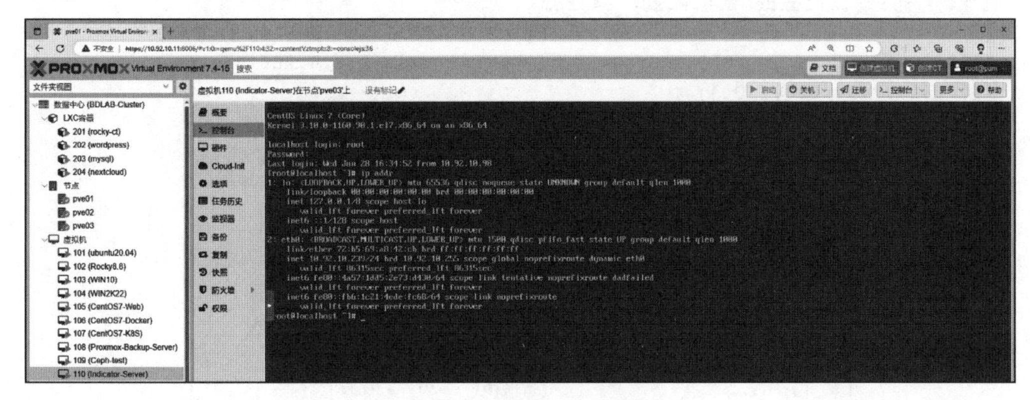

图 9-29　创建一台虚拟机

2）添加指标服务器 InfluxDB，如图 9-30 所示，选择“InfluxDB”。需要说明的是，虽然 InfluxDB 还未部署，但不影响添加它。

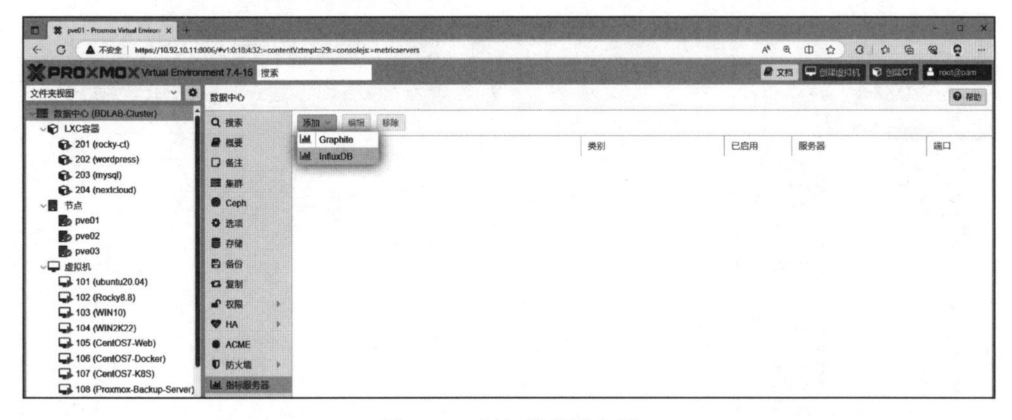

图 9-30　添加指标服务器

3）输入 InfluxDB 相关参数信息，如图 9-31 所示，单击“创建”按钮。

4）完成指标服务器 InfluxDB 的创建，如图 9-32 所示。

5）使用 SSH 登录要安装 InfluxDB 和 Grafana 程序的虚拟机，使用命令 wget 下载 InfluxDB。

```
[root@localhost tmp]# wget https://dl.influxdata.com/influxdb/releases/influxdb-
    1.8.0.x86_64.rpm
--2023-06-28 16:38:48--   https://dl.influxdata.com/influxdb/releases/influxdb-
```

```
    1.8.0.x86_64.rpm
正在解析主机 dl.influxdata.com (dl.influxdata.com)... 18.244.214.54,
    18.244.214.38, 18.244.214.89, ...
正在连接 dl.influxdata.com (dl.influxdata.com)|18.244.214.54|:443... 已连接。
已发出 HTTP 请求，正在等待回应 ... 200 OK
长度: 63097404 (60M) [application/x-redhat-package-manager]
正在保存至 ：“influxdb-1.8.0.x86_64.rpm”
100%[===================================>] 63,097,404  9.96MB/s 用时 7.0s
2023-06-28 16:38:55 (8.64 MB/s) - 已保存“influxdb-1.8.0.x86_64.rpm”
    [63097404/63097404])
```

图 9-31　配置指标服务器参数

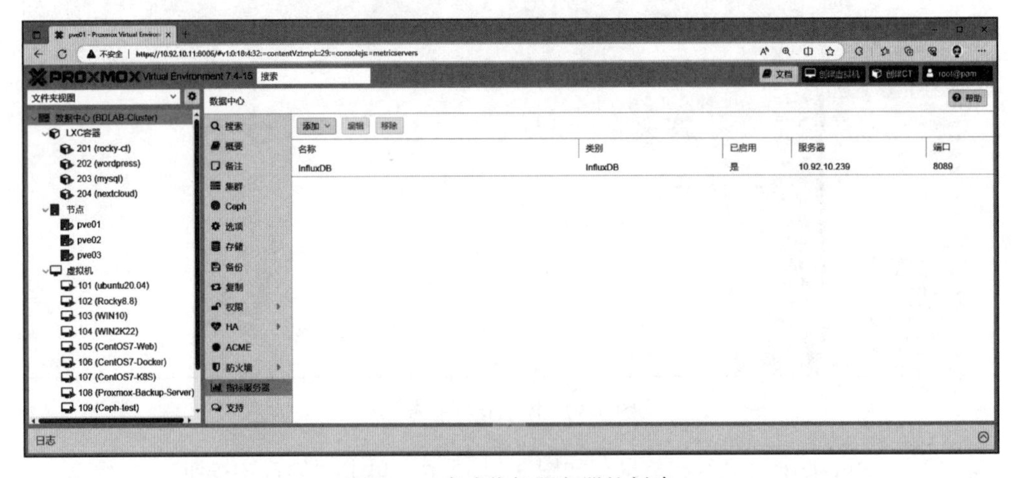

图 9-32　完成指标服务器的创建

6）使用命令 wget 下载 Grafana。

```
[root@localhost tmp]# wget https://dl.grafana.com/enterprise/release/grafana-
    enterprise-10.0.1-1.x86_64.rpm
--2023-06-29 09:14:41--  https://dl.grafana.com/enterprise/release/grafana-
    enterprise-10.0.1-1.x86_64.rpm
```

```
正在解析主机 dl.grafana.com (dl.grafana.com)... 146.75.42.217, 2a04:4e42:7a::729
正在连接 dl.grafana.com (dl.grafana.com)|146.75.42.217|:443... 已连接。
已发出 HTTP 请求，正在等待回应 ... 200 OK
长度: 87621431 (84M) [application/octet-stream]
正在保存至 :"grafana-enterprise-10.0.1-1.x86_64.rpm"
100%[===============================>] 87,621,431  7.49MB/s 用时 12s
2023-06-29 09:14:53 (7.19 MB/s) - 已保存 "grafana-enterprise-10.0.1-1.x86_64.rpm"
    [87621431/87621431])
```

7）使用命令ll查看下载的rpm文件。

```
[root@localhost tmp]# ll
总用量 147192
-rw-r--r--.1 root root      87621431    6月 22     21:38
grafana-enterprise-10.0.1-1.x86_64.rpm
-rw-r--r--.1 root root      63097404    5月 6      2021
influxdb-1.8.0.x86_64.rpm
-rwx------.1 root root      836         6月 9      22:40      ks-script-3hxrJq
drwx------.3 root root      17          6月 28     16:33
systemd-private-4b0903c2b07e42dd84cce05f0afbec48-chronyd.service-QucuFr
drwx------.3 root root      17          6月 29     09:13
systemd-private-50a1628f9bda4a58b2678212acaf0046-chronyd.service-XQ0MZP
-rw-------.1 root root      0           6月 9      22:31      yum.log
```

8）使用命令yum install安装InfluxDB。

```
[root@localhost tmp]# yum install influxdb-1.8.0.x86_64.rpm -y
已加载插件: fastestmirror
正在检查 influxdb-1.8.0.x86_64.rpm: influxdb-1.8.0-1.x86_64
influxdb-1.8.0.x86_64.rpm 将被安装
正在解决依赖关系
--> 正在检查事务
---> 软件包 influxdb.x86_64.0.1.8.0-1 将被安装
--> 解决依赖关系完成
依赖关系解决
==========================================================================
 Package       架构          版本           源                         大小
==========================================================================
正在安装 :
 Influxdb      x86_64        1.8.0-1        /influxdb-1.8.0.x86_64     164 M
事务概要
==========================================================================
安装  1 软件包
总计: 164 M
安装大小: 164 M
Downloading packages:
Running transaction check
Running transaction test
Transaction test succeeded
Running transaction
    正在安装        :influxdb-1.8.0-1.x86_64                  1/1
```

```
Created symlink from /etc/systemd/system/influxd.service to /usr/lib/systemd/
    system/influxdb.service.
Created symlink from /etc/systemd/system/multi-user.target.wants/influxdb.
    service to /usr/lib/systemd/system/influxdb.service.
    验证中          :influxdb-1.8.0-1.x86_64                1/1
  已安装：
    influxdb.x86_64 0:1.8.0-1
完毕！
```

9）使用命令 yum install 安装 Grafana。

```
[root@localhost tmp]# yum install grafana-enterprise-10.0.1-1.x86_64.rpm -y
已加载插件：fastestmirror
正 在 检 查 grafana-enterprise-10.0.1-1.x86_64.rpm: grafana-enterprise-10.0.1-1.
    x86_64
grafana-enterprise-10.0.1-1.x86_64.rpm 将被安装
正在解决依赖关系
--> 正在检查事务
---> 软件包 grafana-enterprise.x86_64.0.10.0.1-1 将被安装
--> 正在处理依赖关系 fontconfig，它被软件包 grafana-enterprise-10.0.1-1.x86_64 需要
Loading mirror speeds from cached hostfile
 * base: mirrors.huaweicloud.com
 * extras: mirrors.huaweicloud.com
 * updates: mirrors.huaweicloud.com
Base           | 3.6 kB  00:00:00
Extras         | 2.9 kB  00:00:00
Updates        | 2.9 kB  00:00:00
--> 正在处理依赖关系 urw-fonts，它被软件包 grafana-enterprise-10.0.1-1.x86_64 需要
--> 正在检查事务
---> 软件包 fontconfig.x86_64.0.2.13.0-4.3.el7 将被安装
……（省略）
已安装：
    grafana-enterprise.x86_64 0:10.0.1-1
完毕！
```

10）使用命令 vi 编辑 influxdb.conf 文件。

```
[root@localhost tmp]# vi /etc/influxdb/influxdb.conf
[[udp]]
    enabled = true
    bind-address = "0.0.0.0:8089"
    database = "proxmox"
    # retention-policy = ""
"/etc/influxdb/influxdb.conf" 586L, 21316C written
```

11）使用命令 systemctl start influxdb 启动 InfluxDB。

```
[root@localhost tmp]# systemctl start influxdb
[root@localhost tmp]# systemctl status influxdb #查看状态
 influxdb.service - InfluxDB is an open-source, distributed, time series
    database
```

```
   Loaded: loaded (/usr/lib/systemd/system/influxdb.service; enabled; vendor
      preset: disabled)
   Active: active (running) since 四 2023-06-29 09:19:27 CST; 8s ago
      Docs: https://docs.influxdata.com/influxdb/
   Main PID: 1773 (influxd)
      CGroup: /system.slice/influxdb.service
            └─1773 /usr/bin/influxd -config /etc/influxdb/influxdb.conf
6月 29 09:19:27 localhost.localdomain influxd[1773]: ts=2023-06-
   29T01:19:27.198634Z lvl=info msg="Starting snapshot service" log_...apshot
6月 29 09:19:27 localhost.localdomain influxd[1773]: ts=2023-06-
   29T01:19:27.198652Z lvl=info msg="Starting continuous query servi...uerier
6月 29 09:19:27 localhost.localdomain influxd[1773]: ts=2023-06-
   29T01:19:27.198668Z lvl=info msg="Starting HTTP service" log_id=0...=false
6月 29 09:19:27 localhost.localdomain influxd[1773]: ts=2023-06-
   29T01:19:27.198679Z lvl=info msg="opened HTTP access log" log_id=...stderr
6月 29 09:19:27 localhost.localdomain influxd[1773]: ts=2023-06-
   29T01:19:27.198888Z lvl=info msg="Listening on HTTP" log_id=0iiB_...=false
6月 29 09:19:27 localhost.localdomain influxd[1773]: ts=2023-06-
   29T01:19:27.198918Z lvl=info msg="Starting retention policy enfor...al=30m
6月 29 09:19:27 localhost.localdomain influxd[1773]: ts=2023-06-
   29T01:19:27.200596Z lvl=info msg="Storing statistics" log_id=0iiB...al=10s
6月 29 09:19:27 localhost.localdomain influxd[1773]: ts=2023-06-
   29T01:19:27.200838Z lvl=info msg="Started listening on UDP" log_i...0:8089
6月 29 09:19:27 localhost.localdomain influxd[1773]: ts=2023-06-
   29T01:19:27.201258Z lvl=info msg="Listening for signals" log_id=0...yS0000
6月 29 09:19:27 localhost.localdomain influxd[1773]: ts=2023-06-
   29T01:19:27.201694Z lvl=info msg="Sending usage statistics to usa...yS0000
Hint: Some lines were ellipsized, use -l to show in full.
```

12）使用命令 influx 配置 InfluxDB。

```
[root@localhost tmp]# influx
Connected to http://localhost:8086 version 1.8.0
InfluxDB shell version: 1.8.0
> CREATE USER "admin" WITH PASSWORD '123456' WITH ALL PRIVILEGES# 创建admin用户名
   密码
> SHOW USERS                    # 查看创建的用户
user  admin
----  -----
admin true
>  CREATE DATABASE Proxmox      # 创建数据库
> SHOW DATABASES                # 查看创建的数据库
name: databases
name
----
proxmox
_internal
```

13）使用命令 grafana-cli plugins install 安装 Grafana 插件，否则运行 Grafana 仪表盘会出现“Panel plugin not found:grafana-clock-panel”提示。

```
[root@localhost tmp]# grafana-cli plugins install grafana-clock-panel
✔ Downloaded and extracted grafana-clock-panel v2.1.3 zip successfully to /var/
    lib/grafana/plugins/grafana-clock-panel
Please restart Grafana after installing or removing plugins. Refer to Grafana
    documentation for instructions if necessary.
```

14）使用命令 systemctl start grafana-server 启动 Grafana。

```
[root@localhost tmp]# systemctl start grafana-server
[root@localhost tmp]# systemctl status grafana-server
  grafana-server.service - Grafana instance
    Loaded: loaded (/usr/lib/systemd/system/grafana-server.service; disabled;
        vendor preset: disabled)
    Active: active (running) since 四 2023-06-29 09:17:14 CST; 16s ago
        Docs: http://docs.grafana.org
    Main PID: 1662 (grafana)
        CGroup: /system.slice/grafana-server.service
                └─1662 /usr/share/grafana/bin/grafana server --config=/etc/
                    grafana/grafana.ini --pidfile=/var/run/grafana/grafana-
                    server.pid ...
6月 29 09:17:14 localhost.localdomain systemd[1]: Started Grafana instance.
6月 29 09:17:14 localhost.localdomain grafana[1662]: logger=http.server t=2023-
    06-29T09:17:14.186008536+08:00 level=info msg="HTT...ocket=
6月 29 09:17:14 localhost.localdomain grafana[1662]: logger=ngalert.state.
    manager t=2023-06-29T09:17:14.186507238+08:00 level=inf...artup"
6月 29 09:17:14 localhost.localdomain grafana[1662]: logger=ngalert.state.
    manager t=2023-06-29T09:17:14.186872869+08:00 level=inf…64.495μs
6月 29 09:17:14 localhost.localdomain grafana[1662]: logger=ticker t=2023-06-
    29T09:17:14.187009766+08:00 level=info msg=starting ...+08:00
6月 29 09:17:14 localhost.localdomain grafana[1662]: logger=caching.service
    t=2023-06-29T09:17:14.200131535+08:00 level=warn msg=...abled"
6月 29 09:17:14 localhost.localdomain grafana[1662]: logger=report t=2023-06-
    29T09:17:14.200208118+08:00 level=warn msg="Scheduli...able."
6月 29 09:17:14 localhost.localdomain grafana[1662]: logger=ngalert.multiorg.
    alertmanager t=2023-06-29T09:17:14.202553477+08:00 l...nager"
6月 29 09:17:14 localhost.localdomain grafana[1662]: logger=grafanaStorageLogger
    t=2023-06-29T09:17:14.20427196+08:00 level=info ...rting"
6月 29 09:17:15 localhost.localdomain grafana[1662]: logger=plugins.update.
    checker t=2023-06-29T09:17:15.165789793+08:00 level=in...2286ms
Hint: Some lines were ellipsized, use -l to show in full.
```

9.3.2 配置指标服务器

要对 Proxmox VE 平台进行监控操作，需要完成指标服务器的配置。本小节将介绍如何配置指标服务器。

1）确认 Grafana 启动后就使用浏览器登录 Grafana，如图 9-33 所示。默认端口为 3000，默认用户名为 admin，密码为 admin。

2）初次登录需要修改密码，如图 9-34 所示，单击“Submit”按钮。

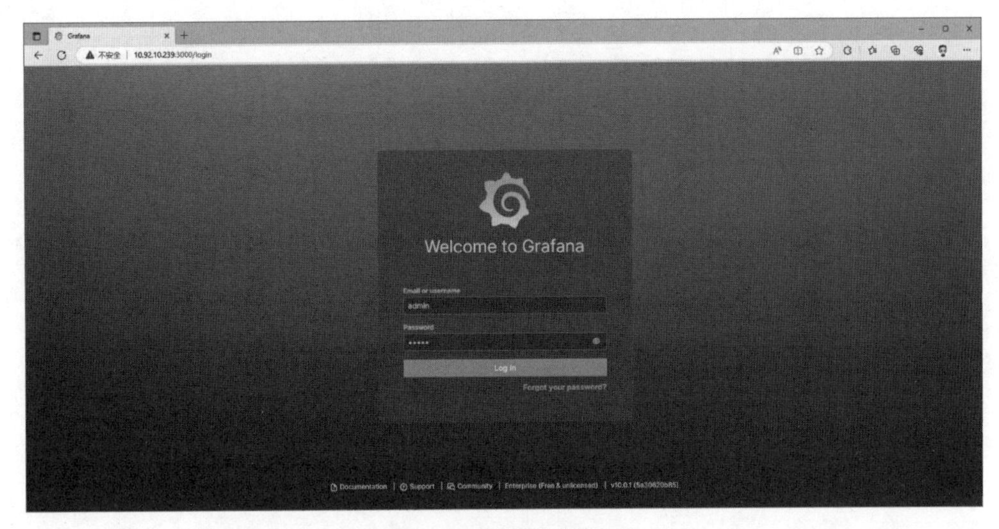

图 9-33　登录指标服务器

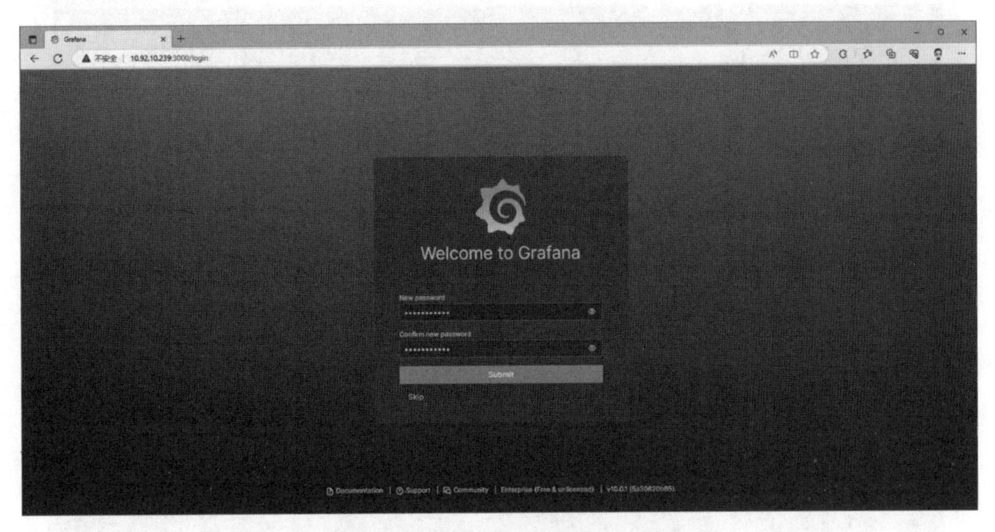

图 9-34　修改指标服务器初始密码

3）成功登录 Grafana 系统，如图 9-35 所示，单击“DATA SOURCES”添加数据源。

4）选择添加“InfluxDB”数据源，如图 9-36 所示。

5）配置 HTTP 相关参数信息，如图 9-37 所示。如果 Grafana 与 InfluxDB 部署于同一台虚拟机，则 URL 使用默认的 http://localhost:8086 即可。

6）输入创建的 InfluxDB 数据库相关信息，如图 9-38 所示，单击“Save & test”按钮。

7）基本配置完成，但还需要导入仪表盘才能使用。访问 Grafana 官网下载 Proxmox 相关仪表盘，如图 9-39 所示，可以根据生产环境的需求下载多个仪表盘。Grafana 官网下载地址为 https://grafana.com/grafana/dashboards/?search=proxmox。

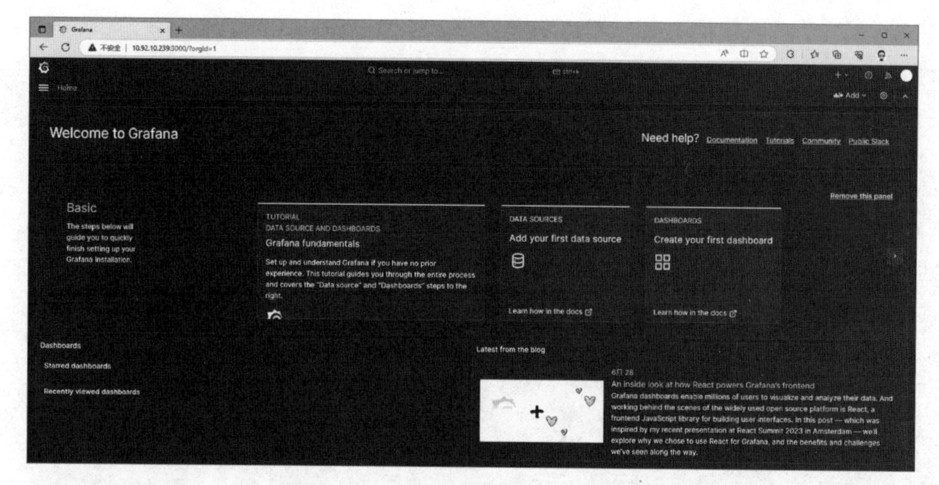

图 9-35　为指标服务器添加数据源

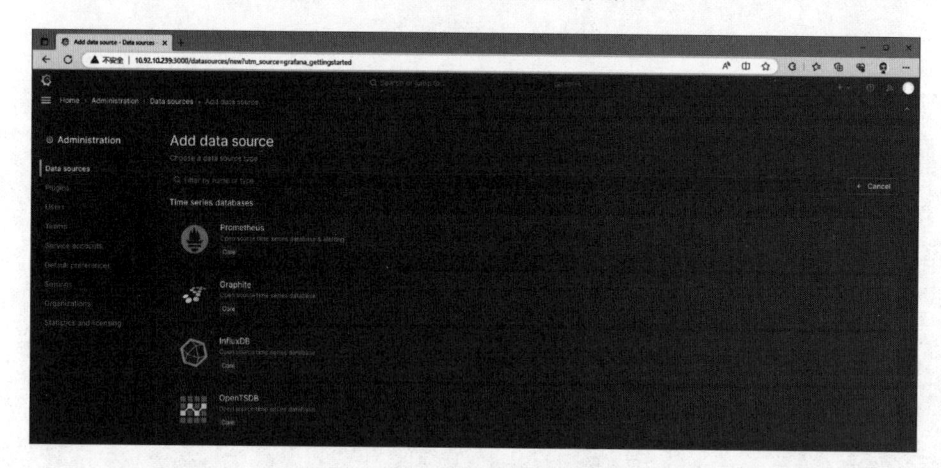

图 9-36　配置指标服务器数据源

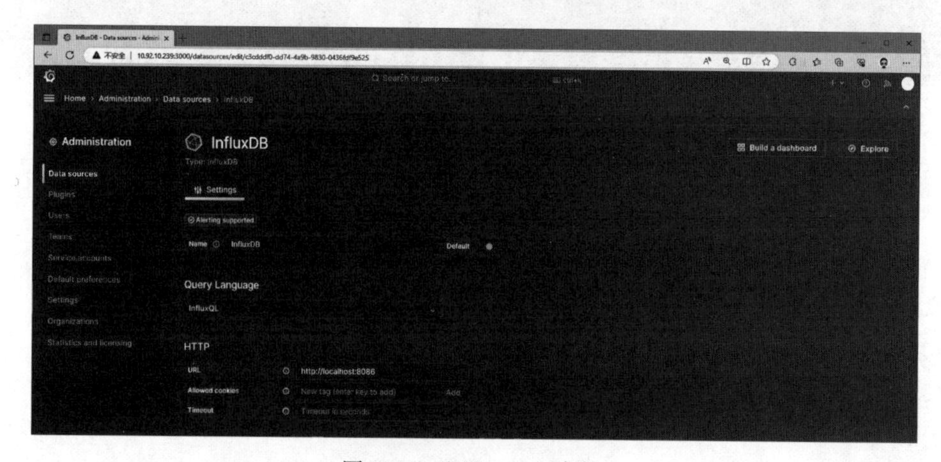

图 9-37　配置 HTTP 参数

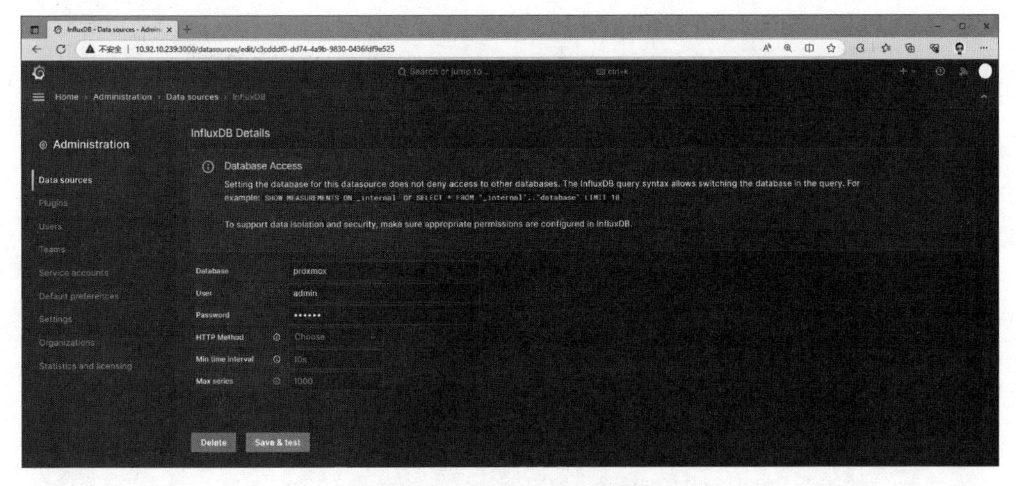

图 9-38　配置数据库相关参数

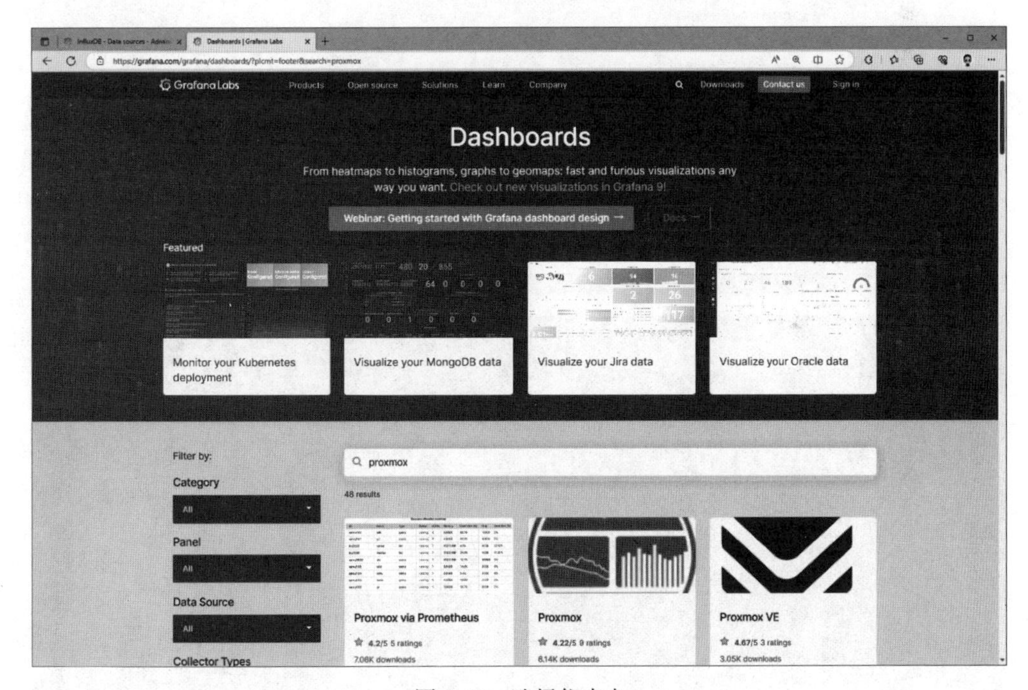

图 9-39　选择仪表盘

8）查看仪表盘 ID 相关信息，如图 9-40 所示，复制 ID 信息。

9）在 Grafana 主界面选择“Import dashboard”导入仪表盘，如图 9-41 所示。

10）粘贴仪表盘 ID 信息，如图 9-42 所示，单击“Load”按钮。

11）导入仪表盘信息，如图 9-43 所示，单击“Import”按钮。

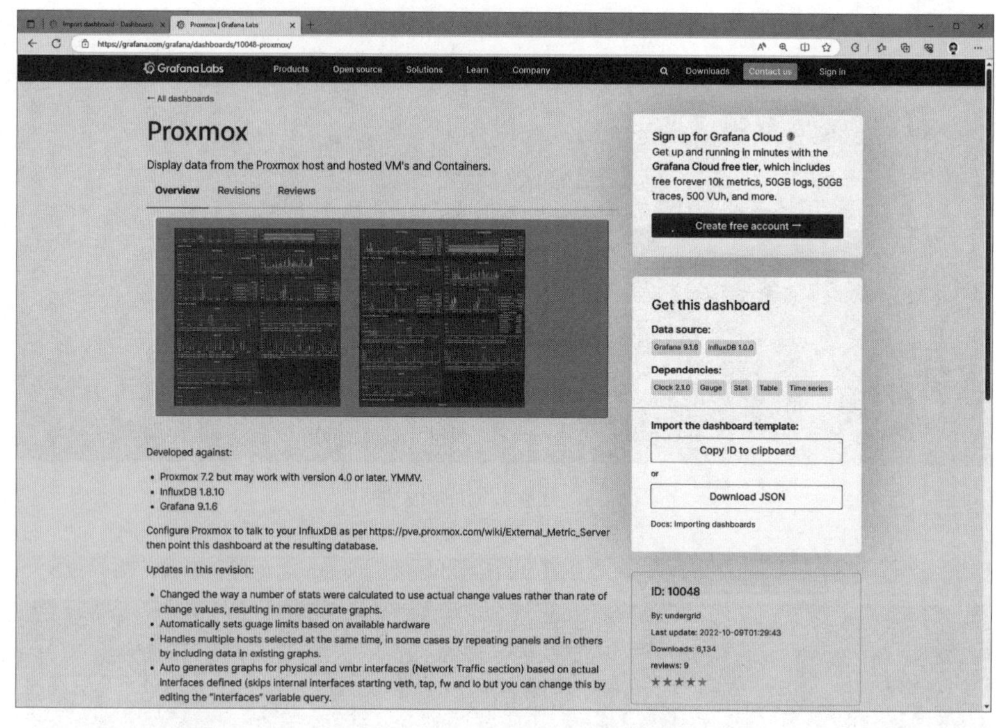

图 9-40 查看仪表盘 ID 信息

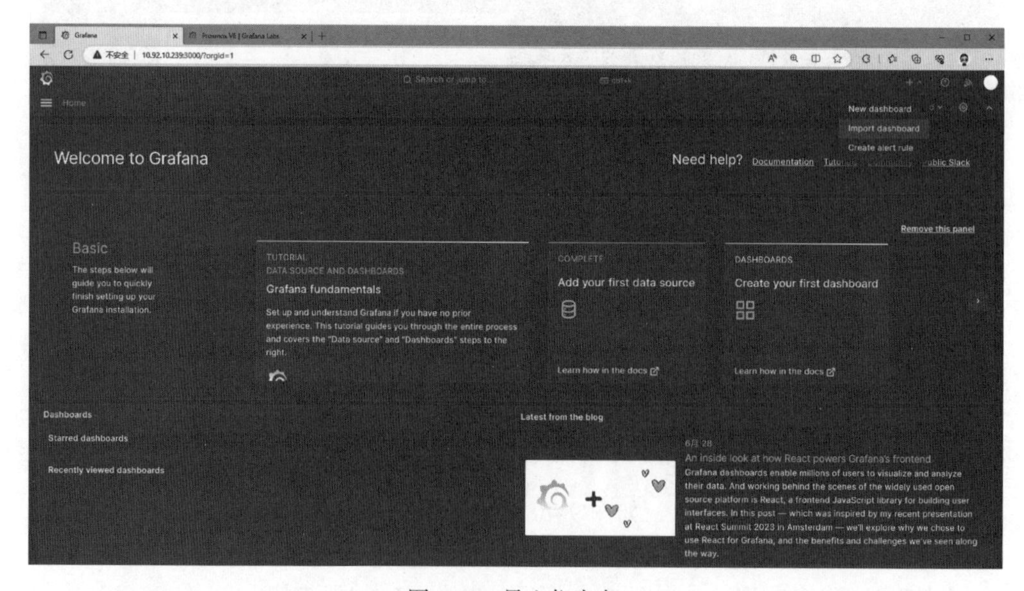

图 9-41 导入仪表盘

12）成功导入仪表盘，pve01 节点主机相关监控信息如图 9-44 所示。根据需求可以调整监控对象及选项。

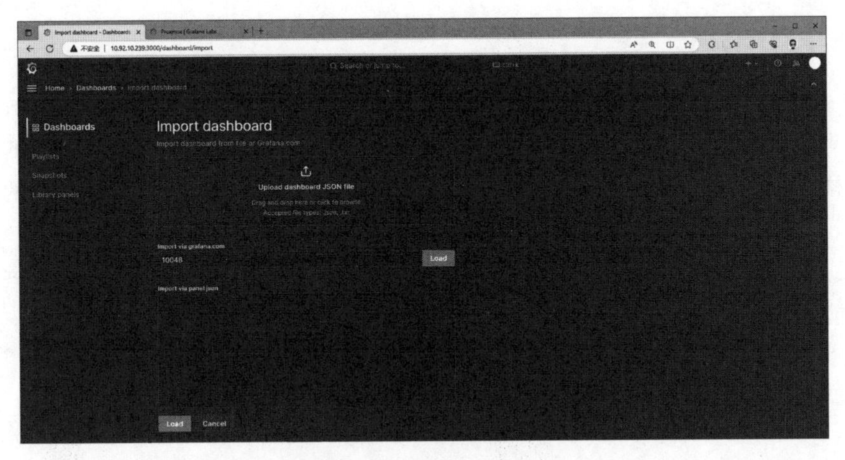

图 9-42　配置导入仪表盘 ID

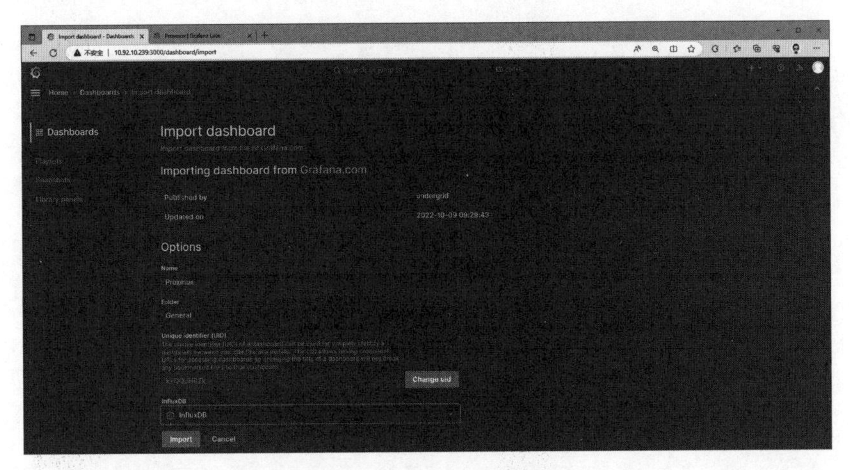

图 9-43　确认导入仪表盘

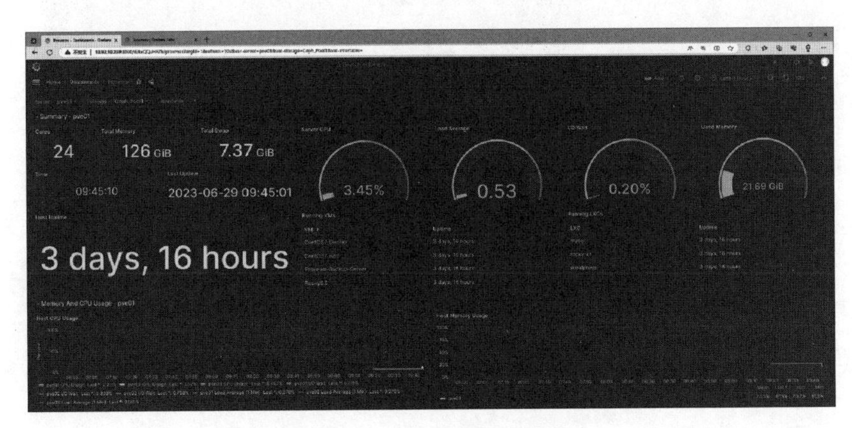

图 9-44　完成仪表盘监控配置

9.4 本章小结

本章主要介绍了 Proxmox VE 平台用户账号的创建及用户权限的分配。在 Proxmox VE 平台中，为每个用户创建独立的账户，并根据需要分配权限，是一个非常重要的系统管理技能。这样做可以确保不同的用户可以使用系统中的不同功能，从而提高系统的安全性和管理效率。

此外，本章还介绍了 Proxmox VE 的常用命令以及监控的配置。通过掌握这些基本的管理技能，能够更好地管理和维护 Proxmox VE 平台。